石油高等教育“十三五”规划教材

石油工程导论

田 冷 樊洪海 主编

中国石油大学出版社
CHINA UNIVERSITY OF PETROLEUM PRESS
山东·青岛

图书在版编目(CIP)数据

石油工程导论 / 田冷，樊洪海主编. --青岛 ：中国石油大学出版社，2020.8(2025.7 重印)

ISBN 978-7-5636-6850-2

Ⅰ. ①石… Ⅱ. ①田… ②樊… Ⅲ. ①石油工程一教材 Ⅳ. ①TE

中国版本图书馆 CIP 数据核字(2020)第 159266 号

石油高等教育教材出版基金资助出版

书　　名：石油工程导论

SHIYOU GONGCHENG DAOLUN

主　　编：田　冷　樊洪海

责任编辑：张　廉　穆丽娜(电话 0532—86981531)

封面设计：青岛友一广告传媒有限公司

出 版 者：中国石油大学出版社

(地址：山东省青岛市黄岛区长江西路 66 号　邮编：266580)

网　　址：http://cbs.upc.edu.cn

电子邮箱：shiyoujiaoyu@126.com

排 版 者：青岛天舒常青文化传媒有限公司

印 刷 者：沂南县汶凤印刷有限公司

发 行 者：中国石油大学出版社(电话 0532—86983440)

开　　本：787 mm×1 092 mm　1/16

印　　张：16.5

字　　数：408 千字

版 印 次：2020 年 8 月第 1 版　2025 年 7 月第 3 次印刷

书　　号：ISBN 978-7-5636-6850-2

定　　价：42.00 元

PREFACE 前 言

石油作为人类社会能源的重要组成部分，由于其不可替代性和自身的不可再生性，在世界经济发展、人类社会生活与文明中占有极其重要的地位。石油工程是知识、技术、资金密集型工业，是多学科综合运用的巨大工程，涉及多个部门，包括地质、勘探、钻井、采油、油藏、储运等。

本教材以石油勘探开发、生产的过程为主线，全面系统地介绍石油工程的基本知识、原理和相关技术。全书共九章，内容包括：绪论、油气开发地质概述、油气田勘探概述、油气钻井工程概述、固井与完井工程概述、油气田开发概述、采油采气工程概述、油气藏提高采收率概述、油气集输工程概述等。本教材适用于各大石油院校石油工程专业及相关专业本科生学习。

本教材第一章由中国石油大学(北京)田冷教授和樊洪海教授共同撰写；第二章到第五章由樊洪海教授撰写与统稿，王恒力博士参与部分内容的编写；第六章到第九章由田冷教授撰写与统稿，柴晓龙博士参与部分内容的编写。此外，研究生邓嵩、王鸽、张春阳、谢帅婷、蒋丽丽、黄诗慧、王一峰等也对本教材的完成做出了贡献。

中国石油大学(北京)油气田开发专业刘月田教授、刘慧卿教授，油气井专业陈勉教授、侯冰教授在百忙之中对书稿进行了详细的审阅，在此表示衷心的感谢。此外，中国石油大学(华东)李松岩教授、中国地质大学(北京)胡景宏副教授、燕山大学韩东颖教授对本书的成稿提出了宝贵的意见，在此一并表示衷心的感谢。

感谢中国石油大学(北京)和中国石油大学出版社的大力支持，使得本教材能够出版，以供广大师生与学者参阅。

本教材力求内容详尽，逻辑缜密，重点内容突出。但由于本教材涉及内容丰富，涵盖领域广泛，加之编者水平有限，不足之处在所难免，热忱希望广大读者提出宝贵建议。

编　者

2020 年 6 月

CONTENTS | 目　录

第一章

绪　论

石油是一种重要的能源和优质的化工原料，是关系国计民生的重要战略物资。石油及其加工产品与日常生活息息相关，石油工业是我国国民经济的重要基础产业。

第一节　石油与天然气的定义与用途

一、石油与天然气的定义

石油在工农业生产中担负着和血液一样重要的职责，是一种不可或缺的能源，是维持现代文明的工具，也是很重要的化工原料，因此被称为“工业的血液”“现代文明的神经动脉”和“黑色的金子”。石油是国家发展的命脉，对经济、政治、军事和生活都有很大的影响。

石油是以气态、液态和固态烃类化合物为主，并含有少量杂质和非烃类物质的复杂混合物。原油是指从地下直接开采出来，没有经过加工提炼的液体或半固体石油。原油的密度一般介于 0.80～0.98 g/cm^3之间。世界各地所产原油的密度、黏度、凝点等不尽相同，因此在性质上存在差异。

表 1-1 为我国主要油田原油的一般性质，表 1-2 为国外部分原油的一般性质。与国外原油相比，我国主要原油的凝点及蜡含量较高，密度大多在 0.85～0.95 g/cm^3之间，属于偏重的常规原油。

表 1-1　我国主要油田原油的一般性质

原油产地	大　庆	胜　利	孤　岛	辽　河	华　北	中　原	新　疆
密度(20 ℃)/($g\cdot cm^{-3}$)	0.855 4	0.900 5	0.949 5	0.920 4	0.883 7	0.846 6	0.853 8
黏度(50 ℃)/($mm^2\cdot s^{-1}$)	20.19	83.36	333.7	109.0	57.1	10.32	18.80
凝点/℃	30	28	2	17	36	33	12
蜡含量/%	26.2	14.6	4.9	9.5	22.8	19.7	7.2
硫含量/%	0.10	0.80	0.24	0.31	0.52	0.52	0.03
氮含量/%	0.16	0.41	0.40	0.38	0.17	0.17	0.05

表 1-2　国外部分原油的一般性质

原油产地	沙特阿拉伯（轻）	沙特阿拉伯（中）	伊　朗	科威特	阿联酋	伊拉克	印度尼西亚
密度(20 ℃)/(kg·m^{-3})	0.857 8	0.868 0	0.853 1	0.865 0	0.823 9	0.855 9	0.845 6
黏度(50 ℃)/(mm^2·s^{-1})	5.88	9.04	4.91	7.31	2.55	6.50	13.4
凝点/℃	−24	−7	−11	−20	−7	−15	34
蜡含量/%	3.36	3.10	—	2.73	5.16	—	—
硫含量/%	1.91	2.42	1.40	2.30	0.86	1.95	0.10
氮含量/%	0.09	0.12	0.12	0.14	—	0.10	0.10

以烃类物质为主并含有少量其他非烃类物质的气体称为天然气。天然气不是单质，也不是纯净物，而是由许多组分组成的混合物。天然气的性质取决于它的组分及其性质。由于烃类物质都是一些无色无味的碳氢化合物，因此天然气的气味和颜色都来自非烃类物质，如硫化氢的刺鼻气味。

天然气包括自由气和溶解气（伴生气）两种形态的气体。自由气是在地下即呈气态的天然气，溶解气是在地下呈溶解状态，开采到地面后从油中脱离出来而呈气态的天然气。地下天然气中往往还含有一定数量的凝析油。根据凝析油含量的多少，可以将天然气划分为干气、湿气和凝析气等。

大多数天然气的主要戎分是烃类，此外还含有少量非烃类。天然气中的烃类基本上是烷烃，通常以甲烷为主，还有乙烷、丙烷、丁烷、戊烷以及少量的己烷以上烃类，此外还含有极少量的环烷烃和芳香烃。天然气中的非烃类气体一般为少量的氮气、氢气、二氧化碳、硫化氢、水蒸气及微量的惰性气体（如氦气、氩气、氙气）等。

当然，天然气的组成并非固定不变，不仅不同油气藏中采出的天然气组成差别很大，甚至同一油气藏的不同生产井采出的天然气组成也会有差别。

国外典型气田的天然气组成见表 1-3，我国主要气田的天然气组成见表 1-4。

表 1-3　国外典型气田天然气组成　　单位：%（体积分数）

国　名	气　田	甲　烷	乙　烷	丙　烷	丁　烷	戊　烷	C_6^+	CO_2	N_2	H_2S
美　国	路易斯安那（Louisiana）	92.18	3.33	1.48	0.79	0.25	0.05	0.90	1.02	—
加拿大	阿尔伯塔（Alberta）	64.50	1.20	0.70	0.80	0.30	0.70	4.80	0.70	26.30
委内瑞拉	圣华金（San Joaquin）	76.70	9.79	6.69	3.26	0.94	0.72	1.90	—	—
荷　兰	格罗宁根（Groningen）	81.44	2.90	0.37	0.14	0.04	0.05	0.80	—	14.26
英　国	勒曼（Leman）	95.00	2.76	0.49	0.20	0.06	0.15	0.04	1.30	—
法　国	拉克（Lacq）	69.40	2.90	0.90	0.60	0.30	0.40	10.00	—	15.50
俄罗斯	萨拉托夫（Саратовское）	95.70	3.80	0.20	0.10	—	—	0.20	—	—

表 1-4 我国主要气田的天然气组成 单位:%(体积分数)

气田名称	甲 烷	乙 烷	丙 烷	异丁烷	正丁烷	异戊烷	正戊烷	CO_2	N_2	H_2	H_2S
长庆气田(靖边)	93.89	0.62	0.08	0.010	0.010	0.001	0.002	5.140	0.16	—	0.087
长庆气田(榆林)	94.31	3.42	0.50	0.080	0.070	0.013	0.057	1.200	0.35	—	—
长庆气田(苏里格)	92.81	4.60	0.93	0.224	0.268	0.166	0.127	0.875	—	—	—
塔里木气田	98.13	0.52	0.05	0.010	0.010	0	0	0.580	0.70	—	—
青海台南田气	99.20	—	0.02	—	—	—	—	—	0.78	—	—
青海涩北-1 气田	99.90	—	—	—	—	—	—	—	0.10	—	—
青海涩北-2 气田	99.69	0.08	0.02	—	—	—	—	—	0.21	—	—
四川气田	98.70	0.70	0.20	—	—	—	—	0.110	0.07	0.11	0.110

此外,天然气中还可能含有以胶溶态粒子形态存在的沥青质,以及极微量的汞。也有少数天然气中含有大量的非烃类气体,甚至其主要成分是非烃类气体。例如,我国河北省赵兰庄、加拿大阿尔伯塔省 Bearberry 及美国南得克萨斯气田的天然气中硫化氢含量均高达 90%以上,我国广东沙头圩气田的天然气中二氧化碳含量高达 99.6%;美国北达科他州内松气田的天然气中氮气含量高达 97.4%,美国亚利桑那州平塔丘气田的天然气中氯气含量高达 9.8%。

二、石油的用途

石油是“百宝箱”,“宝”指的是烃,“百”形容石油中烃的种类非常多。现代社会中的工农业生产、国防建设以及人们的日常生活都与石油息息相关、密不可分。例如,为机械产生动力的燃料是从石油中提炼出来的,日常所用的塑料和化纤等产品也是由从石油中提炼出来的化工原料制成的。

1. *作为燃料*

石油作为燃料,具有热能高,污染小,运输、使用方便,应用广泛等优点。原油经过炼制加工后,可以制得汽油、煤油、柴油、液化石油气等燃料。

汽油(图 1-1)广泛应用于交通运输中,是用量最大的轻质石油产品之一,是引擎的重要燃料。汽油作为燃料,可分为航空汽油和车用汽油两大类。燃烧 1 kg 汽油所产生的热量分别相当于燃烧 1.4 kg 煤、1.5 kg 木炭、2.4 kg 木柴所产生的热量。车用汽油有不同的标号,标号越大,表示汽油的抗爆性能越强。

煤油是轻质石油的一类,是主要用于照明和各种喷灯、汽灯、汽化炉和煤油炉的燃料,主要由原油经分馏或裂化制得。煤油根据用途可分为动力煤油、照明煤油等。现在生产的航空煤油主要用作喷气式飞机的燃料。

柴油(图 1-2)是轻质石油产品、复杂烃类(碳原子数为 10～22)的混合物,为柴油机燃料,广泛用于大型车辆、铁路机车、船舰以及农业、建筑业、采矿业等行业中。柴油主要由原油蒸馏、催化裂化、石油焦化等过程生产的柴油馏分调配而成。柴油分为轻柴油(沸点范围 180～370 ℃)和重柴油(沸点范围 350～410 ℃)两大类。

图 1-1 汽 油

图 1-2 柴 油

液化石油气是由石油或天然气加压降温液化所得到的一种无色挥发性液体，是洁净的燃料。液化石油气热值高，无烟尘、无碳渣，操作使用方便，已广泛进入人们的生活领域。液化石油气还可用于切割金属。

2. *作为化工原料*

石油既是能源，也是优质的化工原料，是石油化学工业赖以生存和发展的物质基础。石油经过各种加工和处理，可以制成各种各样的化工原料。使用这些原料可以制成众多的生产、生活用品，如乙烯、合成橡胶、合成树脂、合成纤维、农药、化肥、炸药、染料等。

乙烯(图 1-3)是由 2 个碳原子和 4 个氢原子组成的化合物，通常情况下是一种无色、稍有气味的气体，比空气密度略小，难溶于水。工业上所用的乙烯主要是从石油炼制工厂和石油化工厂所生产的气体中分离出来的。乙烯是合成纤维、合成橡胶、合成塑料(聚乙烯及聚氯乙烯)、合成乙醇(酒精)的基本化工原料，也可用于制造氯乙烯、苯乙烯、醋酸、乙醛和炸药等，还可用作水果和蔬菜的催熟剂，是一种已证实的植物激素。乙烯是世界上产量最大的化学产品之一，乙烯工业是石油化工产业的核心，乙烯产品占石化产品的 75%以上，在国民经济中占有重要的地位。世界上已将乙烯产量作为衡量一个国家石油化工发展水平的重要标志之一。

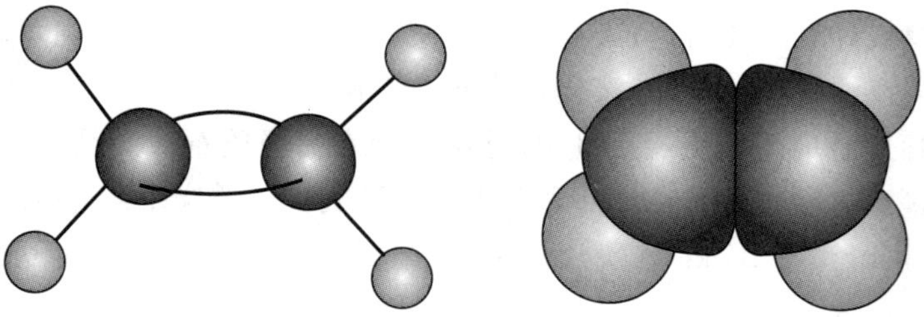

(a) (b)

图 1-3 乙烯分子模型

合成橡胶(图 1-4)是由不同单体在引发剂作用下，经聚合而成的品种多样的高分子化合物，单体有丁二烯、苯乙烯、异丁烯等，不同单体聚合而成的合成橡胶的性能有所差异。合成橡胶一般在性能上不如天然橡胶全面，但它具有高弹性、绝缘性、气密性、耐油、耐高温或低温等性能，而且合成橡胶相较于天然橡胶成本低廉，因而广泛应用于工农业、国防、交通及日常生活中。

合成树脂(图 1-5)是由低分子原料(如乙烯、丙烯、氯乙烯等)通过聚合反应生成的高分子化合物。生产合成树脂的原料来源丰富,多以石油和天然气的产品为主,如乙烯、丙烯、苯、甲醛及尿素等。合成树脂最重要的应用是制造塑料,树脂的性质决定了塑料的性质。合成树脂还是制造合成纤维、涂料、胶黏剂、绝缘材料等的基础原料,广泛使用的树脂混凝土也以合成树脂为胶凝材料。包装是合成树脂应用的最大市场,其次是建筑用品,电子、电气和汽车也是合成树脂很重要的应用领域,此外还有家具、玩具、娱乐用品和医疗用品等方面的应用。由于合成树脂和其他竞争材料相比具有明显的性能优势和成本优势,其应用已经渗透到国民经济的各个方面。

图 1-4 合成橡胶

图 1-5 合成树脂

合成纤维(图 1-6)是以小分子有机化合物为原料,经加聚反应和缩合反应合成的线性有机高分子化合物。与天然纤维和人造纤维相比,合成纤维的原料是由人工合成方法制得的,生产不受自然条件的限制。合成纤维除了具有化学纤维的一般优越性能,如强度高、质轻、易洗快干、弹性好、不怕霉蛀等以外,还具有某些独特性能。合成纤维是服饰、被絮、蚊帐、毛巾、尿不湿等日常生活用品的主要原料,还可用于制作地毯、渔网、帆布、水龙带以及替代棉纱布制作卫生用品等。

图 1-6 合成纤维

3. **其他用途**

从石油中还可以炼制出燃料油、润滑油、石蜡、石脑油、石油焦和沥青等,这些产品也广泛应用于人们的生产和生活之中,在现代工业和改善人类社会生活质量方面发挥了重要作用。石油在医学领域使用也非常广泛。例如,许多药物都从苯衍生而来,而苯又是从石油中制取的;假肢、人造器官、医用 X 光片及其处理溶液等也使用了石油制品。石油同时亦是制作化妆品的原料,石油精炼出来的油、石蜡、香精、染料等都可以用来制作化妆品。不仅如此,石油还可应用于制造杀虫剂,食物的保鲜、染色。清洁用品中很多也是石油制品,如洗涤剂、洗发水、沐浴乳、肥皂等,里面都含有石油的衍生物。

三、天然气的用途

天然气作为一种清洁高效的化石能源，是低碳经济的代表，是化石能源向新能源过渡的桥梁。近几十年来，天然气消费量迅速增长，该领域的投资、储量、产量和贸易量呈迅速增长的态势，并显示出继续增长的巨大潜力。可以说，天然气在世界能源多元化工程中起到了重要作用。

1. *作为燃料*

目前，天然气用作燃料，主要具有热能高、污染小、使用方便等优点。天然气作为燃气的安全性较高，它不含一氧化碳，比空气轻，一旦泄漏，会立即向上扩散，不易积聚形成爆炸性气体。

天然气广泛用于民用及商业燃气灶具、热水器。我国天然气储量分布不均匀，为解决城市空气污染问题，实施了西气东输工程，使许多城市由原来用煤作燃料改为用天然气作燃料。

在工业方面，以天然气取代煤，可用作工厂取暖、生产锅炉以及热电厂燃气轮机锅炉的燃料。以天然气为燃料的燃气轮机电厂的废物排放量大大低于燃煤与燃油电厂，而且发电效率高，建设成本低，建设速度快。另外，燃气轮机启停速度快，调峰能力强，耗水量少，占地省。

天然气还可作为汽车燃料。天然气汽车的一氧化碳、氮氧化物与碳氢化合物的排放水平都大大低于汽油、柴油汽车，不积碳，不磨损，运营费用低，是一种环保型汽车。

2. *作为化工原料*

天然气可用作化工原料。利用天然气可以合成许多化工产品，如合成氨、甲醇、甲醛、炭黑等。以天然气为原料的化工生产装置具有投资低、能耗低、占地省、人员少、环保性好、运营成本低的优点。

合成氨(图 1-7)是天然气化工中产量最大的一种产品。氨的分子式为 NH_3，是无色、有特殊刺激性气味的气体，在 1 MPa 的压力和常温下即可液化。氨是碘、磷、硫及其他有机和无机化合物的良好溶剂，又是重要的化工原料和肥料。氨可用于制作氮肥，如氨水可以直接作为肥料，或将氨加工成硝酸铵、碳酸氢氨、尿素等；氨可用于制造火药，如将氨氧化制成硝酸，进而制成硝酸铵、硝化甘油、三硝基甲苯(TNT)等；氨还有其他用途，如可用于净化水，用作冷冻剂，在石油天然气工业中用作中和剂和缓蚀剂。

甲醇(图 1-8)是饱和一元醇，分子式为 CH_3OH，是无色、透明、有毒、易挥发的液体，能与水以任意比例互溶。甲醇是一种用途很广的化工原料，主要用于生产甲醛、甲苯胺、氯甲烷及与各种酸反应生成的酯类等，并广泛用作溶剂，如在气田开发中用作防冻剂，未来可用其制作无污染燃料。由甲醇制取的甲基叔丁基醚不仅是无污染的汽油添加剂，而且可作为化工原料。甲醇的生产费用比液化天然气低，运输也比液化天然气方便。

图 1-7 合成氨分子模型

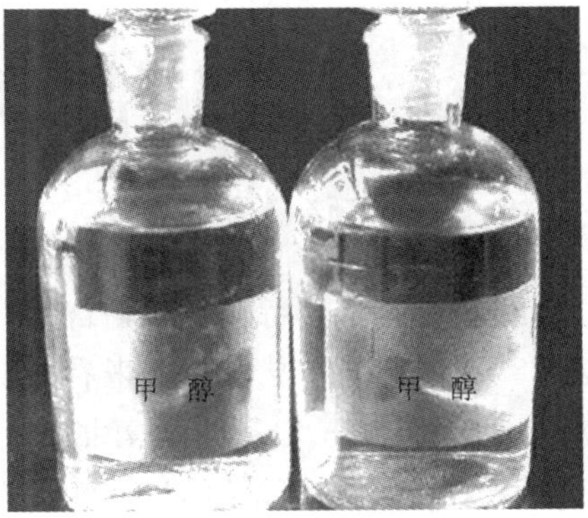

图 1-8 甲 醇

甲醛(图 1-9)的分子式为 HCHO,是无色、有刺激性气味的气体。甲醛易溶于水,质量分数为 35%～40%的水溶液称为福尔马林液。甲醛是重要的有机合成原料,容易发生各种聚合、缩合反应。由甲醛可以制得许多产品,如酚醛树脂、乌洛托品、季戊四醇等。甲醛在印染、皮革、造纸方面也有广泛用途。此外,福尔马林液可用作杀虫剂、消毒剂及防冻剂等。在石油工业中,甲醛还可用作油气井酸化压裂时的缓蚀剂。

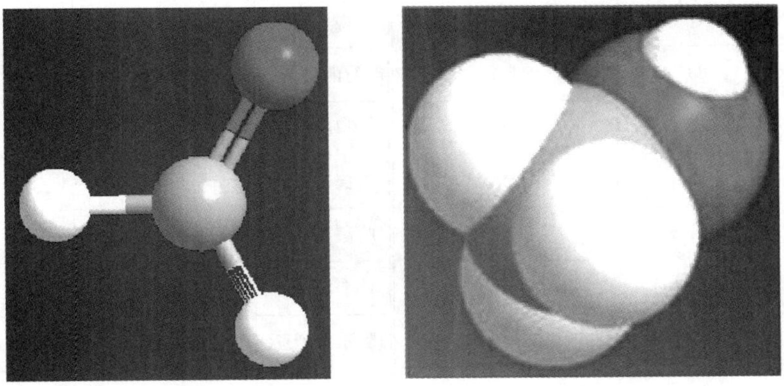

(a) (b)

图 1-9 甲醛分子模型

图 1-10 炭 黑

炭黑(图 1-10)是以碳氢化合物为原料经部分燃烧和裂解生成的一种黑色碳素微粒,具有准石墨态结构,与金刚石、石墨、木炭等为同素异构体。根据其不同结构、不同颗粒大小、不同表面性质、不同实用性能和不同制造方法而有各种不同品种。炭黑在橡胶工业中的应用很广,是重要的补强耐磨填充材料,使用量占炭黑总产量的 90%以上,可以说炭黑工业是随着橡胶工业的发展而形成的。炭黑在油墨工业中也有应用,炭黑可作为黑色颜料用于油墨中,使油墨的流动性、光学性质及化学稳定性等均优于其他黑色颜料。炭黑因具有耐酸、黑度高、着色力强等优点,常作为优质黑色涂料用于油漆工业。炭黑在电极、电刷、电阻、电池及各种黑色纸张、黑色塑料、铅笔等方面亦有广泛的用途。

第二节 油气资源及分布

一、全球油气储量及分布

全球石油产储总体特点表明，石油探明储量略增，但储量分布不均，主要集中在中东和美洲地区。石油的分布从总体上来看非常不平衡：从东西半球来看，约 3/4 的石油资源集中在东半球，西半球仅占约 1/4；从南北半球来看，石油资源主要集中在北半球；从纬度分布来看，石油资源主要集中在北纬 20°～40°和 50°～70°两个纬度带内。波斯湾及墨西哥湾两大油区和北非油田均处于北纬 20°～40°内，该带集中了 51.3%的世界石油储量；50°～70°纬度带内有著名的英国北海油田、俄罗斯伏尔加及西伯利亚油田和美国阿拉斯加湾油区。表 1-5 是 2019 年部分国家石油产量和剩余可采储量总体情况。

表 1-5 2019 年部分国家石油产量和剩余可采储量总体情况

国家	产量/(10^8 t)	剩余可采储量/(10^8 t)	国家	产量/(10^8 t)	剩余可采储量/(10^8 t)
沙特阿拉伯	5.57	409	巴西	1.51	18
美国	7.47	82	墨西哥	0.95	8
俄罗斯	5.68	147	委内瑞拉	0.47	480
加拿大	2.75	273	尼日利亚	1.01	50
伊朗	1.01	214	挪威	0.78	11
伊拉克	2.34	196	哈萨克斯坦	0.91	39
中国	1.91	36	卡塔尔	0.79	26
阿联酋	1.80	130	阿尔及利亚	0.64	15
科威特	1.44	140	利比亚	0.58	63

注：数据来源于《2020 年世界能源统计年鉴》。

从天然气的产储情况来看，据 2019 年统计(表 1-6)，全球已探明剩余天然气可采储量为 1.988×10^{14} m^3，储产比为 49.8∶1。天然气在全球范围内分布不均，主要集中在中东国家。到 2019 年底，中东国家天然气储量为 7.56×10^{13} m^3，占比 38.0%。天然气探明储量排在前三的国家分别是俄罗斯、伊朗和卡塔尔，其探明储量占全世界的份额分别为 19.1%，16.1%和 12.4%，合计占比 47.6%。全球天然气产量和消费量除 2009 年受金融危机影响出现大幅下跌外，总体稳步增长，供需整体较为均衡，并逐步呈现宽松趋势。2019 年全球天然气产量为 3.99×10^{12} m^3，同比增速为 3.40%；全球天然气消费量为 3.93×10^{12} m^3，同比增速为 2.00%。

表 1-6 2019 年部分国家天然气产量和剩余可采储量总体情况

国 家	产量/(10^8 m^3)	剩余可采储量/(10^8 m^3)	国 家	产量/(10^8 m^3)	剩余可采储量/(10^8 m^3)
美 国	9 209	129 000	阿联酋	625	59 000
俄罗斯	6 790	380 000	尼日利亚	493	54 000
伊 朗	2 442	320 000	墨西哥	340	2 000
加拿大	1 731	20 000	委内瑞拉	265	63 000
卡塔尔	1 781	247 000	巴 西	258	4 000
中 国	1 776	84 000	科威特	184	17 000
挪 威	1 144	15 000	哈萨克斯坦	234	27 000
沙特阿拉伯	1 136	60 000	科威特	94	14 000
阿尔及利亚	862	43 000	伊拉克	108	35 000

注:数据来源于《2020 年世界能源统计年鉴》。

二、中国油气储量及分布

我国幅员辽阔,拥有广阔的近海大陆架,具有形成石油、天然气的良好条件。可能有石油、天然气分布的沉积盆地面积达 6.70×10^6 km^2,在世界各国沉积盆地面积位次中居第三位,其中陆上面积约占 5.20×10^6 km^2,近海大陆架面积约占 1.50×10^6 km^2,大大小小的沉积盆地有 500 余个。

由于石油、天然气形成的环境比较复杂,我国油气资源的分布很不均衡。石油资源主要集中在东北地区、环渤海地区、西北地区和东南部海域;天然气资源主要分布在中部地区和西北地区。根据我国含油气盆地的地质特征和勘探程度,可划分为六大含油气区,分别是:

(1) 东部含油气区——主要包括东北和华北地区;

(2) 中部含油气区——主要包括陕甘宁和四川、重庆地区;

(3) 西部含油气区——主要包括新疆、青海和甘肃西部地区;

(4) 南部含油气区——主要包括江苏、浙江、安徽、福建、广东、湖南、江西、云南、贵州和广西等地区;

(5) 西藏含油气区——包括昆仑山脉以南、横断山脉以西地区;

(6) 海上含油气区——包括东南沿海大陆架和南海海域。

由国家统计局公布的数据显示,2019 年全国石油产量为 1.91×10^8 t,全国天然气产量为 1.78×10^{11} m^3。2020 年 7 月 13 日自然资源部发布的《全国石油天然气资源勘查开采情况通报(2019 年度)》发布的信息显示,截至 2019 年底,全国累计探明石油地质储量 4.11×10^{10} t,剩余技术可采储量 3.60×10^9 t;全国累计探明天然气地质储量 1.58×10^{13} m^3,剩余技术可采储量 8.40×10^{12} m^3。

从油气资源深度分布来看,我国石油可采资源中有 80%集中分布在浅层(<2 000 m)和中深层(2 000~3 500 m),深层(3 500~4 500 m)和超深层(>4 500 m)分布较少,天然气资源在浅层、中深层、深层和超深层分布相对比较均匀;从地理环境分布来看,我国石油可采资源中有 76%分布在平原、浅海、戈壁和沙漠,天然气可采资源中有 74%分布在浅海、沙漠、山地、平原和戈壁；从资源品质来看，我国石油可采资源中优质资源占 63%，低渗透资源占 28%，重油占 9%，天然气可采资源中优质资源占 76%，低渗透资源占 24%。

目前全国有 25 个省、自治区和直辖市以及近海海域共发现了 700 多个油气田，形成了六大含油气区。陆上建成了大庆、胜利、辽河、新疆、长庆、四川、中原、华北、大港、吉林、江汉、青海、河南等 20 多个主要生产基地。

从全国各地公布的 2019 年石油产量来看，产量大于 1×10^7 t 的省份及直辖市有陕西、黑龙江、天津、新疆、山东、广东和辽宁，占全国总量的 91.4%左右。从全国各地公布的 2019 年天然气产量来看，产量大于 1.0×10^{10} m^3 的省份有陕西、四川、新疆和山东，占全国总量的 78.9%左右。表 1-7 列出了 2019 年我国主要省份及直辖市石油与天然气产量。

表 1-7 2019 年我国石油与天然气产量

省份及直辖市	石油产量/(10^4 t)	天然气产量/(10^8 m^3)	省份及直辖市	石油产量/(10^4 t)	天然气产量/(10^8 m^3)
陕 西	3 561.4	465.6	河 北	544.3	5.8
黑龙江	3 130.7	44.6	吉 林	383.7	12.1
天 津	3 108.5	34.6	河 南	248.7	2.9
新 疆	2 727.8	336.8	青 海	230.3	64.3
山 东	2 230.7	4.9	江 苏	151.0	12.4
广 东	1 481.1	113.0	甘 肃	58.2	0.2
辽 宁	1 053.8	6.0	四 川	8.5	443.0

注：数据来源于《2020 中石油经研院能源数据统计》。

除陆地石油资源外，我国的海洋油气资源也十分丰富，主要集中在渤海、黄海、东海及南海北部大陆架。据统计，2019 年我国海洋石油产量为 4.92×10^7 t，我国海洋天然气产量为 1.62×10^{10} m^3。

第三节 石油工业概述

一、世界石油工业发展史

现代石油历史始于 1846 年，当时生活在加拿大大西洋省区的亚布拉罕·季斯纳发现了从煤中提取煤油的方法。1859 年，美国人德雷克在宾夕法尼亚州钻成第一口具有现代工业意义的油井——德雷克井，标志着近代石油工业的开始。20 世纪 40 年代是世界发现油田最活跃的时期。从石油使用的角度来看，世界石油工业发展史可以概括为 4 个阶段。

1. **第一阶段**(1859—1920 年)

近代石油工业是从 19 世纪 50 年代开始缓慢发展起来的。当时的石油工业刚刚在世界上兴起，一些国家陆续发现和开采石油，起主导作用的只有 2～3 个国家。当时，人们仅从石油中提炼煤油，用来点灯照明，石油工业处于“煤油时期”。石油工业在一些国家逐步形成完整的工业体系，一批规模较大的石油公司已经形成，并形成垄断。

2. **第二阶段**(1920—1945 **年**)

世界石油工业的第二阶段大致开始于 20 世纪 20 年代初,止于第二次世界大战结束,这是石油工业在世界范围内蓬勃发展的时期。随着汽车工业迅速发展,汽车进入千家万户,大量的汽车需要汽油;摩托车、螺旋桨飞机、汽艇等使用内燃机,也需要汽油。汽油的需求急剧增加,使石油工业进入了“汽油时代”。由于石油中所含的汽油组分有限,于是把重质组分加热裂化成汽油组分的裂化工艺应运而生,从而促进了石油工业的发展。世界上石油生产的范围和规模迅速扩大,中东阿拉伯国家相继发现大型、巨型油田。

3. **第三阶段**(1945—1973 **年**)

第二次世界大战结束到 20 世纪 70 年代中期,是世界石油工业急速成长的“黄金时期”,逐步形成了新兴的以石油和天然气为原料的石油化学工业。从 1951 年到 1967 年,美国等发达国家基本上完成了石油代替煤炭成为首要能源的历史性变革。近代喷气式飞机和航天事业的发展要求高质量的石油产品作为燃料,石油工业发展到“燃料和化工原料时代”。这一阶段最突出的特点是中东取代美国、苏联成为世界石油工业的中心。

4. **第四阶段**(1973 **年至今**)

1973 年发生了第一次世界石油危机,油价大幅度上涨,结束了廉价油的时代。在此之后,世界石油工业的基本特点是在大动荡、大改组中继续波浪式发展。由于在更多地区发现了石油,更多的国家加入产油国的行列,石油产量不再是少数国家起“擎天柱”作用。国家石油公司逐渐成为世界石油工业的主力军,成为世界石油舞台上的主角。石油的“燃料和化工原料时代”仍将在很长的历史时期内持续下去。

二、我国石油工业发展历程

我国是世界上最早用近代机械开采石油的国家之一,但是形成石油工业体系比较晚。我国近代石油工业萌芽于 19 世纪中叶。1907 年 9 月,我国第一口油井“延一井”(图 1-11)完井,井深 81 m。1939 年 8 月,在甘肃玉门打出了“老君庙一号井”(图 1-12)。老君庙一号井的出油拉开了玉门油田的开发序幕,此后完钻的几口井也相继出油。到 1949 年,玉门油田探明储量 1.7×10^7 t,当年产量超过 7×10^4 t,建成了炼油厂和一整套输油生产系统。自此,我国形成了自己的石油工业,但当时我国石油工业的基础仍然十分薄弱。经过 70 多年的艰苦奋斗,我国石油工业取得了巨大进步,为国民经济发展做出了重大贡献。纵观中华人民共和国成立后的历程,我国石油工业发展经历了 3 个时期。

图 1-11　延一井

图 1-12　老君庙一号井

1. **恢复生产期**(1950—1960 **年**)

到 1952 年底,全国原油产量达到 4.35×10^5 t,为 1949 年的 3.6 倍,其中天然油 1.95×10^5 t,占原油总产量的 45%,人造油 2.4×10^5 t,占原油总产量的 55%;生产汽、煤、柴、润四大类油品 2.59×10^5 t,为 1949 年的 7 倍多。1955 年 10 月,克拉玛依第一口井(克 1 井)喷油,克拉玛依油田的开发建设有力地支援了建国初期的经济建设。1958 年,青海石油勘探局在地质部发现冷湖构造带的基础上,在冷湖 5 号构造上打出了日产 800 t 的高产油井,并相继探明了冷湖 5,4,3 号油田。在四川,发现了东起重庆、西至自贡、南达叙水的天然气区。到 20 世纪 50 年代末,全国已初步形成玉门、新疆、青海、四川 4 个石油天然气生产基地。

2. **高速发展期**(1960—1978 **年**)

1960 年 3 月,一场关系石油工业命运的大规模石油会战在大庆揭开了序幕,这场会战用时 3 年,探明和建成了一个大油田。1963 年,全国原油产量达 6.48×10^6 t,实现了"石油基本自给"的历史性转变,是我国石油工业发展史上的一次飞跃。1964 年,勘探主力又转移到渤海湾盆地,开展了华北石油会战,相继发现了胜利、大港、辽河及华北任丘油田等,使得全国原油产量高速增长。1965 年全国原油产量突破了千万吨,1978 年突破 1 亿吨,我国跃居世界产油大国的行列,实现了石油工业的高速发展。

3. **持续发展期**(1978 **年以来**)

20 世纪 70 年代以来,我国石油工业发展迅速,在复杂地质条件下,勘探开发了兴隆台油田、曙光油田、欢喜岭油田等,探索出一套勘探开发复杂油气藏的工艺技术和方法。1985 年全国原油产量达到 1.25×10^8 t。"八五"期间,为了适应国民经济快速发展对能源的新的更高的要求,国家决定实施"稳定东部,发展西部"的发展战略。西部油气田的探明与开发对我国石油工业的发展产生了深远的影响。到目前为止,全国 25 个省、自治区、直辖市和近海海域共发现了 700 多个油气田,形成了六大含油气区,建成了大庆、胜利、辽河、新疆、四川、长庆、渤海和南海等 20 多个油气生产基地。目前,石油行业形成了油气勘探、开发、设计、施工、科研和技术服务配套的工业体系。

三、石油工业简介

石油工业分为上游、中游和下游,上、中、下游产业链的关系非常密切,具有非常鲜明的产业链结构和产业链信息传递效应。其中,上游从事的业务包括石油、天然气的勘探、开发,中游主要是油气的存储与运输,下游则涵盖炼油、天然气加工、化工等流程型业务及加油站零售等产品配送、销售型业务。

通常情况下,将以石油和天然气为原料生产石油产品和石油化工产品的加工工业称为石油化学工业(简称石化工业),其余统称为石油工业。石油工业主要的生产经营活动包括油气勘探、油气田开发、油气藏描述、钻井工程、井下作业工程、地面建设、物资管理、储运与销售等(图 1-13)。

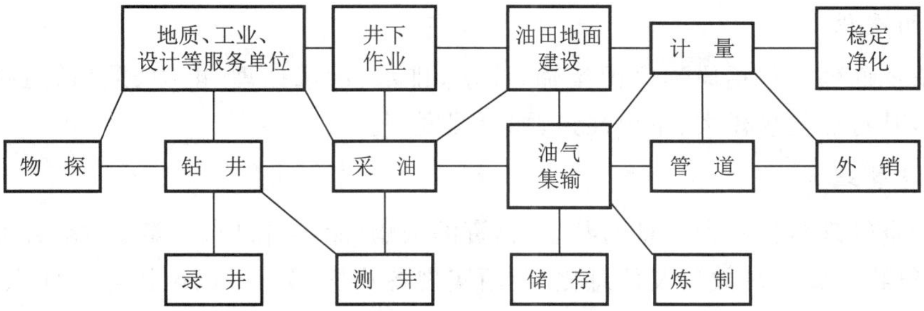

图 1-13 石油工业流程图

1. 油气勘探

油气勘探是石油企业的主业之一，主要是利用不同的技术手段采集各种野外原始地质资料，并经处理、解释形成成果资料，进而利用各种科学方法进行盆地评价、圈闭评价和油气藏评价，开展勘探规划部署、井位设计和地质综合研究工作，完成勘探科研和生产任务。油气勘探的方法主要有地质法、物探、化探和钻探等，其中物探又以地震为主。

2. 油气田开发

油气田开发主要包括油气藏管理、采油采气工程、地面工程、油气田监测、油气田开发生产管理。其中，油气藏管理就是制定开发规划，编制产能方案，然后进行新区建设、老区改造以及提高油气采收率，最后由采油厂组织综合调整。其他几项工程围绕着油气藏管理进行。现代科学的油气藏管理是改善油气田开发效果、提高采收率的根本，包括数据库建立、油气藏描述与油气藏模型、驱替机理、油气藏模拟、动态预测、开发方案。

3. 油气藏描述

油气藏描述(简称 RDS 技术服务)就是对油气藏的各种特征进行三维空间的定量描述、表征以及预测，其成果是建立反映油气藏圈闭几何形态及其边界条件、储集特征和渗流特征、流体性质及分布特征的三维或四维油气藏地质模型。

油气藏描述的目的在于为油气田提供最佳的地质模型，以最少的井探明最大储量，优化开发方案，改善油气田开发效果，提高采收率。

4. 钻井工程

钻井是油气田勘探与开发的重要手段，钻井工程在油气田生产中占有十分重要的地位，每年钻井工程的投入占油气田总投入的 50%以上。钻井工程中与信息化有关的方面主要表现在设计工作和工艺过程的资料采集上。其中，钻井设计包括地质设计、工程设计、施工进度设计和预算设计四大部分，钻井工艺过程则集中表现在综合录井技术和井下地质寻向技术方面。

5. 井下作业工程

井下作业是根据油(水)井的不同需要而进行不同内容的作业施工，井下作业工程一般可分为试油(气)作业、新井投产投注、措施作业、维修作业等。井下作业工程数字化技术主要反映在设计优化技术和作业工程数据库建设方面，近几年发展的作业工程设计都是在油、水、气井静动态数据库的基础上进行优化设计，特别是大型压裂施工设计，采用拟三维设计软件包进行设计，这是现代化作业施工的最大特色。

6. 地面建设

油气田地面建设包括原油(气)集输、注水、排水、污水处理、电力、通信、道路、消防、土地、社区等,其特点是规模大、系统性强、配套程度高。

7. 物资管理

油气物资管理包括物资信息的共享,物资的采购、库存、供应、质量、价格、结算及市场的管理,使油气物资管理高效化及信息化,全面实现各物资部门可以调拨任何库点的物资,进行计划、合同等协调处理,提高物资供应工作效率,实现资源、信息共享,加速资金周转。

8. 储运与销售

储运与销售负责油田采油厂的原油收油与计量,并负责管道公司及直供炼厂外输外运原油的管理、储运与销售安全生产与辅助决策、油田内部成品油收发存管理、原油成品油市场价格预测及分析等工作,全方位、高效地提供国际、国内石油市场价格及市场供需状况等相关信息,确保油田公司油气资源产品储、运、销工作紧密衔接。

参考文献

[1] 王晓先. 石油地质学基础[M]. 北京:石油工业出版社,1994.

[2] 杜殿发,谷建伟. 油气田开发工程基础[M]. 北京:石油工业出版社,2009.

[3] 陈元千,李璗. 现代油藏工程[M]. 北京:石油工业出版社,2001.

[4] 胡银镶,等. 采油地质基础[M]. 北京:石油工业出版社,1992.

[5] 陈涛平,胡靖邦. 石油工程[M]. 北京:石油工业出版社,2000.

[6] 王瑞和,李明忠. 石油工程概论[M]. 东营:石油大学出版社,2001.

[7] 于云琦. 采油工程[M]. 北京:石油工业出版社,2006.

[8] 陈涛平,吴晓东. 石油工程概论[M]. 北京:石油工业出版社,2006.

[9] 廉庆存. 油田开发[M]. 北京:石油工业出版社,1997.

[10] 李传亮. 油藏工程原理[M]. 北京:石油工业出版社,2005.

[11] 任晓娟,徐波. 石油工业概论[M]. 北京:中国石化出版社,2007.

[12] 孙艾茵,刘蜀知,刘绘新. 石油工程概论[M]. 北京:石油工业出版社,2008.

第二章

油气开发地质概述

油气藏是指在单一圈闭中具有统一压力系统的油气聚集。在一个圈闭中只聚集石油，称为油藏；只聚集天然气，称为气藏；同时聚集石油和天然气，称为油气藏。油气藏中的流体和岩石具有各自的物理化学性质。不同性质的流体在同一种岩石介质中的渗透性及流动特征是不一样的，而同一流体在不同的岩石介质中的渗透性及流动特征也不一样，因此需要分别对岩石和流体进行多方位的研究，为研究流体在岩石中的渗流规律奠定基础。

第一节　油气藏的形成

油气藏是油气聚集的最基本单位，是油气勘探的对象。石油和天然气在形成初期呈分散状态存在于生油气层中，它们必须经过迁移、聚集才能形成可供开采的工业油气藏。油气藏的形成是该盆地长期沉积、构造演化的结果，是一个连续的、统一的完整过程，如果这个过程缺少其中的任何一个环节，油气藏就不可能形成。

油气藏形成的基本条件可概括为“生、储、盖、圈、运、保”6 个字。其中，控制油气藏形成的最基本条件是有利的“生、圈、运”组合，这些条件受许多因素影响，各种因素又因地质条件不同而异。

一、生油层

根据石油有机生成学说，自然界中富含有机质并完成生油过程的岩层统称为生油层。在一定地质时期内，具有相同岩性、岩相特征的若干生油层与其非生油层的组合称为生油层系。在沉积盆地内某一生油层系分布的区域称为油源区。烃源岩是生油层中富含有机质、可大量生成与排出油气的岩石。油气源的丰富程度主要取决于烃源岩中的有机质丰度、有机质类型、成熟度及排烃效率等因素。

岩石类型反映沉积环境。生油层常为海相或陆相细粒的沉积物，其岩石类型主要有暗色泥质岩类和碳酸盐岩类两种。暗色泥质岩类包括泥岩、页岩、油页岩和粉砂质泥岩等，这些岩石是在较为稳定的沉积环境中形成的，既有利于生物的大量繁殖，又有利于有机质的保存和向油气的转化；碳酸盐岩类包括生物灰岩、礁块灰岩、暗色隐晶质灰岩、泥灰岩及白云岩等，其中以生物灰岩和泥灰岩对生油最为有利。

二、储集层和盖层

1. 储集层

凡具有使流体储存和渗滤能力的岩层，统称为储集层或储层。储集层之所以能够储集油、气，是因为它具备两个主要的性质：孔隙性和渗透性。孔隙性决定油气的储量，渗透性则影响油气的产量。地壳中的岩石类型很多，各类岩芯只要具备一定的孔隙性和渗透性，就可成为储集层。按岩石类型一般把储集层分为碎屑岩类、碳酸盐岩类和其他岩类 3 种类型。目前世界上绝大部分的油气储量集中在碎屑岩类和碳酸岩类储集层中，其中以碎屑岩类储集层最为重要，只有少数油气储集在其他岩类如泥岩、变质岩、火成岩等储集层中。

2. 盖层

所谓盖层，是指位于储集层之上以封隔油气向上逸散的保护层。盖层条件直接影响油气在地壳中的聚集和保存。

目前，常见的盖层岩性类型有泥岩、页岩、盐岩、石膏和硬石膏等。在构造变动微弱的地区，致密的泥灰岩、石灰岩、白云岩也可作为良好的盖层。泥岩盖层常与碎屑岩类储集层伴生，而盐岩、石膏等盖层多与碳酸盐岩类储集层共存。

3. 生储盖组合类型

在地层剖面中，生油层、储集层、盖层是有规律的组合且其紧密相邻，这种组合称为生储盖组合。根据生、储、盖三者在时间和空间上的相互配置关系，可将生储盖组合划分成以下 4 种类型(图 2-1)。

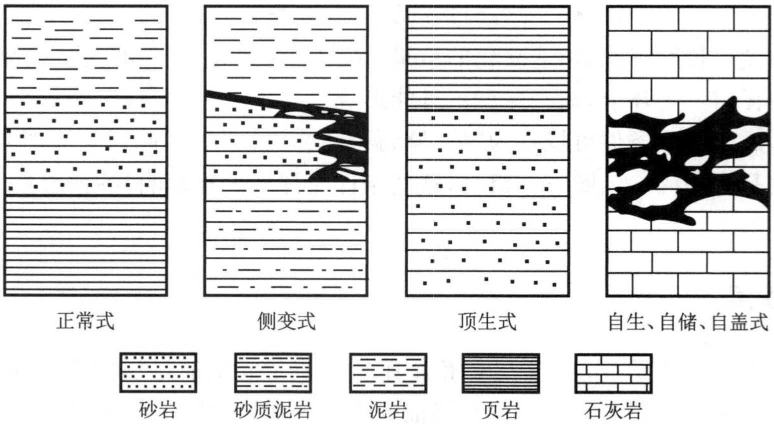

图 2-1 生储盖组合类型示意图

(1) 正常式生储盖组合是指在地层剖面上，生、储、盖层表现为由下而上的正常分布关系，即生油层位于组合下部，储集层位于中部，盖层位于上部。

(2) 侧变式生储盖组合是指同一岩层出于横向变化而形成的生储盖组合，是岩性变化较大地区的主要组合类型。

(3) 顶生式生储盖组合是指生油层与盖层同属一层，而储集层位于其下的组合类型。

(4) 自生、自储、自盖式生储盖组合是指生油层、储集层和盖层属同一地层的组合类型。石灰岩中局部裂缝发育段储油、泥岩中砂岩透镜体储油和裂缝发育段储油都属于这种组合类型。

三、圈　闭

运移着的石油和天然气如果遇到阻止其继续前进的遮挡物，则停止运移，并在那里聚集形成油气藏。适合油气聚集形成油气藏的场所称为圈闭。圈闭实质上是一种由地质因素造成的遮挡物。

圈闭要起以上作用，必须具备3个组成部分，即储集层、盖层和一定的遮挡（或封闭）条件。遮挡或封闭条件可以是盖层本身的弯曲变形（如背斜），也可以是储集层沿上倾方向被遮挡（如断层、不整合面、岩性尖灭等）。

根据控制圈闭形成的地质因素，可将圈闭分为三大类：构造圈闭、地层圈闭和岩性圈闭。

1. 构造圈闭

构造运动使地层发生变形或变位，即褶皱或断裂。在条件具备时，这些褶皱和断裂就可以形成构造圈闭，如背斜圈闭和断层圈闭等。

2. 地层圈闭

上、下两套岩层呈连续沉积，无沉积间断，这种接触关系称为整合。它反映了地壳较稳定的沉降，不断接受沉积。

如果地壳上升使老地层露出水面，遭受风化剥蚀，造成沉积间断，然后下降，继续沉积，就形成了新地层与下伏老地层之间不连续接触的不整合地层圈闭。

3. 岩性圈闭

在沉积盆地中，由于沉积条件的差异而导致储集层在横向上发生岩性变化，并被致密岩层遮挡时，就形成了岩性圈闭。

除以上3种基本圈闭类型外，还有许多圈闭是由褶皱、断层、孔隙性变化及其他情况组合而形成的复合圈闭。

四、油气的运移和保存

石油和天然气生成后呈分散状态存在于生油层之中，必须经过由分散向集中的运移过程，才能使油气在储集层中聚集形成油气藏。在各种地质因素的作用下，石油和天然气在地壳内的任何移动都称为油气的运移。

油气之所以能够运移，除油气本身是流体，具有流动性质这一内在因素外，还必须有造成油气运移的外部条件，即促使油气运移的外部力量，包括压力、构造运动力、水动力、浮力、毛细管力以及其他作用力。这些动力因素在油气运移的两个阶段（初次运移和二次运移）有主次之分，即不是同时发挥同样的作用。油气运移是从油气生成到油气藏形成整个过程中的一个重要环节。油气在地下岩层中往往呈液态、气态和分子或分子团状态进行运移，它们既可以通过岩石通道流动，也可以透过其他物质进行分子运动，运动方式主要有渗滤和扩散（图2-2）。

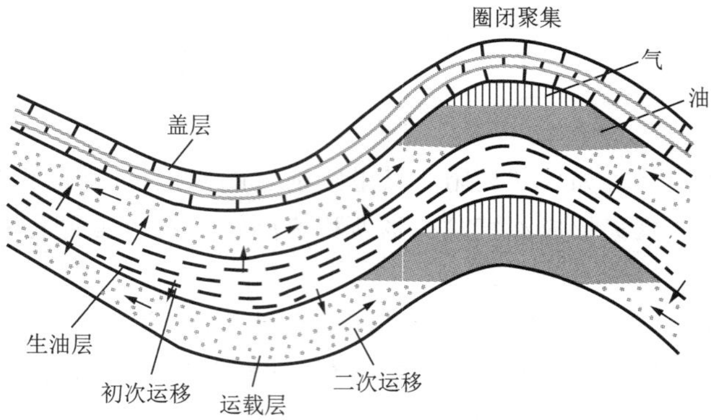

图 2-2 油气运移示意图

处于分散状态的已经形成的油气，在各种动力因素的作用下，随生油层固结成岩而被运移到储集层的过程，称为油气的初次运移。油气进入储集层之后的一切运移称为二次运移。二次运移是初次运移的继续。初次运移的油气在进入储集层以后，由于温度、压力条件的改变，将从水中释放出来，而呈游离相态。游离相的油气在储集层或其他通道中运移的主要动力是浮力、水动力、毛细管力和构造运动力。在这些动力因素的影响下，油气逐渐运移，并在适当的场所聚集成油气藏。

圈闭中的油气形成油气藏之后，必须有良好的条件才能保存下来。良好的区域性盖层、稳定的构造环境、相对稳定的水动力环境是油气藏的必要保存条件。

第二节 储层岩石流体性质

油气藏由储层岩石和流体组成，了解储层岩石流体的特性有着重要意义。在油气田详探阶段，通过探井和评价井的岩芯分析、测井解释和矿场试井所取得的储层岩石物性资料，是进行油气藏评价和制定油气藏开发方案必不可少的参数。油气藏流体是指储存于岩石孔隙中的石油、天然气和水。油气藏流体处于高温高压环境下，其中的石油溶解有大量的烃类气体，决定了油气藏流体具有特殊的物理性质。

一、储层岩石性质

1. 岩石的孔隙性

岩石中存在许多未被固体物质充填的空间，这些空间称为岩石空隙。空隙按几何尺度可以分成孔隙、空洞和裂隙(缝)。孔隙性是储层岩石最重要的物性参数之一，它决定一个油藏的储油特征和丰度。此外，孔隙特征还影响流体在其中的渗流方式以及最终的油水分布格局。

砂岩岩石的孔隙空间主要由喉道和孔隙组成(图 2-3)，通常把孔隙和喉道统称为孔隙；碳酸盐岩的孔隙空间通常以裂隙、溶洞为主。

1) 孔隙结构

岩石孔隙结构是指岩石中孔隙和喉道的几何形状、大小、分布及其相互连通关系。孔隙结构直接影响岩石的储集特性和渗流特性，是研究岩石的孔隙度和渗透率的基础。孔隙结构参数包括孔喉比、孔隙配位数、孔隙迂曲度等。

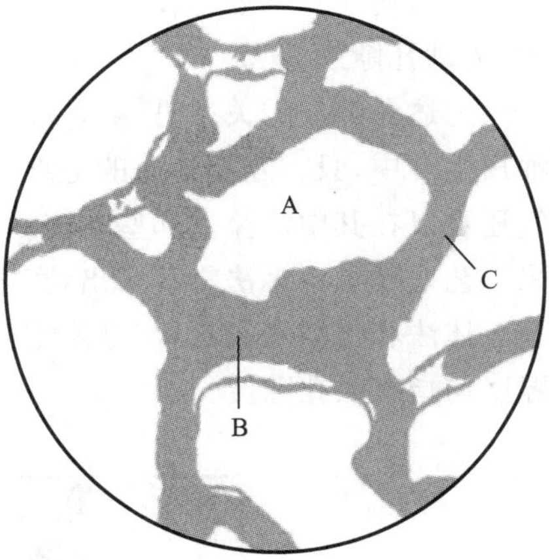

图 2-3 孔隙与喉道分布示意图
A—颗粒；B—孔隙；C—喉道

(1) 孔喉比：孔隙与喉道直径的比值。

(2) 孔隙配位数：每个孔隙所连通的喉道数。一般砂岩的孔隙配位数介于 2～15 之间。

(3) 孔隙迂曲度 τ：用以描述孔隙弯曲程度的一个参数。迂曲度 τ 为流体质点实际流经的路程长度 l 与岩石外观长度 L 的比值，其值在 1.2～2.5 之间。

孔喉比、孔隙配位数和孔隙迂曲度等孔隙结构参数可以用高倍显微镜观察岩石铸体薄片来确定。此外，在显微镜下还可观测到孔隙内壁的粗糙度、孔隙的排列与组合方式等。除了利用地质上常用的薄片法、扫描电镜研究孔隙结构外，还可利用其他方法，例如利用压汞法、离心法或隔板法来测定毛管压力曲线和孔隙分布曲线，从而获得岩石孔隙大小及其分布。

近 100 年来，岩石孔隙结构研究从简单的球砂颗粒模型发展到拓扑模型、节点模型等，从单一毛管模型发展到二维组合模型和三维组合模型，从简单的几何描述方法发展到统计学方法、分形几何方法。

2) 储层岩石的孔隙度

(1) 孔隙度。储层岩石的孔隙度是指岩石孔隙体积与其外表体积的比值。岩石的外表体积 V_f 可以分解成骨架体积 V_s 和孔隙体积 V_p，即 $V_f=V_s+V_p$，则储层岩石的孔隙度 ϕ 为：

$$\phi=\frac{V_p}{V_f}=\frac{V_p}{V_s+V_p}=\frac{V_f-V_s}{V_f} \tag{2-1}$$

孔隙度用百分数或小数表示。孔隙度是度量岩石储集能力大小的参数，孔隙度越大，单位体积岩石所容纳的流体越多，表明岩石的储集性能越好。

(2) 绝对孔隙度。绝对孔隙度是指岩石的总孔隙体积(包括连通的和不连通的)或绝对孔隙体积 V_{ap} 与岩石外表体积 V_f 的比值，以 ϕ_a 表示：

$$\phi_a=\frac{V_{ap}}{V_f} \tag{2-2}$$

(3) 有效孔隙度。有效孔隙度是指岩石在一定的压差作用下，被油气水饱和且连通的孔隙体积 V_{ep} 与岩石外表体积 V_f 的比值，以 ϕ_e 表示：

$$\phi_e=\frac{V_{ep}}{V_f} \tag{2-3}$$

(4) 流动孔隙度。流动孔隙度是指在一定的压差作用下，饱和于岩石孔隙中的流体发生运动时，与可动流体体积相当的那部分孔隙体积 V_{lp} 与岩石外表体积 V_f 的比值，以 ϕ_l 表示：

$$\phi_l=\frac{V_{lp}}{V_f} \tag{2-4}$$

岩石流动孔隙度与作用压差的大小有关，压差越大，岩石孔隙中参与流动的流体体积越大，流动孔隙度越大。

上述孔隙度的关系是：$\phi_a > \phi_e > \phi_l$。这一关系是由岩石的孔隙结构决定的（图 2-4）。在油田生产中，只有互相连通的毛细管孔隙才有实际意义。因为它们不仅能储集油气，而且油气还可以在其中渗流。那些不连通的孔隙和微毛细管孔隙，即使能储集油气，但在目前的开采工艺条件下也无法将其采出，实际上是没有意义的。一般实验室测定孔隙度的方法，如饱和流体法和气体膨胀法，均是测定岩石的有效孔隙度。矿场资料和文献上不特别标明的孔隙度均指有效孔隙度。

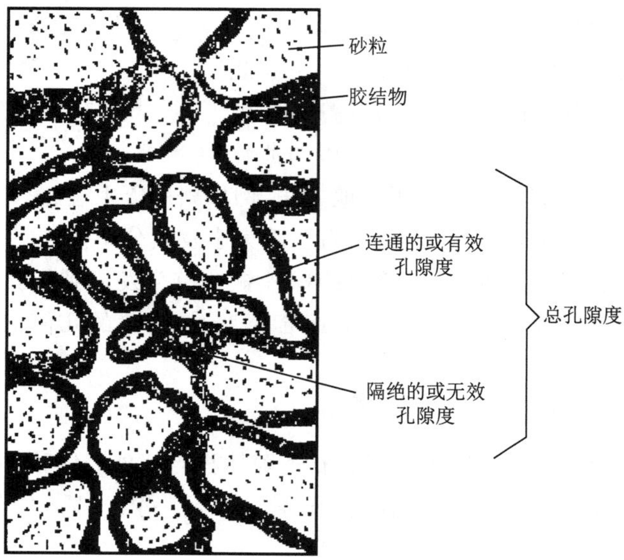

图 2-4 岩石的孔隙结构

（5）双重介质的孔隙度。含有裂缝-孔隙或溶洞-孔隙的油藏岩石称为双重孔隙介质，简称双重介质。双重介质含有两类孔隙类型：一类是由岩石固体颗粒之间的孔隙空间构成的粒间孔隙系统，称为基质孔隙或原生孔隙；另一类是由裂缝和溶洞形成的孔隙系统，称为裂缝孔隙或次生孔隙。

基质孔隙体积与岩石外表体积的比值称为基质孔隙度，裂缝孔隙体积与岩石外表体积的比值称为裂缝孔隙度。双重介质的总孔隙度 ϕ_t 可由基质孔隙度和裂缝孔隙度相加得到：

$$\phi_t = \phi_p + \phi_f \tag{2-5}$$

式中 ϕ_p——基质孔隙度，小数；

ϕ_f——裂缝孔隙度（溶洞孔隙度），小数。

实验研究表明，双重介质的裂缝孔隙度明显小于基质孔隙度。统计资料表明，当 $5\% \leqslant \phi_t \leqslant 10\%$ 时，$\phi_f < 0.1\phi_t$；当 $\phi_t > 10\%$ 时，$\phi_f < 0.04\phi_t$；仅当 $\phi_t < 5\%$ 时，ϕ_f 值才需要考虑。

3）*储层岩石孔隙度的评价*

一般情况下，砂岩的孔隙度在 10%～40%之间，碳酸盐岩的孔隙度在 5%～15%之间，泥岩或页岩的孔隙度在 20%～45%之间。通常可按孔隙度值划分或评价储层储集性能的优劣，见表 2-1。

表 2-1 储层岩石(砂岩)孔隙度评价

孔隙度/%	<5	5～10	10～15	15～20	>20
储层评价	极 差	差	一 般	好	特 好

矿场上常采用平均孔隙度值。通常的做法是钻取芯井,测定岩芯的孔隙度。

4) 孔隙度的影响因素

影响孔隙度的参数有很多,可以大致分为两类:一类是构成岩石物质的性质,如颗粒和胶结物性质;另一类是后期的成岩作用。具体来说可以分为以下几个方面:

(1) 颗粒的排列方式。由等直径球形颗粒岩石模型分析可知,储层岩石的孔隙度与组成岩石的颗粒直径无关,仅与颗粒的排列方式有关。正排列时孔隙度最大,为 47.6%(图 2-5);菱形排列时孔隙度最小,为 25.95%(图 2-6)。

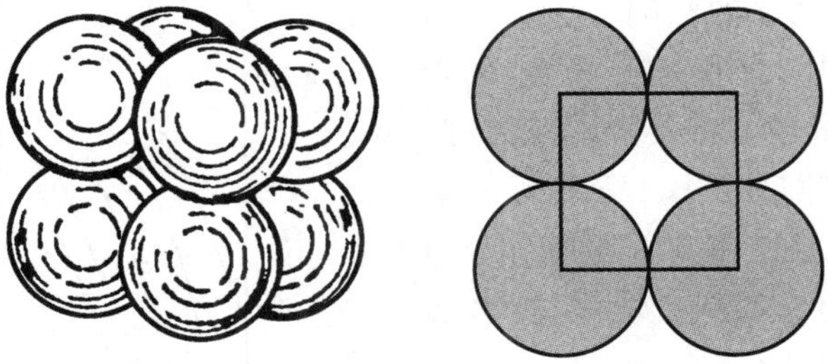

图 2-5 等直径球形颗粒模型正排列

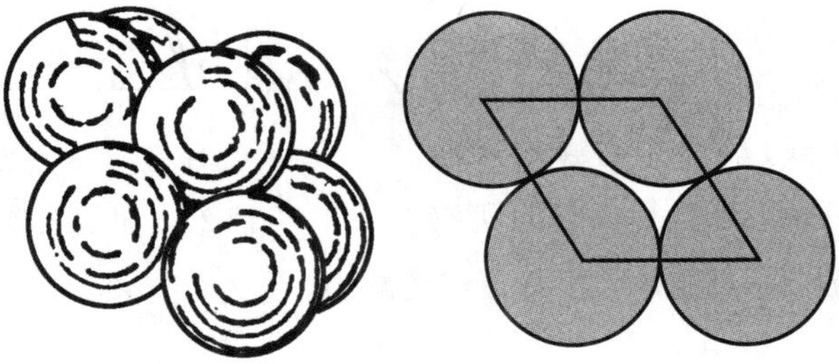

图 2-6 等直径球形颗粒模型菱形排列

(2) 颗粒的分选性和磨圆度。颗粒的磨圆度好,其分选性也好,这是由于磨圆度好的颗粒经历的搬运和磨蚀过程长,自然分选性相对较好。颗粒的分选性越好,颗粒的粒径越趋于一致,岩石的孔隙度越大(图 2-7)。

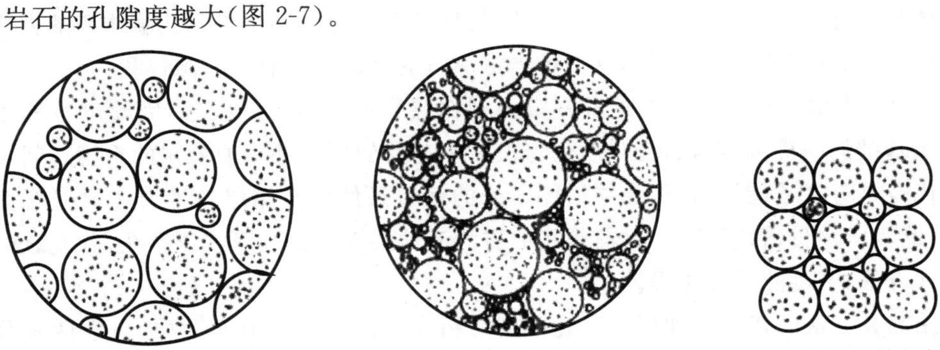

(a) 分选好的沉积物($\phi \approx 32\%$)　(b) 分选差的沉积物($\phi \approx 17\%$)　(c) 大球体间隙被小球体充填($\phi \approx 12.5\%$)

图 2-7 分选程度对孔隙度的影响

(3) 胶结物。胶结物的成分、含量以及胶结类型与储层物性的关系十分密切。我国现已发现的碎屑岩储层的胶结物主要是泥质,钙质较少,硅质、铁质等更少。相比而言,泥质胶结的砂岩较为疏松,孔隙性较好。随着泥质胶结物含量的增加,粒间孔隙被充填,岩石的孔隙度显著降低。表 2-2 是砂岩孔隙度与泥质含量的关系。

表 2-2 砂岩孔隙度与泥质含量的关系

泥质含量/%	<2	2～5	5～10	10～15	15～20
孔隙度/%	28～34	29～31	25～30	<25	<20

胶结类型对孔隙度也有影响,接触胶结的孔隙度最大,孔隙胶结次之,基底胶结最小。

(4) 压实作用与埋深的影响。压实作用使岩石致密。碎屑颗粒沉积速度缓慢,成岩后压实作用强烈,使颗粒紧密接触,甚至彼此压溶和镶嵌,导致孔隙度变小。岩石所承受的压实作用力主要来自上覆岩石的重力,即岩石的压实作用受埋深控制。埋深越大,压实程度越高,孔隙度越小(图 2-8)。

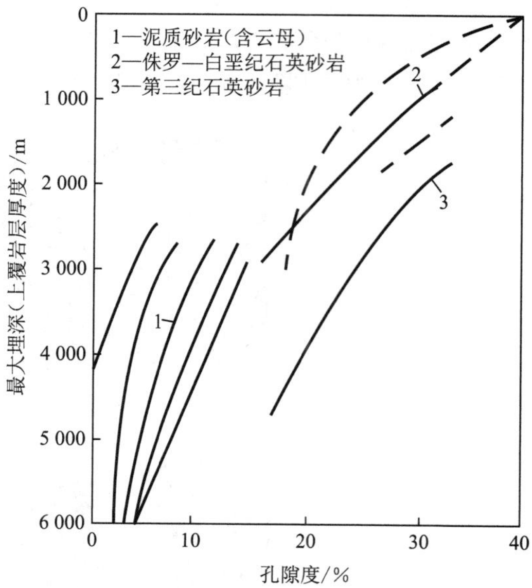

图 2-8 砂岩孔隙度与埋深的关系

(5) 成岩后生作用。成岩后生作用对孔隙度的影响主要分两个方面:第一,受构造力作用,储层岩石产生微裂隙,使岩石的孔隙度增大;第二,地下水活跃,溶蚀岩石颗粒和胶结物,使岩石孔隙度增加或地下水中的矿物质沉淀,充填或缩小岩石孔隙,导致岩石孔隙度减小。

5) *研究岩石孔隙度的方法*

研究岩石孔隙度的方法有两类:实验室方法和以各种井下测试技术为基础的间接方法。

(1) 实验室方法。通过各种仪器测定岩石的外表体积、骨架体积和孔隙体积,然后计算孔隙度的大小。测定岩石外表体积的方法主要有尺量法、排开体积法、浮力测定法。测定岩石骨架体积的方法有比重瓶法、沉没浮力法、气体膨胀法等。测定岩石孔隙体积的方法有气体膨胀法、饱和称重法、压汞法等,这 3 种方法测得的是岩石的有效孔隙体积。

(2) 间接方法。在实验室中难以真实模拟储层岩石在地下的状态,因此以各种测井解释技术为基础的间接测定岩石孔隙度的方法越来越受到国内外石油公司的重视。间接方法的最大优点是考虑了储层岩石、储层流体所处的地层条件以及储层各种力场对岩石性质的影响,因此其实用价值比较高。目前常用的方法有地层因子法和声波测井法,除此之外还有中子测井方法、密度测井方法等。

采用测井方法间接测定地层岩石孔隙度的精度取决于岩石电学性质、声学性质及放射性等基础参数。这些参数必须在实验室用实际地层岩样测出。运用测井方法解释地层的孔隙度参数时应考虑不同地层岩石的电学、声学等性质差异,因此必须根据不同的地层岩石的特点测定其电学、声学等参数并修正经验公式。

2. **岩石的渗透性**

在一定的压差作用下,岩石允许流体在孔隙中流动的性质称为渗透性。渗透率是岩石允许流体通过能力的重要量度。法国科学家亨利·达西于 1856 年公布了用水通过自制的铁管砂子滤器进行稳定流实验的研究结果(图 2-9)。后人把他的成果进行归纳和推广,称之为达西定律:

$$Q = K\frac{h_1 - h_2}{\mu L}\rho g A \tag{2-6}$$

式中 Q——水的体积流量,cm^3/s;

A——充填砂体的截面积,cm^2;

L——砂体的长度,cm;

h_1——进口压头,$h_1 = z_1 + p_1/(\rho g)$,cm;

h_2——出口压头,$h_2 = z_2 + p_2/(\rho g)$,cm;

z_1, z_2——砂体上、下端面的位置高度,cm;

p_1, p_2——砂体上、下端面的压力,atm(1 atm≈0.1 MPa);

ρ——液体的密度,g/cm^3;

g——重力加速度,m/s^2;

K——岩石渗透率,μm^2;

μ——流体黏度,mPa·s。

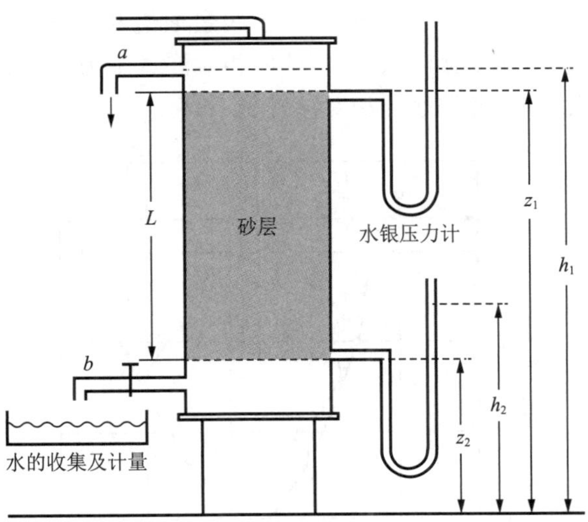

图 2-9 达西实验装置

油藏岩石渗透率多在$(10\sim1\,000)\times10^{-3}\ \mu m^2$之间,胶结疏松岩石的渗透率甚至达到几千甚至几万毫达西($1\ mD = 1\times10^{-3}\ \mu m^2$)。

1) 绝对渗透率、有效渗透率和相对渗透率

(1) 绝对渗透率。当岩石孔隙为一种流体完全饱和时测得的渗透率称为绝对渗透率。绝对渗透率只是岩石本身的一种属性,只要流体与岩石间不发生物理化学反应,绝对渗透率就与通过岩石的流体的性质无关。

(2) 有效渗透率。当岩石孔隙中饱和两种或两种以上流体时，岩石让其中一种流体通过的能力称为有效渗透率或相渗透率。油、气、水各相的有效渗透率分别记为 K_o，K_g，K_w。岩石的有效渗透率之和总是小于该岩石的绝对渗透率。岩石的有效渗透率既与岩石自身属性有关，又与流体饱和度及其在孔隙中的分布有关，因此多相流体在岩石孔隙中的饱和度不同，岩石对各流体相的有效渗透率也不同。

(3) 相对渗透率。相对渗透率是指岩石孔隙中为饱和多相流体时，岩石对每一相流体的有效渗透率与岩石绝对渗透率的比值，其中岩石绝对渗透率可以是用空气测定的绝对渗透率，也可以是用水测定的绝对渗透率，还可以是束缚水条件下的油相渗透率。同一岩石的相对渗透率之和总是小于 1。

2) 油水相对渗透率曲线特征

由实验确定的相对渗透率与含水饱和度的关系曲线称为相对渗透率曲线，如图 2-10 所示。根据曲线特点，可将曲线分为三个特征区：

A 区——油单相流动区。水以不连续的环网状分布于颗粒表面、颗粒边角及颗粒接触处，没有流动能力，水相相对渗透率为 0。水自身虽然不能流动，但会对油的流动产生影响，油相相对渗透率小于绝对渗透率。

B 区——油水两相流动区。*B* 区起点处岩石的含水饱和度是束缚水饱和度 S_{wi}。随着含水饱和度的增加，油水处于连续分布，各取自己的渠道参与流动。当岩石中含水饱和度达到某一数值时，油水流动能力相等，表现为油水相对渗透率曲线相交，该含水饱和度定义为等渗饱和度，简称等渗点。

C 区——水单相渗流区。*C* 区起点处对应于残余油饱和度 S_{or}。此时油的流动渠道已被水所占据，油失去连续性而呈孤滴状分布，油的相对渗透率为 0。孤滴状的油产生的贾敏效应对水的流动有较大影响，导致水的相对渗透率不高。

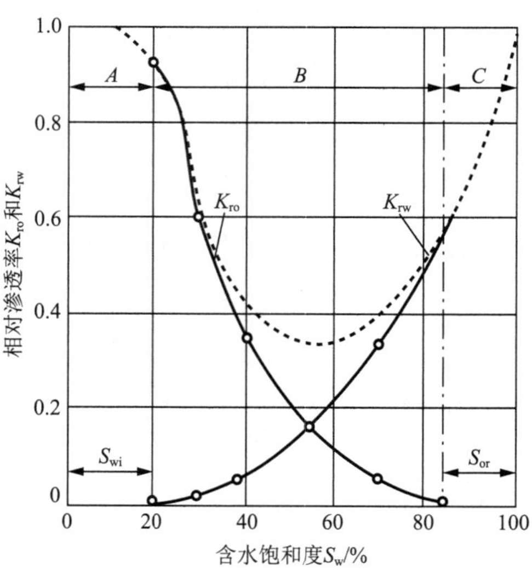

图 2-10 油水相对渗透率曲线

粗虚线为油、水相对渗透率之和

根据相对渗透率曲线上的特征值可以计算水驱效率：

$$水驱效率=\frac{1-束缚水饱和度-残余油饱和度}{1-束缚水饱和度}\times 100\%$$

3. 岩石中的流体饱和度

1）流体饱和度

储层孔隙被流体充满的程度称为该流体的饱和度，如含油饱和度、含气饱和度、含水饱和度等，通常以该流体占据孔隙空间的百分数(或小数)来表示：

$$S_l=\frac{V_l}{V_p}=\frac{V_l}{\phi V_f} \tag{2-7}$$

式中 V_l——流体体积，m^3；

V_f——岩石的外表体积，m^3；

ϕ——孔隙度。

根据流体饱和度的定义，油藏岩石中含油、含气、含水饱和度之间的关系为：

$$S_o+S_w+S_g=1 \tag{2-8}$$

式中 S_o，S_w，S_g——含油饱和度、含水饱和度和含气饱和度，小数。

2）束缚水饱和度、残余油饱和度与剩余油饱和度

(1) 束缚水饱和度。束缚水(或残余水)是指分布和残存在岩石颗粒接触处、角隅和微细孔隙中或吸附在岩石骨架颗粒表面的水。由于这一部分水几乎是不可能流动的，因而也称为不可动水。储层岩石孔隙中束缚水的体积与孔隙体积的比值称为束缚水饱和度。

(2) 残余油饱和度。残余油是指被工作剂驱洗过的地层中滞留或闭锁在岩石孔隙中的油。残余油体积与孔隙体积的比值称为残余油饱和度。

(3) 剩余油饱和度。剩余油是指已开发油藏(或油层)中尚未采出的油，其是由于在开发过程中未被工作剂驱替或波及而造成的。剩余油体积与孔隙体积的比值称为剩余油饱和度。

油藏岩石中含油、含气、含水饱和度在从勘探到开发的过程中是不断变化的。勘探阶段测得的流体饱和度通常称为原始饱和度，开发阶段测得的流体饱和度是指在目前地层压力和温度条件下的含油、含气、含水饱和度。

二、地层流体性质

1. 地层油的性质

1）地层油的密度和相对密度

地层油的密度是指单位体积地层油的质量，其数学表达式为：

$$\rho_o=\frac{m_o}{V_o} \tag{2-9}$$

式中 ρ_o——地层油密度，kg/m^3；

m_o——地层油质量，kg；

V_o——地层油体积，m^3。

由于溶解气的存在，地层油密度比地面脱气油密度要低几个甚至十几个百分点。

矿场上习惯使用地面原油相对密度这个参数。根据石油行业标准，地面原油相对密度

定义为 20 ℃时地面原油的密度与 4 ℃时水的密度之比，用符号 d_4^{20} 或 γ_o 表示。由于 4 ℃时水的密度为 1 g/cm³ 或 1 000 kg/m³，所以地面原油相对密度在数值上等于其密度。矿场上通常用实测地面原油相对密度来间接确定地层原油相对密度。

矿场上用地层原油相对密度表示地层温度和压力条件下的原油相对密度，而用原油相对密度表示地面原油相对密度。

研究结果表明，当压力高于饱和压力时，地层原油相对密度与地层原油体积系数有较好的比例关系，即

$$\frac{\gamma_{oi}}{\gamma_{ob}}=\frac{B_{ob}}{B_{oi}}$$

式中 γ_{oi}——原始地层压力下地层原油相对密度；

γ_{ob}——泡点压力下地层原油相对密度；

B_{oi}——原始地层压力下地层原油体积系数；

B_{ob}——泡点压力下地层原油体积系数。

用上式可以计算任何高于泡点压力的地层温度、压力条件下的地层原油相对密度。但上式不能用于低于泡点压力的状态，因为低于泡点压力时，地层原油分离出气体，地层原油体积和地层原油密度不成线性关系，此时，地层原油相对密度只能由实验方法测得。

2）地层油的溶解气油比

通常把地层油在地面标准状况下进行一次脱气分离出的气体体积与地面脱气油体积的比值称为溶解气油比。

$$R_s=\frac{V_g}{V_s} \tag{2-10}$$

式中 R_s——溶解气油比，m³/m³；

V_g——地面标准状况下一次脱气分离出的天然气体积，m³；

V_s——地面脱气油体积，m³。

图 2-11 所示是地层油溶解气油比随压力变化曲线，地层压力高于泡点压力时的溶解气油比均为原始溶解气油比 R_{si}。当地层压力低于泡点压力后，随着压力降低，一部分气体从地层油中逸出，溶解于原油中的气量减少，故溶解气油比 R_s 减小。

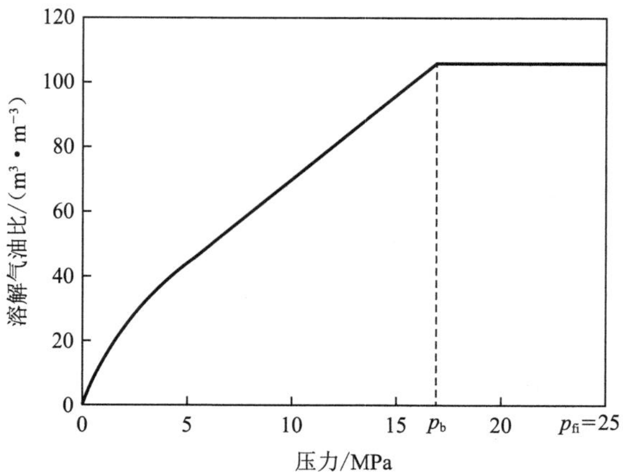

图 2-11 地层油溶解气油比随压力变化曲线

p_b—泡点压力；p_{fi}—原始地层压力

在油田生产中常用到生产气油比的概念，它的含义是某井（或某区块、某油田）在一定时间内产气量（m^3）与产油量（m^3）之比，用 R_p 表示。

一般情况下，生产气油比大于或等于溶解气油比。

3）地层油的体积系数

地层油的体积系数 B_o 又称为原油地下体积系数，是指原油在地下的体积与其在地面脱气后的体积之比。可用下式表示：

$$B_o = \frac{V_o}{V_{os}} \tag{2-11}$$

式中 V_o——地层油体积，m^3；

V_{os}——V_o 体积的地层油在地面脱气后在标准条件下的体积，m^3。

一般情况下，地下原油体积受溶解气、热膨胀和压缩性 3 个因素影响。图 2-12 所示为地层原油体积系数随压力变化曲线。当压力高于泡点压力 p_b 时，B_o 随压力的降低而增大，这是因为压力降低，单相地层油体积膨胀；当压力低于泡点压力 p_b 时，B_o 随压力降低而减小，这是由于地层油中溶解气释出，地层油收缩，体积变小；当压力等于泡点压力 p_b 时，B_o 达到最大。

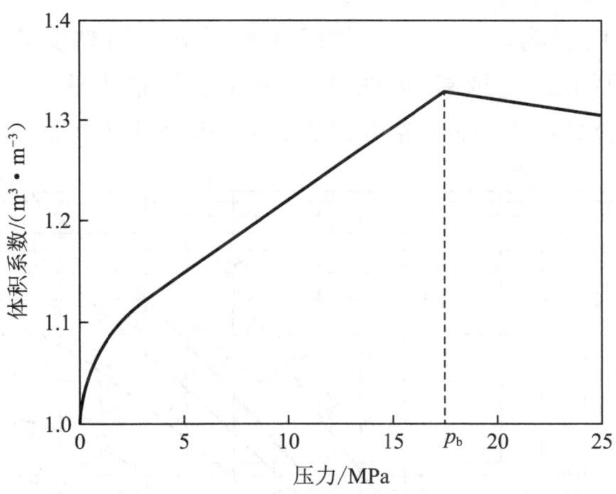

图 2-12 地层原油体积系数随压力变化曲线

由于溶解气和热膨胀对原油体积的影响（使之变大）大于压缩性对原油体积的影响（使之变小），因而地层油的体积总是大于它在地面脱气后的体积，即地层油的体积系数一般大于 1。

4）地层油的等温压缩系数

地层油的弹性大小用等温压缩系数 C_o 表示。地层油等温压缩系数定义为：在等温条件下，单位体积地层油随压力的变化率。用公式表示为：

$$C_o = -\frac{1}{V_o}\left(\frac{\partial V_o}{\partial p}\right)_T \tag{2-12}$$

式中 C_o——地层油等温压缩系数，MPa^{-1}；

V_o——地层油体积，m^3；

$\left(\frac{\partial V_o}{\partial p}\right)_T$——等温条件下地层油体积随压力的变化率，$m^3/MPa$。

由于
$$\frac{\partial V_o}{\partial p} \approx \frac{\Delta V_o}{\Delta p} = \frac{V_{ob} - V_o}{p_b - p}$$

所以油藏压力 p 与泡点压力 p_b 间的平均等温压缩系数可表示为：

$$C_o = -\frac{1}{V_o}\frac{V_{ob} - V_o}{p_b - p} = -\frac{1}{B_o}\frac{B_{ob} - B_o}{p_b - p} = \frac{1}{B_o}\frac{B_{ob} - B_o}{p - p_b} \tag{2-13}$$

式中 V_{ob}——泡点压力 p_b 下地层油体积，m^3；

V_o——p（高于泡点压力 p_b）压力下地层油体积，m^3；

p_b——泡点压力，MPa；

p——油藏压力，$p > p_b$，MPa。

通常情况下，地面原油的等温压缩系数为$(4\sim7)\times10^{-4}$ MPa^{-1}，地层油的等温压缩系数为$(10\sim140)\times10^{-4}$ MPa^{-1}。

5）地层油的黏度

原油黏度取决于它的化学组成、溶解气油比、压力和温度等条件。原油黏度的变化范围很大，可以从 1 mPa·s 以下到上万毫帕秒。

（1）原油化学组成的影响。原油的化学组成是影响原油黏度的内在因素。通常，原油的相对分子质量越大，原油黏度越高，如图 2-13 所示。原油中重烃、非烃物质（胶质＋沥青质）等大分子化合物的含量越多，原油黏度越大，甚至出现非牛顿流体的黏滞特性。

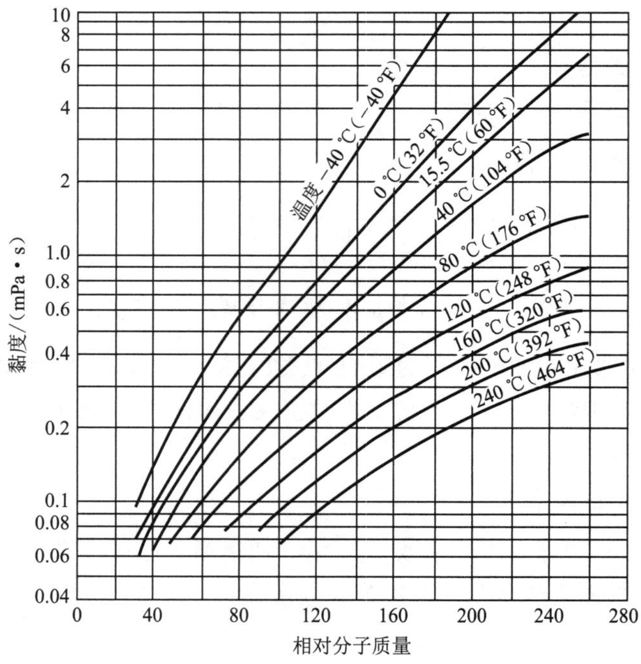

图 2-13 原油黏度与相对分子质量关系曲线

（2）温度的影响。地层油和地面脱气油对温度都十分敏感。温度升高，液体分子运动速度增大，液体分子间引力减小，黏度降低。各种原油对温度的敏感性不同，在一定的温度范围内，温度每升高 10 ℃，原油黏度约下降一半。原油黏度与温度的关系曲线近似对数曲线，如图 2-14 所示。

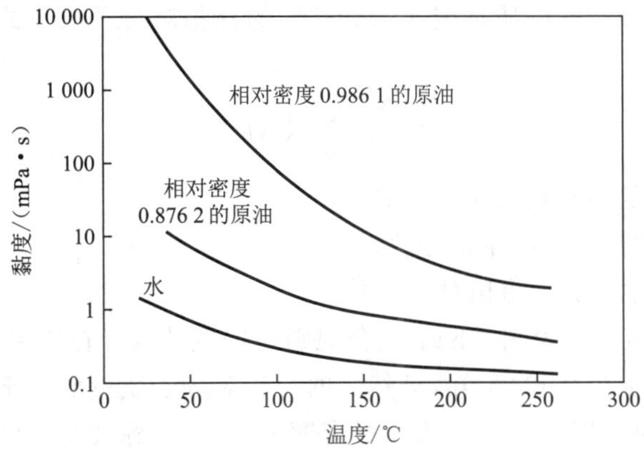

图 2-14　原油黏度与温度关系曲线

（3）压力和溶解气的影响。由于原油中溶解有大量的天然气，因此原油黏度对压力也十分敏感。原油黏度与压力的关系如图 2-15 所示。

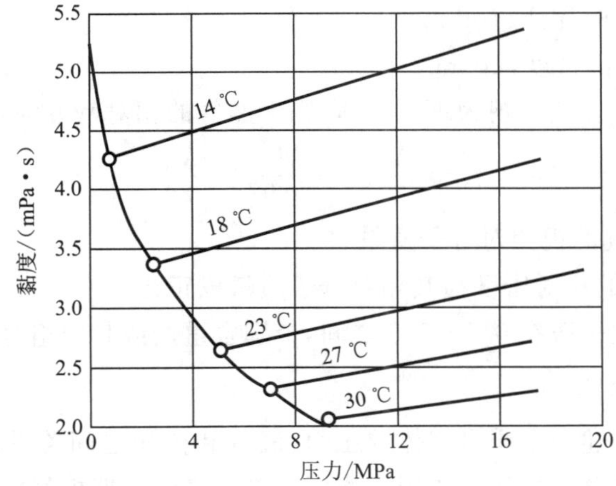

图 2-15　原油黏度与压力关系曲线

当压力低于泡点压力时，随着压力的上升，原油中溶解气量增加，液层内部摩擦力减小，黏度随之降低。

当压力高于泡点压力时，压力升高引起地层油的弹性压缩，原油密度增大，分子间距变小，液层内部摩擦力增大，黏度增加。

当压力等于泡点压力时，原油中溶解气量达到最大值，原油的组分达到最佳组合，此时原油黏度最低，或称极小值。

2. 天然气的性质

天然气是从地下油气藏中采出的可燃气体，是多组分烃类物质的混合物，主要由甲烷、乙烷、丁烷等烃类组成，此外还含有少量的一氧化碳、二氧化碳、氮气和硫化氢等。

1）天然气的视相对分子质量及相对密度

（1）天然气的视相对分子质量。天然气是多组分混合物，本身没有分子式，不能像纯组分气体那样由分子式计算出相对分子质量。为了工程计算方便，人为地将标准状况（0 ℃，0.101 MPa）下 1 mol 天然气的质量定义为天然气的视相对分子质量或平均相对分子质量。可根据下式得到：

$$M_g = \sum_{i=1}^{k} y_i M_i \tag{2-14}$$

式中 M_g——天然气的视相对分子质量；

y_i——天然气中组分 i 的摩尔分数；

M_i——天然气中组分 i 的相对分子质量。

式(2-14)称为 Kay 混合规则。Kay 混合规则是按各种组分在体系中的权重计算体系参数的一种综合方法。由式(2-14)可知，天然气的视相对分子质量取决于天然气的组成。

（2）天然气的相对密度。天然气的相对密度定义为：在标准状态（20 ℃，0.101 MPa）下天然气密度与干燥空气密度的比值，即

$$\gamma_g = \frac{\rho_g}{\rho_a} \tag{2-15}$$

式中 γ_g——天然气的相对密度；

ρ_g——天然气的密度，kg/m^3；

ρ_a——干燥空气的密度，kg/m^3。

如果将天然气和干燥空气视为理想气体，则天然气的相对密度为：

$$\gamma_g = \frac{M_g}{M_a} = \frac{M_g}{28.97} \approx \frac{M_g}{29} \tag{2-16}$$

式中 M_a——干燥空气的视相对分子质量。

上式表明，天然气的相对密度与其相对分子质量成正比。

天然气的相对密度一般在 0.5～0.8 之间，个别含重烃或其他组分多者可能大于 1。

2）天然气的状态方程

气体状态方程是描述一定质量气体的压力、温度和体积之间关系的表达式。理想气体是指分子本身的体积及分子之间的作用力均可忽略的气体。理想气体状态方程为：

$$pV = nRT \tag{2-17}$$

式中 p——气体的压力，MPa；

V——气体的体积，m^3；

n——气体的物质的量，kmol；

R——通用气体常数，$R=0.008\ 341\ MPa \cdot m^3/(kmol \cdot K)$；

T——气体的温度，K。

理想气体状态方程仅适用于低压下的实际气体。目前在石油工程中广泛应用的是压缩因子状态方程。压缩因子状态方程的实质是引入压缩因子来修正理想气体状态方程，即

$$pV = nZRT \tag{2-18}$$

式中 Z——压缩因子。

压缩因子的物理意义为：在给定温度和压力条件下，实际气体所占的体积与理想气体所

占的体积之比，即

$$Z = \frac{V_{实际}}{V_{理想}} \tag{2-19}$$

压缩因子反映了实际气体相对于理想气体压缩的难易程度。当 $Z=1$ 时，实际气体相当于理想气体；当 $Z<1$ 时，实际气体比理想气体易压缩；当 $Z>1$ 时，实际气体比理想气体难压缩。

3）天然气的体积系数和膨胀系数

油气开采工艺和油气集输设计中常常遇到气体状态换算，如油气藏条件下与地面标准状态下气体体积的换算，地面标准状态下的气体流速换算成某一压力、温度下输气管道内的气体流速等。

体积系数 B_g 定义为：地面标准状态下，单位体积天然气在地层条件下的体积。其数学表达式为：

$$B_g = \frac{V_g}{V_{sc}} \tag{2-20}$$

式中 V_g——地层条件下气体的体积，m^3；

V_{sc}——地面标准状态下气体的体积，m^3；

B_g——天然气的体积系数，m^3/m^3。

天然气的膨胀系数 E_g 的数学表达式为：

$$E_g = \frac{1}{B_g} \tag{2-21}$$

式中 E_g——天然气的膨胀系数。

4）天然气的黏度

天然气的黏度是评价天然气流动性的指标。天然气的黏度对天然气在地下的渗流过程和在管道中的流动过程都有重要影响。

气体的黏度是流体内摩擦阻力的量度。当气体内部存在相对运动时，会因为分子的内摩擦力而产生阻力。阻力越大，流体运动越困难，气体的黏度越大。如图 2-16 所示，设有两平行气层，相距 dy，下层速度为 v，上层速度为 $v+dv$，两层间的相对速度为 dv，层和层间的接触面积为 A，层内摩擦阻力为 F，由实验得到如下关系：

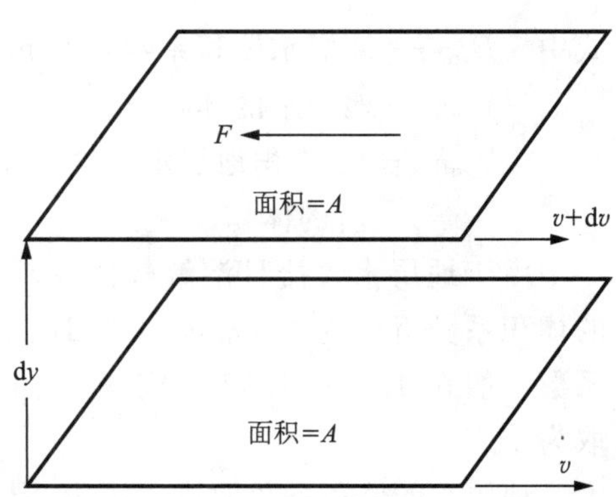

图 2-16 平行气层流动示意图

$$\tau = \frac{F}{A} = \mu \frac{dv}{dy} \tag{2-22}$$

式中 τ——剪切应力，N/m^2；

v——剪切应力方向上的流体速度，m/s；

$\frac{dv}{dy}$——速度梯度，s^{-1}；

μ——动力黏度，也称绝对黏度，Pa·s。

由式(2-22)可以看出，气体的黏度可以定义为单位面积上内摩擦力与速度梯度的比值。采用 SI 制动力黏度的单位名称是毫帕秒，符号为 mPa·s，它与厘泊(cP)的关系为：

$$1\ \mathrm{mPa\cdot s}=1\ \mathrm{cP}$$

此外，天然气的黏度还可以用运动黏度 ν 表示，其与动力黏度 μ 的关系为：

$$\nu=\frac{\mu}{\rho} \tag{2-23}$$

式中 ρ——气体的密度，kg/m^3；

ν——运动黏度，m^2/s。

3. **地层水的性质**

1）天然气在地层水中的溶解度

天然气在地层水中的溶解度定义为：在地层压力、温度条件下，单位体积地面水所溶解的天然气的体积，单位为 m^3/m^3。与原油相比，天然气在水中的溶解度很低。一般 10 MPa 下 1 m^3地层水中溶解的天然气量不超过 2 m^3。

由图 2-17 可知，地层水中天然气的溶解度随压力的升高而增大，随矿化度的增大而降低，而温度对其影响不大。

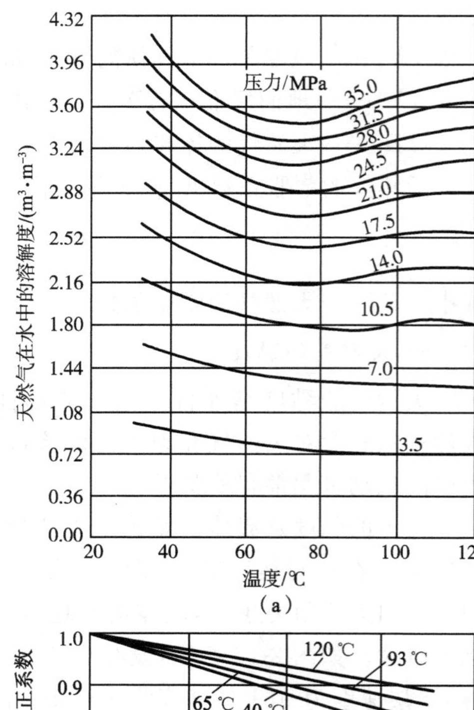

图 2-17 地层水中天然气的溶解度

2）地层水的体积系数

地层水的体积系数是指在地层温度、压力条件下，地层水体积与其在地面条件下的体积之比，即

$$B_w=\frac{V_w}{V_{ws}} \tag{2-24}$$

式中 B_w——地层水体积系数，m^3/m^3；

V_w——地层水的体积，m^3；

V_{ws}——V_w体积地层水在地面条件下脱气后的体积，m^3。

由于地层水含盐且溶解气体少，因此地层水的体积系数近似为 1。常规油气田的地层水体积系数一般在 1.01～1.02 之间，工程上常近似地取为 1。

地层水的体积系数取决于压力、温度、天然气在地层水中的溶解度，其中地层水体积系数受温度的影响较大。由图 2-18 可知，地层水的体积系数随温度的升高而增大，随压力的增加而减小，且溶解有天然气的地层水比纯水的体积系数大些。

3）地层水的密度

地层水的密度可用下式表示：

$$\rho_w=\frac{\rho_{ws}}{B_w} \tag{2-25}$$

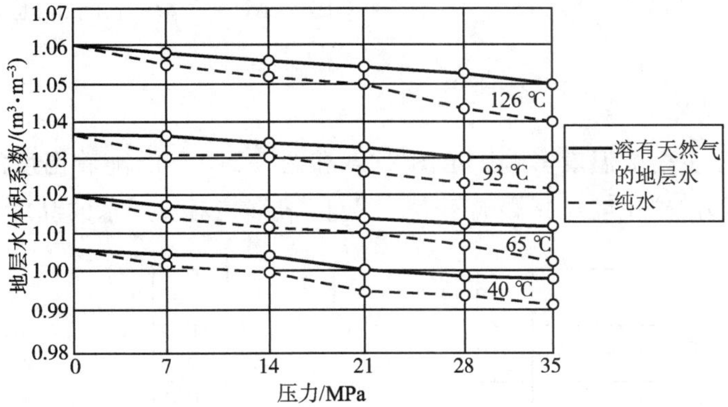

图 2-18 地层水体积系数与压力、温度的关系曲线

式中 ρ_w——地层水的密度,g/m³;

ρ_{ws}——地层水在地面条件下的密度,g/m³;

B_w——地层水的体积系数,m³/m³。

4)地层水的等温压缩系数

地层水的等温压缩系数是指等温条件下,单位体积地层水随压力的变化率,即

$$C_w = -\frac{1}{V_w}\left(\frac{\partial V_w}{\partial p}\right)_T \tag{2-26}$$

式中 C_w——地层水的等温压缩系数,MPa^{-1};

$\left(\frac{\partial V_w}{\partial p}\right)_T$——等温条件下地层水体积随压力的变化率,m³/MPa。

由于随着压力的增加,气体体积减小,$\left(\frac{\partial V_w}{\partial p}\right)_T$ 为负值,为保证 C_w 为正值,在式(2-26)右边加一个负号。

地层水的等温压缩系数取决于压力、温度、天然气在地层水中的溶解度,以及地层水的矿化度。由图 2-19 可知,地层水的等温压缩系数随压力的升高而减小,随温度的升高先减小后增大,随溶解气量的增多而显著增大。另外,地层水的等温压缩系数随矿化度的升高而减小。

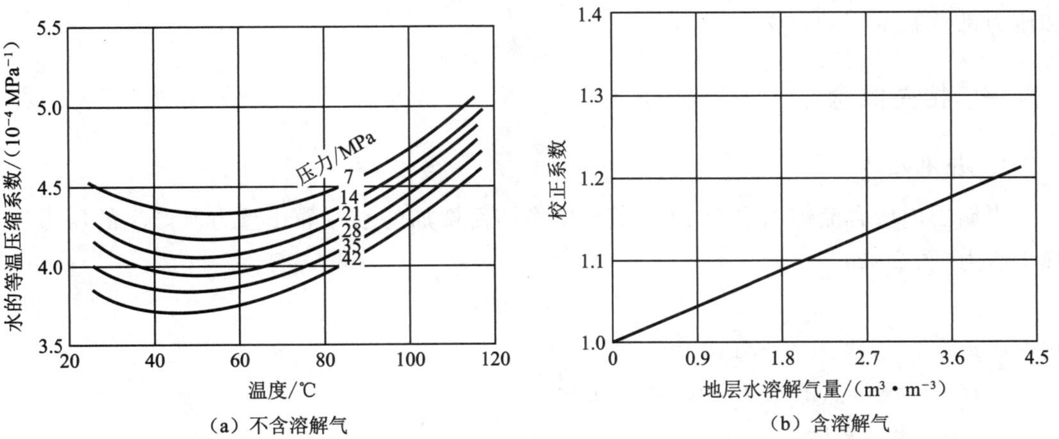

图 2-19 地层水等温压缩系数曲线

地层水等温压缩系数一般为$(3.7\sim5.0)\times10^{-4}\ MPa^{-1}$，在不同的压力和温度区间上，其数值不同。

5）地层水的黏度

地层水的黏度主要受温度影响。由图 2-20 和图 2-21 可知，随着温度的上升，地层水黏度急剧降低，而压力、矿化度对其影响不大。另外，溶解气对地层水的黏度影响也不大。

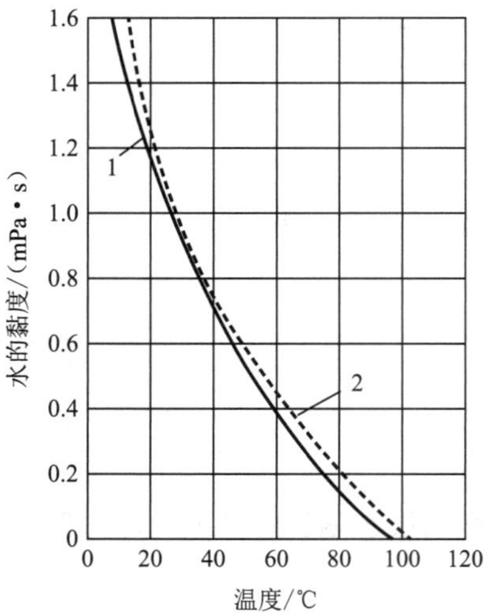

图 2-20 地层水黏度与温度、压力的关系曲线

1—0.1 MPa；2—50 MPa

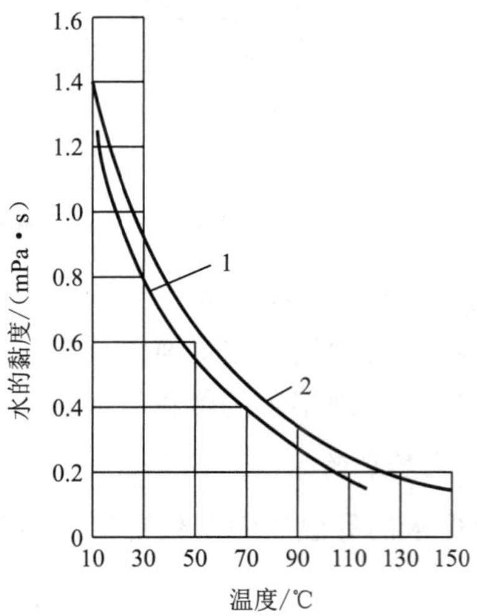

图 2-21 地层水黏度与温度、矿化度的关系曲线

1—纯水；2—矿化度 60 000 mg/L

第三节 油气藏压力与温度

压力和温度是油气藏的主要影响因素，它们不仅决定流体的相态，还对流体的流动性能有着重要的影响。压力梯度和地温梯度与油气在岩层中的生成、运移和聚集关系极大。油气开采的大部分工作都与压力和温度有关。因此，对于油气勘探和油气开采来说，研究温度和压力都具有重要的意义。

一、相关概念

1．静水压力

当储层内所含流体以水为主时，随深度增加而增加的水柱静止重力所产生的压力称为静水压力（图 2-22）。

$$p_H = 0.001\rho g H \tag{2-27}$$

式中 p_H——静水压力，MPa；

H——测压点的水柱高度（水压头），m；

ρ——水的密度，g/cm^3；

g——重力加速度，m/s^2。

2. **地层压力**

储层孔隙中的各种流体总是处于一定的压力之下，作用于地层所含流体的压力称为地层压力或孔隙压力。如果该流体为油或天然气，则分别称为油层压力或气层压力。

3. **压力系数**

压力系数定义为实测地层压力与同一深度的静水压力之比。压力系数是衡量地层压力是否正常的一个指标。在一般地质条件下，地层压力与静水压力相当。

4. **压力梯度**

压力梯度是指地层压力随深度的变化率。静水压力梯度是指同一井内单位深度(10 m 或 100 m)静水压力的变化值。流压梯度是指油井在开井生产时，单位深度(10 m 或 100 m)流动压力的变化值。

5. **异常地层压力**

异常地层压力是指偏离静水压力的地层压力。常用压力系数和压力梯度来表示异常压力的大小。压力系数在 0.8～1.2 范围内或压力梯度在 0.008～0.012 MPa/m 范围内属于正常压力，压力系数高于 1.2 或压力梯度高于 0.012 MPa/m 为异常高压，压力系数低于 0.8 或压力梯度低于 0.008 MPa/m 则为异常低压。

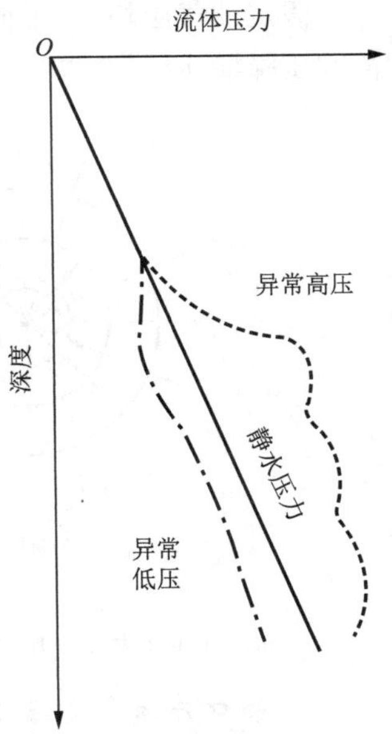

图 2-22　静水压力及异常压力示意图

6. **折算压力**

折算压力是为了消除构造因素的影响和正确判断地下流体的流动方向，把所测得的油层真实压力折算到某一基准面上的压力。通常选择海平面或油水界面为折算基准面。

以海平面为基准面的折算压力公式为：

$$p_c = p_f + 0.001\rho g h_o \tag{2-28}$$

式中　p_c——折算压力，MPa；

p_f——油层中部实测压力，MPa；

g——重力加速度，m/s^2；

ρ——地层流体密度，g/cm^3；

h_o——油层中部海拔，m。

当在海平面以上时，h_o 取正值；当在海平面以下时，h_o 取负值。

以油水接触面为基准面的折算压力公式为：

$$p_c = p_f + 0.001\rho g \left| h_{wo} - h_o \right| \tag{2-29}$$

式中　h_{wo}——油水界面海拔，m。

利用折算压力可以正确对比各井之间的压力高低。对比原始地层折算压力，可以判断各井是否处于同一个压力系统。根据同一地层中折算压力的分布情况，还可以判断流体是否流动以及流动的方向。如果地层内各点的折算压力相等，则其内部流体不会流动。流体总是从折算压力高的区域流向折算压力低的区域。

二、压力分布

1. 单井油气层压力分布

假定油气层均质，平面上流线呈径向分布，压力呈同心圆状；剖面上压力降落呈漏斗状，简称压降漏斗（图 2-23）。该现象说明在油气藏开发过程中，压力主要消耗在井周围。

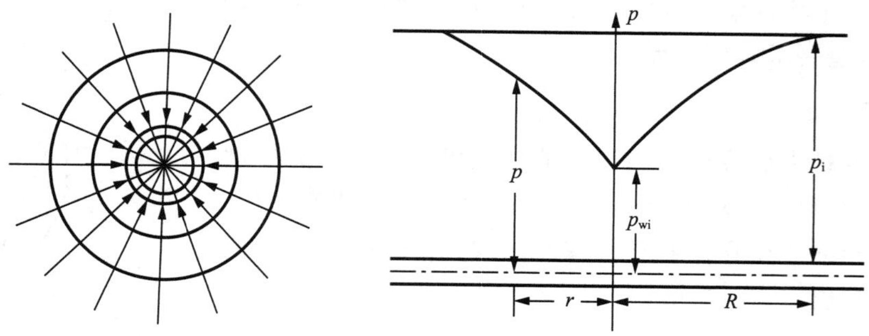

（a）俯视图　　（b）剖面图

图 2-23　单井压力分布示意图

p_{wi}—井底压力；p_i—原始地层压力或供给边界压力；R—供给半径；r—地层中任一点与井筒间的距离

2. 两口井油气层压力分布

假定油气层均质，两口井同时渗流时，压力波互相发生干扰，平面上压力呈以两口井为核心的椭圆状，剖面上压力呈叠合双漏斗状（图 2-24）。

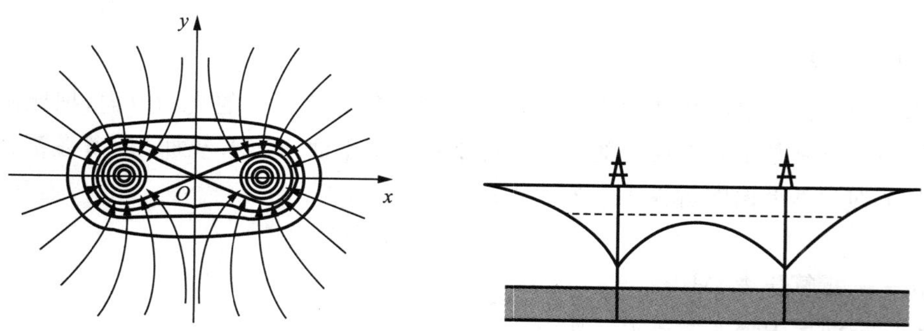

（a）俯视图　　（b）剖面图

图 2-24　两口井相互作用时的压力分布示意图

三、温度系统

1. 地温分区

从地表到地核，地温可分为 3 个区带（图 2-25）：受太阳能影响的表层称为太阳辐射带，该区带厚度约为 20 m，热量主要来自太阳辐射；太阳辐射带之下有一恒温带，该区带厚度为 20～120 m，是地球内部热与太阳辐射热相互影响达到平衡的区带；在恒温带之下为地热带，其温度随深度的增加而有规律地升高。

对于油气田勘探和开发来说，主要研究恒温带之下的地热带的地温变化及其对油气的影响。

2. **地温梯度**

地温梯度是指深度每增加 100 m 时地层升高的温度，即

$$G_T = \frac{100(T-t)}{H-h} \qquad (2\text{-}30)$$

式中 G_T——地温梯度，℃/100 m；

T——深度为 H 处的地层温度，℃；

t——大气的年平均温度，℃；

H——测温点的深度，m；

h——恒温带的深度，m。

全球平均地温梯度为 3 ℃/100 m。由于地球热力场的非均质性，地温梯度各地不一。地温梯度对油气的生成、运移和聚集乃至开采等都有很大的影响。

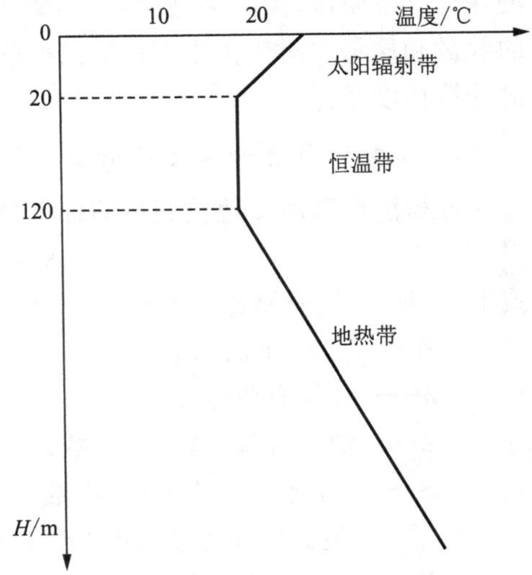

图 2-25 地温纵向分布示意图

3. **地温的影响因素**

1）岩石热导率不同

岩石的导热能力即热导率。岩性不同，热导率也不同。例如，玄武岩、碳酸盐岩、碎屑岩的热导率依次减小。因此，可以认为不同地区岩石热导率的不同是导致地温梯度不同的原因之一。

2）地下水的循环

地下水是一种良好的载热体。在循环过程中，水可以把地层向斜深部的热量带到背斜顶部，这将大大影响该区域地温梯度的变化。

3）大地构造性质

影响地温场的因素很多，其中起主导作用和具有全局性影响的是大地构造的性质，即地壳的性质，如地壳的稳定程度及地壳的厚度等。

第四节 油气藏地质储量

油气储量是指地层原始状态下的地下油气蕴藏量，它是油气田勘探成果的综合体现。油气储量是发展石油工业的基础，落实油气资源的探明程度、预算油气储量的大小是油气田勘探、开发过程中必不可少的一项任务。

一、油气藏地质储量计算

对于已经探明和基本探明的油气田，为了编制油气田开发方案，确定油气田的生产能力和建设规模，必须进行油气田资源的落实和储量计算。

当前油气储量的计算方法主要分为两大类：第一类是静态法，包括容积法、类比法、统计模拟法；第二类是动态法，包括物质平衡法、压降法、产量递减法、水驱特征曲线法、矿场不稳

定试井法等。其中,容积法应用最广泛,是计算油气藏地质储量的主要方法,适用于不同的勘探与开发阶段、圈闭类型、储集类型和驱动方式,其计算结果的可靠程度主要取决于资料的数量和质量。对于大中型构造的砂岩油气藏,容积法的计算精度较高,而对于复杂油气藏的计算精度较低。

1. 容积法计算油田地质储量

容积法计算油田地质储量的计算公式为:

$$N = 100Ah\phi S_{oi}\rho_o/B_{oi} \tag{2-31}$$

式中 N——地质储量,10^4 t;

A——含油面积,km^2;

h——油层有效厚度,m;

ϕ——油层有效孔隙度,小数;

S_{oi}——原始含油饱和度,小数;

ρ_o——地面原油密度,10^3 kg/m^3;

B_{oi}——原始原油体积系数,m^3/m^3。

油田的储量丰度Ω_o和单储系数SNF可分别表示为:

$$\Omega_o = N/A = 100h\phi S_{oi}\rho_o/B_{oi} \tag{2-32}$$

$$SNF = N/(Ah) = 100\phi S_{oi}\rho_o/B_{oi} \tag{2-33}$$

2. 容积法计算气田地质储量

气田原始地质储量的计算公式为:

$$G = 0.01Ah\phi S_{gi}/B_{gi} \tag{2-34}$$

$$B_{gi} = \frac{p_{sc}Z_i T}{p_i T_{sc}} \tag{2-35}$$

式中 G——气田地质储量,10^8 m^3;

A——含气面积,km^2;

h——气层有效厚度,m;

ϕ——气层有效孔隙度,小数;

S_{gi}——原始含气饱和度,小数;

B_{gi}——原始天然气体积系数,m^3/m^3;

p_i——原始地层压力,MPa;

p_{sc}——地面标准压力,0.101 MPa;

T_{sc}——地面标准温度,293.15 K;

T——地面温度,K;

Z_i——原始气层偏差系数。

将式(2-35)代入式(2-34),可得计算气田地质储量的公式为:

$$G = 0.01Ah\phi S_{gi}\frac{p_i T_{sc}}{p_{sc}Z_i T} \tag{2-36}$$

二、储量级别

油气储量是编制勘探方案、开发方案的主要依据之一。事实上,对于一个较大的油气田,往往不可能一下将实际储量搞得一清二楚。我国根据勘探、开发的各个阶段对油气藏的认识程度,将油气储量划分为预测地质储量、控制地质储量、探明地质储量和开发地质储量4个级别。

1. **预测地质储量**

预测地质储量是指在通过地震详查以及其他方法确定的圈闭内,预探井钻探获得油气田、油气层或油气显示后,经过区域地质条件分析和类比,对有利地区利用容积法估算的储量。此时圈闭内油层变化、油水关系尚未查明。储量参数是由类比方法确定的,因此只能估算储量的范围,精度为20%~50%,以此作为进一步详探的依据。

2. **控制地质储量**

控制地质储量是指在某一圈闭预探井发现工业油气流后,以探明储量为目的,在评价钻探过程中钻了少数评价井后计算的储量。控制地质储量是在探井、资料井、取芯井参数落实的基础上计算的储量,是制定开发方案的依据。

3. **探明地质储量**

探明地质储量是指在油气田评价钻探阶段完成或基本完成后计算的储量,是在现代技术和经济条件下,可提供开采并能获得经济效益的可靠储量。探明地质储量是在第一批生产井参数落实、有生产资料基础上计算的储量,它是制定生产计划、调整方案的依据。

4. **开发地质储量**

根据探明地质储量,对油气藏开发做出设计和规划,待所有开发井完钻和整个油气藏投入开发之后,进一步的地质研究将发现油气藏的构造形态、储集层结构以及流体分布上的细微变化,因此有必要对油气藏地质储量做进一步核实,此时计算的地质储量称为开发地质储量。开发地质储量的数值是极为可靠的,也是级别最高的地质储量。

三、储量评价

储量评价是油气藏开发的前提和关键,是制定油气田开发方案的参考依据。表2-3~表2-5分别从地质储量、可采储量和地质储量丰度3个角度来对油气储量进行评价。

表 2-3 根据地质储量的评价

评　价	原油地质储量/(10^8 t)	天然气地质储量/(10^8 m^3)
特大型	>10	>1 000
大　型	1~10	300~1 000
中　型	0.1~1	50~300
小　型	<0.1	<50

表 2-4 根据可采储量的评价

评　价	原油可采储量/(10^4 t)	天然气可采储量/(10^8 m^3)
特大型	≥25 000	≥2 500
大　型	2 500~25 000	250~2 500

续表

评　价	原油可采储量/(10^4 t)	天然气可采储量/(10^8 m^3)
中　型	250～2 500	25～250
小　型	25～250	2.5～25
特小型	<25	<2.5

表 2-5　根据地质储量丰度的评价

评　价	油田地质储量丰度/(10^4 t · km^{-2})	气田地质储量丰度/(10^8 m^3 · km^{-2})
高丰度	>300	>10
中丰度	100～300	2～10
低丰度	50～100	<2
特低丰度	<5	—

参考文献

[1]　胡银镶,等. 采油地质基础[M]. 北京:石油工业出版社,1992.
[2]　张红玲. 海洋油气开采原理与技术[M]. 北京:石油工业出版社,2014.
[3]　杜殿发,谷建伟. 油气田开发工程基础[M]. 北京:石油工业出版社,2009.
[4]　陈元千,李璗. 现代油藏工程[M]. 北京:石油工业出版社,2001.
[5]　秦同洛,李璗,陈元千. 实用油藏工程方法[M]. 北京:石油工业出版社,1989.
[6]　《气藏和气井动态分析及计算程序》编写组. 气藏和气井动态分析及计算程序[M]. 北京:石油工业出版社,1996.
[7]　吴柏志. 低渗透油藏高效开发理论与应用[M]. 北京:石油工业出版社,2009.
[8]　姜垚,马贵阳. 国内油田注水开发技术研究现状与展望[J]. 现代化工,2014,34(12):41-44.
[9]　王春. 中高渗油藏含水上升原因分析及对策研究[J]. 中国化工贸易,2015(5):186.
[10]　张厚福. 石油地质学[M]. 北京:石油工业出版社,1999.
[11]　孙艾茵,刘蜀知,刘绘新. 石油工程概论[M]. 北京:石油工业出版社,2008.
[12]　杨胜来,魏俊之. 油层物理学[M]. 北京:石油工业出版社,2004.

第三章

油气田勘探概述

油气田勘探是指在油气藏(田)形成模式与分布规律理论的指导下,运用地质、地球物理、钻井等各种手段和方法进行资料的采集、处理和综合分析,判断油气藏(田)形成的基本条件是否存在,不断缩小勘探靶区,最终发现、探明和评价油气藏(田)。因此,可以说油气勘探是一项寻找和评价油气藏(田)的系统工程。同时,不同地区的地质条件只有相似性而无相同性,这使得勘探方法没有固定的模式可循,必须根据沉积盆地或研究区的特点不断摸索、积累经验,因此油气勘探工作要靠丰富的想象力和创造力,要勇于探索、敢于创新。

第一节　油气田勘探的任务与程序

一、油气田勘探的基本任务

油气田勘探的基本任务就是寻找油气田、查明油气田。具体来讲包括两个方面:一是按照科学的勘探程序和规范,进行综合勘探,用尽可能少的人力、财力和时间,高水平、高效率地寻找油气田;二是快速、准确地查明油气田的基本情况,最大限度地增加油气后备储量,并为开发方案的编制提供依据,为油气田的全面开发做好充分准备。

二、油气田勘探的标志

任何矿床,在其周围都会产生不同于其他地区的特殊现象或标志,这些现象和标志可能是地质方面的或地球化学方面的,也可能是地球物理方面的。人们通过认识、总结这些现象和标志,再应用到寻找各种矿床的实践中,从而提高预见性和勘探成功率。找油、找气现象和标志来自对长期油气勘探实践经验的总结,也来自石油地质学理论研究的成果。找油、找气标志可分为两类:一类是油气的直接显示,包括地面(表)及井下的直接显示,如油苗、气苗、油气苗的遗迹,井下含油岩石,气测异常等;另一类则是油气田形成的环境标志,如巨大的沉积盆地,还原或半还原的沉积条件,生油层、储层、盖层的存在及其有效组合,以及油气运移、聚集、圈闭和保存的有利地质因素等。随着勘探技术的发展和各种各样油气田的发现,人们认识的找油、找气标志越来越多。油气田勘探中各种地质勘探、地球化学勘探、地球物理勘探、钻探工作的任务和目的就是调查并发现有利的找矿标志,圈定远景区带,进而在钻探工程区探索、探测、发现油气藏(田),然后评价其工业价值。

三、国内外油气勘探程序

石油工业是一个连续进行油气勘探、开发、综合利用的生产过程，勘探阶段是石油工业的最初阶段，也是发展石油工业的决定性阶段。油气田勘探是根据油气在空间上分布的不均衡性及油气分布的基本规律，采用各种恰当的、先进的勘探方法和科技，在尽可能短的时间内，经济、高效地探明油气储量。

1. 油气田勘探的基本概念

油气勘探工作是一个以发现油气田为主要目的的系统工程，是一个连续的、循序渐进的过程。同时，该过程不能一步完成，需要分阶段、逐步进行，从确定有效生油气区、选择油气分布最佳地区，到发现和探明油气田，各阶段的工作效率、勘探任务、勘探方法、部署原则、主要成果等各不相同。为了高水平、高效率地寻找和查明油气田，完成油气勘探任务，必须按照一定的勘探程序和规范进行勘探。通常把这种勘探各阶段既相对独立又有一定连续继承性的相互关系以及工作上的先后顺序称为勘探程序。

勘探程序是人们从长期勘探工作的实践中总结出来的普遍规律，符合客观事物的发展规律以及人们对客观事物的认识规律，是一切从事油气勘探工作的人员必须遵守的、统一的准则。明确划分勘探阶段会给实际工作带来许多方便：① 明确各个阶段的工作范围、所要完成的主要任务，做到目标明确；② 根据任务和目标，选择科学、合理的工种或方法，合理调配勘探力量，提高工作效率；③ 分阶段及时进行总结、评价，对下一阶段的工作指明方向或做出暂停勘探工作的指示。

无数事实证明，违反勘探程序、不切实际地超越勘探程序势必走弯路，造成人力、物力、财力的巨大浪费。

2. 国外油气勘探程序

不同国家、企业和学者，由于经济制度、勘探管理体制、地下地质条件、自然地理条件等方面的差异，进行油气勘探时考虑的着重点不同，对勘探阶段的划分结果有所差异。

根据地质目标的差异，俄罗斯将勘探程序划分为调查和勘探两个阶段。其中，调查阶段的任务是发现油气田，并对油气田做出初步地质经济评价。各阶段主要工作见表 3-1。

美国的油气勘探工作是在各大石油公司垄断的状况下进行的，勘探重点以区块和圈闭为中心，区域勘探部署工作少。另外，由于美国的陆地勘探程度很高，近年来油气勘探方向主要是海洋和隐蔽油气藏，其海上油气勘探程序大致划分为 4 个阶段：盆地评价阶段、钻探前的评价阶段、钻探井阶段和钻评价井阶段，各阶段主要工作见表 3-1。

3. 我国油气勘探程序

(1) 胜利探区的油气勘探程序。根据渤海湾盆地济阳坳陷特点及多年的油气勘探经验，胜利探区的有关专家提出了适合我国东部地区断陷盆地油气勘探的模式，其勘探程序可分为 4 个阶段：① 定凹，即在盆地内确定有利的生油气坳陷(凹陷)；② 定带，即在有利的生油气坳陷(凹陷)内确定有利的二级构造带；③ 定区，即在二级构造带上选择最有利的断块区优先勘探；④ 定块，即在有利断块区选择主力断块重点解剖。

(2) 中国石油天然气集团有限公司的油气勘探程序。该程序将整个油气勘探过程划分为3个阶段：区域勘探阶段、圈闭预探阶段、油气田（藏）评价勘探阶段。各阶段主要工作见表3-1。

表3-1 中国、俄罗斯、美国油气勘探程序对照表

<table>
<tr><td rowspan="2">国 家</td><td colspan="2">中 国</td><td colspan="2" rowspan="2">俄罗斯</td><td colspan="2" rowspan="2">美 国</td></tr>
<tr><td colspan="2">中国石油天然气集团有限公司</td></tr>
<tr><td rowspan="4">勘探阶段及任务</td><td>区域勘探阶段</td><td>在一个大的区域或盆地内开展勘探，划分和优选有利含油气盆地或生油气区，提交远景资源量</td><td rowspan="3">调查阶段</td><td>区域地质、地球物理工作时期：对盆地进行区域调查，研究和预测油气聚集带</td><td>盆地评价阶段</td><td>进行40～80 km间距的地震勘探，并结合重力、磁力资料进行区域构造分析和盆地评价（盆地分类及远景资源量预测）</td></tr>
<tr><td rowspan="2">圈闭预探阶段</td><td rowspan="2">首先，在优选出的有利含油气区带中，通过勘探识别圈闭，评价和优选圈闭，提交圈闭潜在资源量；其次，对优选出的圈闭进行勘探，发现油气藏（田），提交预测储量</td><td>钻探地区的准备时期：对各构造层中的各类圈闭进行钻探前准备，对提供钻探的圈闭要计算出C_2级储量（新区为D_1级储量）</td><td>钻探前的评价阶段</td><td>在有利区进行3 km×6 km的地震勘探，进行高精度重力、磁力调查，钻一定数量的参数井，提出钻探前油气资源评价报告</td></tr>
<tr><td>油气藏调查钻探时期：对在新区发现的油气田或在老区发现新的油气藏进行地质经济上的初步评价，计算C_1级和C_2级储量</td><td>钻探井阶段</td><td>钻探井，做出有无商业性油气流的评价</td></tr>
<tr><td>油气田（藏）评价勘探阶段</td><td>对已获得工业油气流的圈闭进行勘探，详细查明油气藏（田）特征，提交控制储量和探明储量，并为顺利投入开发做准备</td><td>勘探阶段</td><td>进一步探明油气田，获取必要的参数资料，计算C_1级和B级储量，为油气田开发做好准备</td><td>钻评价井阶段</td><td>根据已发现的油气流和储量估算情况，做出是否进一步加密测网决定；充分准备后，钻评价井，确定是否建钻井平台</td></tr>
</table>

（3）其他油气勘探程序。根据勘探对象、勘探任务、勘探方法及油气资源等方面的差异，将勘探过程划分为4个阶段：区域勘探阶段、圈闭预探阶段、油气藏（田）评价勘探阶段和滚动勘探开发阶段。其中，前3个阶段借鉴中国石油天然气集团有限公司的油气勘探程序划分思路，适合于常规油气田的勘探；第4个阶段主要根据近年来我国东部复杂油气聚集区带及隐蔽油气藏（田）勘探的实践经验而提出的。

第二节 油气勘探方法与技术

油气勘探方法与技术是指油气勘探过程中所采用的一切技术手段。随着科学技术水平的提高，油气勘探方法与技术无论在数量上还是在质量上均不断变化和改进。目前，油气勘探方法与技术主要包括7类：地质调查、地球物理勘探、地球物理测井、地球化学勘探、钻井技术、油气资源遥感技术、测试与试油技术。

一、地质调查

地质调查可分为两大类：油气地面地质测量和油气专题(或综合)地质研究。

油气地面地质测量是最古老的地质调查技术，同时也是获得区域地质资料最直接、最可靠、最经济的方法。其主要目的有以下4个方面：一是在露头区观察、丈量地层剖面，重点了解地层时代、生储盖条件；二是进行油气苗调查，分析油气苗的成因及油源；三是参照遥感解释成果，确定盆地边界，了解盆地的地质结构、大断层分布等；四是了解地面地理条件，为部署物探、化探做准备。

油气专题(或综合)地质研究是在油气勘探的各个时期，根据勘探工作需要而进行的各方面的专题(或综合)地质分析研究，如地层、构造、岩相古地理、生油层与储油层、水文地质、地貌等方面的专题研究。

二、地球物理勘探

地球物理勘探是利用物理原理和技术来解决地质问题的方法。根据地下岩石不同的密度、磁性、电性以及弹性等物理性质，在地面上利用精密仪器进行测量，以了解地下岩层的起伏状况，寻找储油构造，达到寻找油气藏的目的。随着科学技术，特别是计算机技术的发展，地球物理勘探方法有了飞跃式的发展。目前常见的地球物理勘探方法有重力勘探、磁法勘探、电法勘探和地震勘探等。

1. 重力勘探

重力勘探是用重力仪在地面上测量由地下岩石密度的差异而引起的重力变化，主要是利用重力加速度的变化来研究地质构造和寻找地下矿产。

不同纬度的重力加速度的正常值采用下式计算：

$$g_0 = 9.783\ 18 \times [1 + 0.005\ 302\ 4\sin^2\phi - 0.000\ 005\ 8\sin^2(2\phi)] \tag{3-1}$$

式中 g_0——某一纬度处重力加速度的理论值，m/s^2；

ϕ——纬度。

用重力仪测量出地壳上某一位置的重力加速度，并将其校正到对应海平面上的值，若校正后的重力加速度值与根据式(3-1)算出的理论正常值不一致，则称为重力异常。如果校正值大于理论值，则称为正异常；反之，则称为负异常。重力异常反映出地壳内不同物质的组成和分布状况。根据重力异常范围的大小，又可分为区域重力异常和局部重力异常，前者范围大，后者范围小。研究区域重力异常可以了解地壳的内部结构，研究局部重力异常可以探明矿藏。地下埋藏着密度较小的物质如石油、煤、盐等非金属矿的地区常显示出重力负异常，而埋藏有密度较大的物质如铁、铜、锌等金属矿的地区常显示出重力正异常。

2. **磁法勘探**

利用磁力仪在地面或空中测量地下岩石的磁性变化，以探明地下地质构造和寻找某些矿产的方法称为磁法勘探。

通过设在各地的地磁台测得地磁要素数据，经校正并消除地磁短期和局部变化等影响，所获得的基本地磁要素值称为正常值。在实际测定时，若发现实测地磁要素值与正常值不一致，则称为地磁异常。地磁异常是地下磁性物质发生局部变化的标志，据此可勘测出地下的磁性岩体和矿体。如磁铁矿、镍矿、超基性岩等是强磁性的矿物和岩石，反映出的地磁异常为正异常；金矿、铜矿、盐矿、石油等是弱磁性或无磁性物质，反映出的地磁异常为负异常。

3. **电法勘探**

地壳岩石存在导电性差异。电法勘探通过观测和研究人工电流场或大地电流的分布规律，了解地下地质构造，寻找原油、天然气和其他矿产。

在固定的观测站进行连续观测，所获得的大量数据经过校正后可得到正常的电场值。在实际测量时，实测值与正常值不一致称为地电异常。地电异常表明可能有矿体或地质构造存在。

4. **地震勘探**

地震勘探主要是利用地壳岩石的弹性差异，以物理学的波动理论为依据，研究地震波的传播规律，从而了解地下地质构造，寻找油气藏。

地震勘探的基本原理是在地面用人工方法产生地震波。产生地震波的常用方法是先钻一口井，再将一定量的炸药放入井中使其爆炸（图 3-1）。地震波向地下传播，遇到岩性不同的地层分界面时就会发生反射。在地面上用精密仪器（检波器）把来自地层分界面的反射波以大量曲线的形式记录下来，进行对比、整理和计算，就可得到反映岩层界面起伏变化的地震剖面图。根据地震剖面图，就可以了解地层分布情况和地下地质构造。由于地震勘探能够高质量、高效率地解决多方面的地质问题，从而成为最主要的勘探方法。据国外不完全统计，每年在地震勘探方面的投入约占全部石油勘探投资的 70%，而在我国更是超过了 90%。

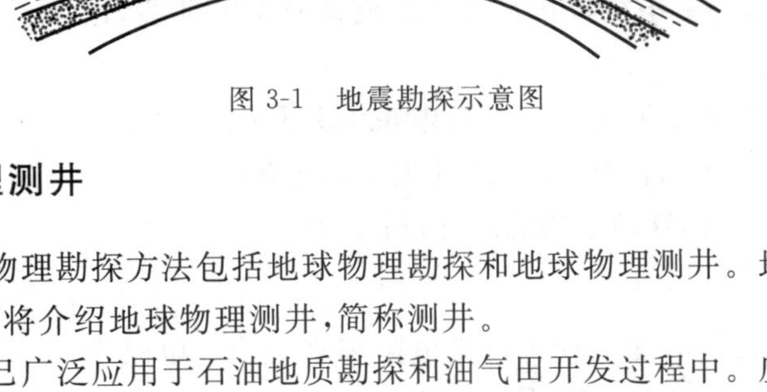

图 3-1　地震勘探示意图

三、地球物理测井

油气田的地球物理勘探方法包括地球物理勘探和地球物理测井。地球物理勘探已在前文中做了介绍，下面将介绍地球物理测井，简称测井。

地球物理测井已广泛应用于石油地质勘探和油气田开发过程中。应用测井方法可以划分井筒地层剖面、确定岩层厚度和埋藏深度、进行区域地层对比，还可以探测和研究地层的主要矿物成分、裂缝、孔隙度、渗透率、油气饱和度、倾向、倾角、断层、构造特征、沉积环境与砂岩体的分布等参数，对于评价地层的储集能力、检测油气藏的开采情况、精细分析和研究油气层等具有重要的意义。

目前，常用的测井方法主要有电法测井、声波测井和放射性测井等。

1. **电法测井**

不同岩石的导电性不同，岩石孔隙中所含各种流体的导电性也不同。利用该特点认识岩石性质的测井方法称为电法测井。电法测井包括自然电位测井、电阻率测井和感应测井等。

1）自然电位测井

（1）基本原理。自然电位测井利用了油井中存在的扩散吸附电位。在打井钻穿岩层时，地层岩石孔隙中含有地层水。由于地层水中含有一定浓度的盐类，因此地层水会向井筒内含盐量很低的钻井液中扩散。地层水所含的盐分以氯化钠为主，钠离子带正电，氯离子带负电。氯离子移动得快，大量进入井筒内钻井液中，致使井内正对着渗透层的那段钻井液带负电位，形成扩散电位。这种电位差的大小与岩层的渗透性密切相关。地层渗透性好，进入钻井液中的氯离子就多，形成的负电位就高；地层渗透性差，进入钻井液中的氯离子就少，形成的负电位就低。因此，含油渗透层在自然电位曲线上表现为负值，而不渗透的泥岩层等则表现为正值(图 3-2)。

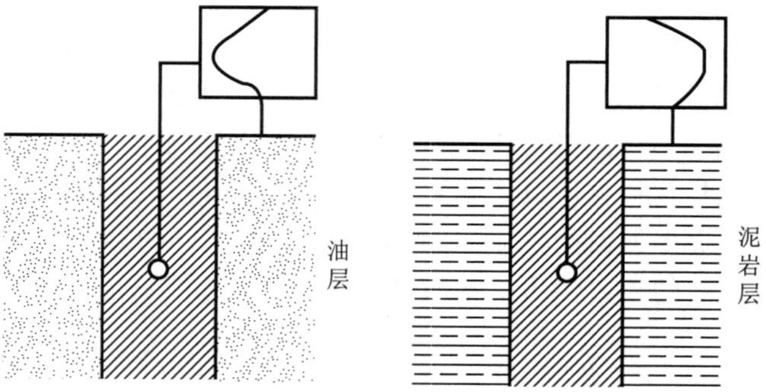

图 3-2 自然电位曲线

（2）测井方法。自然电位测井装置如图 3-3 所示。将电极 M 放于井中，同时在地面放置另一电极 N。两电极之间用电位差计连接起来，由此测得它们之间产生的电位差。若将井孔中的电极由下向上移动，则可测得一条与岩石及孔隙中液体有关的曲线，该曲线即自然电位曲线。

（3）自然电位曲线的主要用途。自然电位测井是电法测井中必不可少的一项测井内容，自然电位曲线的主要用途有：① 判断岩性，确定渗透性层位；② 估算地层的泥质含量；③ 判断水淹层位。

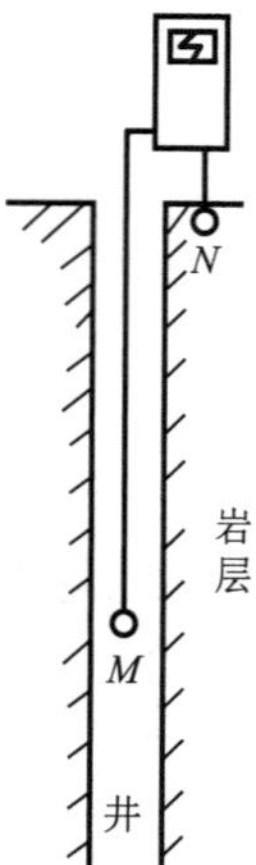

图 3-3 自然电位测井

2）电阻率测井

（1）基本原理。物质的导电性可以用电阻率来表示。电阻率小的物质导电性好，电阻率大的物质导电性差。地下各种岩石的电阻率不同。即使岩石的电阻率相同，若其孔隙中所含的流体不同，所含油、水、气的比例不同，其电阻率也不同。含油砂岩的电阻率高，含水砂岩的电阻率低。因此，通过测量电阻率可以了解地下油层和岩石的性质。

(2) 测井方法。自然电位测井是在不供电的情况下进行的，但是电阻率测井必须供电，以形成人工电场，用以激发被测物质的导电特性，从而测量出激发物质中任意两点之间的电位差。

如图 3-4 所示，设整个空间是均匀介质，A 和 B 是供电电极，M 和 N 是测量电极。测井时，当地面供电后，电流从 A 点流出来，流向四周的岩层和井眼钻井液中，然后流回 B 点。M 和 N 两点之间的电位差由检流计测得。

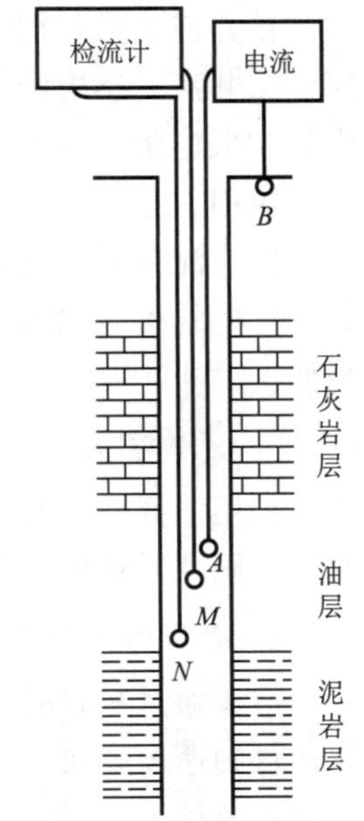

图 3-4　普通电阻率测井

在均匀介质中，电阻率 ρ 的计算公式为：

$$\rho = K\frac{\Delta V}{I} \tag{3-2}$$

式中　K——井中电极 A,M,N 所组成的电极系的系数，其大小只与 3 个电极之间的距离有关；

ΔV——测量电位差，V；

I——供电电流，A。

上式表明，均匀介质的电阻率与测量电极系的结构、供电电流及测量电位差有关。当电极系的结构和供电电流一定时，均匀介质的电阻率与测量电位差成正比。因此，当把电极系沿着井眼移动时，检流计所记录的电位差的改变就反映了 M 和 N 所在地层的电阻率的变化。

在实际测井时，电极放入充满钻井液的井中。井筒周围是各种不同厚度、不同电阻率的地层，对于渗透性地层还有钻井液侵入，侵入带的电阻率往往不同于原地层的电阻率。在这种情况下，电流的分布是很复杂的，要从理论上得出电阻率的计算公式很困难。因此，从实测曲线上求出的地层电阻率有所失真，是近似值，称为视电阻率。这种曲线称为视电阻率曲线。地层的视电阻率不同于地层的真电阻率，但它们之间有一定的关系。一般来说，地层真电阻率越大，其视电阻率也越大。因此，在井内测得的视电阻率曲线能反映井剖面的地层电阻率的相对变化，可用于研究井剖面的地质情况。

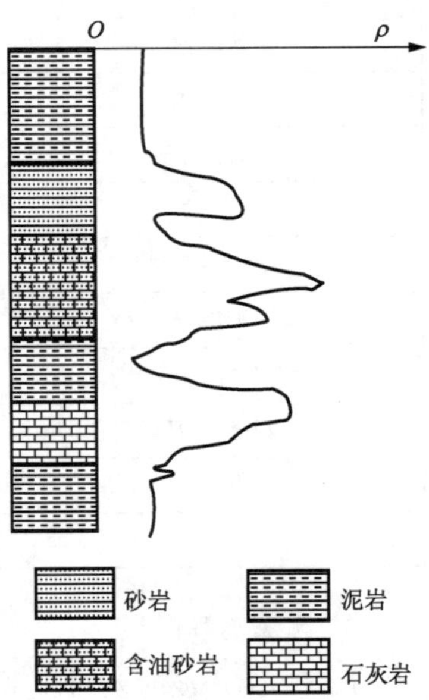

图 3-5　视电阻率曲线

各种地层的电阻率是不同的。石灰岩、白云岩的电阻率高，砂岩的电阻率中等，泥岩、页岩的电阻率很低。即使是同一种地层，电阻率也会不同。这是因为地层中所含流体和导电矿物不同，温度和压力等也不同，它们都会引起地层电阻率改变。如果砂岩中含盐水，电阻率就低，如果含淡水，电阻率就高；石油的电阻率很高。在一个储集层中，若上部含油、下部含地层水，则含油部分的含水饱和度低，电阻率高，而含水部分的含水饱和度高，电阻率低。根据该层电阻率自下而上逐渐升高的特性，在油井下套管以前就能把油水分界面的位置确定出来，如图 3-5 所示。

(3) 视电阻率曲线的主要用途。视电阻率曲线的主要用途有：① 研究储层的渗透性、孔隙性和含油性；② 划分油层、气层和水层；③ 进行地层对比；④ 判断岩性。

3) 感应测井

前面讨论的电阻率测井方法需要井内有导电的液体，因此只能用于导电性能较好的钻井液中。然而，在油田的勘探过程中，为了获得地层的原始含油饱和度，个别井中需要使用油基钻井液。这种情况下井内没有导电介质，不能使用电阻率测井。为此，通过研究提出了感应测井法。感应测井不仅可以用于油基钻井液的井中，还可以用于淡水钻井液的井中，是中等和低电阻地层的主要测井方法。在一定条件下，感应测井比电阻率测井优越，因此已被广泛应用。

感应测井利用电磁感应的原理来了解地层的导电性能，测量出的视电导率随井眼深度的变化曲线称为感应测井曲线。感应测井曲线的主要用途与视电阻率曲线的主要用途相似。

2. 声波测井

利用不同岩石对声波的吸收能力和传播速度的差异，研究井下岩层、油层、气层、水层以及检查固井质量的测井法称为声波测井，又称声波时差测井。

1) 岩石的声学性质与岩性的关系

声波通过灰岩的速度快，通过砂岩的速度中等，而通过泥岩的速度慢。岩石越致密，声波通过的速度越快。因此，储层的孔隙度越大，声速越小；反之，声速越大。在砂、泥岩地区，可用声速计算储层的孔隙度。在储层岩性和孔隙度相同的情况下，声速与储层所含流体的性质有关，尤其是含气层，声速明显降低。此外，声速还与岩石结构有关。裂缝发育的岩石会使声速明显降低。几种常见物质的声学特性见表 3-2。

表 3-2 几种常见物质的声学特性

名 称	声速/($m \cdot s^{-1}$)	声波时差/($\mu s \cdot m^{-1}$)
天然气、空气	300～350	3 330～2 860
石 油	1 300～1 400	770～710
水、钻井液	1 500～1 700	670～590
泥 岩	1 200～2 500	840～400
渗透性砂岩	2 300～3 300	440～300
致密砂岩	3 000～6 000	330～170
石灰岩、白云岩	5 000～7 500	200～130
石膏、硬石膏	4 500～6 000	220～150
盐 岩	4 200～5 500	240～180
钢	5 400	185

2) 测量原理

图 3-6 为声波时差测井原理图。当发声器发出一个声脉冲后，声波向四面传播。由于岩层比钻井液致密，井壁就成为声波的反射和折射面。声波传播到井壁时发生反射和折射，

其中有一束折射波(又称滑行波)沿井壁方向传播,并产生子波传到接收器,使之收到声波脉冲。在声波路径不变的情况下,通过这一路程的传播时间 t 与钻井液和岩石的声学特性有关。

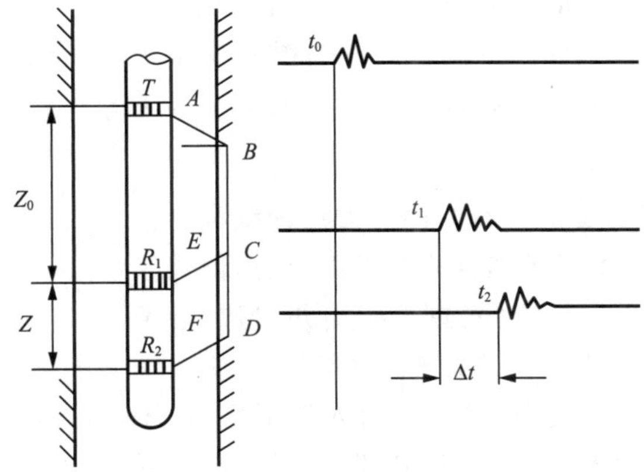

图 3-6 声波时差测井原理图

T—发射器;R_1,R_2—接收器;t_0—T 发出脉冲的初始时间;t_1—T 发出脉冲后首波到达 R_1 的时间;t_2—T 发出脉冲后首波到达 R_2 的时间;Δt—首波到达 R_2 与 R_1 的时间差,$\Delta t=t_2-t_1$

为了消除钻井液的影响,实际测井时常采用双接收器的仪器进行声波时差测井(图 3-6)。当井径不变时,间距为 Z 的两个接收器收到的首波时间差 Δt 只与岩层的声学特性有关。因此,当测井仪沿着井眼由下往上移动时,就可测量出声波时差随井眼深度的变化曲线,该曲线称为声波时差测井曲线,其主要用途有:① 判断和划分岩性;② 确定储层孔隙度并划分裂缝性渗透层;③ 划分油层、气层、水层;④ 检查固井质量。

3. 放射性测井

放射性测井是根据岩石和介质的核物理性质研究钻井地质剖面、寻找油气藏以及研究油井工程问题的地球物理方法。根据探测射线的类型,放射性测井可分为两类,即探测伽马射线的伽马测井和探测中子的中子测井。

1) 伽马测井

伽马测井包括自然伽马测井和放射性同位素测井等方法。这里只介绍自然伽马测井。

自然伽马测井是通过测量岩层的自然伽马射线的强度来认识岩层的一种放射性测井方法。自然伽马测井在井内所测得的伽马射线,是由岩层中自然存在的放射性元素的原子核在衰变过程中发射出来的。

(1) 基本原理。不同岩石中放射性元素的种类和含量不同。岩石的放射性元素含量与岩石的岩性及岩石形成过程中的物理化学条件有关。一般来说,三大岩类中火成岩的放射性最强,其次是变质岩,最弱的是沉积岩。由于泥质颗粒细,具有较大的比表面积,使得它吸附放射性元素的能力较大。另外,由于沉积时间长,放射性元素有充分的时间从溶液中分离出来并与泥质颗粒一起沉积下来,所以泥质、黏土的放射性较高。

(2) 测井方法。自然伽马测井测量装置如图 3-7 所示。测量装置由井下仪器和地面仪器组成。井下仪器有探测器(闪烁计数器)、放大器、高压电源等。自然伽马射线由岩层穿过钻井液及仪器外壳进入探测器;探测器将伽马射线转化为电脉冲信号,经放大器放大后由电缆送到地面仪器；地面仪器把每分钟形成的电脉冲数转变成与其成比例的电位差并记录。

井下仪器沿井身自下而上移动，连续记录井剖面上岩层的自然伽马强度曲线，该曲线称为自然伽马测井曲线。

在油气田勘探和开发中，自然伽马测井曲线主要用于划分岩性、确定储层的泥质含量以及进行地层对比。

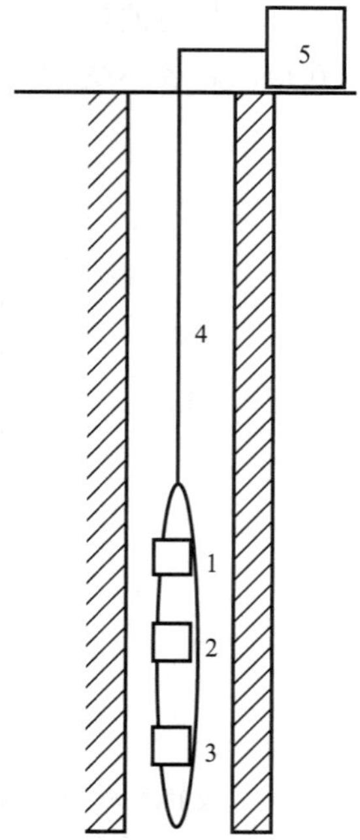

图 3-7　自然伽马测井

1—高压电源；2—放大器；3—探测器；4—电缆；5—地面仪器

2）中子测井

中子测井是以中子源轰击岩石的测井方法的统称。根据源的不同，可分为连续中子源和脉冲中子源；根据记录信息的不同，可划分为中子伽马测井、热中子测井、超热中子测井、脉冲中子测井、脉冲中子伽马能谱测井等。

当中子源产生的中子（快中子）高速射入地层后，由于不断地与地层中各元素的原子核碰撞，其速度减慢、能量降低，当能量降低到 0.025 eV（1 eV $=1.6\times10^{19}$ J）时即成为热中子。热中子在地层中做热运动，最终被地层中的某些原子核俘获。所产生的新的原子核能放出伽马射线，此射线称为中子伽马射线，也称俘获伽马射线或次生伽马射线。地层中各种元素的原子核对中子的减速、俘获作用是不同的。中子能量的损失是碰撞角度和靶核的质量数的函数。下面以中子伽马测井为例介绍中子测井的基本原理。

中子伽马测井是将仪器下入井中测定中子伽马射线的强度。测井时用电缆把仪器放到井底，在向上提升仪器的同时进行测量。装在下井仪器下部的中子源向周围地层发射快中子，记录中子伽马射线的装置距离中子源 50～60 cm（源距），两者用铅屏蔽隔开。记录的射线强度转变成电脉冲后由电缆送到地面仪器。地面仪器把脉冲信号转变成与计数率成正比的电位差，再由照相记录仪记录成随深度变化的测井曲线。

中子伽马探测器在单位时间内测得的伽马射线数与地层中热中子的密度成正比。快中子与氢的原子核碰撞时损失的能量最多。当地层中氢含量高时，中子源发射出的快中子在中子源附近很快就变成热中子，迅速被地层吸收，只有很少一部分能到达探测器，因此中子伽马测井计数率就低；当地层中氢含量低时，快中子能量衰减慢，在离中子源比较远的地方（即探测器附近），多数快中子变成热中子，被俘获后放出的伽马射线多，则中子伽马测井计数率高。因此，中子伽马测井曲线能够反映出地层的氢含量。

如果储层岩石的骨架不含氢，地层岩石的氢含量是孔隙空间的氢含量。若地层的孔隙空间饱含水或油，那么水或油的体积是地层的孔隙体积，岩石的氢含量只取决于孔隙度。因此，可以用中子伽马测井曲线来计算孔隙度。

4. **测井资料综合解释**

要正确应用测井数据、曲线等资料解决地质问题，就必须对其进行综合解释。

一方面要对各种测井方法本身进行综合解释。这是因为每一种测井方法都是从某一种物理性质上间接反映地层的情况，而地层情况是千变万化的。因此，为了全面了解油气层的性质，人们通常在同一口井中用几种甚至几十种不同的方法进行测量和综合分析。图 3-8 所示为应用 5 种测井方法测得的曲线来划分油层、气层、水层。自然电位曲线上油层、气层、水层的幅度值都较其他岩层高，据此可首先找到油层、气层、水层。但是由于油层、气层、水层的自然电位接近，只根据自然电位曲线不能分析判别出来。在声波时差测井曲线和中子伽马测井曲线上，气层的值比油层、水层的值都高，据此即可把气层与油层、水层分开。再利用油层比水层电阻率高的性质，通过视电阻率曲线把油层和水层分开。

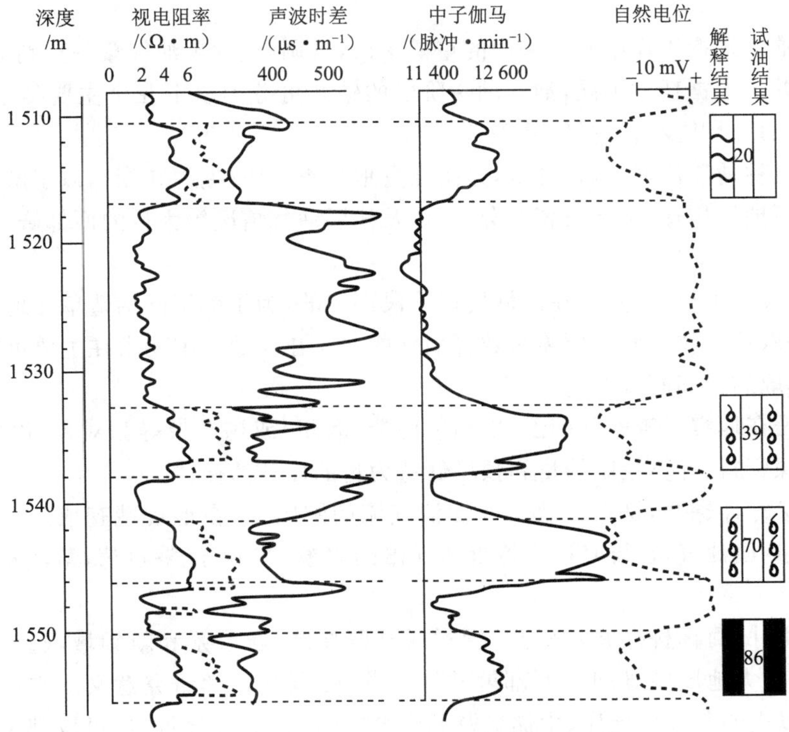

图 3-8 判断油、气、水层的测井资料综合解释

另一方面要对测井以外的资料（如该井的钻井、地质和工程资料等）进行综合分析和解释，搞清楚油层、气层和水层的岩性，储油物性（孔隙度和渗透率），含油性（含油饱和度、含气饱和度或含水饱和度）等。

四、地球化学勘探

地球化学勘探（简称化探）是建立在有机化学、物理化学和生物化学的理论基础上，利用先进的分析仪器，研究有机质向油气转化及油气形成后在扩散和渗滤过程中与周围介质间的各种化学、物理化学和生物化学作用，利用研究所得到的各种指标（地球化学异常）评价区域含油气远景或局部构造的含油气性，圈定油气富集区，确定勘探目标和层位的勘探技术。

根据研究内容的差异，化探可以分为两大类：一类是研究岩石以及油、气、水的原生地球化学特征，其主要目的是研究与生油气有关的地球化学作用及指标；另一类是研究地下油气藏中高浓度的油气向周围介质（土壤、岩石、地下水）扩散和渗滤，从而在周围介质中产生的次生地球化学变化。在地面研究这些影响和变化，即可识别和确定地下可能存在的油气藏的位置。

根据取样位置的差异，油气化探可以分为空中化探、近地表化探和井中化探；根据分析介质的差异，油气化探可以分为气态烃测量、土壤测量和水化学测量等方法。以气态烃测量中的游离烃测量法为例，通过对土壤中采集到的游离状态的气态烃($C_1\sim C_5$)进行色谱分析，依其烃类组成特征来寻找油气。

五、钻井技术

钻井是油气勘探工作中必须采用的重要手段，从调查、发现油气藏一直到油气藏的开采都要进行钻井。根据任务不同，油气勘探阶段的钻井可分为以下几个主要类型：地质井、参数井、预探井、评价井及科学探索井等。

地质井又称地质浅井、构造井等，是指在盆地普查阶段(勘探初期)，以了解盆地浅部、盆地边缘的地下地质构造、地层发育及分布，以及浅层油气情况等为目的而部署的钻探深度较小的探井。

参数井(又称地层探井)是在区域勘探阶段部署的，为了解不同构造单元地层剖面、石油地质特征、获取地球物理解释所需参数等而钻的井。在参数井中要求在主要可能生、储油层段取芯(断续取芯或间断取芯)。

预探井是在地震详查的基础上，以局部构造(圈闭)或构造带等为对象，以发现油气藏、取得储层物探资料、计算控制储量和预测储量为目的而钻的探井。

评价井又称详探井，是在已获工业性油气流的圈闭上，在地震精查或三维地震的基础上，为了详细查明油气藏(层)特征，评价油气田的规模、产能、经济价值，落实探明储量等而部署的探井。

科学探索井(简称科探井)是为了探索或开辟新区、新层系和新领域，验证某种新的思路，解决某些重大地质疑难问题而部署并钻的井，强调其科学研究意义。它可以部署在新区、新领域，以查明其地层层序、生储盖及其组合，评价含油气远景，也可以部署在已知油田上，以验证某些认识或取得新资料。该类井钻探深度大，获取资料齐全，要求高。

六、油气资源遥感技术

油气资源遥感技术是利用遥感技术获得的大量数据，以图像处理、统计分析和地理信息系统等手段，在现代石油地质理论指导下，解释和分析地质构造，圈定油气富集区，具有概括性、综合性、宏观性和直观性等特点。随着遥感技术进入一个以星载光谱仪和多参数成像雷达为前导的新时期，图像的空间分辨率和光谱分辨率都大为提高，探测波段越来越窄细，数据量多得可以拟为“海量”，油气资源遥感技术也必有新的进展。目前油气资源遥感主要有两大技术：一是遥感石油地质构造信息提取和分析技术；二是烃类微渗漏遥感直接检测技术。

七、测试与试油技术

为了认识和鉴别油气层，掌握油气层的客观规律，为油气田开发和开采提供可靠依据，在发现油气层后，需要获取油气层产量、压力、产液性质、地层渗透率、流体样品等资料，该类工作称为油层测试与试油。油层测试与试油工作是油气勘探与开发中及时、准确、直接评价油气层的重要手段。试油方式因井而异。一般而言，预探井可采取中途测试和原钻机试油，要自上而下分层与试油，逐层逐段搞清含油气性质；评价井采用完井试油，可选择典型井段试油。

测试与试油取得的数据主要有：① 原油分析数据，如相对密度、黏度、凝点、馏分等；② 天然气分析数据，如相对密度、临界温度与压力、组分及含量等；③ 地层水分析数据，如相对密度、pH、离子类型及含量、矿化度、水型等；④ 高压物性分析数据；⑤ 油、气、水含量，气油比，压力资料，温度资料等。

第三节　区域勘探与评价勘探

区域勘探是在一个盆地或盆地内相对独立的单元（如坳陷或凹陷）进行的最初的、最基础的油气勘探工作，主要了解盆地的结构及石油地质条件，查明该盆地或坳陷是否为含油气盆地或有利含油气区。

一、区域勘探的任务及勘探方法

区域勘探阶段的主要任务是对整个盆地、坳陷（凹陷）进行整体的地质调查，查明区域地质（地层发育及构造特征等）及石油地质基本条件（生油、储集、聚集条件），进行早期含油气远景评价和资源量估算，评选出最有利的坳陷（凹陷）和构造带，预测可能存在的油气圈闭类型，提出预探方案，为进一步开展油气勘探工作做好准备。

二、区域勘探的工作部署

工作部署是指油气勘探各阶段所要采用的工作方法和实施步骤，目的是保证高效地发现油气田、查明油气田。

1. 区域勘探的技术方法

(1) 地面地质测量及构造测量。这是了解区域地质情况最直接、最可靠的方法。通过填绘地质图、测绘构造图、绘制地层综合柱状图等，以期建立盆地内完整的地层剖面，了解区域构造运动特征，研究盆地的形成及发展史，预测可能的生、储油岩系。

(2) 地球物理勘探与化学勘探，包括地震概查和普查、非地震类物探以及化探。其主要任务是确定盆地边界与范围，划分盆地的一级构造单元，评价各生油坳陷资源远景，查明区内二级构造的形态、类型及分布范围等。

(3) 区域探井钻探（钻参数井）。在盆地构造单元划分及含油气区远景预测的基础上，部署区域探井，以了解各一级构造单元的地层层系、地层接触关系、岩性与岩相特征，建立完整的地层剖面，同时查明烃源岩、储层、盖层的特征和可能的生储盖组合，并为地球物理资料解释提供参数和依据。

(4) 区域综合大剖面（图 3-9）。以地球物理大剖面（重力勘探、磁法勘探、电法勘探部署在地震测线两侧，形成一定宽度的普查带）为基础，结合钻井（包括参数井和剖面井）、地球化学等方法，进一步验证重力勘探、磁法勘探成果，定量解释基岩起伏及埋藏深度，划分一级构造单元，详细研究构造分区、地层特征，发现可能的二级构造和局部构造。

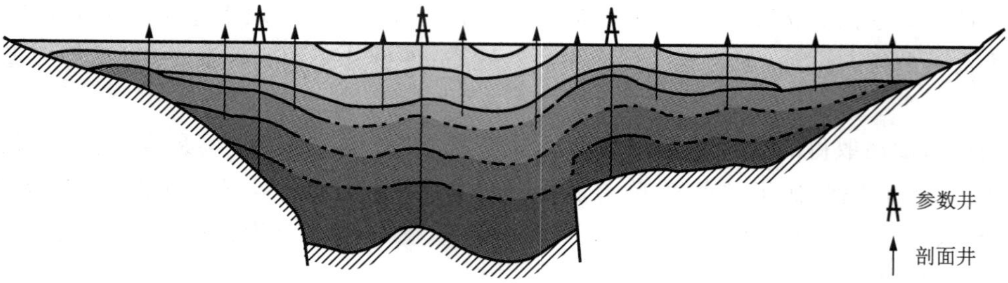

图 3-9 区域综合大剖面示意图

2. 区域勘探的工作部署原则

大量的勘探实践证明，区域勘探阶段工作部署应遵循如下 3 条原则：

(1) 从区域出发，整体解剖，着重调查区域地质构造及石油地质基本条件，即优先解决区域构造单元问题，了解坳陷(凹陷)，再通过参数井等钻探寻找有效生油气区。

(2) 重视各种类型的生储盖组合，正确选择目的层系。

(3) 因地制宜地选择工种，加强综合勘探，即针对具体勘探对象，选择多种勘探方法并进行优化组合，做到既能满足勘探需要、保证勘探效果，又能兼顾降低勘探成本，实现勘探决策科学化。

3. 区域勘探的工作程序

根据我国多年来区域勘探工作的经验和教训，并参考美国、俄罗斯的油气勘探程序方案，把区域勘探工作分为建立项目、物探普查、钻参数井和盆地(凹陷)评价 4 个阶段。

(1) 建立项目。区域勘探项目的建立和设计是从全国、全区油气勘探的长远战略安排出发的，考虑在保持当前生产水平的同时抽出力量进行相关工作以保证油气后备储量不断增长。其主要任务包括两个方面：一是通过盆地对比，选择最有利盆地优先进行勘探；二是做好所选盆地勘探的总体设计。

(2) 物探普查。首先，进行全区重力、磁力普查及地震概查，初步了解盆地结构、构造特征、沉积岩厚度及其分布；其次，开展全区普查；再次，划分构造单元，发现可能的二级构造，做出构造分析；最后，提出参数井钻探方案。

(3) 钻参数井。参数井在设计及钻探过程中，应安排适当取芯，并对所取得的录井、测井、工业测试、分析化验等资料进行综合研究，不仅可以为物探、化探解释提供参数和依据，还可以进行单井综合地质评价，为盆地或凹陷的下一步勘探提供建议。

(4) 盆地(凹陷)评价。以石油地质理论为指导，以计算机技术为支撑，综合应用地面地质调查、物探、钻/录井、测井和分析化验等多种资料和信息，详细分析盆地的地层、沉积、构造、生储盖层及其组合等特征，建立盆地的地质模型，模拟各种地质过程及烃类演化，并在此基础上估算盆地的油气资源量及其空间分布，对二级构造带逐个进行评价，优选出有利的油气聚集带(含油气区带)，做好圈闭预探的准备。其中，评价的核心是油气的生成条件，如生烃母质类型、有机质丰度及其热演化史和成熟度等。

三、评价勘探的任务与工作程序

1. 评价勘探的任务

油气藏(田)评价勘探简称评价勘察，是指自预探井发现工业性油气流之后，在初步证实的工业油气藏面积上，以钻井和地震为主要手段，直到探明油气田的全过程。

油气藏(田)评价勘探的主要任务是在预探所证实的工业性油气藏面积上，进一步详细探明油气田含油气边界、外部形态特征，搞清油、气、水性质及分布特征，提交控制储量和探明储量，对油气藏(田)进行综合评价及经济效益预测分析，为编制油气田开发方案提供所需的地质基础资料及相关参数。具体而言，需主要解决如下几个问题：① 油气藏(田)的构造形态、断层分布；② 油气层的层数、有效厚度、埋藏深度；③ 油气层的岩性、物性、电性、含油性特征及四性关系等；④ 油、气、水在地面和地下条件下的物理、化学性质及其变化情况；⑤ 油气层的压力和压力系统、油层温度；⑥ 油气藏类型，油、气、水的分布规律及层间差异，油气藏驱动类型；⑦ 油气产能、测试期间产量和压力变化情况。

2. 评价勘探的工作程序

评价勘探项目提出之后，经上级主管部门审批后方可实施，具体实施包括以下 3 个环节：

1) 地震精查

评价勘探项目建立之后，为了提交各类圈闭的构造要素和分层构造图及主要层段的构造图，开展储层横向预测，并在此基础上提供评价井井位，需要迅速开展地震精查。

地震精查测网密度要达到 0.5 km×1 km 或 0.5 km×0.5 km，满足 1∶50 000 或 1∶25 000 的成图要求。在地震测量的基础上积极开展构造解释和储层横向预测：一是查明油气藏准确形态，落实断层、高点等，提交油气藏顶界面精细构造图或近油气层的标准层构造图；二是做出主要含油气层系的厚度分布图、储层孔隙度预测图等。

2) 评价井钻探

为了完成评价勘探的任务，在地震精查所提供的构造图基础上，按照评价井布井原则，合理部署评价井，并科学、高效地进行钻探，获取尽可能全的资料。

(1) 评价井设计。评价井设计要以构造综合解释、储层预测、油气水预测为基础，设计内容包括评价井井数、井位、完钻深度、井身剖面、井眼轨迹、取样要求等方面的地质设计以及配套的钻井工程设计。

评价井设计所需资料包括：① 两条以上地震剖面，其中一条是过设计井的剖面；② 比例尺为 1∶10 000 或 1∶25 000 的含油气层段构造平面图、含油气范围预测图；③ 储层岩性分布图、物性参数分布图及油层综合评价图；④ 油气层对比图、栅状图、油气藏剖面图。

除此之外，为了全面查明油气藏、获取各项资料并对油气层质量进行评价，需要科学、合理地处理取芯、试油及勘探速度三者之间的关系。因此，把评价井分为 3 种类型：快速钻进井、分层试油井和重点取芯井。其中，快速钻进井主要进行全套测井、岩屑录井、井壁取芯以及大段合层试油或主力油层试油；分层试油井重点进行系统的分层试油；重点取芯井由能控制油层特点的少部分井来承担，获取储层的岩性、孔隙度、渗透率等主要参数以评价油气层质量，提高测井解释精度等。

(2) 评价井部署原则。为了全面完成查明油气藏(田)的任务，保证油气田顺利投入开发，评价井的布置应遵循以下原则：一是依据从已知推向未知的原则布置加密井，除了在构造有利位置及预测有利含油(气)位置部署评价井外，还应在鞍部、构造较低部位等部署适当的评价井，逐步扩大探明储量面积，全面查明油气藏(田)；二是评价井应尽可能落在以后的开发井网上，井距一般在 1～2.5 km 之间。

(3) 评价井钻探。钻评价井的主要目的是获取油气藏各项具体参数,包括:① 确定油(气)水界面及油、气、水边界,探明含油气范围;② 查明各油气层的岩性、厚度及物性特征,明确储层"四性"(岩性、物性、含油性、电性)关系;③ 收集油气藏内部流体特征资料;④ 获取油气层的试油、试采资料,如温度、压力及压力系统、产能等,科学划分开发层系,确定合理的开采方式。

3) 油气藏(田)评价

油气藏(田)评价的主要内容可以概括为 3 个方面:① 油气藏地质评价,包括圈闭特征、储层特征、流体特征,建立油气藏构造数值模型及其储层参数模型、流体分类模型;② 储量与经济评价,包括储量计算与评价、产能评价,确定合理的采油速度;③ 开发特征评价,如油层的温度特征、压力特征、驱动类型、生产特征,制定合理的开发措施和开发方案。

在以上工作的基础上,应对油气藏进行全面、系统的描述。描述内容主要包括圈闭描述、沉积地层描述、储层描述、盖层描述、流体特征描述、油气藏开发特征描述、油气藏综合评价等。

四、典型油气藏(田)评价井部署

1. 长垣的评价井部署

以大庆长垣萨尔图油田为例。大庆长垣的预探工作完成后,由于构造面积很大,其评价勘探工作是以局部构造高点为对象而逐步开展的。首先勘探的是萨尔图构造,其闭合面积和闭合高度大,油层总厚度和单层厚度均较大,储量丰富。在该构造上优先钻评价井,不但可以迅速控制相当的生产面积,建立一定的产能,而且还可以为后续其他油气藏的评价勘探提供经验。

长垣构造为一短轴背斜,油藏类型以层状背斜为主(图 3-10)。根据这些特点,在整个构造面积上部署了 10 条平行剖面,剖面间距相差不大,但是井距因构造及油层变化的复杂程度而有所不同,一般介于 2.5~4.0 km 之间。通过钻探迅速探明了含油边界,确定了油藏规模,而且取得了油层变化和物性、产能资料,圆满完成了任务。

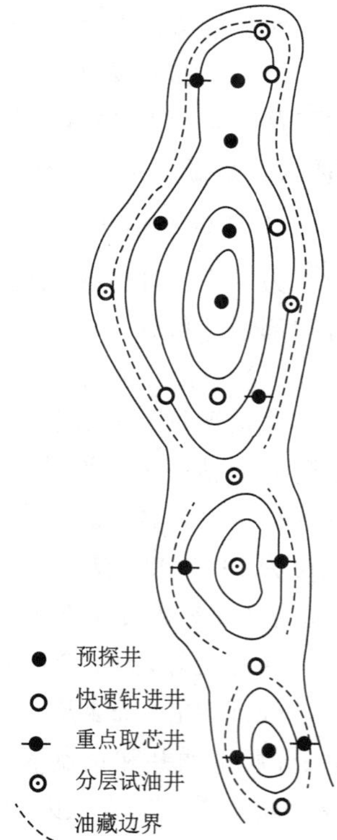

图 3-10 大庆长垣构造评价井布井示意图

2. 岩性油气藏的评价井部署

以泌阳凹陷的双河油田为例。双河油田位于南襄盆地泌阳凹陷西斜坡的鼻状构造带上,由东南向西北,构造形态渐变为平缓,构造幅度相应变小,直至消失。主要目的层为核桃园组三段,属湖底扇砂体沉积,砂岩体共有 9 个油组。水下扇砂体由东南向西北延伸,砂岩尖灭线与其相反方向倾没的双河鼻状构造的等高线呈正向交切,形成了砂体上倾尖灭油藏(图 3-11)。油田 9 个油层组含油范围自下而上由西北向东南迁移,圈闭内所有砂岩均含油,叠合含油面积为 30 km^2,含油高度一般为 100~200 m,单层含油高度一般为 30~60 m,油田规模较大,每个油层都有自己的油水界面。

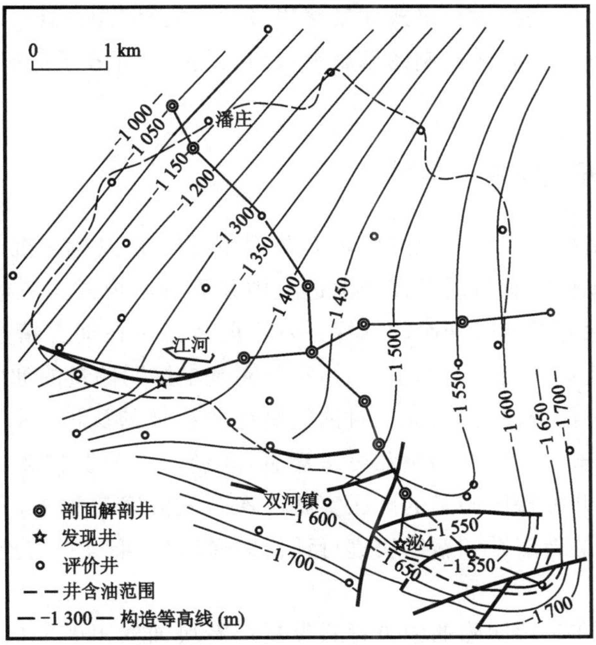

图 3-11 双河油田勘探分析方法图

在勘探初期，根据凹陷南部边缘油苗和部分重力、磁法勘探资料，对凹陷进行区域性地震普查，发现了双河镇鼻状构造带。为了确定凹陷含油性，钻了少数探井，进行“定凹选带”。第一口探井(泌 1 井)定在“凹中隆”上，查明了生油条件，见到了油流；在第四口探井(泌 4 井)发现了油田后，用稀井距(600 m)的三角形井网进行评价。经过一年，完成评价钻探实施，基本探明了油田范围，搞清了油藏类型，明确了双河和江河地区油层是互相连通的，且含油面积大，油层厚，油层组多，是一个大型的砂岩上倾尖灭油田。

对于该类大型岩性圈闭，在首获工业油气流之后，一般用较大井距(1～2 km)和“十”字剖面布井方法进行勘探，即可达到快速、有效的评价效果。但是，对于小型岩性油田的勘探，只有采用由里向外、小井距的办法进行评价井钻探才能取得好效果。对于复杂的断块油田，在短时间内很难搞清楚油、气、水的分布，为迅速建成生产能力，加快勘探资金的周转，可以采用滚动勘探开发程序，边开发边勘探，从而达到速度与效益的综合平衡。

第四节 滚动勘探开发

一、滚动勘探开发概念

一般而言，评价勘探工作结束后探明储量即已落实，油气田可转入开发阶段。但是，国内外油气勘探实践表明，对于那些因构造、地层或岩性等因素复杂化的构造带或岩相带，在被证实含油气之后，若按照常规勘探程序，经圈闭预探、评价勘探，搞清油气田特征，提交探明储量，则必须在预测的含油气面积内钻大量的评价井，以准确获取有关油气藏的各种参数，制定出合理的开发方案。由此必将导致勘探周期过长，评价井井数过多，大量资金和物资等消耗在评价井的钻探上。为此，提出了勘探开发新思路——滚动勘探开发。

所谓滚动勘探开发，是指对于复式油气聚集带(区)或复杂油气田，从评价勘探到油气田全面投入开发阶段，在采取整体控制的基础上，评价勘探与油田开发紧密结合、交叉进行的一套工作方法。

二、滚动勘探开发程序

一般而言，滚动勘探开发是在经过区域勘探、圈闭预探的基础上展开的。由于各油田地质条件存在差异，在具体实施滚动勘探开发过程中并无统一模式。一般可粗略地划分为两个时期：早期滚动勘探开发和晚期滚动勘探开发。前者是指在地震精查或三维地震解释成果的基础上，在预探或短期的评价勘探之后，在落实基本探明储量的油气富集区块开辟生产试验区，用生产井代替部分评价井，深化对油气藏地质特征的认识，同时研究油气田的驱动类型、开采方式，计算未开发探明储量和可采储量，编制一次开发方案。晚期滚动勘探开发则是在对已经提交未开发探明储量的地区实施一次开发方案过程中，利用少量的评价井对开发过程中所认识到的新层系和新区块进行评价勘探，旨在继续扩边连片，为开发提供新的接替区。

下面以胜利油田在东营凹陷的中央背斜带复杂断块油气田的勘探开发为例，介绍滚动勘探开发的具体做法。

东辛油田的勘探开发主要经历了 4 个阶段：① 区域勘探阶段(1960 年至 1961 年 4 月)；② 预探阶段(1961 年 5 月至 1966 年 10 月)，其中 1961 年 5 月至 1964 年 10 月为构造(背斜)勘探阶段，1964 年 11 月至 1966 年 10 月为断块区勘探阶段；③ 滚动勘探开发阶段(1966 年 11 月至 1971 年)；④ 全面开发阶段(1972 年至 1980 年)。其滚动勘探开发程序包括 4 个主要阶段，即滚动勘探阶段、滚动评价阶段、滚动开发阶段、全面投入开发后继续滚动阶段，前 3 个阶段总体上相当于前面提到的早期滚动勘探开发时期。

1. 滚动勘探阶段

在滚动勘探阶段，在复杂断裂带发现工业油气流并经过进一步的预探工作，确定油气富集区块后，落实圈闭，加深地质认识，力争获得高产工业油气流。该阶段的主要任务包括：① 部署高精度二维地震或三维地震，确定主要断层的分布和断块构造形态；② 根据相邻断块区的资料，预测含油层系、目的层和钻探深度；③ 预测断块的圈闭面积、可能的含油面积和地质储量；④ 确定最有利的第一批评价井井位，实施钻探，取全、取准全套资料。

2. 滚动评价阶段

评价井获工业油气流之后即进入滚动评价阶段，主要目标是基本落实储量并确定可开发的地区，其主要任务包括以下几个方面：

1) 早期油藏评价

早期油藏评价是在评价井见油之后，充分利用所掌握的资料深化对地下地质条件的认识，并对资料的符合程度加以验证。评价内容包括 5 个方面：① 明确断层和构造形态的落实程度；② 掌握主要目的层在纵向和横向上的分布及变化；③ 确定油藏产能参数；④ 预测含油面积和地质储量；⑤ 搞清油藏驱动类型。通过上述评价，提出滚动开发设计方案，在设计井网中确定出最优先实施的第二批评价井和取芯井，进行断块经济效益测算。

2）评价井钻探

在滚动开发设计方案的基础上，重点抓好第二批评价井的部署与钻探工作，以进一步解决相关地质问题、落实储量，同时也可验证早期油藏评价和滚动开发设计。要求取全、取准各项资料，一般要求取芯、中途电测和地层倾角测井等。

3）跟踪对比和滚动作图

第二批评价井完钻后，要做好钻井跟踪对比工作。根据所获得的各项资料，检验钻井与地震剖面的符合程度，对构造和断层、油层变化以及储层参数、含油面积、地质储量和驱动能量做重新认证，检查构造图、断面图和剖面图的正确性。若对比结果与原有认识基本一致，则对设计方案略加调整即可转为正式方案逐步加以实施；若对比结果与原有认识有较大出入，则需根据新的资料再次进行前期评价，重新编制各种图件，对原设计方案重新加以部署和调整。

3. 滚动开发阶段

当第二批评价井钻探达到预期目的并与原有认识基本一致时，即转入滚动开发阶段，该阶段以完成上报探明储量和尽快建立产能为目标，其主要任务包括：① 编制断块的分层构造图、砂体连通图、油藏剖面图、断面图及小层数据表；② 分析落实各项地质参数和油藏参数，计算出断块含油面积和地质储量；③ 根据动态资料和数值模拟确定注采井网、注水方式和开采方式；④ 编制正式的滚动开发方案，并以此为基础，编制地面建设方案、采油工艺方案，进行经济效益测算，然后统一实施，以尽快建成有生产能力的井网。

4. 全面投入开发后继续滚动阶段

在富集区块全面投入开发一段时间以后，要针对开发过程中暴露出来的问题进行再认识（第四次评价），目的是提高储量的动用程度和水驱控制程度，改善开发效果，提高油田采收率。其评价内容主要包括精细的构造描述和储量复算、注采井网对储量的控制程度及适应性分析、储层水淹特征及剩余油分布规律分析、地面管网和工艺技术的调整等多个方面。经过此次评价，即可编制综合调整方案。同时，对富集区块以外的新区块、开发过程中所认识的新领域、新层系和新区块进行勘探和评价，为已开发区块提供新的储量接替区。

参考文献

[1] 孙艾茵，刘蜀知，刘绘新. 石油工程概论[M]. 北京：石油工业出版社，2008.
[2] 国景星，李红南，张立强. 油气田开发地质学[M]. 北京：石油工业出版社，2017.
[3] 陈荣书. 石油及天然气地质学[M]. 武汉：中国地质大学出版社，1991.
[4] 蒋有录，查明. 石油天然气地质与勘探[M]. 北京：石油工业出版社，2016.
[5] 李阳. 油藏开发地质学[M]. 北京：石油工业出版社，2007.
[6] 吴胜和. 油气储层地质学[M]. 北京：石油工业出版社，1998.
[7] 夏位荣，张占峰，程时清. 油气田开发地质学[M]. 北京：石油工业出版社，2000.
[8] 戴启德. 油气田开发地质学[M]. 东营：石油大学出版社，1999.
[9] 胡朝元，张一伟，查全衡，等. 油气田勘探及实例分析[M]. 北京：石油工业出版社，1985.

第四章

油气钻井工程概述

在油气田的整个勘探开发、建设和生产过程中，都需要进行大量的钻井工作。钻井数量、速度与质量，一方面影响每一阶段任务的完成，另一方面也将影响整个油气田的开发速度和水平。

第一节　钻井目的与井的类型

一、钻井目的

石油钻井是油气勘探和油气田开发所必需的基本设施和关键工程，是人们认识地下地质的主要手段和基本通道。使用专门的钻井工具(钻头、钻具)，将地层岩石破碎形成井眼，直达目的层，这就是钻井。钻井的基本目的可以归结为两个方面：其一，揭露井下地层与油气相关的地质情况；其二，提供油气采出和驱替剂注入的通道。前者是探井的主要目的，通过探井发现和查明地下油气情况；后者是开发井的主要目的，通过这样的井孔通道实现采出地下油气的目标。

二、井的类型

油气井是为了寻找和开发油气而钻的井。在油气勘探开发过程中，对于一口具体的井，由于其钻井目的、要求不同，便产生了不同的类型。井的类型不同主要表征着钻井目的和要求的不同，其钻井方法、工艺过程等基本上是相同的。

按钻井目的不同而划分的井的主要类型有两大类：探井和开发井。

1. **探井**

探井是为探明地质情况、获取地层油气资源分布及相应性质等资料而钻的井，包括地质浅井、地层探井、预探井、详探井、资料井等。

(1) 地质浅井是为配合地面地质和地球物理工作，以了解区域地质构造、地层剖面和局部构造为目的而钻的浅井。

(2) 地层探井是以了解地层的时代、岩性、厚度、生储盖组合，并为地球物理解释提供各种参数为目的而钻的探井。

(3) 预探井是在地震详查和地质综合研究所确定的有利构造上，以发现油气藏为目的而钻的探井。

(4) 详探井是在已发现油气的构造上，以探明含油气的面积和储量、了解油气层结构变化和产能为目的而钻的井。

(5) 资料井是为了编制油气田开发方案，或在开发过程中为某些专题研究取得第一手资料数据而钻的井。

2. **开发井**

开发井是指以开发为目的，为了给已探明的地下油气提供通道，或为了采用各种措施使油气被开采出来而钻的井，一般包括浅油气井、油气井、注入井和检查井等。

(1) 浅油气井是为了开发浅油气层而钻的井。

(2) 油气井是为了开发油气田，使用大型钻机而钻的采油、采气井，也称生产井。

(3) 注入井是为了合理开发油气田，提高采收率及开发速度，用来对油田进行注气、注水以补充和合理利用地层能量而钻的井。

(4) 检查井是在已开发的油气田内，为了研究开发过程中地下情况的变化而钻的井。

第二节 钻井方法

钻井方法是为了在地下岩层中钻出所要求的孔眼而采取的方法，不同的钻井方法所采用的工具和工艺不同。随着石油工业的不断发展，钻井深度不断增加，油气井的建设速度随之加快，钻井方法、技术和工艺也得到了很大改进。

一、顿钻钻井法

顿钻钻井又称冲击钻井，是在地面将钢丝绳拉起，周期性地将钻头提升到一定的高度后再释放，向下冲击井底，破碎井底岩石(图 4-1)。在不断冲击的同时，向井内加水，使岩屑、泥土混合成泥水浆，再下入捞砂筒捞出岩屑。顿钻钻井设备简单、成本低，但速度慢、效率低，它不能适应快速钻井的要求，不能适应井深日益增加和复杂地层的钻探要求，因此逐渐被旋转钻井所替代。

二、旋转钻井法

旋转钻井法是利用钻头旋转产生的切削或研磨作用破碎岩石，同时循环钻井液以清洗井底的方法。1901 年美国首先使用该方法，我国于 20 世纪 30 年代中期开始使用。旋转钻井比顿钻钻井钻速快，并能处理井塌、井喷等复杂情况。按动力传递方式的不同，旋转钻井法可分为转盘旋转钻井法、井下动力钻井法和顶部驱动钻井法等。

1. **转盘旋转钻井法**

转盘旋转钻井法是指在钻进时，转盘带动整个钻柱转动，钻头接触地层并在其上部钻柱加压下吃入地层。钻头在旋转过程中破碎井底岩石，同时向井内泵入具有一定性能的流体(称为洗井液或钻井液)并保持循环，以清洗井底、清除岩屑，便于继续钻进(图 4-2)。

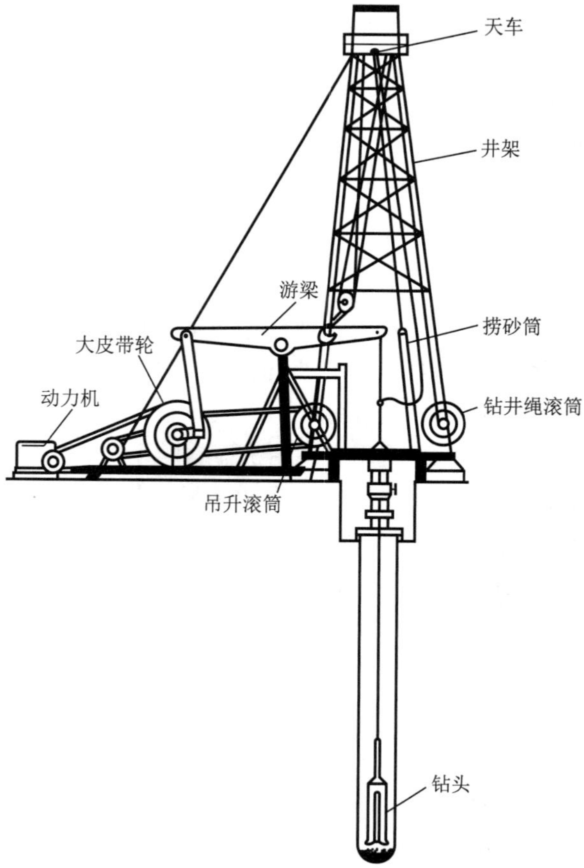

图 4-1 顿钻钻井示意图

转盘旋转钻井的设备包括钻机、井架以及一套提升系统。通过提升系统将井下钻具提起、下放。在钻台的井口处装有转盘，转盘中心旋转部分有方孔，钻柱最上端的方钻杆穿过该方孔，方钻杆下接钻柱和钻头。动力机驱动转盘时带动钻柱和钻头一起旋转，破碎岩石，岩屑随循环钻井液返至地面。

转盘旋转钻井采用钻杆代替了顿钻钻井中的钢丝绳，它不仅能够完成起下钻具的任务，还能够传递扭矩和施加钻压到钻头，同时又提供了钻井液的入井通道，从而保证钻头在一定的钻压作用下旋转破岩，提高了破岩效率，并且在破岩的同时清除井底岩屑，提高了钻井速度和效益。目前这种方法在世界各国被广泛使用。

2. **井下动力钻井法**

井下动力钻井法是把转动钻头的动力由地面移到井下，动力钻具直接接到钻头上。在钻进时，整个钻柱是不旋转的，此时钻柱给钻头施加一定的钻压、形成钻井液通道和承受井下动力钻具的反扭矩。钻井液从钻杆中间流下去，推动井下动力钻具(图 4-3)转动，从而带动钻头转动。井下动力钻具主要有 3 种，即螺杆钻具、涡轮钻具和电动钻具。目前应用最多的是螺杆钻具，其原理是高压钻井液通过螺杆与定子橡胶衬套间的螺旋通道向下挤压，在压差作用下使螺杆产生一个工作扭矩，带动主轴旋转，使钻头工作。

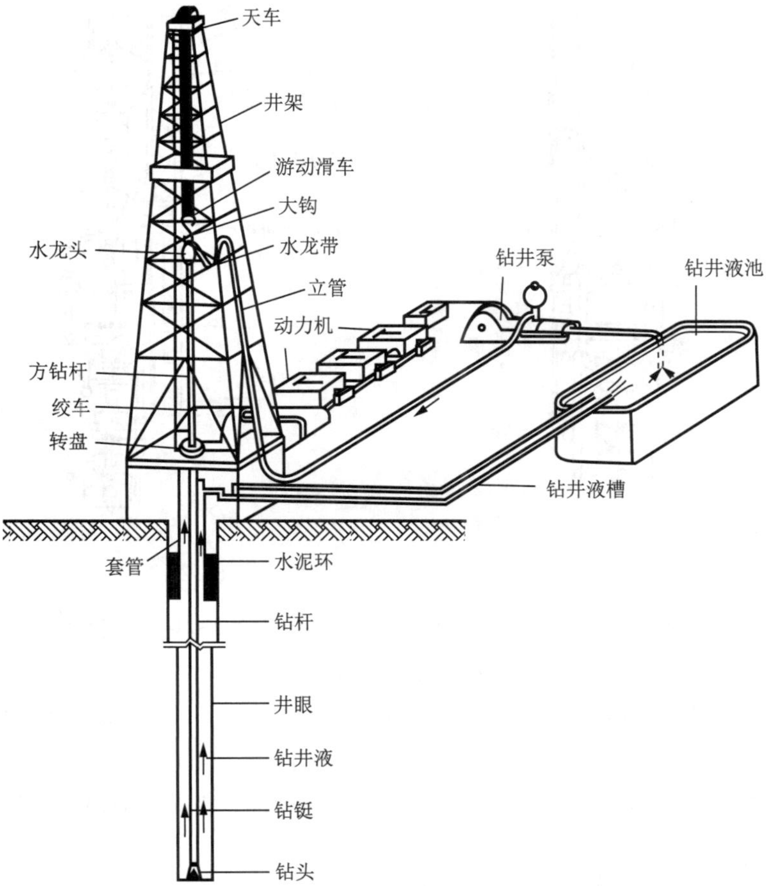

图 4-2　转盘旋转钻井示意图

图 4-3　井下动力钻具组合示意图

3. **顶部驱动钻井法**

所谓顶部驱动钻井，简单地讲就是把钻机动力部分由下边的转盘移到钻机上部的水龙头处，直接驱动钻具旋转钻进，从理论上可以认为是移动的转盘和水龙头的结合体。与常规的钻井装置相比，顶部驱动钻井法显得更加安全可靠，适合于在深井、超深井以及斜井、水平井等高要求和复杂工况下作业。顶部驱动钻井装置如图 4-4 所示，主要由以下几部分构成。

(1) 水龙头-钻井电机总成：顶部驱动钻井装置的主体部件，主要由钻井电机和制动器、齿轮传动箱(变速箱)、整体式水龙头组成。

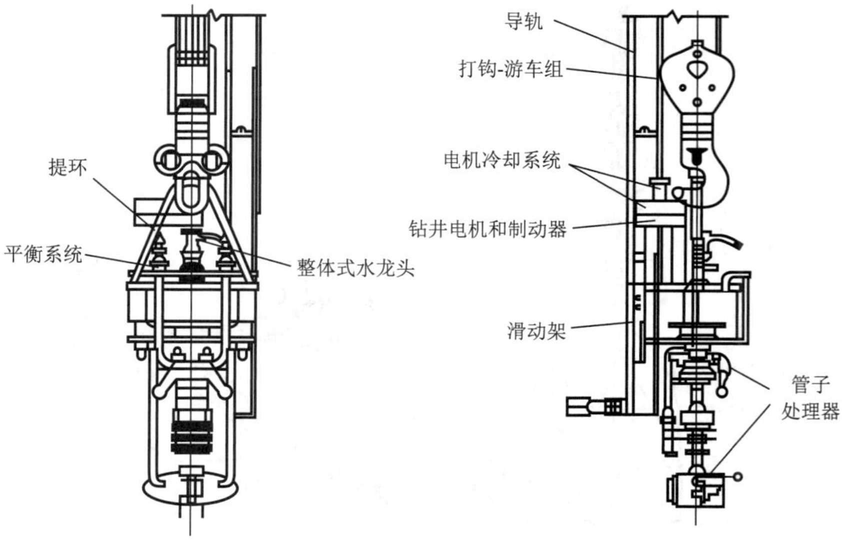

图 4-4 顶部驱动钻井装置示意图

(2) 电机冷却系统:交流钻井电机冷却系统是利用空气冷却的。将空气吸入,然后通过开放型内道,传送到钻井电机的出口处,从底部排出。

(3) 滑动架和导轨:顶部驱动钻井装置安装在滑动轨道上,沿线完成钻井作业的垂直运动,通过导轨来平衡由传动箱驱动钻杆时产生的扭矩。

(4) 管子处理器:主要由旋转吊环配接器、背钳总成、吊环倾斜装置、内防喷器(IBOP)、吊卡吊环组成。

(5) 平衡系统:由两个连接提环和大钩的液压缸组成。

第三节 钻井机械设备与工具

为了勘探与开采蕴藏在地层深处的石油和天然气,人们必须利用各种钻井设备与工具,钻穿坚硬而复杂的地层,这是钻井工作的主要任务。为了满足我国石油工业飞速发展的需要,在充分调动人的积极因素的同时,还必须为钻井工作者提供先进的、性能良好的钻井设备与工具,充分利用现代科学技术为石油钻井工作服务。

一、钻机系统

钻机是钻井地面设备的总称(图 4-5),由动力机组、传动机组、工作机组、辅助机组及控制机组等组成。按其工作性质可将其分为以下 8 个部分。

1. 起升系统

起升系统是一套大功率的起重设备,主要由钻井绞车、游动系统(钢丝绳、天车、游动滑车及大钩)、悬挂游动系统的井架及起起升作用的工具(如吊钳、吊环、吊卡、卡瓦及上扣器等)等组成。它的主要作用是起下钻、换钻头、均匀送钻、下套管及进行井下特殊作业等。

(1) 井架。井架是钻机起升系统的组成部分。它的主要作用是安装天车,悬挂游动滑车、大钩、水龙头、方钻杆、钻杆及钻铤等设备，相当于起重设备的支架，并可存放钻柱。钻井对井架的基本要求是：① 必须有一定的高度和空间；② 便于安装、存放钻柱等设备，有利于安全快速地进行起下钻作业；③ 具有足够的承载能力，以适应井下情况的需要；④ 结构简单、轻便，便于搬迁、拆装和维修。

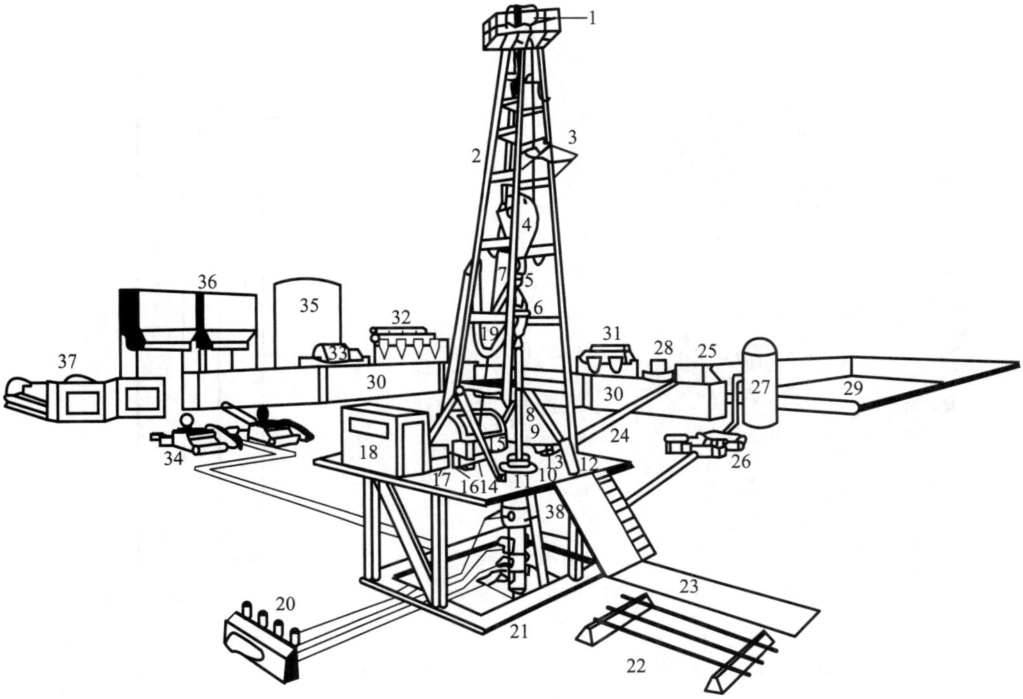

图 4-5 井场设备示意图

1—天车；2—井架；3—二层台；4—游动滑车；5—大钩；6—水龙头；7—井卡；8—方钻杆；9—方钻杆补心；10—方补心；11—鼠洞(接单根用)；12—鼠洞(接方钻杆用)；13—固定大钳；14—接管用大钳；15—绞车；16—指重表；17—司钻控制台；18—井场控制室；19—水龙带；20—蓄能装置；21—井架底座；22—管架；23—管子坡道；24—钻井液返回管线；25—钻井液振动筛；26—节流管汇；27—钻井液-天然气分离器；28—脱气装置；29—钻井液储备池；30—钻井液池；31—脱砂机；32—钻井液过滤设备；33—离心机；34—钻井泵；35—储水罐；36—干水泥储备罐；37—发电机；38—防喷器组

(2) 天车和游车。钻机的天车和游车用钢丝绳连接起来，共同组成了钻机的复滑轮系统(或称游动系统)。天车是定滑轮组，固定在井架的顶部；游车是动滑轮组，在井架内部的空间上下往复运动。它们的主要作用是省力，减轻钢丝绳和钻机绞车的负载，用十多吨的力便可起升上百吨的钻柱，获得极大的机械效益。

(3) 大钩。大钩是起升系统设备之一，正常钻进时悬挂水龙头，承受井下钻柱的重量，起下钻时悬挂吊环、吊卡完成起下钻作业。对大钩有以下基本要求：有足够的承载能力，能缓冲减震，转动灵活，安全制动，操作方便，结构紧凑、简单。

(4) 绞车。绞车是起升系统设备的起重部分，随钻机类型的不同，形式有所差异。绞车传动机构的主要作用是传递动力，以不同的速度驱动转盘和滚筒。绞车的刹车机构可以均匀控制滚筒的运动速度和大钩的负荷，从而向钻头施加钻压，确保正常钻进。

2. 钻井液循环系统

钻井液循环系统主要由钻井泵、地面高压循环管汇、水龙带、水龙头、钻柱、钻井液净化及调配设备等组成(图 4-6)。它的主要作用是清洗井底、携带岩屑,在喷射钻井、井下动力钻具钻井及顶部驱动钻井中还起到传递动力的作用。钻井液循环如图 4-7 所示。

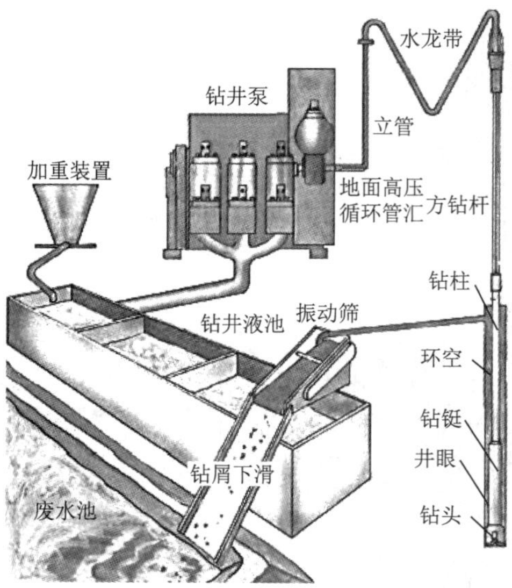

图 4-6 钻井液循环系统

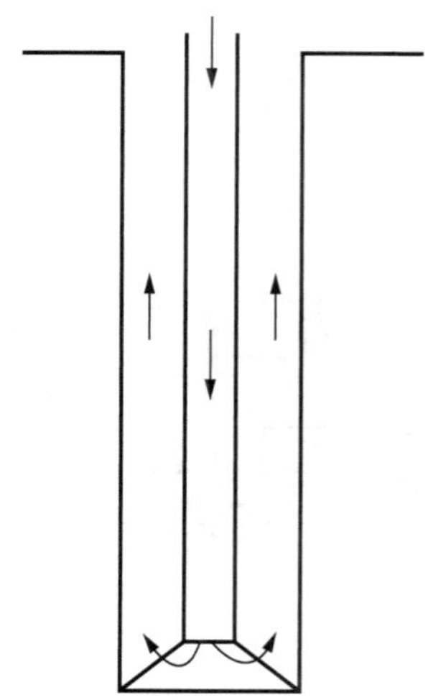

图 4-7 钻井液循环示意图

(1) 钻井泵。钻井泵是钻井液循环系统设备之一,它像人的心脏一样。常规钻进时,循环钻井液,清洗井底,辅助钻头更有效地破碎岩石;使用井下动力钻具时,通过泵入的钻井液,传递动力,带动钻头转动;喷射钻井中,通过泵入的高压钻井液,经过喷嘴转换成水力能量,清洁井底并对岩石直接进行水力破碎,提高钻进速度。根据钻井生产技术发展的需要,对钻井泵的要求越来越高,但其基本要求是:功率大、泵压高、排量大、流量稳定,耐腐蚀、耐磨损,易损件寿命长,重量轻、体积小,拆修方便,自动化程度高。

(2) 固控系统。固控系统通常控制从钻井液返出井口到进入钻井泵吸入口的整个地面流程。整个系统的关键设备是各种固控设备,包括振动筛、除砂器、钻井液清洁器、离心机及除气器等。

3. 地面旋转系统

地面旋转系统主要由转盘、水龙头、方钻杆、钻杆、钻铤及钻头等组成。它的主要作用是不断地破碎岩石,加深井眼及处理井下复杂情况等。

(1) 水龙头。水龙头是旋转、起升与循环系统连接的纽带。它承受井内钻柱的全部重量,保持钻具的自由旋转;与水龙带相接,将钻井液注入井底,承受循环过程中的高泵压,同时连接钻进过程中不转动的大钩与转动的方钻杆。

(2) 转盘。转盘是地面旋转系统设备之一,其主要作用是:① 在转盘旋转钻井中,旋转钻头破碎岩石;② 使用井下动力钻具时,承受反扭矩,起下钻作业中支撑和悬挂钻柱,承受轴向负荷,完成上、卸扣操作;③ 处理井下复杂情况和进行井下打捞作业时旋转钻柱等。

4. 动力驱动系统

动力驱动系统属于钻机的动力机组，是驱动起升、旋转和循环三大工作机组的动力设备。钻机用的动力设备主要是柴油机，其次是交流或直流电机。

5. 传动系统

传动系统属于钻机的传动机组，其主要作用是连接动力机组与工作机组，并将动力传递到各工作机组。传动系统主要由减速箱、离合器、传动皮带轮、传动链轮及并车、倒车机构等组成。根据能量传递方式的不同，可分为机械、液压及液力传动。

6. 控制系统

控制系统属于钻机的控制机组。控制的内容包括发动机的启动、停车、变速和并车等，绞车、转盘、钻井泵等工作机组的启动、停车、调速和换向等。控制方式有机械、气动、液压和电力控制等，因钻机类型的不同而异。控制系统的主要作用是远距离操作指挥和协调各机组正常工作。

7. 钻机底座

钻机底座属于钻机的辅助机组，包括井架、钻台动力机、传动系统和钻井泵等的底座。它主要用于安装钻机的各机组，是钻机不可缺少的组成部分。

8. 辅助设备

辅助设备属于钻机的辅助机组，包括供气设备、供水设备、供电设备、钻鼠洞设备、防喷设备、防火设备、辅助起重设备及保温设备等。它是为整套钻机服务的，是钻机不可分割的部分。

二、钻井工具

常用钻井工具包括钻头、钻杆、钻铤、吊卡、卡瓦、吊钳、提升短节、安全卡瓦、打捞工具、稳定器、井下动力装置和防喷设备等。

1. 钻头

钻头是钻井时直接破碎岩石的工具。它的结构特点、制造工艺及选用得当对提高钻井速度、降低钻井成本很重要。目前石油钻井常用的钻头(不包括地质钻探、矿产采掘等工业所用钻头)按其破碎岩石的作用原理分类，可分为切削型(刮刀钻头、PDC 钻头)、冲击压碎剪切型(牙轮钻头)和研磨型(金刚石钻头)三大类(表 4-1、图 4-8)。

表 4-1 钻头类型介绍表

破岩方式	适应岩石	钻头类型
切 削	塑性岩层	刮刀钻头、PDC 钻头
冲击压碎剪切	脆性岩层	牙轮钻头
研 磨	硬岩层	金刚石钻头

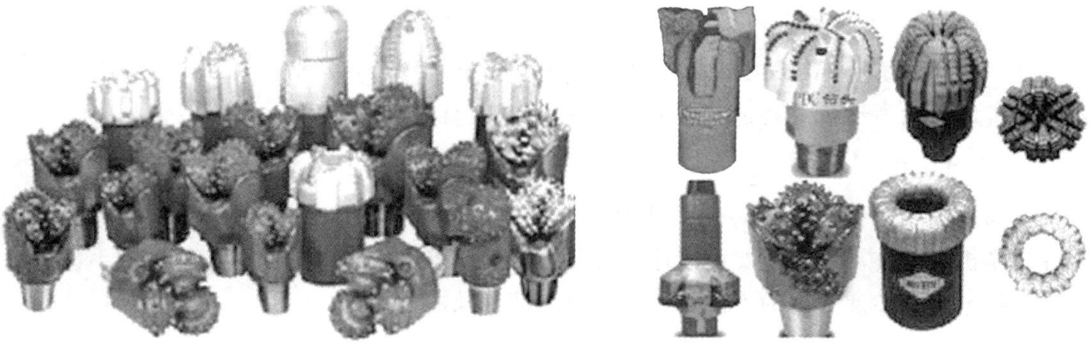

图 4-8 不同类型钻头实物图片

2. 钻杆

钻杆由薄壁无缝钢管制成，每根长 8～12 m。为了适应不同的使用条件，钻杆采用不同的钢级生产出不同直径、不同壁厚的多种规格（均为 API 标准）以供选用。钻杆两端的接头比本体粗，一端为公扣，一端为母扣。钻杆的作用是：① 将钻头送入井底，起下井内钻具；② 输送高压钻井液；③ 传递扭矩；④ 控制钻压。三方、四方或六方空心钢管称为方钻杆，上接水龙头，下接钻杆，作用是将钻盘扭矩传递给钻柱。API 钻杆规范见表 4-2。

表 4-2 API 钻杆规范

外径/mm(in)	内径/mm	壁厚/mm	线密度/(kg・m^{-1})
114.3(4½)	100.53	6.88	24.5
	97.18	8.56	24.7
	95.35	9.47	26.9
	92.46	10.92	29.8
127(5)	111.96	7.52	24.2
	108.61	9.19	29.0

注：1 in＝2.54 cm。

3. 钻铤

钻铤由厚壁高强度钢管制成，两端有接头，一端为公扣，一端为母扣。钻铤一般位于钻柱下部、钻头之上。钻铤的作用是：① 提供钻压；② 传递动力和力矩；③ 控制井眼轨道；④ 传递钻井液。API 钻铤规范见表 4-3。

表 4-3 API 钻铤规范

外径/mm(in)	内径/mm	壁厚/mm	线密度/(kg・m^{-1})
146.1(5¾)	57.15	44.46	111.2
152.4(6)	57.15	47.60	122.7
158.8(6¼)	57.15	50.80	135.1
177.8(7)	71.44	53.20	163.2
203.2(8)	71.44	65.90	223.9

续表

外径/mm(in)	内径/mm	壁厚/mm	线密度/(kg · m^{-1})
228.6(9)	71.44	78.60	290.2
254.0(10)	76.20	88.90	361.6
279.4(11)	76.20	101.60	444.9

4. **吊卡、卡瓦、吊钳、提升短节、安全卡瓦**

钻井起下钻时常用到吊卡、卡瓦、吊钳、提升短节、安全卡瓦设备(图 4-9～图 4-13)。安全卡瓦在钻铤上无接头台肩,用普通卡瓦卡紧在转盘上时可能滑落井中,因此卸下吊卡前要卡上安全卡瓦,扣上吊卡以后再去掉。利用尖劈原理将钻杆、钻铤卡紧在转盘孔斜面上,以悬持钻杆重量,进行起、下管柱的作业。

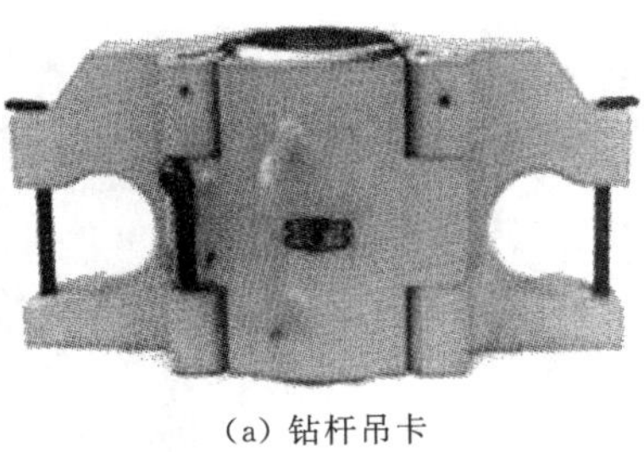

(a) 钻杆吊卡

(b) 套管吊卡

图 4-9 吊 卡

图 4-10 卡 瓦

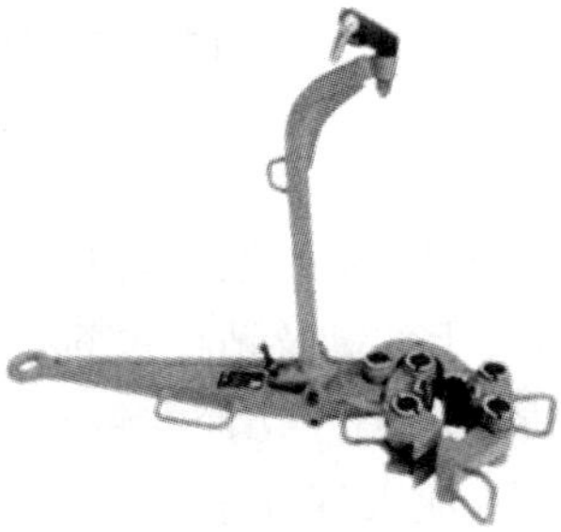

图 4-11 吊 钳

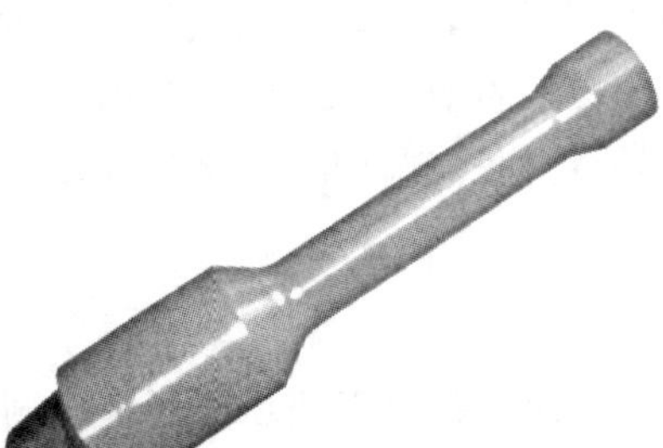

图 4-12 提升短节

图 4-13 安全卡瓦

5. **打捞工具**

打捞工具包括公锥、母锥、磁力打捞器、磨鞋、打捞筒、打捞篮、打捞矛(图 4-14～图 4-17)。

(a) 公锥 (b) 母锥

图 4-14 公锥和母锥

图 4-15 磁力打捞器

图 4-16 平底磨鞋

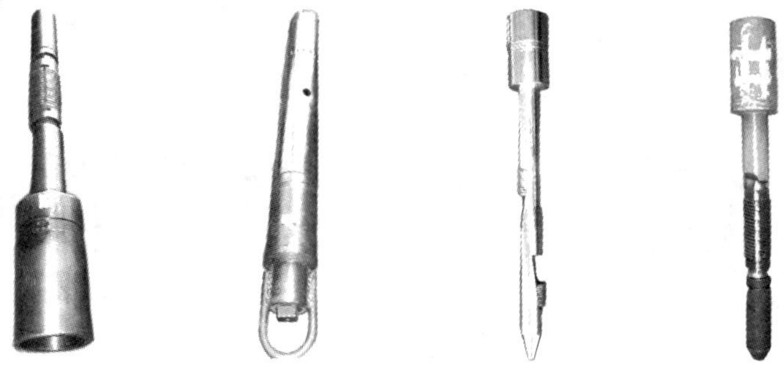

(a) 可退式打捞筒 (b) 局部反循环打捞篮 (c) 滑块卡瓦打捞矛 (d) 可退式打捞矛

图 4-17 打捞筒、打捞篮与打捞矛

6. **稳定器**

稳定器又称扶正器,是一端为公扣、一端为母扣的高强度钢管。稳定器两端设有接头,中间有加粗钢筋,位于钻铤及钻杆中间,可控制井眼轨道,是增、稳、降斜钻具组合中的必需部件。稳定器一般用 3 个,放置在钻头以上 1.3 m,7.6 m 和 19 m 左右处。稳定器的外径应等于钻头外径,应及时更换直径已磨小的稳定器。稳定器通常有直棱和螺旋两种类型。

7. **井下动力装置**

井下动力装置是指用循环钻井液作为动力驱动工具芯轴带动钻头旋转钻井的钻具。井下动力钻具的共同特点是钻井时钻柱不旋转。利用这一特点,在定向井斜钻进中,可以使井身沿一定方向倾斜钻进至预定目标。井下动力钻具有 3 种:螺杆钻具(液压驱动)、涡轮钻具(液压驱动)和电动钻具(电机驱动)。

8. **防喷设备**

钻井过程中存在井内压力平衡问题,钻井液漏失、溢流都可能使压力平衡遭到破坏。为了防止井场发生井喷事故,必须安装防喷设备,主要包括旋转防喷器、万能防喷器、闸板防喷器。发生溢流时,一般先关闭万能防喷器,其密封件是带钢骨架的橡胶芯子。关闭万能防喷器是利用油压推动活塞上行，压缩橡胶芯子即可封住；放掉油压，活塞下行，橡胶芯子回到原位，该防喷器即打开。在发生溢流时，井口可能是全空的，也可能有钻杆、方钻杆。橡胶芯子可封住任何形状的井口，但因封闭全井口时芯子易坏，所以除非是紧急情况，不建议用于无钻杆时的全封闭，封闭以后可以允许钻柱进行小量活动。图 4-18 所示为液压防喷器系统。

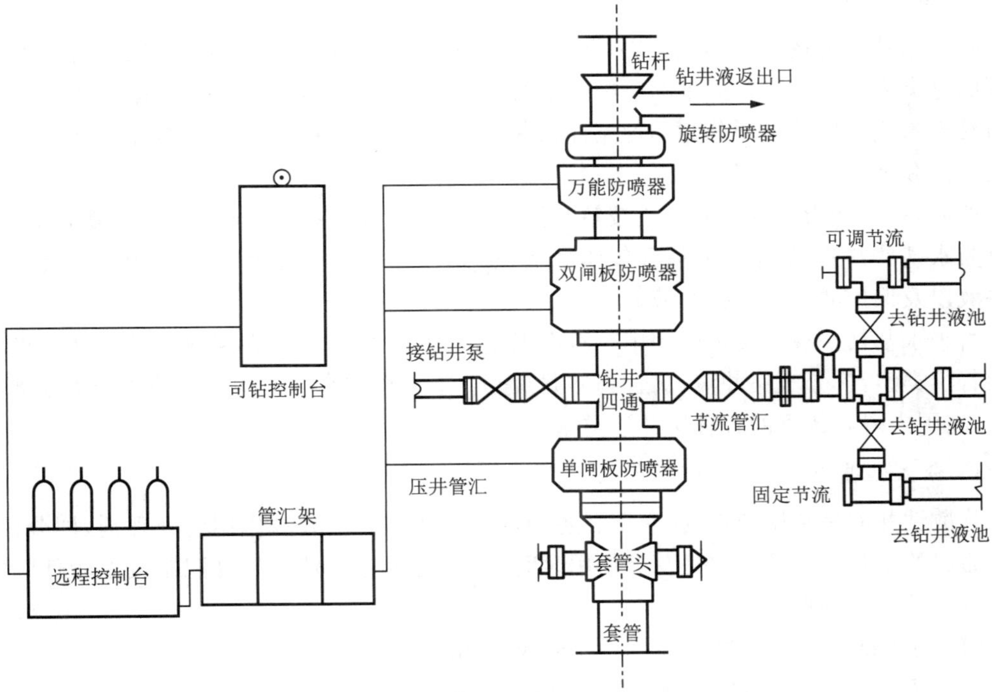

图 4-18 液压防喷器系统示意图

第四节 钻井液概述

钻井液是指油气钻井过程中以其多种功能满足钻井工作需要的各种循环流体的总称。钻井液又称钻井泥浆，俗称泥浆。钻井液的循环是通过循环钻井泵来维持的。钻井泵排出的高压钻井液经过地面高压管汇、立管、水龙带、水龙头、方钻杆、钻杆、钻铤到达钻头，从钻头喷嘴喷出后清洗井底并携带岩屑，然后沿钻杆与井壁（或套管）形成的环形空间向上流动，到达地面后经排出管线流入钻井液池，再经各种固控设备进行处理后返回上水池，最后进入钻井泵循环再用。钻井液流经的各种管件、设备构成了一整套钻井液循环系统。

一、钻井液的组成和类型

1. 钻井液的组成

钻井液的主要成分有：① 水（淡水、盐水、饱和盐水等）；② 膨润土（钠膨润土、钙膨润土、有机土、抗盐土等）；③ 化学处理剂（无机类、有机类、表面活性剂类、高聚合物类、生物聚合物类）；④ 油（轻质油、原油等）；⑤ 气体（空气、氮气、天然气等）。这些成分在各类流体中所形成的分散体系不同，因此所起的作用也不同。

为了满足钻井工程的要求,改善钻井流体的性能,需要在各种钻井液中加入处理剂。根据所起作用的不同可将处理剂分为除钙剂、起泡剂、减稠剂、增稠剂、絮凝剂、润滑剂、杀菌剂、高温稳定剂等 18 类 100～150 种,其中常用的约有 20 种。研究和开发处理剂是提高钻井液技术水平的重要内容。

2. **钻井液的类型**

随着钻井工艺技术的不断发展,钻井液的种类越来越多。目前国内外对钻井液有各种不同的分类方法。其中较简单的分类方法有:按密度大小分为非加重钻井液和加重钻井液,按与黏土水化作用的强弱分为非抑制性钻井液和抑制性钻井液,按固相含量不同分为低固相钻井液和无固相钻井液。

然而,一般所指的分类方法是按钻井液中流体介质和体系的组成特点来分类的,即总体上分为水基钻井液、油基钻井液和气体型钻井流体 3 种类型。近年来又出现了一类合成基钻井液以及保护油气层的钻井液。

由于水基钻井液在实际应用中一直占据主导地位,根据体系在组成上的不同又可将其分为若干类型,如分散钻井液、聚合物钻井液等。下面介绍在参考国外钻井液分类标准的基础上,在国内得到认可的各种钻井液类型。

1) *分散钻井液*

分散钻井液是指用淡水、膨润土和各种对黏土和钻屑起分散作用的处理剂(即分散剂)配制而成的水基钻井液。它是一类使用时间较长、配制方法较简单且配制成本较低的常用钻井液。其主要特点是:

(1) 可容纳较多的固相,较适于配制高密度钻井液。

(2) 容易在井壁上形成较致密的泥饼,故其滤失量一般较低。

(3) 某些分散钻井液,如以磺化栲胶、磺化褐煤和磺化酚醛树脂作为主处理剂的三磺钻井液具有较强的抗温能力,适合在深井和超深井中使用。但与其他钻井液类型相比,它也有一些缺点:① 抑制性、抗污染能力较差;② 体系中固相含量高,不利于提高钻速和保护油气层。

2) *聚合物钻井液*

聚合物钻井液是以某些有絮凝和包被作用的高分子聚合物作为主处理剂的水基钻井液。由于这些聚合物的存在,体系所包含的各种固相颗粒可保持在较粗的粒度范围内,与此同时所钻出的岩屑也因及时受到包被保护而不易分散成微细颗粒。其主要优点表现在:

(1) 钻井液密度和固相含量低,因此钻进速度可明显提高,对油气层的损害程度较小。

(2) 剪切稀释特性强。在一定的泵排量下,环空流体的黏度、切力较高,因此具有较强的携带岩屑能力;在钻头喷嘴处的高剪切速率下,流体流动阻力较小,有利于提高钻速。

(3) 具有较强的包被和抑制分散的作用,因此有利于保持井壁稳定。

因此,自 20 世纪 70 年代以来,该类钻井液在国内外得到了十分广泛的应用,并且其工艺技术得到不断完善和发展。

3) *油基钻井液*

以油(通常使用柴油或矿物油)作为连续相的钻井液称为油基钻井液。目前含水量在

5%以下的普通油基钻井液已较少使用，主要使用的是油水比在(50～80)/(50～20)范围内的油包水乳化钻井液。与水基钻井液相比，油基钻井液的主要特点是能抗高温，有很强的抑制性和抗盐、钙污染的能力，润滑性好，并可有效地减轻对油气层的损害等。因此，使用油基钻井液已成为钻深井、超深井、大位移井、水平井和各种复杂地层的重要手段之一。但由于油基钻井液配制成本较高，以及使用时会对环境造成一定的污染，因而其应用受到一定的限制。

4) 气体型钻井流体

气体型钻井流体主要适用于钻低压油气层、易漏失地层以及某些稠油油层，其特点是密度低、钻速快，可有效保护油气层，并能有效防止井漏等复杂情况的发生。通常气体型钻井流体可分为以下 4 种类型：

(1) 空气或天然气钻井流体，即钻井使用干燥的空气或天然气作为循环流体。其技术关键在于必须有足够大的注入压力，并保证能达到将全部钻屑从井底携至地面的环空流速。

(2) 雾状钻井流体，即少量流体分散在空气介质中所形成的雾状流体。它是空气钻井流体与泡沫钻井流体之间的一种过渡形式。

(3) 泡沫钻井流体，即钻井中使用的泡沫是一种将气体介质(一般为空气)分散在液体中并添加适量发泡剂和稳定剂而形成的分散体系。

(4) 充气钻井液，即为了降低钻井液密度，将气体(一般为空气)均匀地分散在钻井液中。显然，混入的气体越多，充气钻井液的密度就越低。

5) 合成基钻井液

合成基钻井液是以合成的有机物作为连续相，盐水作为分散相，并含有乳化剂、降滤失剂、流型改进剂的一类新型钻井液。由于使用无毒并且能够生物降解的非水溶性有机物取代了油基钻井液中通常使用的柴油，因此这类钻井液既保持了油基钻井液的各种优良特性，同时又大大减轻了钻井液排放时对环境造成的不良影响，尤其适用于海上钻井。

6) 保护油气层的钻井液

保护油气层的钻井液是指在储层中钻进时使用的一类钻井液。当一口井钻达目的层时，所设计的钻井液不仅应能满足钻井工程和地质的要求，而且还应满足保护油气层的需要。比如，钻井液密度和流变参数应调整至合理范围，滤失量应尽可能低，所选用的处理剂应与油气层相配伍，以及选用合适的暂堵剂等。

二、钻井液的性能

为了正确使用钻井液，首先需要对钻井液的基本性能有正确的认识，一般用密度、流变性、滤失性、造壁性、pH 和碱度等指标来表征钻井液的性能。这些指标直接影响到钻井质量和钻井速度。

1. 钻井液的密度

钻井液的密度是指单位体积钻井液的质量，单位常用 g/cm^3(或 kg/m^3)。在钻井工程上，钻井液密度和钻井液比重是两个等同的术语。钻井液密度是确保安全、快速钻井和保护油气层的一个十分重要的参数。通过钻井液密度的变化，可调节钻井液在井筒内的静液柱压力，以平衡地层孔隙压力。有时也可利用钻井液密度平衡地层构造应力，以避免井塌的发生。如果钻井液密度过高，将引起钻井液过度增稠、易漏失、钻速下降、对油气层损害加剧和钻井液成本增加等一系列问题；而密度过低则容易导致井涌甚至井喷发生，还会造成井塌、井径缩小和携屑能力下降等。因此，在一口井的钻井工程设计中，必须准确、合理地确定不同井段钻井液的密度范围，并在钻进过程中随时进行检测和调整。

加入重晶石等加重材料是提高钻井液密度最常用的方法。在加重前，应调整好钻井液的各种性能，特别要严格控制低密度固相的含量。一般情况下，所需钻井液密度越高，加重前钻井液的固相含量及黏度、切力应控制得越低。加入可溶性无机盐也是提高密度较常用的方法，如在保护油气层的清洁盐水钻井液中加入 NaCl，可将钻井液密度提高至 1.20 g/cm^3 左右。

为实现平衡压力钻井或欠平衡压力钻井，有时需要适当降低钻井液的密度。通常降低密度的方法有以下几种：

(1) 用机械和化学絮凝的方法清除无用固相，降低钻井液的固相含量。

(2) 加水稀释，但往往会增加处理剂用量和钻井液费用。

(3) 混油，但有时会影响地质录井和测井解释。

(4) 钻低压油气层时可选用充气钻井液等。

2. 钻井液的流变性

钻井液的流变性是指钻井液流动和变形的特性。该特性通常是由不同的流变模式(图 4-19)及参数来表征的，最常用的流变模式为宾汉和幂律模式。其中，宾汉模式的参数为塑性黏度和动切力，幂律模式的参数为流性指数和黏度系数。此外，漏斗黏度、表观黏度和静切力等也是钻井液的重要流变参数。由于钻井液的流变性与携岩能力、井壁稳定性、提高机械钻速和环空水力参数计算等一系列钻井工作密切相关，因此它是钻井液最重要的性能之一。

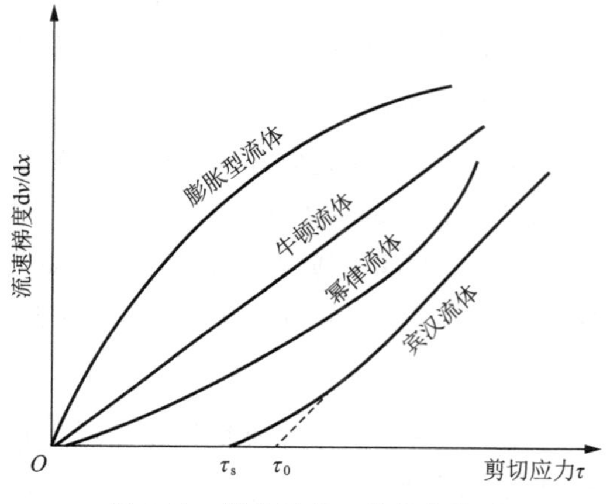

图 4-19 钻井液的 4 种基本流型

τ_s—静切力；τ_0—动切力

3. 钻井液的滤失性及造壁性

在钻井过程中，当钻头钻过渗透性地层时，由于钻井液的液柱压力一般总是大于地层孔隙压力，在压差作用下，钻井液中的液体便会渗入地层，这种特性称为钻井液的滤失性。钻井液的滤失性也是钻井液最重要的性能之一。在液体发生渗滤的同时，钻井液中的固相颗粒会附着并沉积在井壁上形成一层泥饼。随着泥饼的逐渐加厚以及在压差作用下被压实，对裸眼井壁可起到稳定和保护作用，这就是钻井液的造壁性。由于泥饼的渗透率远远小于地层的渗透率，因此形成的泥饼还可以有效地阻止钻井液中的固相和滤液继续侵入地层。在钻井液工艺中，通常用滤失量来表征钻井液的渗滤速率。

4. 钻井液的 pH 和碱度

1）钻井液的 pH

通常用钻井液滤液的 pH 表征钻井液的酸碱性。由于酸碱性与钻井液中黏土颗粒的分散程度直接相关，因此钻井液的 pH 会在很大程度上影响钻井液的黏度、切力和其他性能参数。

经预水化的膨润土基浆（其中膨润土的质量浓度为 57.1 kg/m^3）的表观黏度会随 pH 的变化而变化。由图 4-20 可知，当 pH 大于 9 后，表观黏度随 pH 升高而剧增。其原因是当 pH 升高时，会有更多 OH^- 被吸附在黏土晶层的表面，进一步增强表面所带的负电性，从而在剪切作用下使黏土更容易水化分散。在实际应用中，大多数钻井液的 pH 要求控制在 8～11 之间，即维持一个较弱的碱性环境，这主要是因为：① 可减轻对钻具的腐蚀；② 可预防因氢脆而引起的钻具和套管损坏；③ 可抑制钻井液中钙、镁盐的溶解；④ 有相当多的处理剂在碱性介质中才能充分发挥其效能，如丹宁类、褐煤类和木质素磺酸盐类处理剂等。通常使用 pH 试纸测量钻井液的 pH，若要求的精度较高，可使用 pH 计。

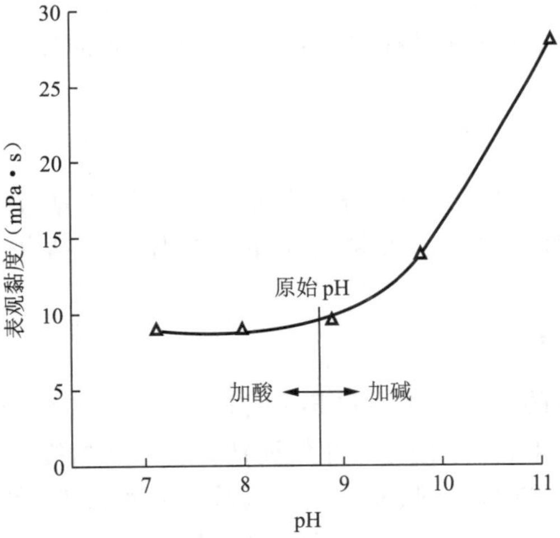

图 4-20　pH 对膨润土基浆表观黏度的影响

2）钻井液的碱度

由于使钻井液维持碱性的无机离子包含 HCO_3^- 和 CO_3^{2-} 等，而 pH 并不能完全反映钻井液中这些离子的种类和浓度，因此在实际应用中，除使用 pH 外，还常使用碱度来表征钻井液的酸碱性。引入碱度主要有两点好处：一是由碱度测定值可以较方便地确定钻井液滤液中 OH^-，HCO_3^- 和 CO_3^{2-} 的含量，从而判断钻井液碱性的来源；二是可以确定钻井液体系中悬浮石灰的量（即储备碱度）。

碱度是指溶液或悬浮体对酸的中和能力。为了建立统一的标准，API 选用酚酞和甲基橙两种指示剂来评价钻井液及其滤液碱性的强弱。用规定浓度的酸液对 1 mL 钻井液及其滤液进行滴定，酚酞的变色点为 pH＝8.3，当 pH 降至该值时，酚酞即由红色变为无色。能够使 1 mL 钻井液及其滤液的 pH 降至 8.3 所需的酸量被称为酚酞碱度。钻井液及其滤液的酚酞碱度分别用符号 P_m 和 P_f 表示。甲基橙的变色点为 pH＝4.3，当钻井液及其滤液的 pH 降至该值时，甲基橙即由黄色变为橙红色。能使 1 mL 钻井液及其滤液的 pH 降至 4.3

所需的酸量被称为甲基橙碱度。钻井液及其滤液的甲基橙碱度分别用符号 M_m 和 M_f 表示。

5. 钻井液含砂量

钻井液含砂量是指钻井液中不能通过 200 目筛网，即粒径大于 74 μm 的砂粒占钻井液总体积的百分数。在现场应用中，该数值越小越好，一般要求控制在 0.5％以下。这是由于含砂量过大会对钻井工作造成以下危害：

（1）使钻井液密度增大，对提高钻速不利。

（2）使形成的泥饼松软，导致钻井液滤失量增大，不利于井壁稳定，并影响固井质量。

（3）泥饼中粗砂粒含量过高，会使泥饼的摩擦系数增大，容易造成压差卡钻。

（4）增加对钻头和钻具的磨损，缩短其使用寿命。

降低钻井液含砂量最有效的方法是充分利用振动筛、除砂器、除泥器等设备，对钻井液的含砂量进行有效的控制。

6. 钻井液固相含量

钻井液固相含量通常用钻井液中全部固相体积占钻井液总体积的百分数来表示。固相含量以及这些固相颗粒的类型、尺寸和性质均对钻井时的井下安全、钻井速度及油气层损害程度等有直接影响。因此，在钻井过程中必须对其进行有效的控制。

三、钻井液的功用

钻井液工艺技术是油气钻井工程的重要组成部分。随着钻井难度的逐渐增大，该项技术在确保安全、优质、快速钻井中起着越来越重要的作用。钻井液最基本的功用有以下几点。

1. 携带和悬浮岩屑

钻井液首要和最基本的功用就是通过其本身的循环，将井底被钻头破碎的岩屑携至地面，以保持井眼清洁，使起下钻畅通无阻，并保证钻头在井底始终接触和破碎新地层，不造成重复切削，保持快速钻进。在接单根、起下钻或因故停止循环时，钻井液又能将井内的钻屑悬浮在钻井液中，使钻屑不会很快下沉，防止沉砂卡钻等情况的发生。

2. 稳定井壁和平衡地层压力

井壁稳定、井眼规则是实现安全、优质、快速钻井的基本条件。性能良好的钻井液应能借助液相的滤失作用，在井壁上形成一层薄而韧的泥饼，以稳固已钻开的地层，并阻止液相大量侵入地层，减弱泥页岩水化膨胀和分散的程度。与此同时，钻进过程中需要不断调节钻井液密度，使液柱压力能够平衡地层压力，从而防止井塌和井喷等井下复杂情况的发生。

3. 冷却和润滑钻头、钻具

钻进中的钻头一直在高温下旋转并破碎岩层，产生很多热量，同时钻具也不断地与井壁摩擦而产生热量。通过钻井液的不断循环，将这些热量及时吸收，然后带到地面释放到大气中，从而起到冷却钻头、钻具，延长其使用寿命的作用。由于钻井液的存在，钻头和钻具均在液体内旋转，因此在很大程度上降低了摩擦阻力，起到了很好的润滑作用。

4. 获取地层资料

根据钻井液携带出的岩屑分析和钻井液中的油气显示，可以判断所钻地层是否含有油气资源;根据钻井液性能变化和滤液分析,可以知道是否钻遇盐岩层、盐膏层和盐水层等。

5. **传递水动力**

钻井液从钻头喷嘴处以极高的流速冲击井底,可提高钻井速度和破岩效率。高压喷射钻井正是利用这一原理,即采用高泵压钻进,使钻井液所形成的射流对井底产生强大的冲击力,从而显著地提高钻速。在使用涡轮钻具钻进时,钻井液由钻杆内以较高流速流经涡轮叶片,使涡轮旋转并带动钻头破碎岩石。

但是,钻井实践表明,作为一种优质的钻井液,仅做到以上几点是不够的。为了尽可能减少对油气层的损害,现代钻井技术还要求钻井液必须与所钻遇的油气层相配伍,满足保护油气层的要求;为了满足地质上的要求,所使用的钻井液必须有利于地层测试,少影响或不影响对地层的评价。此外,钻井液还要对钻井人员及环境不发生伤害和污染,对井下工具及地面装备不产生腐蚀或尽可能减轻腐蚀。

一般情况下,钻井液成本只占钻井总成本的 7%~10%,然而先进的钻井液技术往往可以成倍地节约钻时,从而大幅度地降低钻井成本,带来十分可观的经济效益。

第五节 井下事故及复杂情况处理

井下事故及复杂情况会给钻井工程带来很大困难,降低钻井效率,增加钻井成本,拖延油气田的开发进度。如果一种井下复杂情况不能得到及时的处理,便可能引起其他复杂情况的发生。为了确保钻井施工的顺利进行,必须及时采取有效的措施,防止情况恶化,有针对性地处理好复杂情况,保证钻井工作的顺利进行。

钻井事故主要有卡钻、井喷、严重井塌、钻具或套管断落、井下落物及钻出新井眼、丢失老井眼等。钻井复杂情况主要有井涌、井漏、轻度井塌、砂桥、泥包、缩径、键槽、地层蠕变、地应力引起的井眼变形、钻井液污染及有害气体的溢出等。下面将综述各种井下事故与复杂情况的发生原因及特征。

一、卡钻及其处理

卡钻就是钻具失去了活动的自由,既不能转动,又不能上下活动,这是钻井过程中常见的井下事故。卡钻主要包括:黏吸卡钻、坍塌卡钻、键槽卡钻、砂桥卡钻、泥包卡钻、落物卡钻、水泥固结卡钻等。

1. **卡钻的主要类型、原因及其预防措施**

1) 黏吸卡钻

当钻具静止时,受井下压差影响,一部分钻柱会与井壁的钻井液黏合于井壁上,由此产生的卡钻称为黏吸卡钻,也称压差卡钻或泥饼卡钻,是钻井过程中最常见的卡钻事故(图 4-21)。

(1) 黏吸卡钻的原因。

① 井壁上的泥饼造成黏吸卡钻。

② 地层压力与液柱压力存在一定的压差。

③ 砂岩和泥岩井段都可以黏钻,但由于泥岩井段的井径不规则,其发生黏吸卡钻的概

率较小。

(2) 黏吸卡钻的预防措施。调节好钻井液性能,尽可能降低钻井液的密度,提高钻井液的润滑性能,降低泥饼的黏滞系数,并加强活动钻具或采用加扶正器的方法使钻具居中。

2) 坍塌卡钻

坍塌卡钻的处理工序最为复杂,风险性最大,耗时最多,会造成部分井眼甚至全井报废,它是所有卡钻事故中性质最为恶劣的一种事故(图 4-22)。

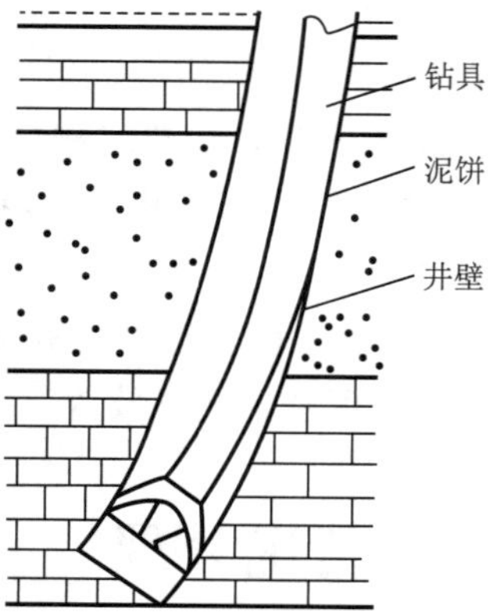

图 4-21 黏吸卡钻示意图

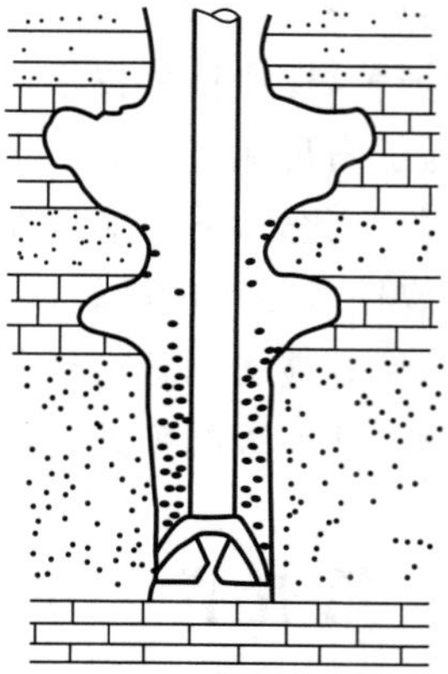

图 4-22 坍塌卡钻示意图

(1) 坍塌卡钻的原因。

① 钻井液性能不符合设计要求,造成易塌地层垮塌。

② 井漏引起上部地层井壁坍塌。

③ 钻井液密度低于地层压力,造成地层坍塌。

④ 起钻未灌满钻井液,引起地层坍塌。

⑤ 钻头泥包起钻形成拔活塞的抽汲作用而引起井塌。

⑥ 井喷后或泡油解卡后,井壁失去稳定而造成井塌。

(2) 坍塌卡钻的预防措施。使用低滤失、高矿化度和适当黏度的防塌钻井液,在破碎易塌地层时适当增大钻井液密度,随时保证钻井液的高度;避免钻头泥包和抽汲作用引起井壁坍塌。

3) 键槽卡钻

垂直井段不会形成键槽,而在增斜、稳斜、减斜过程中会产生局部弯曲,形成狗腿,在钻杆接头切削作用下形成键槽,键槽大小与钻杆接头相当(图 4-23),起钻时出现钻铤或钻头插入槽的底部而被卡住的现象称为键槽卡钻。

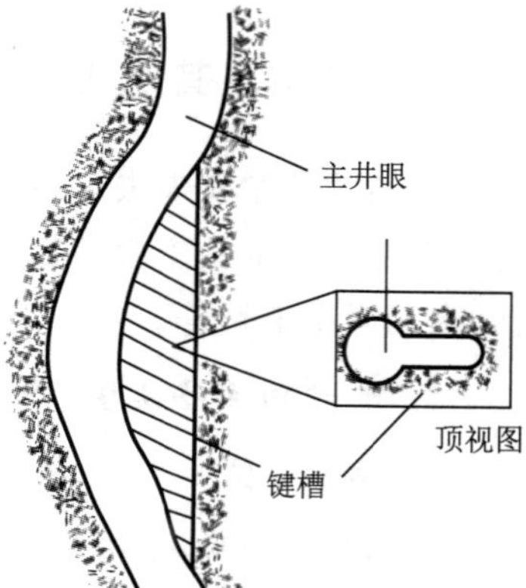

图 4-23 键槽卡钻示意图

(1) 键槽卡钻的特征。

① 键槽卡钻只会发生在起钻过程中。

② 当钻铤外径大于钻杆接头时,钻铤顶部接触键槽下口时即遇阻遇卡。

③ 在岩性均匀、井径规则的地层中,每次起钻的遇阻点是向下移动的;在岩性不均匀、

井径不规则的地层中，遇阻点固定不变。

④ 在键槽中遇阻、拉力稍大，转动转盘很困难，但只要放下钻柱脱离键槽则旋转自如。

⑤ 在键槽中遇阻遇卡，开泵循环钻井液时，泵压无变化，钻井液性能无变化，进出口流量平衡。

(2) 键槽卡钻的预防措施。保证井眼质量，避免出现狗腿段；起钻时或再次下钻时应在键槽井段反复划眼，及时破坏键槽的形成，并在起钻到键槽井段时低速慢起，严禁使用高速提升。

2. 卡钻事故的处理

(1) 上提、下放和转动钻具解卡。在循环钻井液洗井的同时配合活动钻具，但活动钻具要针对不同类型的卡钻进行。

(2) 浴井解卡。向井内泡油、泡盐水、泡酸或采用清水循环等方式，泡松黏稠的泥饼，降低泥饼黏滞系数，减少泥饼与钻具的接触面积。

(3) 上击、下击解卡。在钻进过程中若遇到垮塌、黏性、膨胀性等易卡地层，可在钻杆与钻铤之间接上震击器，一旦遇卡，便立即上击或下击解卡。

(4) 倒扣、套铣解卡。遇到严重卡钻时，现场常用倒扣、套铣的方法取出井内全部或部分钻具。

(5) 爆炸、侧钻新井眼。将未卡部分钻具用炸药炸断起出，然后在井内的钻具顶上打水泥塞，再侧钻一新井眼。

二、钻具断落及其处理

钻具断落是钻具事故中常见的一种，掉落在井内的钻具俗称“落鱼”。打捞落鱼是一件十分细致的工作，需要对井下情况做周密的分析，采用适当的工具和措施，即时进行处理。

1. 钻具断落的原因

(1) 有的钻杆本体内有砂眼，由于内壁受钻井液磨蚀和冲刷，外部受磨损，钻杆壁厚变薄，有砂眼处被磨穿。

(2) 被刺坏后的钻杆强度较低，产生应力集中点，故被扭断。

(3) 长期使用的钻杆强度降低，可发生疲劳破坏。旧钻杆本体磨损严重，壁厚变薄，强度降低，在井下剪切应力的作用下，易发生折断事故。

2. 钻具断落事故的处理

(1) 采用卡瓦打捞筒打捞。卡瓦打捞筒是打捞工具中最常用的工具，它是从落鱼外部进行打捞的。

(2) 采用公、母锥打捞。打捞时，将公锥插入落鱼水眼内，然后加压旋转造扣，以达到捞起落鱼的目的；母锥多用于打捞钻杆本体，不能打捞接头。

(3) 采用打捞矛打捞。打捞矛是一种结构简单、工作可靠的打捞工具(图 4-24)，它是从管内打捞钻杆本体和套管的。

三、井下落物及其处理

井下落物事故种类繁多，井下落物的大小、尺寸及形状不尽相同，井下有落物会严重影

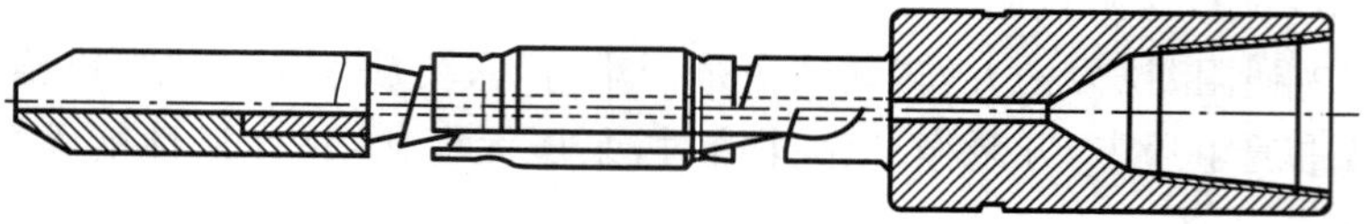

(a) 可退式打捞矛的整体结构图

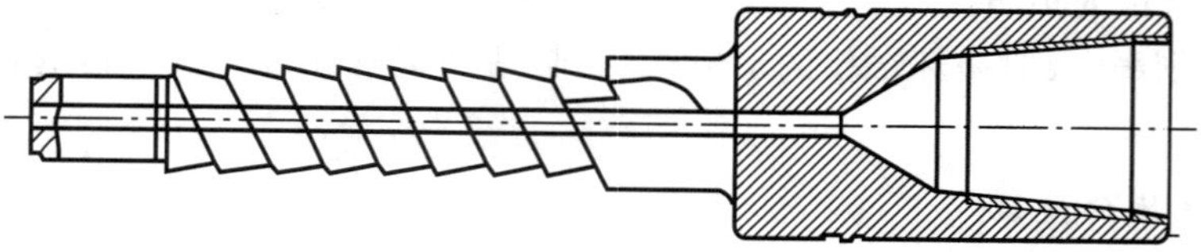

(b) 可退式打捞矛的芯轴结构图

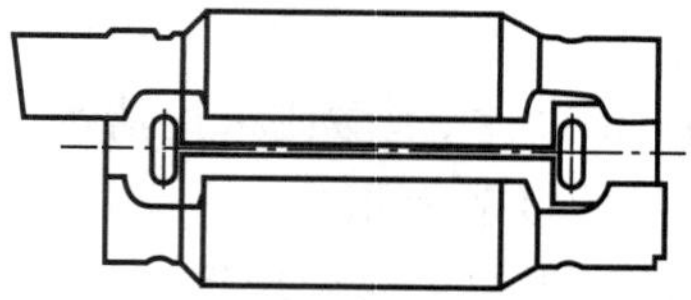

(c) 可退式打捞矛的矛瓦结构图

图 4-24 打捞矛示意图

响钻进施工的正常处理。凡是钻具、油管、套管、钢丝绳、电缆等落入井下，都是井下落物，这些属于大型落物，也有一些不规则的、碎小的、没有打捞部位可与打捞工具连接的落物，如牙轮、手工具、刮刀片等。

1. **井下落物的原因**

(1) 钻具产品本身质量存在一定问题。

(2) 起下钻过程中遇卡时操作不当，如猛提猛拉容易造成卡钻，使钻头受损，牙轮掉落。

(3) 钻井过程中使用参数不当。

(4) 不能根据钻进具体情况判断钻具的使用情况，超时使用。

(5) 顿钻造成钻头事故。

(6) 钻头与接头连接螺纹的规范不一致，造成钻头落井。

(7) 操作人员违章操作，致使从井口落入物件。

2. **井下落物的处理**

(1) 井壁埋藏法。如果井内落物较小，井眼不深且地层较软，建井周期很短，可不予打捞，只需用刮刀钻头将落物强行拨到井壁并挤压进井壁，埋藏起来即可。

(2) 磁铁打捞法。磁铁打捞法广泛用于打捞落井的牙轮、弹子、小工具等。

(3) 随钻打捞。随钻打捞使用的是随钻打捞杯，它能随钻头一起下钻，捞出掉在井内的钻头脱齿、断齿、弹子等落物。

(4) 一把抓打捞。一把抓是一种构造简单、制造容易、使用方便的打捞工具，常用于打捞钻头牙轮之类的落物。

(5) 反循环打捞篮打捞(图 4-25)。反循环打捞篮是打捞牙轮和小件落物的打捞工具。

四、井漏及其处理

井漏是钻井工程中常见的井下复杂情况，多数钻井过程都有不同程度的漏失。严重的井漏会导致井内压力下降，影响正常钻井，引起井壁失稳，诱发地层流体涌入井筒并发生井喷。

1. 井漏的原因

(1) 地层孔隙大、渗透性好(如粗砂岩、砾岩、含砾砂岩等)，存在天然溶洞、裂缝等。

(2) 井筒内钻井液液柱压力大于地层孔隙压力。

(3) 钻井措施不当引发井漏，如开泵过猛、下钻速度过快、钻井液密度过大引起压力激动，压漏地层。

(4) 注水开发造成多压力层系。

(5) 注水开发造成地层破裂压力的变化。

2. 井漏的特征

(1) 由砂桥或者井塌引起的井漏，泵压会上升，钻井液进多出少，停泵时钻柱内会有回压，活动钻具偶有阻力。

(2) 由液柱压力不平衡引起的井漏，泵压会下降，钻井液进多出少，环空液面会下降。

(3) 由操作不当引起的井漏，泵压会上升，钻井液进多出少，环空液面不下降，停泵时会有回压，活动钻具时除正常阻力外无额外阻力。

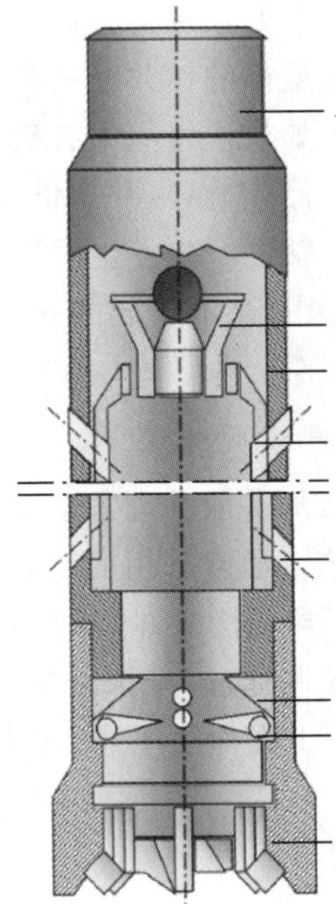

图 4-25 反循环打捞篮示意图

3. 井漏的处理

(1) 渗透性井漏的处理。降低钻井液密度，采用平衡钻井技术，同时适当提高钻井液的黏度和切力，以增大钻井液流入地层孔隙的阻力。

(2) 裂缝性井漏的处理。① 注谷壳、锯末、稠钻井液堵漏；② 在非油气层发生裂缝性漏失时，可注入水泥或胶质水泥堵漏；③ 在油气层发生裂缝性漏失时，可注石灰乳钻井液对油气层进行暂时性封堵。

(3) 溶洞性漏失的处理。常采用直接从井口投入石子、泥球、长纤维物捆等来填堵井下洞穴，或架起“桥”后再用水泥浆等封堵。

五、井喷及其处理

井喷失控(图 4-26)是一种影响恶劣的灾难性事故，会造成巨大的损失，包括人员伤亡、设备损坏、油气资源浪费、环境污染、油井报废和大量资金损失等。

1. 井喷的 3 个基本条件

(1) 地层连通性较好。

(2) 相互贯穿的地层中存在压力较大的流体，如油、气、水。

(3) 具有一定的地层压力。

2. 井喷的特征

(1) 井口返出钻井液量增大，循环罐液面上升。

图 4-26 井喷现场图

(2) 钻井泵压力升高或下降,钻具悬重下降或上升。

(3) 返出的钻井液密度下降,温度升高,且有油花气泡现象。

(4) 如果油气泡中有硫化氢溢出,钻井液颜色会变暗,还会嗅到臭鸡蛋味。

(5) 停止循环,井口仍有钻井液溢出。

(6) 钻进时先发生漏失,继而又产生井涌、井喷。

(7) 由水、油引起的井喷需要较长的时间,而由气引起的井喷则仅需几十分钟甚至几分钟时间。

3. **井喷的处理**

井喷的一般处理方法是压井,是指在井内重新建立一个钻井液液柱压力来平衡地层压力的工艺。通常采用的压井方法是增大钻井液密度。

(1) 司钻法压井:首先关井,然后根据关井立管压力,计算所需的压井钻井液密度。用节流阀控制循环,先排除井内的流体,然后打入重钻井液直到返出地面为止。

(2) 工程师法压井:直接打入重钻井液直到返出地面为止。

参考文献

[1] 孙艾茵,刘蜀知,刘绘新. 石油工程概论[M]. 北京:石油工业出版社,2008.

[2] 陈涛平,吴晓东. 石油工程概论[M]. 北京:石油工业出版社,2006.

[3] 王瑞和,李明忠. 石油工程概论[M]. 东营:石油大学出版社,2001.

[4] 李明忠. 石油工程概论[M]. 2版. 东营:中国石油大学出版社,2011.

[5] 潘一,孙永河,杨双春. 石油工程概论[M]. 哈尔滨:黑龙江科学技术出版社,2013.

[6] 陈涛平,胡靖邦. 石油工程[M]. 北京:石油工业出版社,2000.

[7] 阿切尔 J S,沃尔 C G. 石油工程原理与实践[M]. 周成勋,等译. 北京:石油工业出版社,1992.

[8] 楼一珊,李琪. 钻井工程[M]. 北京:石油工业出版社,2013.

[9] 王建学,万建仓,沈慧. 钻井工程[M]. 北京:石油工业出版社,2008.

[10] 周金葵,李效新. 钻井工程[M]. 北京:石油工业出版社,2007.

[11] 李军,薛永超,张辉. 现代石油工程导论及前沿技术[M]. 东营:中国石油大学出版社,2017.

第五章

固井与完井工程概述

第一节　固井技术

在已钻出的井眼中下入一定尺寸的套管，并在套管与井壁或套管与套管之间的环形空间中注入水泥，使套管与井壁固结在一起的工艺过程称为固井。其主要目的是封隔井眼内的油层、气层和水层，保护油气井套管，延长油气井使用寿命以及提高油气产量。固井工程的主要内容包括下套管和注水泥两大部分。

固井是油气井建井过程的关键环节。与其他钻井环节相比，固井作业具有明显的特殊性：① 它是一次性作业，如果质量不好，一般情况下难以补救；② 它是隐蔽性作业，主要流程在井下，施工时不能直接观察；③ 它是一项花费大的作业，套管费用约占钻井总成本的 25%；④ 它是一项技术性很强的作业，施工时间短，工序多，作业量大。

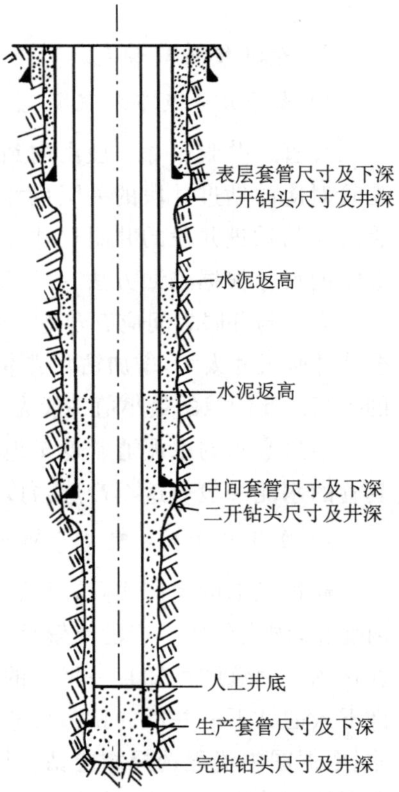

图 5-1　井身结构示意图

一、井身结构设计

井身结构（图 5-1）主要包括套管层次、每层套管的下入深度，以及套管和井眼尺寸的配合。井身结构设计是钻井工程的基础设计，它不但关系到钻井工程的整体效益，而且直接影响油井的质量和寿命，因而在进行钻井工程设计时首先要科学地设计井身结构。

1. *套管的类型*

套管的类型有很多，根据功用可将套管分为以下几种类型：① 表层套管；② 中间套管，亦称技术套管；③ 生产套管，亦称油层套管；④ 钻井衬管，亦称钻井尾管，它的作用与中间套管相同。表层套管是开始下入的最短、最浅的一层套管，其主要有两个作用：一是在其顶部安装套管头，并通过套管头悬挂和支承后续各层套管；二是隔离地表浅水层和浅部复杂地层，使淡水层不受钻井液污染。表层套管鞋必须下在有足够强度的地层上，以免发生井涌而关井后将套管鞋处的地层压漏，导致井下井喷。介于表层套管和生产套管之间的套管都称为中间套管，中间套管的作用是隔离不同地层孔隙压力的层系或易塌易漏等复杂地层。根据需要，中间套管可以是一层、两层，甚至多层。生产套管是钻达目的层后下入的最后一层套管，其作用是保护生产层，并给油气从产层流至地面提供通道。

钻井衬管常在已下入一层中间套管后采用，即只在裸眼井段下套管注水泥，套管柱不延伸至井口。采用钻井衬管可以减轻下套管时钻机的负荷和固井后套管头的负荷，同时又可节省大量套管和水泥，降低固井成本。

2. 井身结构设计的原则

井身结构设计所遵循的原则主要有：

(1) 有效地保护油气层，使不同地层压力的油气层免受钻井液的伤害。

(2) 应避免漏、喷、塌、卡等井下复杂情况的发生，为全井顺利钻进创造条件，以获得最短建井周期。

(3) 钻下部地层采用重钻井液时产生的井内压力不致压裂上层套管处最薄弱的裸露地层。

(4) 下套管过程中，井内钻井液柱的压力和地层压力之间的压差不致产生压差卡套管现象。

3. 井深结构的确定

1) 套管尺寸及下入深度

套管及井眼尺寸一般由内到外依次确定。首先要确定生产套管的尺寸，再确定与生产套管对应的钻进井段的井眼尺寸，然后确定最内一层中间套管的尺寸，再确定与该层中间套管对应的钻进井段的井眼尺寸。依次类推，直到确定出与表层套管对应的井眼尺寸。生产套管的尺寸根据采油方法、井下测试工具及修井工具的尺寸确定。

套管与井眼之间应有合适的间隙，该间隙指的是井眼半径与套管半径的差值。间隙过大会使井眼尺寸太大，增加钻井成本；间隙过小又会导致下套管及注水泥困难，不利于固井质量的提高。此间隙的最小值一般为 9.5～12.7 mm(不同尺寸套管间隙值不同)，最好为 19 mm。

表层套管的水泥通常返至地面，中间套管的水泥一般返至要封隔地层以上 100 m，生产套管的水泥一般应返至产层顶以上 150 m。对于气井，各层套管的水泥一般均返至地面。

2) 套管尺寸和井眼尺寸的选择

经过长期的生产实践，目前套管与其相应井眼尺寸的配合已基本确定或只在较小范围内变化，国内外所生产的套管尺寸与钻头尺寸也已标准系列化。图 5-2 为套管与井眼尺寸选择图。由该图可知某一尺寸的套管入井时所需要的井眼尺寸，以及通过该尺寸套管所允许下入的钻下一井段的钻头尺寸。使用该图时，先确定井内最后所下的套管(或尾管)的尺寸，根据图中流程选择相应钻头尺寸，并依次选定全井的套管与钻头尺寸。图中实线表示的是套管与井眼尺寸的常用配合，它有足够的间隙下入该套管并注水泥；虚线表示的是不常用的尺寸配合(间隙过小)。

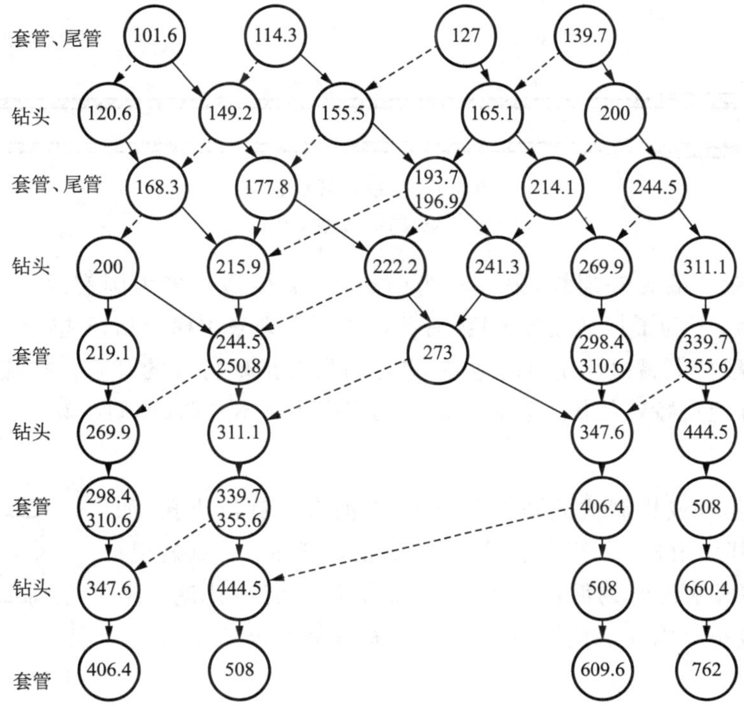

图 5-2 钻头和井眼(钻头)尺寸选择图(单位:mm)

二、套管柱设计

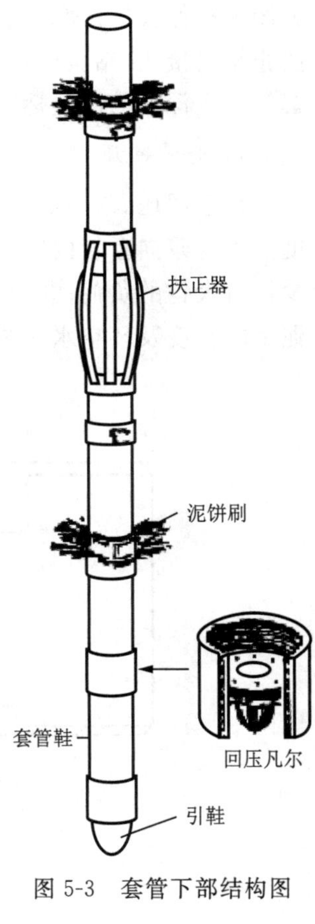

图 5-3 套管下部结构图

套管柱设计是根据井内的工作条件,选择不同钢级或不同壁厚的套管组成套管柱,使其所受外力与强度之间满足一定的关系,以保证套管柱的安全性和经济性。

1. 套管柱的结构

套管柱是由套管加装一些特殊部件组合而成的,以保证注水泥作业的顺利进行,套管下部结构如图 5-3 所示。

1) 套管

套管是由高级合金钢轧制而成的无缝钢管,如图 5-4 所示。为了满足不同的井身结构、工作条件对套管强度的要求,套管具有多种直径、壁厚、钢级和不同的连接方式。

套管直径一般为 114.3～508 mm,也有更大的尺寸,共有十多种。常用的套管壁厚为 8～13 mm,薄壁套管壁厚仅为 5.21 mm,厚壁套管壁厚达 16.1 mm。显然,对于一定的套管直径,壁厚越大的套管强度越高。不同钢级钢材制成的套管,强度是不一样的。为了便于区别,用钢级命名。国产套管有 D_{40},D_{55},D_{75} 3 种钢级,下标数字为钢材的最小屈服极限,单位为 kg/mm^2。API 标准套管的钢级代号为 N-80,C-95 等,代号中的数字乘以 1 000 即套管的最小屈服强度值,单位为 lbf/in^2

(1 lbf/in^2 = 175.1 Pa)。

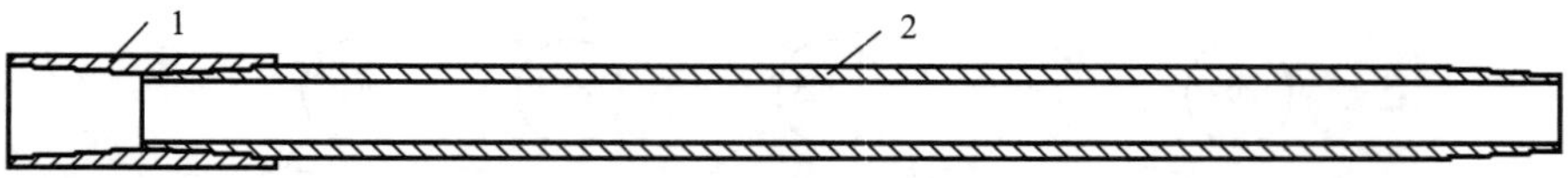

图 5-4 单根套管示意图

1—接箍;2—套管本体

大多数套管一端为外螺纹,另一端为内螺纹(加接箍),多为圆螺纹,一般 6～8 扣/in (1 in=2.54 cm)。为了加强连接强度,有些高强度套管采用梯形扣,5 扣/in。

对于含硫酸盐等腐蚀性流体的地层,应选用具有抗硫特性的套管。抗硫套管的化学成分控制严格,并经过特殊的热处理。目前我国多采用日本产防硫套管,其防硫性能较好。

2) 引鞋

引鞋是由生铁或铝制成的圆锥形短节,上面布有旋流小孔,如图 5-5 所示。其作用是:① 引导套管入井,防止套管插入井壁岩层;② 注水泥时构成水泥浆的循环通道,水泥浆通过旋流小孔流出上返,提高顶替效率。固井后重新钻进时,引鞋很容易钻掉。

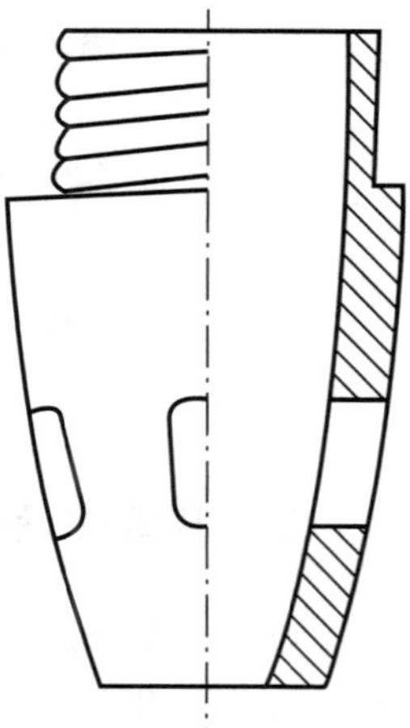

图 5-5 引鞋

3) 套管鞋

套管鞋是接在引鞋上的一个特殊短节,一般由套管接箍制成,如图 5-6 所示。套管鞋下端加工成 45°的内斜角,作用是起下钻时防止钻具接头、钻头碰挂套管底部而损坏套管,此外在测井时成为套管下入深度的测量标志。

4) 套管回压阀

套管回压阀(图 5-7)的主要作用是:① 注水泥结束后防止高密度的水泥浆向套管内回流;② 下套管过程中增加套管柱的浮力,减少钻机大钩的负荷;③ 因为回压阀的球座挡板是注水泥胶塞的承托环,故其位置决定了水泥塞的长度及环空水泥浆的高度。

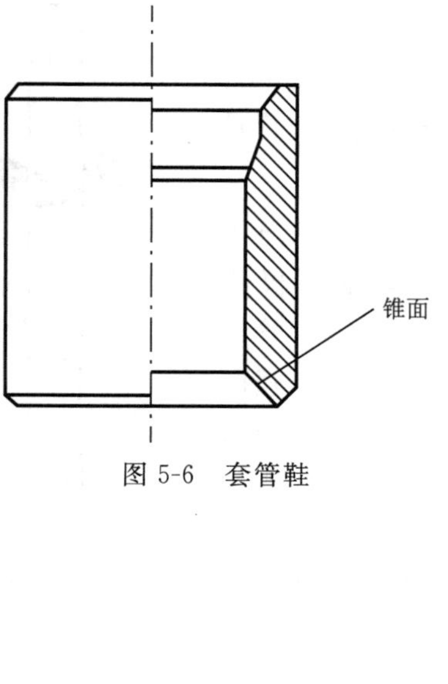

图 5-6 套管鞋

图 5-7 回压阀

5）套管扶正器

套管扶正器是装在套管本体上的一种钢制弹性装置，如图 5-8 所示。其作用是保证套管柱在井眼内居中，提高水泥与井壁的胶结质量。在井斜、方位变化较大的井内，尤其要注意加装扶正器，并通过复杂的计算合理选择扶正器的安装个数及安装位置。

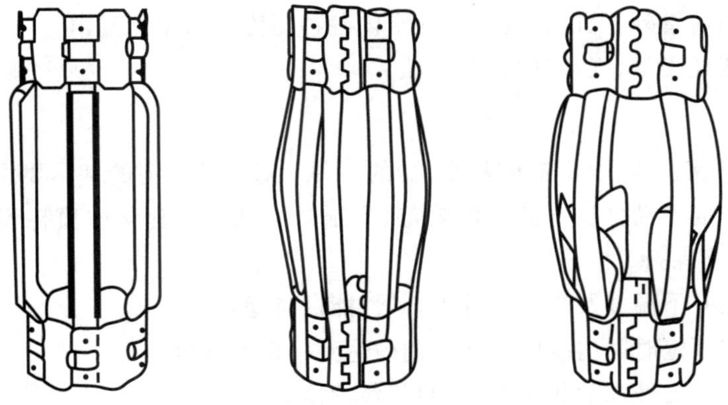

(a) 刚性扶正器　(b) 弹簧扶正器　(c) 旋流式弹簧扶正器

图 5-8　套管扶正器

2. 套管柱设计方法

下入井内的套管柱在固井和以后的生产过程中要受到各种外部载荷的作用，其中主要载荷为轴向拉力和外挤压力。力学分析结果表明：轴向拉力在井口处最大，井底处最小，沿井深逐渐减小并呈直线分布；外挤压力在井口处最小，井底处最大，沿井深逐渐增大，也呈直线分布，如图 5-9 所示。

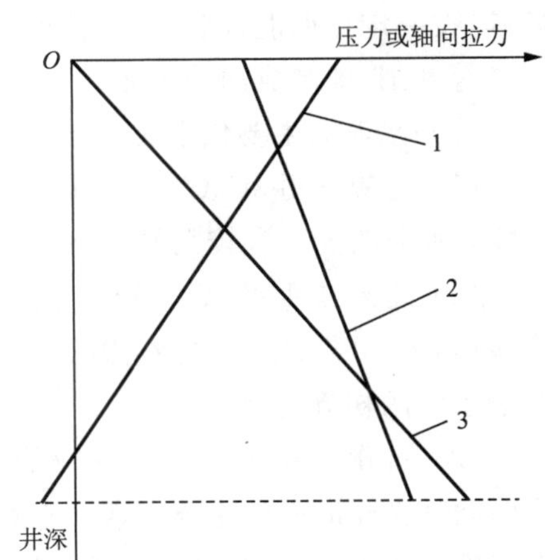

图 5-9　套管柱受力示意图

1—轴向拉力；2—内挤压力；3—外挤压力（按钻井液柱压力）

套管本身具有一定的抵抗外载的能力，称为强度。在轴向拉力作用下，套管具有抗拉强度；在外挤压力作用下，套管具有抗挤强度。只要保证套管柱上任意截面处的套管强度大于外载，套管柱就是安全的。

由于套管柱的受力是两头大（井口为最大轴向拉力，井底为最大外挤压力）、中间小，因此可以选用不同强度的套管，构成两头强度大、中间小的套管柱，这样可以在保证套管柱安全的同时降低成本。按照这个原理设计的套管柱称为复合套管柱。

三、注水泥技术

从井口经过套管柱将水泥注入井壁与套管柱之间的环空中，将套管柱与地层岩石固结起来的技术称为注水泥技术。注水泥能够达到固定套管，有效封隔井内油、气、水层的目的。其内容包括选择水泥、设计水泥浆性能、选择水泥外加剂、井眼准备、注水泥工艺设计等。

注水泥技术的基本要求：

(1) 水泥浆返高和套管内水泥塞高度必须符合设计要求。

(2) 注水泥井段环空内的钻井液全部被水泥浆替走，不存在残留现象。

(3) 水泥石与套管及井壁岩石有足够的胶结强度，能经受住酸化压裂及下井管柱的冲击。

(4) 水泥凝固后管外不冒油、气、水，环空内各种压力体系不能互窜。

(5) 水泥石能经受油、气、水的长期侵蚀。

1. **油井水泥**

油井水泥是波特兰水泥(即硅酸盐水泥)的一种。对油井水泥的基本要求是：

(1) 水泥能配成流动性良好的水泥浆，从配制开始到注入套管被顶替到环空内的时间内，这种性能应始终保持。

(2) 水泥浆在井下温度及压力条件下，其性能保持稳定。

(3) 水泥浆在规定时间内凝固并在短期内达到一定的强度。

(4) 水泥浆应能与外加剂相配合，以调节各种性能。

(5) 硬化后的水泥石应具有良好的稳定性、抗渗性和抗蚀性。

根据上述基本要求，从硅酸盐水泥中特殊加工而成的，适用于油气井固井专用的水泥称为油井水泥，又称堵塞水泥。生产油井水泥的主要原料是石灰石、黏土等。将石灰石和黏土粉碎，按一定比例混合后，装入转炉焙烧成熟料，再按要求加入1.5%～3.0%(质量分数)的石膏等磨细，即制成油井水泥。

油井水泥的主要化学成分有：

(1) 硅酸三钙 $3CaO \cdot SiO_2$(简称 C_3S)，是水泥的主要成分，其含量一般为40%～65%。C_3S 对水泥的强度有较大的影响。

(2) 硅酸二钙 $2CaO \cdot SiO_2$(简称 C_2S)，其含量一般在24%～30%之间。C_2S 的水化反应缓慢，强度增长慢，但能在很长一段时间内增加水泥强度，对水泥的最终强度有影响，但不影响水泥的初凝时间。

(3) 铝酸三钙 $3CaO \cdot Al_2O_3$(简称 C_3A)，是促进水泥快速水化的化合物，是决定水泥初凝时间和稠化时间的主要因素。它对水泥的最终强度影响不大，但对水泥浆的流变性及早期强度有较大的影响，且对硫酸盐极为敏感。

(4) 铁铝酸四钙 $4CaO \cdot Al_2O_3 \cdot Fe_2O_3$(简称 C_4AF)，其对水泥强度的影响较小，水化速度仅次于 C_3A，早期强度增长较快，其含量为8%～12%。

除了以上4种主要成分之外，油井水泥中还有石膏、碱金属的氧化物等。

水泥与水混合成水泥浆后，即与水发生化学反应，生成各种水化产物。水泥浆逐渐由液态变为固态，使水泥硬化和凝结，形成有一定强度的固体状物质——水泥石。这个过程大致可分为3个阶段：

(1) 溶胶期：水泥与水混合成胶体液，水泥颗粒表面与水开始发生水化反应，水化产物的含量开始增加，当达到饱和状态时部分水化产物以胶态或微晶体析出，形成胶溶体系，此时水泥浆仍有流动性。

(2) 凝结期：水泥反应由水泥颗粒表面向内部深入，溶胶粒子及微晶体大量增加，晶体开始互相连接，逐渐絮凝成凝胶体系，水泥浆变稠，直到失去流动性。

(3) 硬化期：水泥的水化物由胶体逐渐转变为晶体状态，互相紧密连接成一个整体，强度增加，硬化成为水泥石。水泥的水化反应放出热量，在第二个放热的峰值期开始凝固。

在整个水泥的水化、凝固过程中，C_3S 是影响水泥凝结和硬化的主要因素。水化反应较慢的 C_2S 可使水泥的硬化期变长。在水泥凝固的早期，铝酸盐是主要影响因素，但它对最终强度的影响较小。

2. 水泥浆性能

对固井工程有较大影响的水泥浆性能包括：水泥浆的密度、水泥浆的稠化时间、水泥浆的失水、水泥浆的凝结时间、水泥石的强度及水泥石的抗蚀性等。

1) 水泥浆的密度

水泥干灰的密度一般为 3.05～3.20 g/cm³。通常要使水泥完全水化，需要的水量为水泥质量的 20%左右，但此时水泥浆基本不能流动。要使水泥浆能流动，加水量应达到水泥质量的 45%～50%，调节初始水泥浆密度为 1.80～1.90 g/cm³。

2) 水泥浆的稠化时间

水泥浆的稠化时间是指水泥浆从配制开始到其稠度达到规定值所用的时间。例如，API 标准中规定从开始混拌到水泥浆稠度达到 100 Bc(水泥稠度单位)所用的时间为水泥浆稠化时间。API 标准中规定，在初始的 15～30 min 内，水泥浆稠度应小于 30 Bc。注水泥的全过程必须在水泥浆稠化之前完成，稠化时间决定了施工作业的时间。

3) 水泥浆的失水

在水泥凝固之后，多余的水就会析出，析出的水为高矿化度自由水，可能渗入地层，对生产层造成严重污染，也可能留在水泥石中，形成孔道，造成流体上窜，破坏水泥石的封隔性，降低水泥石的强度。因此，应当通过加入处理剂的方法尽量使水泥浆的失水量降低。

4) 水泥浆的凝结时间

水泥浆调成后即开始水化，从液态转变为固态的时间就是水泥浆的凝结时间。这一时间不同于稠化时间。一般来说，水泥浆的凝结时间大于稠化时间，凝结时间对施工有较大的影响。对封固表层套管及中间套管来讲，希望水泥能有较高的早期强度，以便尽快开始下一道工序。通常希望固井结束候凝 8 h 左右，水泥浆开始凝结成水泥石，其抗压强度达 2.3 MPa 以上即可开始下一次开钻。

5) 水泥石的强度

水泥石的强度应满足下述要求：

(1) 支撑和加强套管；

(2) 应能承受钻柱的冲击载荷；

(3) 应能承受酸化、压裂等增产措施作业的压力。

各种水泥标准中都给出了水泥石的极限强度及早期(8～24 h)强度。API 标准中规定，进行射孔的层段，水泥石的抗压强度应大于 13.8 MPa。

6）水泥石的抗蚀性

水泥石应具备抵抗各种流体腐蚀的能力，主要应能抵抗硫酸盐的腐蚀。

在水泥成分中控制 C_3A 及 C_4AF 的含量为 $C_3A \leqslant 3\%$，$C_4AF + 2C_3A \leqslant 24\%$，可使水泥抗硫性提高，也可通过加入矿渣、石英砂等提高水泥石的抗硫酸盐能力。

3. **水泥的外加剂**

由于井下环境比地面环境恶劣得多，仅靠调节水泥的化学成分不能完全满足注水泥工艺要求，因此可通过加入外加剂来调节水泥浆的性能。目前，常用外加剂的种类有以下几种。

（1）加重剂：当需要高密度水泥浆时，应在水泥浆中加入加重剂。

（2）减轻剂：当需要降低水泥浆密度时，应在水泥浆中加入减轻剂。

（3）缓凝剂：使水泥浆的稠化、凝结时间延长，通常用于高地温梯度的井和深井中，以保证有足够的注水泥作业时间。

（4）促凝剂：使水泥浆加快凝固，用于缩短水泥的候凝时间及增大水泥的早期强度，多用于浅层及低温层的封固。

（5）减阻剂：明显改善水泥浆的流动性能，使水泥浆的流动阻力减小，有利于在低流速状态下使水泥浆的流动进入紊流状态，提高注水泥的质量。

（6）降滤失剂：能降低水泥浆的失水量。

（7）防漏失剂：用于防止水泥浆在漏失层中的漏失，多为纤维状、颗粒状等固体堵漏材料，如沥青粒、纤维材料等。

4. **油井水泥的分类**

油井水泥种类繁多，分级也比较复杂。目前我国按 API 标准和国内暂时保留的温度系列标准进行分类。

按 API 标准可将油井水泥分为 9 个级别，每个级别的使用范围见表 5-1。

表 5-1 API 标准各种级别使用范围

级　别	A	B	C	D	E	F	G	H	J
使用范围/m	0～1 830	0～1 830	0～1 830	1 830～3 050	3 050～4 270	3 050～4 880	0～2 440	0～2 440	3 660～4 880

这 9 个级别的油井水泥又分为普通型（O）、中抗硫酸盐型（MSR）和高抗硫酸盐型（HSR）3 类，其中 A 为普通型，其余 8 个级别的油井水泥分为中、高抗硫酸盐型。

国产油井水泥还保留以温度系列为标准的分类，即以油井水泥适应何种井下温度而进行划分。目前常用的油井水泥分为 4 个级别，每个级别所适应的井深范围见表 5-2。

表 5-2 国产油井水泥适应的井深范围

级别/℃	45	75	95	120
适应的井深范围/m	0～1 500	1 500～2 500	2 500～3 500	3 500～5 000

油井水泥品种较多、适应范围较广的主要原因在于：

（1）组成油井水泥的4种主要化学成分所占比例不等。

（2）熟料研磨后的细度不同。

（3）水泥中加入的外加剂种类、数量不相等。

第二节　完井技术

完井是沟通油气层和井筒，为确保油气从地层流入井底提供油流通道的工艺过程。完井主要包括打开生产层、确定井底完成方法、安装井底和井口装置以及试油投产等工序。完井质量直接影响油井投产后的生产能力和油井寿命，因此必须把完井工作做好，为油气井的顺利投产、长期稳产创造条件。

一、打开生产层

在钻井、完井过程中应尽量保护生产层，不使生产层受到伤害。因此，打开生产层是完井的一个重要环节。

任何限制油气从井眼周围流向井筒的现象都称为油气层伤害。实践证明：钻开生产层的过程或多或少都会对油气层产生损害。因此，保护油气层是完井所面临的首要问题。

1. 油气层伤害的原因

自开展油气层伤害机理的研究工作以来，人们提出了各式各样的说法，近年来比较精辟的理论认为：地层损害通常与钻井液固体微粒运移和堵塞有关，还与化学反应和热动力因素有关。在复杂条件下，要充分掌握油气层伤害机理是比较困难的。因此，目前的研究结果大多只能定性地指导生产实践，离定量评价还有一定的差距。

钻生产井常用的钻井液为水基钻井液。由于钻进过程中钻井液柱压力一般大于地层压力，在压差作用下，钻井液中的水、黏土等会侵入油气层，对油气层造成各种不同性质的伤害。

（1）使产层中的黏土膨胀。研究得知，油砂颗粒周围一般都有极薄的黏土膜。砂粒之间的微孔道非常多，油气层内部还有许多很薄的黏土夹层。在钻井液自由水的侵入作用下，砂粒周围的黏土质成分将发生体积膨胀，使油气流动通道缩小，降低产出油气的能力。

（2）破坏油气流的连续性。油气层含油气饱和度较高时，油气在孔隙内部呈连续流动状态。少量的共生水贴在孔隙壁面，把极微小的松散微粒固定下来，在相当大的油气流动速度下也不会被冲走。当钻井液滤液侵入较多时，油气流的连续性会遭到破坏，原油或天然气的单相流动变成油水两相或气水两相流动，增加了油气流动阻力。一旦水成为连续的流动相，只要流速稍大，就会把原来稳定在颗粒表面的松散微粒冲走，并在狭窄部位发生堆积，堵塞流动通道，严重降低储层渗透率。

（3）产生水锁效应，增加油气流动阻力。渗入油气层中的钻井液滤液是不连续的，呈一段小水栓、一段油气的分离状态，在有些地方还会形成油、水乳化液。由于弯曲表面收缩压的关系，这会大大增加油气流入井的阻力。

(4) 在地层孔隙内生成沉淀物。钻井液滤液中所含的某些离子或化合物会与地层中的一些成分起化学反应,生成固体或絮状沉淀物,导致地层孔隙堵塞。例如,CO_3^{2-},SO_4^{2-} 可生成 $CaCO_3$,$CaSO_4$沉淀;Fe^{3+} 可生成 $Fe(OH)_3$胶状沉淀等。

(5) 钻井液固相颗粒泥侵。随钻井液侵入地层的固相颗粒直接堵塞地层孔隙,阻止油气流出;颗粒沉积会减小地层孔隙的有效直径,从而降低油气层的有效渗透率。

2. **保护油气层的措施**

由上述分析可以看出,应当采取有效措施,减少钻井液对生产层的损害,保护油气层,具体包括以下几点:

(1) 针对油气层的特点采用合理的完井方法。加快油气层段的钻进速度,缩短测井、固井等作业的时间,以减弱钻井液对油气层的浸泡作用,减少水侵、泥侵的机会。

(2) 合理选择钻井液密度,尽量减小液柱压力与地层压力之间的压差。有条件的地区可采用平衡压力钻井、近平衡压力钻井或欠平衡压力钻井技术。

(3) 在钻井液中加入桥堵剂,减少固相颗粒的侵入;提高钻井液的矿化度或抑制钻井液的失水量,减小水侵的危害。

(4) 使用表面活性剂处理钻井液,以降低原油与钻井液滤液之间的表面张力,减小油气流在孔隙通道中的流动阻力。

(5) 打开油气层时使用合适的钻井液类型。

二、井底完成方法

井底完成方法是指一口井完钻后生产层与井底所采用的连通方式和井底结构。从采油气的观点来看,对各种完成方法的共同要求有如下几点:

(1) 油气层和井筒之间的连通条件最佳,油气层受到的伤害最小。

(2) 油气层和井筒之间的渗流面积尽可能大,油气流入的阻力尽可能小。

(3) 有效封隔油层、气层和水层,防止各层之间互相窜扰。

(4) 有效控制油层出砂,防止井壁坍塌,保证油气井长期稳定生产。

(5) 能满足分层注水、注气、压裂、酸化、人工举升以及井下作业等要求。

(6) 稠油开采能达到注蒸汽热采的要求。

(7) 油田开发后期具备侧钻的条件。

(8) 工艺简便,成本低廉。

油气井完成之后,其井底结构不易改变,所以应根据油气层的具体情况,参照各地的实践经验慎重选定合理而有效的井底完成方法。目前国内外常用的井底完成方法有裸眼完井、射孔完井、割缝衬管完井及砾石充填完井等。

1. **裸眼完井法**

在储层以上用套管封固、直接裸露油气层的井底完成方法称为裸眼完井法。油气层以上井筒固井完毕后,再换小钻头打开油气层称为先期裸眼完井。图 5-10 为直井先期裸眼完井示意图。不更换钻头而直接钻穿油气层后,再对油气层以上的井段进行固井作业称为后期裸眼完井。图 5-11 为直井后期裸眼完井示意图。裸眼完井法的最大优点是油气层直接与井底相通，流通面积大、流动阻力小，施工简单，成本低、产量高。用裸眼完井方法完成的井，产层容易坍塌，不能控制油气层出砂，一般只适用于岩层坚硬致密且无油、气、水夹层的单一油气层。油气层性质相近的多油气层的井也可采用裸眼完井法，但无法进行分层开采。裸眼完井法是一种早期完井方法，可用于直井、定向井以及水平井中。

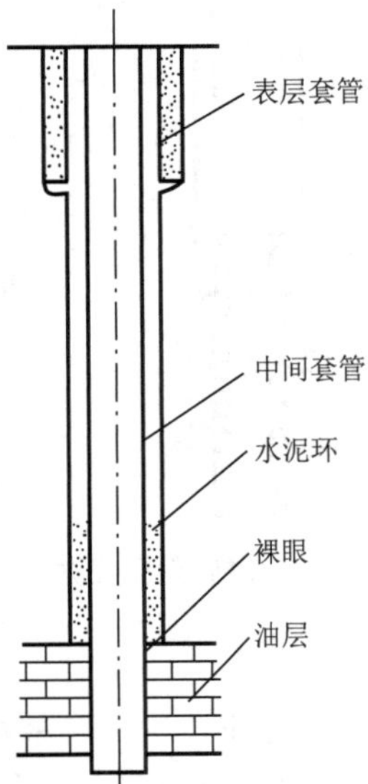

图 5-10 先期裸眼完井

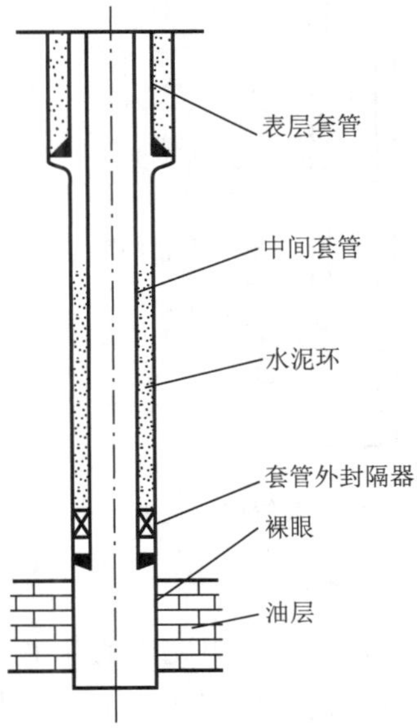

图 5-11 后期裸眼完井

2. **射孔完井法**

射孔完井法是目前国内外使用最广泛的完井方法，直井、定向井以及水平井都可采用。射孔完井包括套管射孔完井和尾管射孔完井。

套管射孔完井是用同一尺寸的钻头钻穿油气层直至设计井深，下生产套管至油气层底部并注水泥固井，然后用射孔器射穿套管和水泥环，并射入生产层内一定深度。油气可通过射孔所形成的孔道流入井内。图 5-12 为直井套管射孔完井示意图。

尾管射孔完井是在钻达油气层顶部后，下中间套管注水泥固井，然后换小钻头钻穿油气层直至设计井深，用钻具将尾管送下井并悬挂在中间套管上(尾管和中间套管的重合段一般不小于 50 m)，再对尾管注水泥固井，然后射孔。尾管射孔完井法中油气层部位的结构与套管射孔完井法完全相同。图 5-13 为直井尾管射孔完井示意图。

射孔完井法的优点是：① 能有效支撑疏松易塌的生产层；② 能有效封隔油层、气层和水层，防止气窜、水窜；③ 可以进行分层测试、分层开采和分层酸化等各种分层工艺措施；④ 可进行无油管完井、多油管完井等；⑤ 除裸眼完井方法外，比其他完井方法都经济。

射孔完井法的主要缺点是：① 在钻井和固井过程中，油气层受钻井液和水泥浆的侵害较为严重；② 由于射孔孔眼的数目和深度有限，油气层与井底连通面积小，油气流入井内的阻力较大。

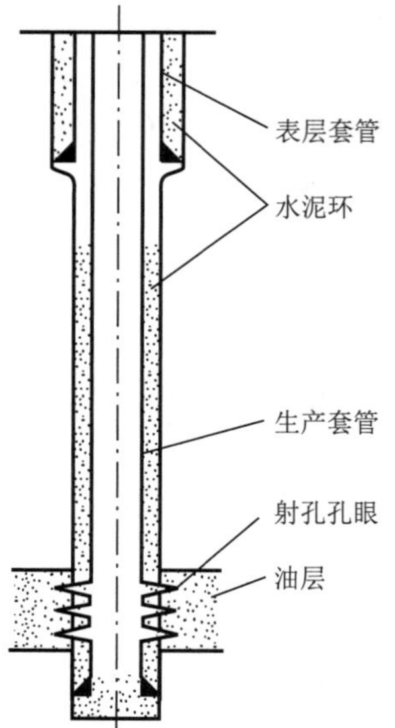

图 5-12 套管射孔完井

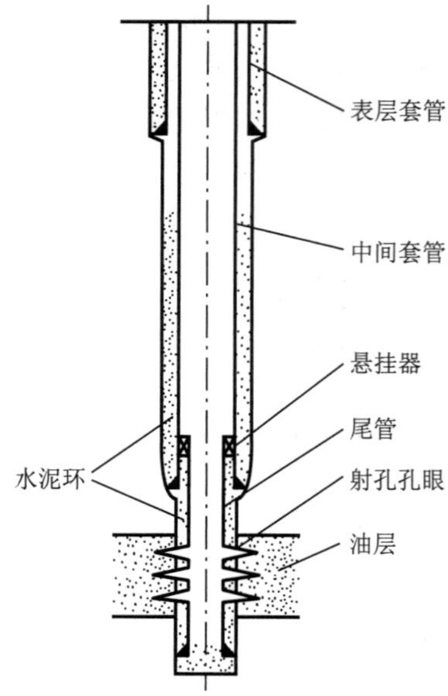

图 5-13 尾管射孔完井

3. 割缝衬管完井法

割缝衬管完井法是在裸眼完成的井中下入割缝衬管的完井方法。与裸眼完井相对应，割缝衬管完井也分先期和后期两种工序。先期割缝衬管完井是在钻达油气层顶部时下套管固井，然后换小钻头打开油气层，最后在油气层的裸露部分下入一根预先在地面打好孔眼或割好缝的衬管，并用衬管悬挂器将衬管悬挂固定在上部套管上。图 5-14 为直井先期割缝衬管完井示意图。后期割缝衬管完井是直接钻穿油气层，然后对油气层以上的井段注水泥固井。图 5-15 为直井后期割缝衬管完井示意图。油气只能通过衬管的孔眼或割缝才能流入

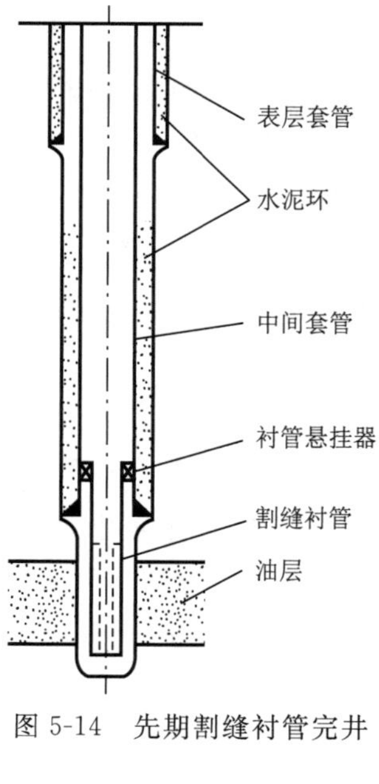

图 5-14 先期割缝衬管完井

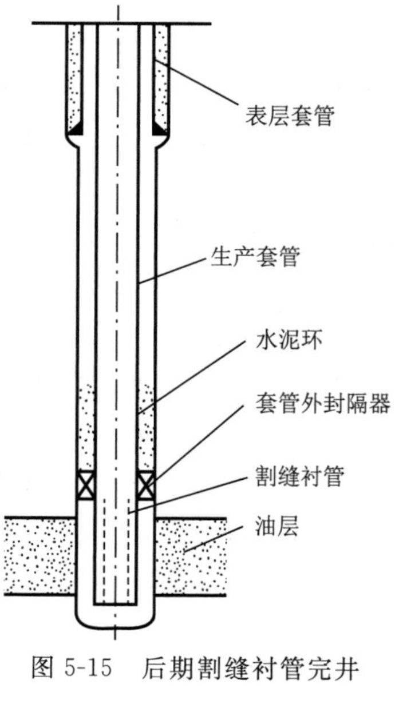

图 5-15 后期割缝衬管完井

井中。割缝衬管完井法可以防砂和保护井壁，但无法进行分层开采。其工艺简单、操作方便、成本低，多用于出砂不严重的中、粗砂岩油气层，可在直井、定向井以及水平井中使用。

4. **砾石充填完井法**

对于胶结疏松、出砂严重的地层，一般采用砾石充填完井法完井。该方法能够有效保护井壁并防砂，但施工工序复杂。砾石充填完井法分为裸眼砾石充填完井和套管砾石充填完井两种。

裸眼砾石充填完井是在套管下到油气层顶部固井后，再钻开生产层，并用井下扩孔器对油气层部位进行扩孔，然后下入绕丝筛管，通过循环用液体把预先选好的砾石带至井内，充填于井底。裸眼砾石充填完井的优点是流动面积大、流动阻力小，缺点是无法进行分层开采。图 5-16 为裸眼砾石充填完井示意图。

套管砾石充填完井是在钻开油气层后，下套管固井、射孔，清洗射孔炮眼后，下入绕丝筛管，充填砾石。利用该方法完井可以进行分层开采。套管砾石充填完井现在多采用高密度充填，其效率高、防砂效果好、有效期长。图 5-17 为套管砾石充填完井示意图。

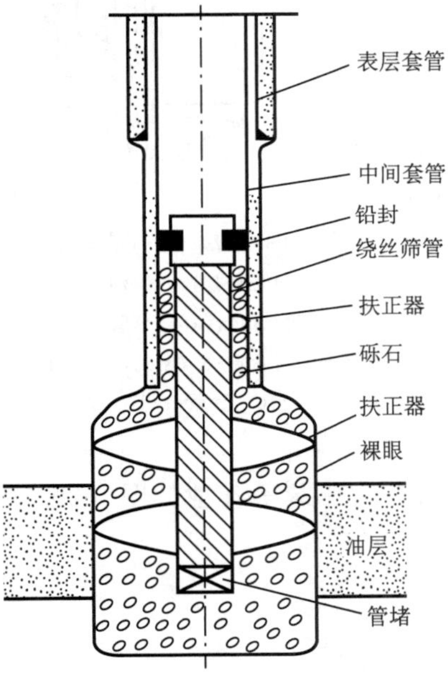

图 5-16　裸眼砾石充填完井

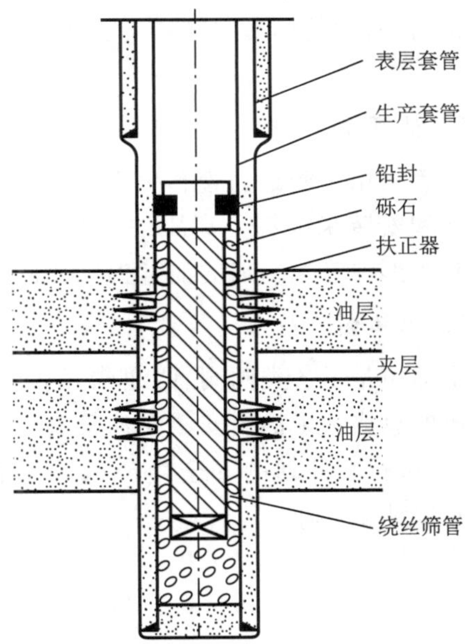

图 5-17　套管砾石充填完井

砾石充填完井方法在直井、定向井中都可采用，但在水平井中应慎用，因为在水平井中易发生砂卡，砾石充填失败则不能达到防砂目的。

三、完井井口装置

在油气井测试和生产过程中都必须有一套绝对可靠的井口装置，以便能有控制、有计划地进行井内作业和油气生产。完井井口装置是装在地面用以悬吊和安放各种井内管柱，控制和引导井内油气流出或地面流体注入的井口设备。完井井口装置通常包括套管头、油管头和采油树三大主要部件，如图 5-18 所示。

1. 套管头

套管头在井口装置的下端，是连接套管和各种井口装置的一种部件。

如果油气层压力较低，且各层套管的固井水泥均返至井口，则可以不装套管头，只需用环形铁板将环形空间封焊住，采油树直接装在油管头的法兰盘上。对于要求较高的油气井，固井后一般要装上套管头，以密封两层套管间的环形空间，悬挂第二层套管柱并承受部分重力。

套管头可以支承中间套管和生产套管的重力，密封各层套管间的环形空间，为井口防喷器、油管头和采油树等上部井口装置提供过渡连接。

套管头下端的丝扣与中间套管连接，生产套管通过卡瓦坐在套管头的斜坡内。卡瓦上有用钢垫圈压紧的抗油密封，密封其环形空间。套管头上端法兰用于连接油管头。

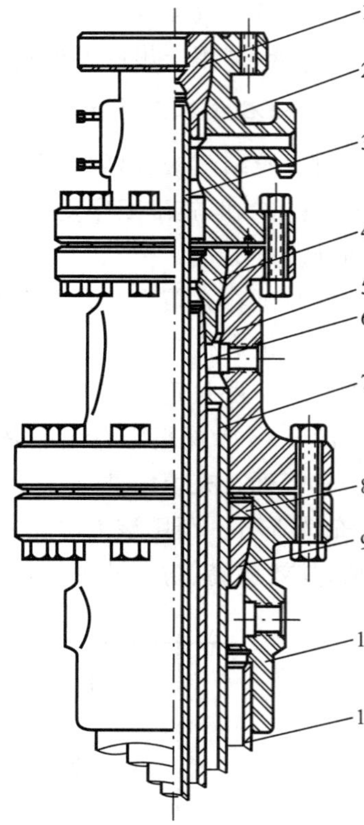

图 5-18 井口装置示意图

1—油管悬挂器；2—油管头；3—油管；4—套管悬挂器；5—套管头；6—生产套管；7—中间套管；8—密封圈；9—套管悬挂器；10—套管头；11—表层套管

2. 油管头

油管头用于密封油管和生产套管的环形空间，悬挂油管柱和安装采油树。高压油气井目前多采用由特殊四通和锥形油管挂组成的油管头，如图 5-19 所示。

3. 采油树

采油树是由各类闸阀、四通或三通以及节流阀等配件组成的总成。采油树安装在油管头上面，用以控制油气流动，进行有计划的安全生产以及完成测试、注液、酸化压裂等作业。图 5-20 为 CYb-250S723 型采油树。

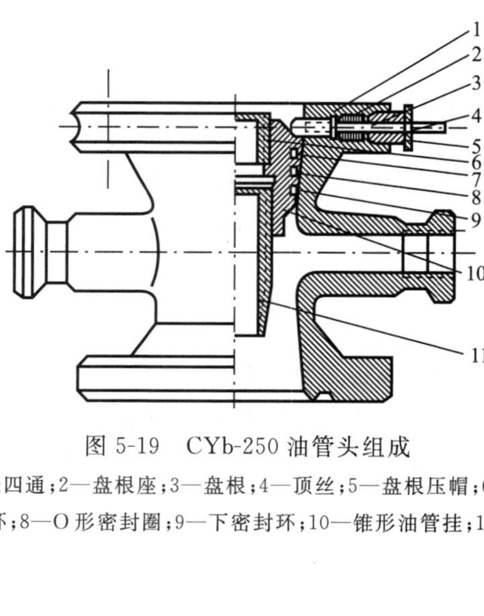

图 5-19 CYb-250 油管头组成

1—特殊四通；2—盘根座；3—盘根；4—顶丝；5—盘根压帽；6—护丝；7—上密封环；8—O 形密封圈；9—下密封环；10—锥形油管挂；11—油管短节

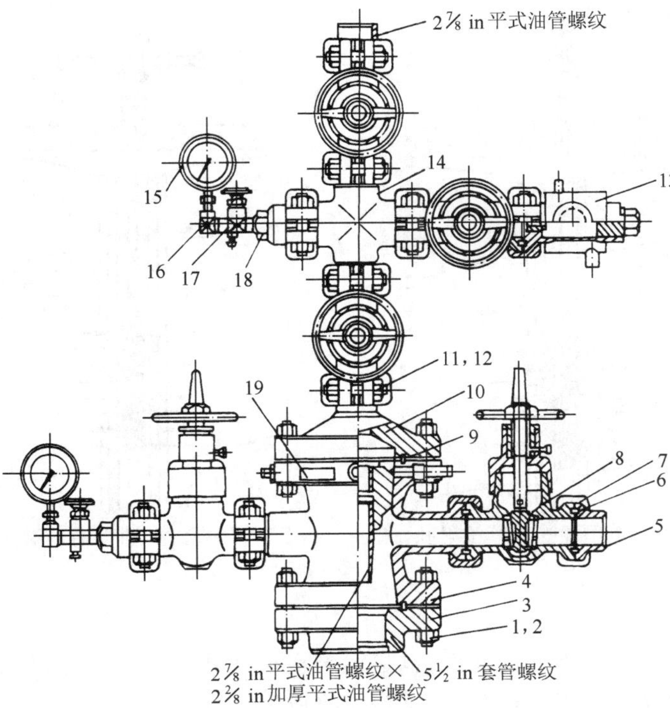

图 5-20 CYb-250S723 型采油树

1—螺母；2—双头螺栓；3—套管法兰；4—锥座式油管头；5—卡箍短节；6—钢圈；7—卡箍；8—闸阀；9—钢圈；10—油管头上法兰；11—螺母；12—双头螺栓；13—节流器；14—小四通；15—压力表；16—弯接头；17—压力表截止阀；18—接头；19—铭牌

四、完井工艺

完井工艺因油气井完成方法不同而异，经常进行的工作有射孔、下油管、安装井口装置（工艺流程参考完井井口装置的内容）诱导油气流、完井测试等。

1. 射孔

目前国内外大多数井都采用射孔完井方法，广泛使用聚能射孔器（即射孔枪）完成射孔作业。射孔枪装好射孔弹后输送到井内预定位置，引爆聚能射孔弹，产生高温、高压、高速的喷射流，直达目标位。射孔弹的聚焦作用导致在焦点上的聚能射流具有最大的密度和最大的穿透能力，很容易穿透套管壁、水泥环，并在地层中形成一定深度的孔眼。

如果射孔时井底压力大于油气层压力，则称为正压射孔。正压射孔后的残渣和碎屑难以从地层中排出，会堵塞射孔通道，极大地伤害油气层。如果射孔时井底压力小于地层压力，则称为负压射孔。负压射孔后在压差作用下地层流体可以立刻流向井底，从而带出残渣，不污染油气层。负压射孔是近年发展起来的新型射孔技术，已广泛地用于生产。

现代射孔工艺有电缆输送套管枪射孔、电缆输送过油管射孔、油管输送射孔、油管输送射孔联作、高压喷射和喷砂射孔、定方位射孔、超高压正压射孔、连续油管输送射孔等工艺技术，如图 5-21 和图 5-22 所示。

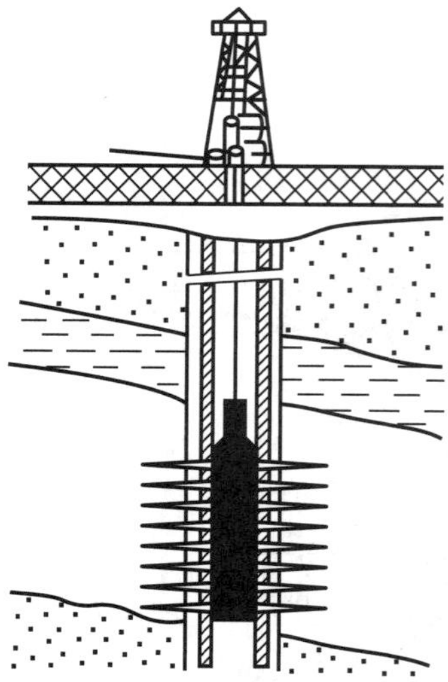

图 5-21 电缆输送套管枪射孔

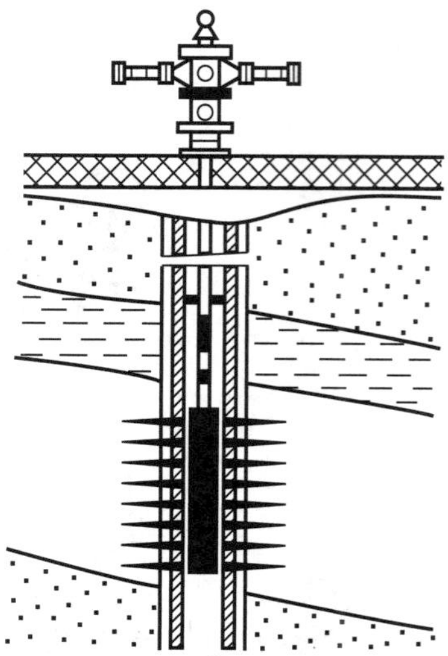

图 5-22 油管输送射孔

2. 下油管

油管是地下油气流向地面的通道，也是用来实现洗井、压井、酸化、压裂等措施的工具。油管是用优质钢材制成的无缝钢管，用接箍连接成油管柱。油管柱最下端的油管鞋是一个小内径的油管短节，用于防止井下压力计及其他入井工具掉落井底。

由于油管柱与套管间的环空由油管悬挂器密封，从地层流入井内的油气只能进入筛管并沿油管上升到地面。采油树与地面采油管线相连，有控制地将油气从井内输出。

3. 诱导油气流

下完油管、安装好井口装置后，下一步工作一般是诱导油气流。对于因井内液柱压力过高而不能自喷的油气井，应设法降低井内液柱高度或流体密度，从而降低液柱压力，诱导油气流进入井内。常用的方法有替喷法、提捞诱喷法、抽汲诱喷法和气举法等。

1）替喷法

用原油或清水等低密度液体将井内的钻井液循环替出，降低液柱压力以诱使油气流入井内的方法称为替喷法。对于高压井或深井，为了不致造成井内压力变化过猛，可以先用轻钻井液替出重钻井液，再用清水替出轻质钻井液进行替喷，确保井身安全。

2）提捞诱喷法

提捞诱喷法是用特制的提捞筒，将井筒中的液体逐筒捞出来，以降低液柱高度，诱导油气流进入井内。这种方法一般是在替喷后仍然无效的情况下采用。

3）抽汲诱喷法

抽汲诱喷法实际上是在油管柱内下入一个特制的抽子，通过抽子在油管内上下移动形成部分真空，将井内部分清水逐步抽出，从而降低井内液柱高度，达到诱喷的目的。

抽汲诱喷法可将井内液柱高度降到很低。抽子下行时阀打开，水从抽子中心管水眼流入油管内；上提抽子时阀关闭，油管内的水柱压力使胶皮胀开紧贴油管内壁而起密封作用。抽子之上的水柱随抽子上移而被排出井口。抽汲诱喷法一般用于替喷后仍不能自喷的井。

4）气举法

气举法与替喷法的原理类似，只是替入井内的不是清水而是压缩空气，而且气体是从环空注入而不是经油管注入。由于气体密度小，只要油气层伤害不是很严重，一般气举后便可达到诱喷的目的。在某些有条件的地区，还可以用邻井的高压天然气代替压缩机进行气举。对于替喷无效的井，可采用气举法诱喷。

4. **完井测试**

完井测试的主要任务是测定油气产量、地层压力、井底流动压力、井口压力以及取全、取准油、气、水的资料，为油气开采提供可靠的依据。

1）油气产量的测定

从油气井中产出的油、气、水进入分离器后，气体经分离伞从上部排出，油和水沉降下来。玻璃连通管中的液面高度能反映分离器内油水液面的变化情况。记录玻璃管中液面上升一定高度所需的时间，就能算出每口井的产液量，经采样分析可得到油、水含量。

通常用节流式流量计测定天然气的产量。流量计的孔板直径要适应天然气的产量范围。

2）地层压力和井底流动压力的测定

关井，待井内压力恢复到稳定状态后，用井下压力计测得的井底压力即地层压力，也可用关井井口压力和液柱压力计算得出地层压力。对于渗透性差的地层，关井使井内压力恢复需要很长时间。为了节省时间，可根据一段时间内的压力恢复规律推断地层压力。

井底流动压力是指稳定生产时测得的井底压力。如果是油管生产，由套压和环空液柱压力可算得井底流动压力。

3）井口压力的测定

井口压力包括油压和套压。油压反映井口处油管内的压力，套压反映井口处油管与套管环空的压力。生产时油压和套压不同，而关井压力稳定后油压和套压应相等。可以在地面上通过压力表读得这两个压力值。

4）油、气、水取样

取样是为了对生产层流体进行分析和评价，因此要求取出的样品具有代表性且不失真。一般情况下在井口取样，但有时为了保持油气在地下的原始状态，需要下入井下取样器到井底取样并封闭，然后运到地面用于测试和分析。

五、完井液

为了与钻开油气层之前使用的钻井液区分，一口井从钻开油气层直至正式投产前用于井筒的流体习惯上称为完井液。从广义上讲，在作业期间任何接触储层的流体都属于完井液，即从钻开油气层开始，包括射孔、试油、防砂以及各种增产措施等，应用于储层的流体均可称为完井液，它们都是用来提高现有储层生产能力的。完井液与钻开油气层之前的钻井液之间既有许多共性，又有较明显的区别。设计与配制完井液时，首先要考虑如何防止或尽可能减轻对储层的伤害，同时也要更加注重解决井控、润滑及其自身的高温流变性和滤失控制等一系列问题。

1. 完井液的功能

完井液是直接接触储层的流体，其性能直接关系着油气田的储量和产量。因此，应按作业类型和油气田的储层性质对完井液进行优化设计。根据国内外现场的实践经验，完井液要满足如下功能要求：

(1) 平衡地层压力，保证作业安全。

(2) 具有优良的储层保护能力，以减少对储层的伤害。

(3) 维护井眼和套管，平衡地层压力。

(4) 携带、悬浮固相颗粒，维护井下清洁。

(5) 具有良好的防腐能力，可减缓对套管和井下工具的腐蚀。

(6) 在井筒中长期静置条件下保持井内各种性能的稳定。

(7) 对井下地球物理测井的指标没有影响。

(8) 能与其他工作液相配伍。

(9) 其性能应能根据油井地质条件随时调整。

(10) 使用安全，对环境和人体健康无害。

2. 完井液的分类

完井液可以按其组成和用途进行分类，而且这两种分类方式可以交叉使用。

1) 按组成分类

(1) 水基完井液。水基完井液是一种以水为分散介质的分散体系，它是目前国内外使用最广泛的一大类完井液体系。最常用的水基完井液有 3 种类型：清洁盐水聚合物完井液、聚合物低固相完井液、改性完井液。应用于水基完井液的处理剂品种繁多，下面仅介绍主要的完井液处理剂类型。

① 加重材料。除了在钻井液中最常用的重晶石粉外，为提高完井液密度而使用的加重材料有两类：一是可溶性盐，常用的有 NaCl(可加重到 1.20 g/cm^3)、$CaCl_2$(可加重到 1.39 g/cm^3)、$CaBr_2$(可加重到 1.80 g/cm^3)等；二是可酸溶性加重剂，如碳酸钙粉(可加重到 1.50 g/cm^3)、碳酸铁粉(可加重到 2.00 g/cm^3)和氧化铁粉(可加重到 2.30 g/cm^3 以上)等。

② 增黏剂。因为大多数完井液为盐水体系，故这种增黏剂要求在盐水中能有效增黏，且不被高价金属所沉淀，有时还要求在酸中可溶解。常用的增黏剂有羟乙基纤维素(HEC)、改性 HEC、生物聚合物(XC)、羟乙基淀粉、聚二甲氨基丙基甲基丙烯酰胺、柔膜细胞纤维素(PCC)等。也可采用高造浆率的海泡石和凹凸棒石作为增黏剂，从而有效提高体系的悬浮能力。采用锆酸酯交联剂对多糖水溶液进行交联，可提高其黏度，效果很好。

③ 暂堵剂。水溶性暂堵剂有微粉食盐和微粉硼砂等，油溶性暂堵剂主要有可变性油溶性树脂等，酸溶性暂堵剂主要有超细碳酸钙等。

④ 可变形填充粒子。可变形填充粒子主要包括高磺化度、不同软化点的磺化沥青和高度分散的热塑性树脂等。

⑤ 降滤失剂。除增黏剂、暂堵剂、填充粒子可作为降滤失剂外，还可使用腐殖酸与乙烯基单体的接枝共聚物和萘磺酸的甲醛聚合物等作为降滤失剂。

⑥ 防腐蚀剂。凡是对所钻油气层无伤害、对盐水腐蚀有缓蚀作用的防腐蚀剂均可应用。

⑦ 消泡剂。消泡剂多为油溶性表面活性剂，其 HLB 值(亲水亲油平衡值，也称水油度)

为 3～6,要求对所用油气层无伤害。

⑧ 黏土稳定剂。这是水基完井液中使用最多的一类专用添加剂。使用各种水基完井液(包括钻井液、水泥浆、射孔液、酸化液、压裂液等)时,都存在防止储层水敏伤害的问题。储层的水敏伤害实质上就是储层内的各种黏土与水基完井液接触后发生水化、膨胀和分散作用的结果。因此,在各种完井液中均应加入能有效抑制储层黏土水化膨胀作用而使其保持相对稳定的专用处理剂,这种处理剂常被称为黏土稳定剂或黏土防膨剂。常用的黏土稳定剂有无机盐、无机聚合物、阳离子表面活性剂、羟基铝、阳离子聚合物等。

⑨ 表面活性剂。完井液中广泛使用各种表面活性剂,它们经常用作破乳剂、防乳化剂、乳化剂、酸延迟剂、酸胶凝剂、悬浮剂、防垢剂等,若表面活性剂使用不当,会对储层造成乳化堵塞、润湿性反转等伤害。因此,表面活性剂的类型及加量一定要根据储层特性进行实验评价后再加以确定。使用的表面活性剂类型包括阳离子型、阴离子型、非离子型以及两性表面活性剂等,它们可单独使用,也可合理地复配使用。

(2) 油基完井液。油基完井液是一种以油为分散介质的分散体系。油基完井液具有热稳定性好、稳定井壁和防腐蚀等显著优点,常用的有全油基完井液和油包水乳化完井液两种类型。油基完井液的密度范围大,能抗各种盐类污染,对泥页岩有极强的抑制作用,并且失水量低,对储层的侵入和伤害可减至最低。但油基完井液配制成本高,对劳动条件的要求较高,并且对环境易造成污染,因而很大程度上限制了它的使用。此外,油基完井液的滤液容易使亲水油气藏发生润湿反转,引起乳状液堵塞,对储层造成一定的伤害。因此,在使用油基完井液时,应通过配方优选和性能维护,避免上述情况的发生。

与水基钻井液不同的是,油基完井液在满足对其性能要求的同时,还要着重考虑对油气层的保护问题,一般采取的措施有:① 尽量避免使用亲油性强的表面活性剂作为油包水乳化完井液的处理剂,在必须使用时应严格控制其加量,以防止水润湿性油气藏转变为油润湿性油气藏;② 适当提高油水比和乳化剂加量,增强乳状液的乳化稳定性,防止发生乳状液堵塞;③ 通过改善滤饼质量,尽可能降低失水量,不宜使用放宽失水量的油包水乳化完井液;④ 为提高钻速,尽可能采用低密度钻井液,实现平衡压力钻井。

(3) 气基完井液。钻遇低压油气层(一般压力系数小于 1)时,为了不对油气层产生过大的正压差,避免伤害油气层,不能采用常规的水基完井液和油基完井液,在地层条件容许时,应采用气基完井液。气基完井液是一种加入气体使原完井液密度小于 1.0 g/cm^3 的分散体系,用以满足低压油气井完井作业的技术要求。常用的气基完井液有以下 4 种类型。

① 气体(空气流体)。空气流体是指由空气或天然气、防腐剂、干燥剂等组成的循环流体。由于空气流体密度低,因此常用于漏失层、地层敏感性强的油气层和低压生产层等。

② 雾液。雾液是由空气、发泡剂、防腐剂和少量水混合而成的循环流体,完井作业时对储层影响较小。

③ 充气完井液。充气完井液是将空气注入完井液以降低流体的液柱压力,其成本低,保护油气层的效果显著。

④ 泡沫。泡沫是由空气、发泡剂、防腐剂和水混合而成的循环流体,其中由发泡剂和水组成的液相是连续相,空气是分散相。泡沫完井液在国内外石油工业中得到了广泛的应用,概括起来主要有如下用途:可防止钻井、修井、洗井、冲砂、消除积水、砾石充填完井等作业对油气层的伤害,特别是对低压油气层及枯竭地层更为有效;可有效防止漏失;可用于严重缺水的沙漠地区;可用于具有强水敏性的油气层。

2）按用途分类

完井液按其用途共分为10个类型，即钻进液、水泥浆、射孔液、隔离液、封隔液、套管封隔液、砾石充填液、修井液、压裂液和酸化液。

（1）钻进液。在钻开油气层的过程中所使用的循环液体称为钻进液。钻进液应该是能够不改变或较少改变油气层渗透性、孔隙度和润湿性的液体，能有效抑制储层中黏土的水化膨胀和微粒的分散运移，并尽可能地与油气层岩石和流体配伍。

（2）水泥浆。水泥浆是固井作业时注入套管与井壁环空内的流体，由油井水泥、水和各种水泥外加剂按一定比例配制而成。水泥浆性能的好坏直接关系到固井质量的好坏。

（3）射孔液。射孔时使用的液体称为射孔液，通常按照其密度要求用各种无机盐配制而成，也可使用油基钻井液作为射孔液。射孔液必须与储层相配伍，并且要求其固相含量少、固相颗粒小，以防止射孔孔道被堵塞。

（4）隔离液。隔离液用于注水泥作业或隔离两种不能配伍的液体。隔离液必须与被隔离的液体相配伍。隔离液在管柱内的高度一般不得低于150 m，合理高度为300 m。

（5）封隔液。封隔液是完井时套管与油管之间的一种填充液体。这种液体要具有一定的密度和适当的流变性、触变性和悬浮固相的能力，还要有一定的防腐蚀性能，以防止油管和套管被腐蚀，并且尽可能不伤害油气层的渗透率。

（6）套管封隔液。套管封隔液用于稳定井壁，以便从井内回收套管或油管。这种液体应具有一定的润滑性，对套管或油管有防腐蚀作用，其密度应调整到足以控制住地层中的流体，并具有很好的悬浮固体的能力。

（7）砾石充填液。砾石充填液的作用是输送砾石至恰当位置以封堵松散砂层，其选用原则与套管封隔液相同。

（8）修井液。在修井或为维持、提高产能而进行的作业过程中所使用的液体称为修井液。对修井液的一般要求是：① 具有适当的密度以控制地层压力；② 能保持井眼清洁；③ 与储层以及原来井内所使用的钻井液相配伍；④ 对储层的伤害小。

（9）压裂液。压裂是用压力将地层压开后形成裂缝，并用支撑剂将裂缝支撑起来，以减小流动阻力的增产、增注措施。压裂过程所使用的液体称为压裂液。目前所使用的压裂液主要有两大类，即水基压裂液和油基压裂液。

（10）酸化液。在酸化处理作业中使用的液体称为酸化液。酸化液多使用质量分数为6%～15%的盐酸。一种理想的酸化液应具备以下条件：① 反应速度合理；② 滤失量低，酸蚀裂缝的效率高；③ 酸蚀后裂缝的导流能力好；④ 与储层的配伍性好，不产生二次沉淀；⑤ 缓蚀性好，对地面和井下金属部件的腐蚀性小。

第三节　测试与投产

一、油气井测试

地层测试技术是指在钻井过程中对油气显示层段不进行完井或下套管完井之后采用地层测试器（工具），通过地层测试检测目的层是否含有油气，抽取液体样品测取压力等特性资料，及时准确地对产层进行经济和技术评价。

地层测试技术是核实油气储层有无产能的唯一方法，是进一步检查油气田开发效果的重要手段。地层测试技术所获得的成果是检验油气储量的重要依据。目前，地层测试技术包括钻杆地层测试技术和电缆地层测试技术。

1. 钻杆地层测试技术

钻杆测试(简称 DST)是进行地层测试的一种重要方法。这种测试是在钻井过程中或下套管完井之后，用钻杆或油管将地层测试器送入井内，操作测试器开井、关井，对目的层进行的测试，可以取得井下压力-时间关系曲线以及地层流体样品。通过对钻杆测试所获取的压力曲线进行分析解释，可以得到动态条件下地层和流体的各种资料，计算出地层和流体的特性参数，进而评价储层特征。

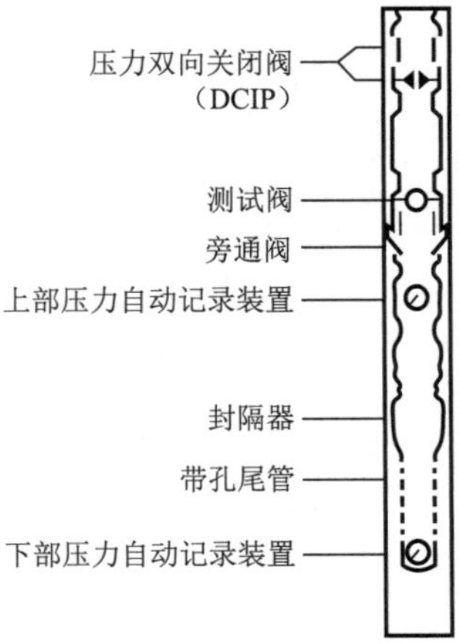

图 5-23　钻杆地层测试器结构示意图

钻杆地层测试器结构如图 5-23 所示，测试器组成包括压力双向关闭阀、测试阀、压力自动记录装置、旁通阀、封隔器等，测试器上接钻杆。

在石油勘探过程中，通过岩屑录井、气层录井、岩芯分析和电测井资料，可以直接或间接地确定油、气、水层，但是只有经过测试才能确定储层的产能和地层的动态参数。

钻杆地层测试的主要目的是：

(1) 探明新地区、新构造、新层位是否具有工业油气流，验证油、气层的存在。

(2) 查明油气田含油面积及油水或气水边界，油气藏驱动类型和产油、气能力。

(3) 通过分层测试，取得分层测试资料，计算出储层和流体的特性参数，为估算油、气储量和制定油气田开发方案提供依据。

通过钻杆地层测试获得的数据，结合其他资料进行分析、计算，可以得到渗透率、地层伤害程度、油气藏压力、衰竭程度、探测半径、边界情况等参数。除此之外，钻杆地层测试还可以直接或间接地获得其他多种地层和流体的特性参数。

2. 电缆地层测试技术

电缆地层测试是一种测井作业项目，但它所录取的资料是储层的纵向压力分布和储层流体样品，其资料解释分析属于压力动态分析范畴。

与钻杆地层测试相比，电缆地层测试器是一种微型测试设备，它在井眼中工作，是一种用于石油勘探和开发的高科技产品，电缆地层测试器结构框图如图 5-24 所示。它的特点是能够快速、经济地采集到地层流体，评价地层产能。目前的电缆地层测试器具有测量地层压力，采集地层流体，估算地层渗透率，预测产能，预测油气、气水、油水界面，判断储层之间的连通性等能力，可以为设计完井方案和开发方案提供重要资料。

电缆地层测试的主要目的是：

(1) 取得目的层的压力及压力响应剖面。

(2) 取得电测解释中可疑层或目的层的流体样品。

通过电缆地层测试所获得的地层压力及压力剖面、压力恢复曲线及地层流体抽汲压降和流体样品等资料，结合其他资料进行分析、计算，可以判断地层流体类型，确定油气、气水、油水界面，以及储层特性参数等，进而为试油层位的选择及水动力系统的研究提供依据。

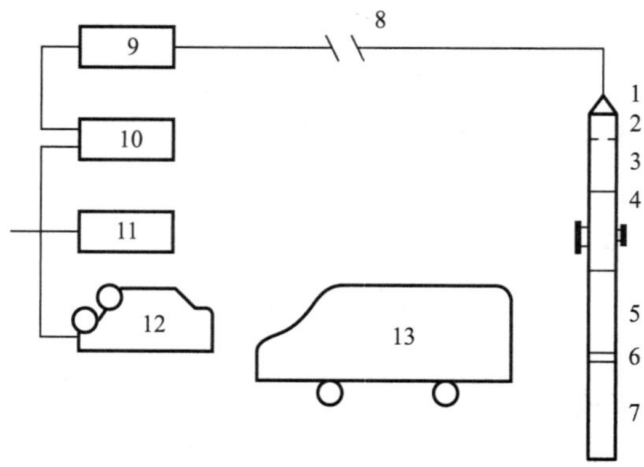

图 5-24 电缆地层测试器结构框图

1—马笼头;2—自然伽马;3—电气短节;4—机械单元;5,7—上、下取样筒;6—接筒;8—电缆;9—控制面板;10—测量面板;11—电源;12—记录器;13—附属设备

二、投产措施

生产套管完井并经射孔后,即交付投产。油气井在投产前需要采取必要的措施使其能达到预期的生产能力。

1. 通井

通井的目的是用通径规来检验井筒是否畅通无阻。通井一般分为管柱通井和钢丝绳通井两种。由于目前作业主机大多不使用捞砂滚筒,钢丝绳通井已不常见,这里只介绍管柱通井。通井工序不仅在投产作业中应用,而且在以后生产中重要的管柱工具在下井前及大修过程中也是一项重要的工序。通井用的主要工具为通径规、铅模等。

通径规是检查套管、油管内通径的简单且常用的工具。通径规在井筒内顺利通过,表明此井筒通径符合要求。如果遇阻,则表明井下可能有砂柱、落物或套管变形,应进一步检查。当通径规遇阻起出后,应下入铅模通井检查,以确定落物或井下套管变形的情况。套管通径规和铅模结构如图 5-25 和图 5-26 所示。

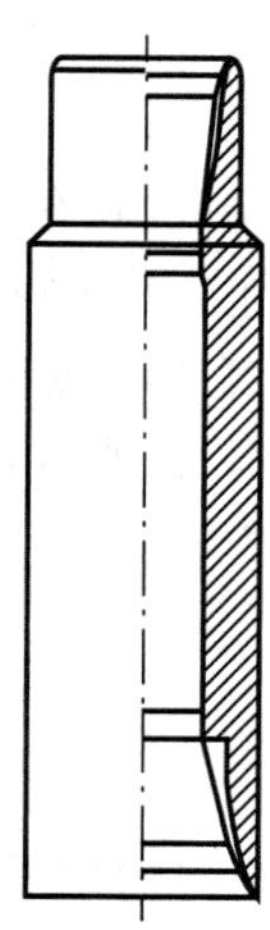

图 5-25 套管通径规

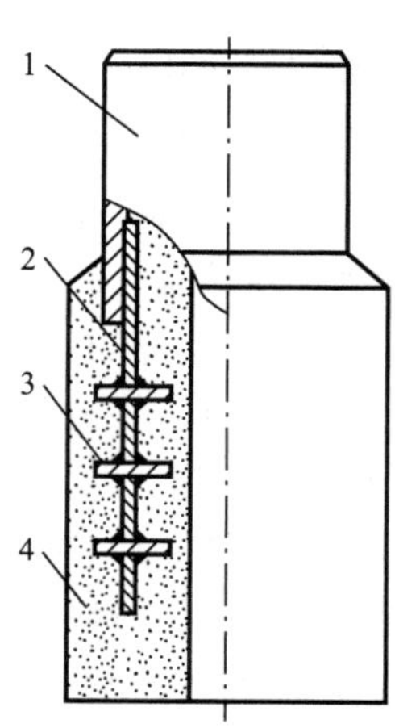

图 5-26 铅 模

1—接箍;2—短节;3—拉筋;4—铅体

2. **刮管**

刮管的目的是把套管内壁上的水泥及炮眼毛刺清除掉，以保证下井工具正常工作及封隔器成功坐封。常用的套管刮削工具有两种，即胶筒式套管刮削器和弹簧式套管刮削器。

1）胶筒式套管刮削器

胶筒式套管刮削器主要由上接头、冲管、胶筒、刀片、壳体、O 形密封圈、下接头等零件组成，如图 5-27 所示。

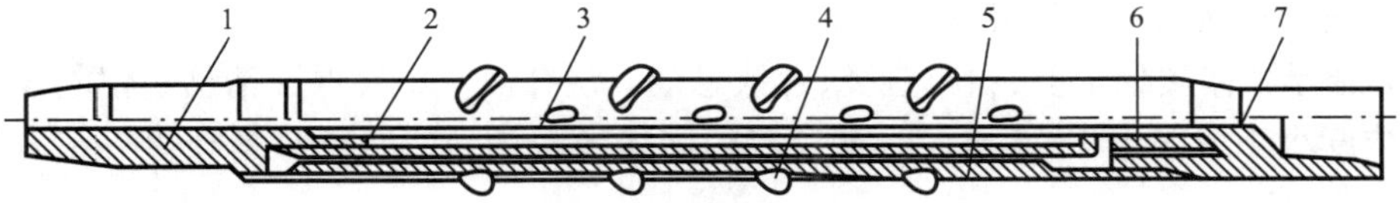

图 5-27　胶筒式套管刮削器结构

1—上接头；2—冲管；3—胶筒；4—刀片；5—壳体；6—O 形密封圈；7—下接头

壳体上开有 18 个刀片槽，在槽里从内向外装刀片，刀片排列成 3 条完整的左旋（或右旋）螺旋线，螺旋角 $R=30°$。

胶筒具有良好的弹性和足够的硬度。当刀片遇阻时，胶筒受到刀片的径向挤压力后给刀片一个径向推进力以保证其刮削力。当刮削器下行时，刀片主刃沿套管壁下行。在径向 360°的每个方向上都有从上到下排列的 3 个刀片对套管壁上的脏物进行重复刮削。若套管壁上的脏物尺寸较大、硬度较高，刮削器严重遇阻时，可采用旋转方式刮削，此时除主要沿螺旋线刮削外，副刀刃也起辅助刮削作用。

2）弹簧式套管刮削器

弹簧式套管刮削器主要由壳体、刀板、固定块、螺旋弹簧、内六角螺栓等零件组成，如图 5-28 所示。

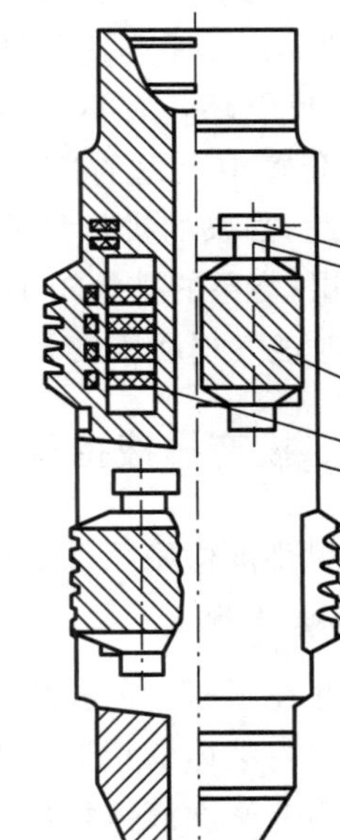

图 5-28　弹簧式套管刮削器结构

1—固定块；2—内六角螺栓；3—刀板；4—螺旋弹簧；5—壳体

安装好的弹簧刮削器从结构上看有如下特点：① 最大直径比要刮削的套管内径尺寸大，俯视图上的刀片投影包括 360°整圆，并且稍有重叠；② 不论是上下往复刮削，还是右旋并上下往复刮削，都没有旋松刮削器接头螺纹的力矩，因此工作安全可靠。

3. **洗井**

洗井的目的在于把井筒内的脏物用洗井液冲洗并带出井筒，为以后的施工做好准备。

1）洗井液性质

洗井液应当保证清洁、优质并与压井液的相对密度相同，且对油气层不造成伤害。

（1）相对密度。常用洗井液（压井液）的相对密度见表 5-3。

表 5-3 常用洗井液相对密度

洗井液	盐水		地层水
	普通盐水	加入氯化钙	
相对密度	1～1.18	1～1.26	1～1.03

(2) 配伍要求。常将盐水或地层产出水经除油、除固相处理后作洗井液。洗井液要与储层及地层水相配伍,尽可能减少对地层的伤害,达到保护储层的目的。对于敏感性储层,可通过室内配伍实验确定洗井液配方。

(3) 悬浮固体质量浓度、颗粒直径、含铁总量。洗井液一定要保证清洁、优质,悬浮固体的质量浓度小于或等于 1～3 mg/L,悬浮着的固体颗粒的直径小于或等于 2 μm,含铁总量小于 0.5 mg/L。

为了避免洗井液的这些质量指标超标,在洗井时应该使用洗井液精细过滤器,对洗井液进行过滤后再进井,这样才能避免悬浮固体颗粒及铁盐胶体沉淀物在洗井时伤害储层。

2) 洗井方式

洗井方式分为正循环洗井和反循环洗井两种。正循环洗井是指把洗井液由油管泵入,由套管返出;反循环洗井是指把洗井液由套管泵入,由油管返出。

正、反循环各有不同的特点。当泵的压力和排量一定时,正循环洗井井底回压较小,洗井液在套管中上返的速度较慢;反循环洗井井底回压较大,洗井液在油管中上返的速度较快。因此,当泵的排量足够大时,应采取正循环洗井方式,这样储层的回压小,井内脏物不易伤害储层;当泵的排量较小时,可以采用反循环洗井方式,洗井液上返速度快,携带脏物能力强。但对油气层回压较大、易伤害储层一般都采用正循环洗井方式,可大排量、连续循环洗井。

三、投产排液措施

常规排液措施包括替喷排液、抽汲排液、气举排液和泡沫排液。

1. 替喷排液

油井在正压差射孔后,由于液柱压力高于储层压力,油井不能自喷。替喷排液的实质就是减小井内液体的相对密度,使井内液柱的回压低于储层压力而达到诱喷的目的。具体施工时先用低密度液体替出井中的压井液。常用的替喷法有以下几种:

1) 常规替喷法

常规替喷法就是把油管下到人工井底以上 1 m 左右时,用替喷液把压井液替出,然后上提油管到油层中部或上部完井。该方法只限于用在自喷能力不强、替完替喷液到油井喷油之间有一段间歇,来得及上提油管的油井,如图 5-29 所示。

2) 二次替喷法

二次替喷法就是先把油管下到人工井底以上 1 m 左右,替入一段替喷液,再用压井液把替喷液替到油层部位以上,之后上提油管至油层中部,最后用替喷液替出油层顶部以上的全部压井液,如图 5-30 所示。这样既可替出井内的全部压井液,又可将油管提到预定的位置。二次替喷法排液诱导油流的优点在于生产压差的形成均匀缓慢,不致引起井壁的坍塌而使油层出砂。

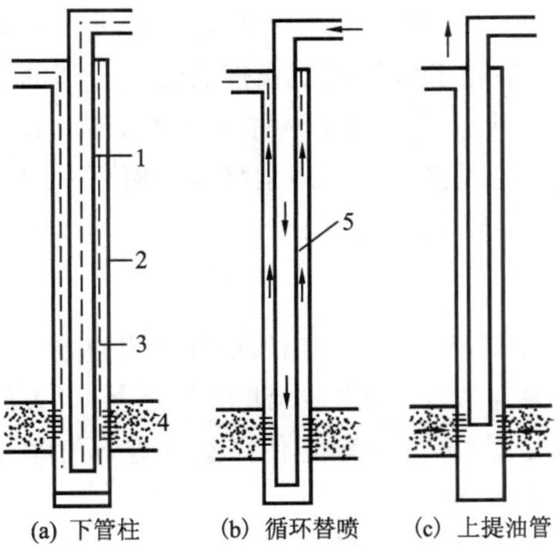

图 5-29　一次替喷示意图

1—油管；2—套管；3—压井液；4—油层；5—替喷液

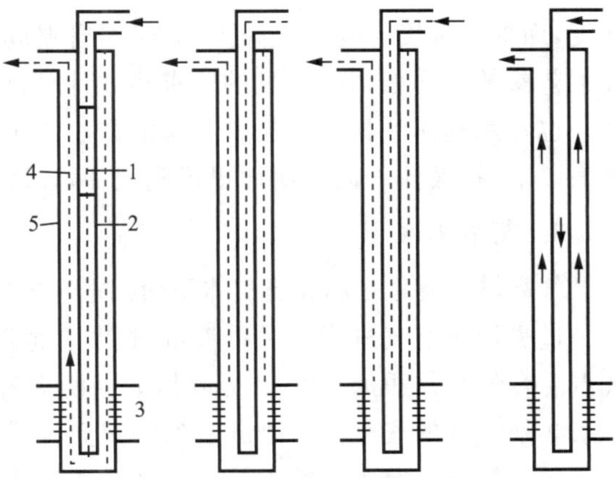

图 5-30　二次替喷示意图

1—替喷液；2—油管；3—油层；4—压井液；5—套管

2. 抽汲排液

抽汲就是用一种专用工具把井内液体抽到地面，以降低液面高度，即减小液柱对油层回压的一种排液措施。

由于抽汲的诱流强度比替喷大，所以一般适用于喷势不大的自喷井或有自喷能力但在钻井过程中因钻井液漏失而使油层受到伤害的油井。

抽汲的主要工具是油管抽子。抽子接在钢丝绳上，用修井机、钻机或电动绞车作动力，通过地滑车、井架天车下入井中，在油管中上下活动。上提时可将抽子以上的液体排出外井口，在抽子下面产生低压，油层中的液体就会不断地被抽出地面。图 5-31 为无阀抽子工作示意图，图 5-32 为有阀抽子示意图。

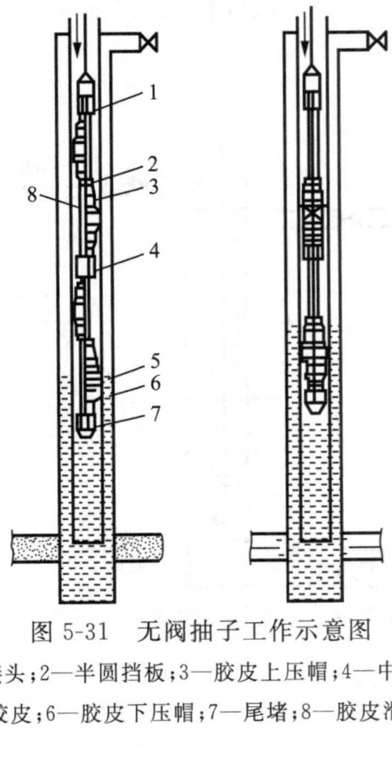

图 5-31　无阀抽子工作示意图

1—上接头；2—半圆挡板；3—胶皮上压帽；4—中间接头；5—胶皮；6—胶皮下压帽；7—尾堵；8—胶皮滑动杆

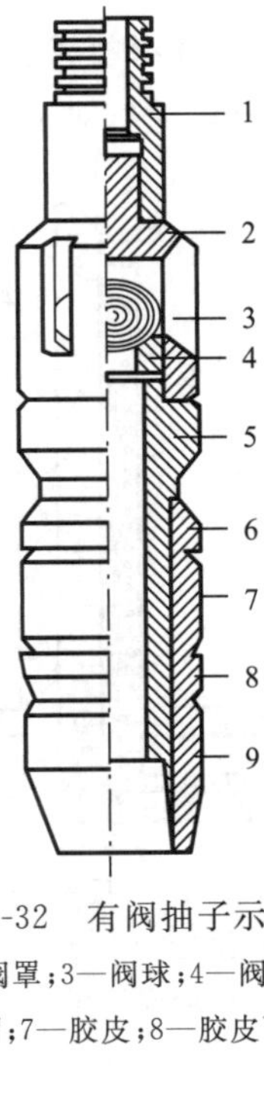

图 5-32　有阀抽子示意图

1—接头；2—阀罩；3—阀球；4—阀座；5—中心管；6—胶皮上压帽；7—胶皮；8—胶皮下压帽；9—紧帽

抽汲不但有降压诱喷的作用，还有解除油层某种堵塞的作用。抽汲的效率取决于抽汲强度，而抽汲强度又与抽汲速度、抽子与管壁间的密封程度和抽子的沉没度有关。合理的抽汲工艺参数应当根据排液量的要求经过计算确定。对油层压力低于液柱压力的低渗、低产油井也常用提捞法排液诱流。此排液方法的主要工具是提捞筒。用绳索将提捞筒下入井中液面以下，把液体一筒一筒地提捞到地面，以降低液柱对油层的回压。

3. **气举排液**

气举排液就是采用高压气体压缩机把气体压入井中而将压井液排出的诱导油流的方法。

过去使用空气进行气举排液，但这非常危险，因为空气与天然气在油井中混合，当天然气占混合气总体积的5%～15%时，如遇明火就会发生爆炸，因此禁止使用空气进行气举是一条必须遵循的安全技术措施。气举只允许采用氮气、天然气。

气举排液最突出的特点是井内液体回压能急速下降，所以它只适用于胶结坚实的砂岩或碳酸盐岩储层油井排液。对于一些胶结疏松的砂岩，要控制好捞空深度和气举排液速度，以免破坏储层结构而出砂。

气举排液有以下几种方式：

1）常规气举排液

常规气举排液又有正、反举之分。正举是把气体从油管压入，气液混合物从油套环空上升喷至地面；反举是把气体从油套环空注入，气液混合物从油管喷至地面，如图5-33所示。

常规气举主要是根据井中液柱所需下降的深度和气体压缩机的最高工作压力进行设计。常规气举下井的油管及井下其他工具要考虑所承受压差的强度，一般用光油管。

2）多级气举阀气举排液

多级气举阀气举排液方法（图5-34）是根据排液的需要设计好多级气举阀管柱，主要是选择好气举阀的类型并计算好各级阀的下入深度，计算方法参照气举采油设计。

多级气举阀气举排液的特点是：油井液柱回压的下降是逐级降低的，比常规气举排液的急速下降要缓和一些，对油层回压小，伤害也小。

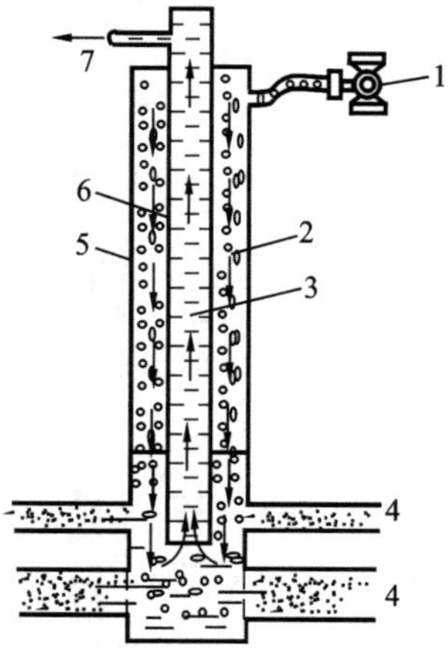

图5-33 反举法诱流示意图

1—高压注气泵；2—注入气体；3—混合液柱；4—油层；5—套管；6—油管；7—原油出口

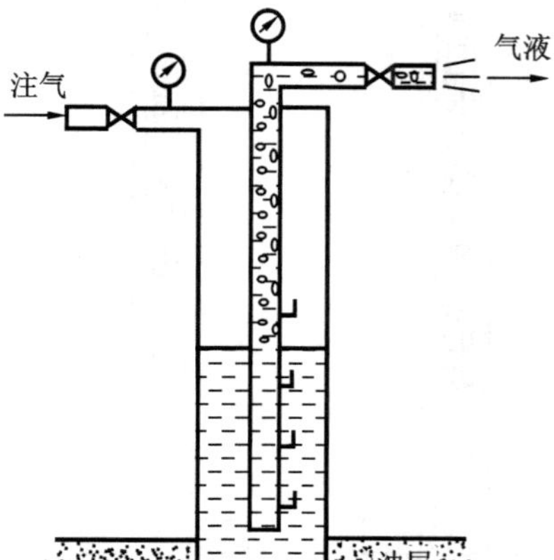

图5-34 多级气举阀诱流示意图

3）混气水气举排液

混气水气举排液是用气水混合物替出井中的压井液，由于混合物的密度小于压井液的密度，井内液柱对油层的回压降低，如图 5-35 所示。由于混合物的密度可以通过控制气体的压力和流量来调节，因此该方法可以控制井底回压的下降程度。这种气举排液的方法适用于既不能用替喷排液，也不宜用气举排液的油井。

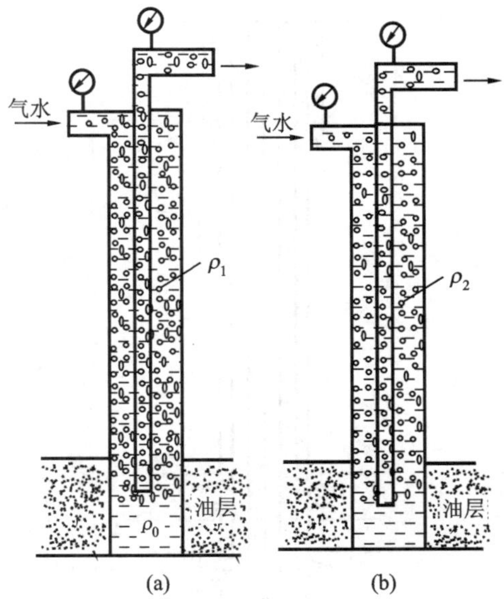

图 5-35 混气水气举排液示意图

（a）环形空间注入密度为 ρ_1 的混气水；

（b）继续注入密度为 ρ_2 的混气水（$\rho_2 < \rho_1$）

4）连续油管气举排液

连续油管是指等直径、可挠曲、连续的油管，它能盘绕在油管滚筒上并装载到连续油管车上，根据作业要求下入井中，完成作业后又由滚筒起出并排放好，待下次作业时再下井使用。

连续油管是近几年国外发展起来的具有多种用途的作业设备，气举排液是它的一种主要作业。

采用连续油管进行气举排液时，先用连续油管车把连续油管下入生产管柱中，然后把连续油管与液氮泵车或制氮车连通。液氮泵车将低压液氮升至高压，再使高压液氮蒸发，从连续油管注入生产管柱中。蒸发的高压氮气会把油管柱中的压井液从连续油管和生产管柱的环空举升到地面，这样就会减小压井液对油层的回压，从而达到诱导油流的目的。

4. 泡沫排液

由于泡沫流体独特的结构，其具有液柱压力低、滤失量小、携砂性能好、摩阻损失小、助排能力强、对油层伤害小等特性，因此已广泛用作钻井液、完井液、洗井液、压裂液和酸化液等。由于液氮设备的发展与配套，泡沫流体技术的应用范围进一步扩大。产生泡沫的首要条件是气体与液体发生接触，其次须加入某些表面活性剂（称起泡剂），使泡沫稳定。

四、完井管柱

完井管柱包括油管、套管和按一定功用组合而成的井下工具。下入完井管柱使生产井或注入井开始正常生产是完井工程的最后一个环节。完井管柱设计的合理性直接关系到生产井或注入井投产后能否正常生产。

1. 生产井完井管柱

投产后生产井能保持自喷生产，这类井的生产管柱要按自喷井生产管柱的技术要求进行设计。合理的自喷生产管柱设计的技术关键是根据油管的敏感性分析确定油管的合理直径。

自喷井生产管柱主要有两种：一种是全井合采管柱，如图 5-36 所示；一种是分层开采管柱，如图 5-37 所示。

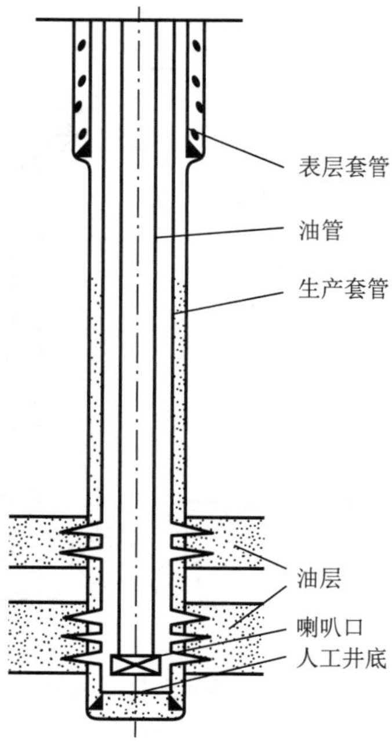

图 5-36 自喷井全井合采管柱

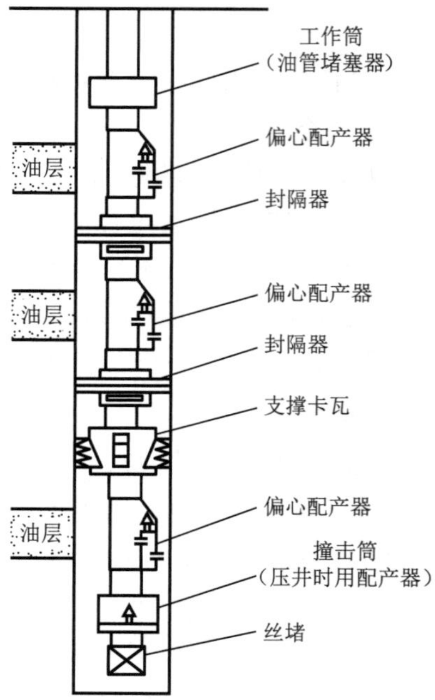

图 5-37 自喷井分层开采管柱

全井合采管柱结构简单，即一根光油管下接喇叭口，下至油层中部。它适用于单层系的油井或层数不多、层间差异不大的油井。双管分层开采管柱结构比较复杂，主要由封隔器、配产器和其他配套的井下工具组成。它主要用于层间差异大的自喷井，可解决层间的干扰和矛盾，充分发挥各层段的潜力，提高采油速度，如图 5-38 所示。对于深井自喷井，为减少作业对油层的伤害，可下入深井不压井作业管柱，如图 5-39 所示。

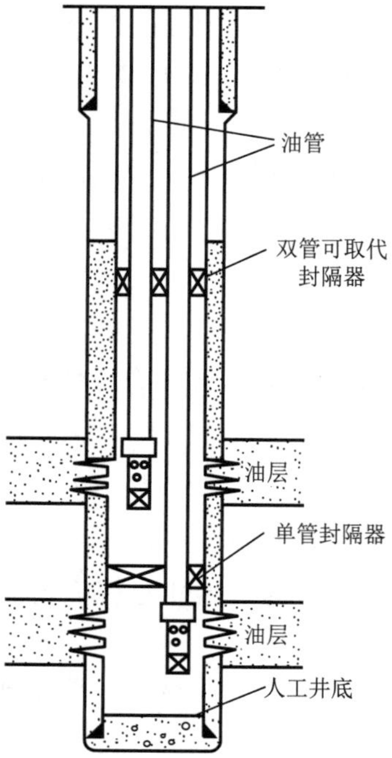

图 5-38 双管分层开采管柱

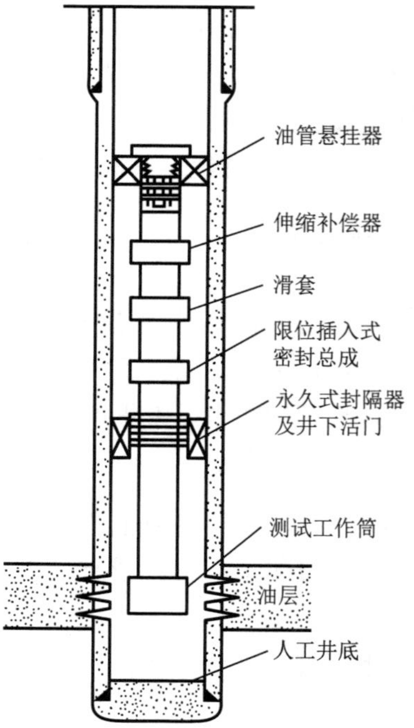

图 5-39 深井不压井作业管柱

对那些在投产射孔时需要进行负压射孔、在停喷后转为其他采油方式的井,可采用射孔生产联作自喷管柱。

2. 注水井完井管柱

注水井完井管柱可分为两大类:笼统注水管柱和分层注水管柱。

1) 笼统注水管柱

如果注水层数少,层间压差又小,则可以进行同井笼统注水。笼统注水的管柱结构比较简单,或是一根光油管,或在注水层以上的位置下入一个封隔器,用它保护注水层以上的套管。笼统注水管柱结构如图 5-40 所示。

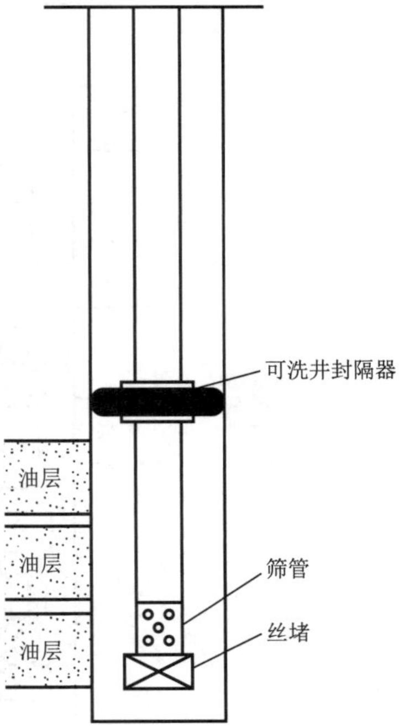

图 5-40 笼统注水管柱

2) 分层注水管柱

多层注水管柱是多层同井注水管柱。分层注水管柱的基本结构有封隔器、配水器及配套工具等。分层注水管柱按配水器的结构可分为 3 类:固定配水管柱(图 5-41)、活动配水管柱(图 5-42)、偏心配水管柱。

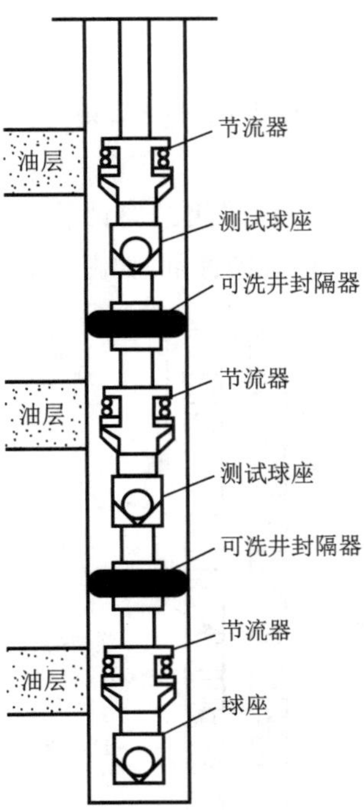

图 5-41 固定配水管柱

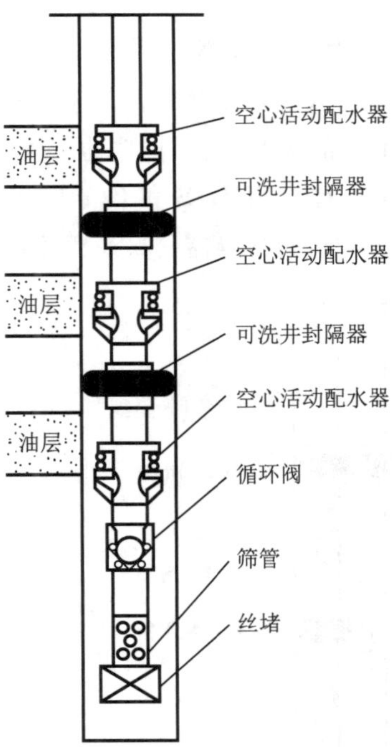

图 5-42 活动配水管柱

其中,偏心配水管柱按所配用的封隔器又可分为不可洗井偏心配水管柱和可洗井偏心配水管柱,分别如图 5-43 和图 5-44 所示。

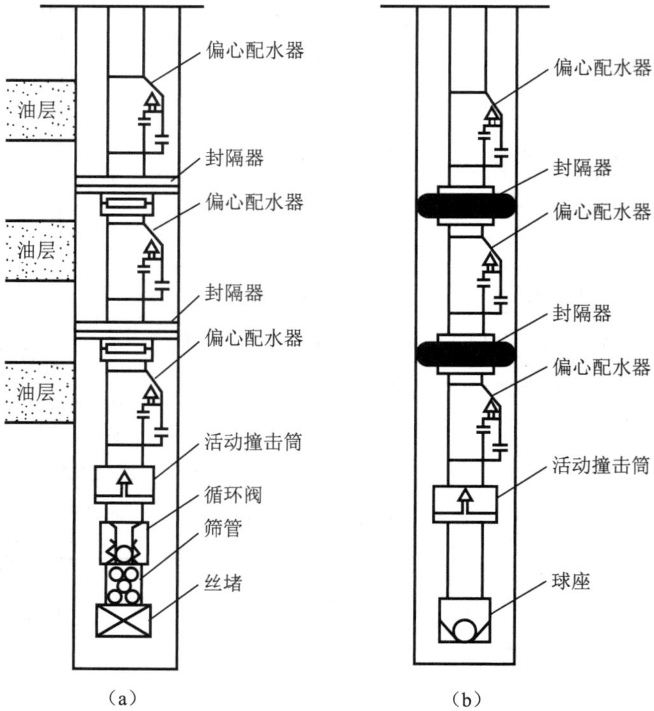

图 5-43　不可洗井偏心配水管柱

3. *天然气井完井管柱*

目前我国天然气井完井管柱已发展成为能射孔，能重复酸化、排液、测试、动态测井和完井生产一次下入的完井管柱，同时也是生产管柱。

天然气中往往含有 H_2S 和 CO_2 等腐蚀性气体，因而必须采用抗腐蚀管柱，并在气层以上下入抗 H_2S 材料的封隔器密封油套环空，在油套环空中注入缓蚀剂，如图 5-45 所示。

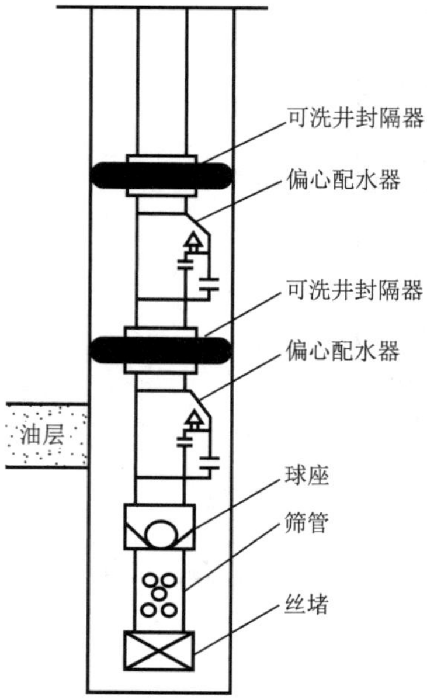

图 5-44　可洗井偏心配水管柱

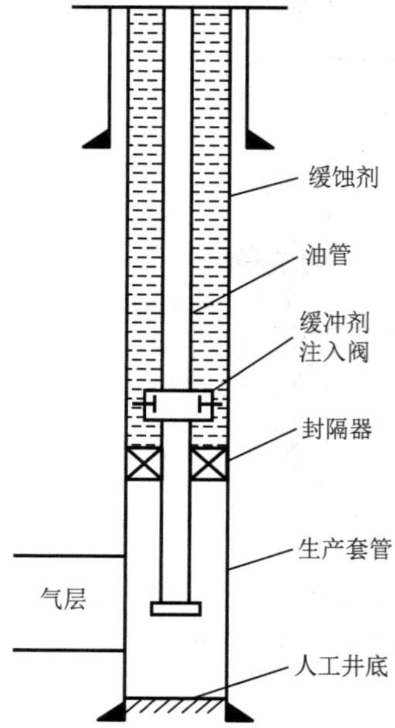

图 5-45　含 H_2S 及 CO_2 等腐蚀性气体的气井完井管柱

为了提高油气采收率，往往向储层中注入天然气、氮气或其他气体，因为气柱压力低，注气压力比较高，管柱中的油管、井下工具都是长期在高压下工作的，所以管柱不仅要耐高压，而且各个螺纹都要有良好的气密性。注气井完井管柱结构如图 5-46 所示。

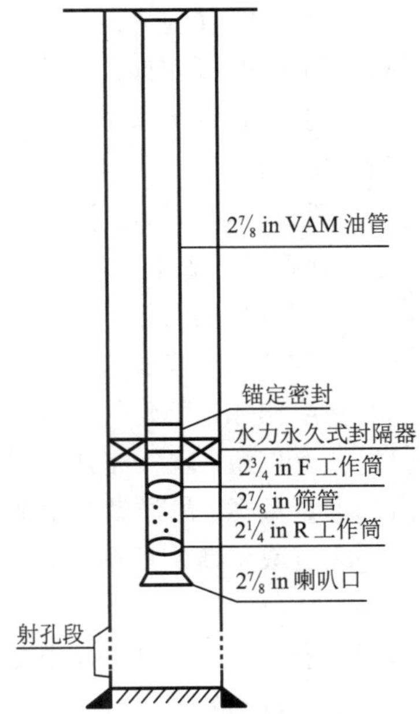

图 5-46　注气井完井管柱结构

4. **定向井、水平井完井管柱**

1）定向井完井管柱

各种抽油泵如有杆泵、水力活塞泵、电动潜油泵大都下在造斜点以上的直井段中，如果液面在造斜点以下，那么各种抽油泵也只能下到井深斜度小于 30°的稳斜段，这是因为各种泵特别是有杆泵只有在泵身倾角小于 30°时才能正常工作。有杆泵在下入稳斜段后，油管要加油管扶正器、泄油器，抽油杆上要加减震防脱器和抽油杆尼龙扶正器。在曲率较大的井段，抽油杆上还要加滚珠接箍或滚轮接箍。定向井有杆泵完井管柱结构如图 5-47 所示。

2）水平井完井管柱

水平井完井管柱的下泵技术要求与定向井大致相同。水平井有杆泵完井管柱结构如图 5-48 所示。此外，还有水平井下喷射泵掺稀油与有杆泵联合抽油的完井管柱等。

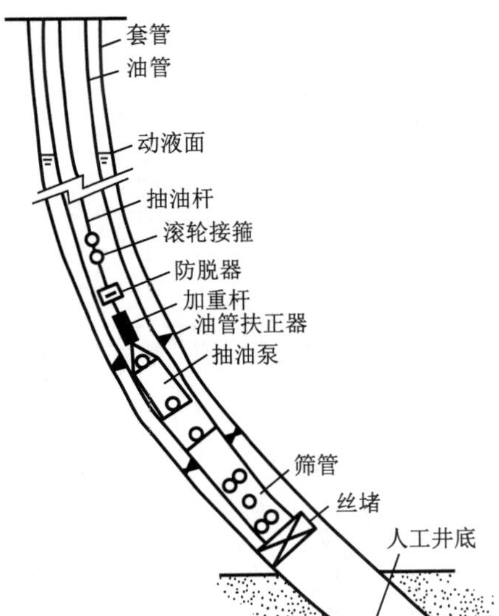

图 5-47　定向井有杆泵完井管柱结构

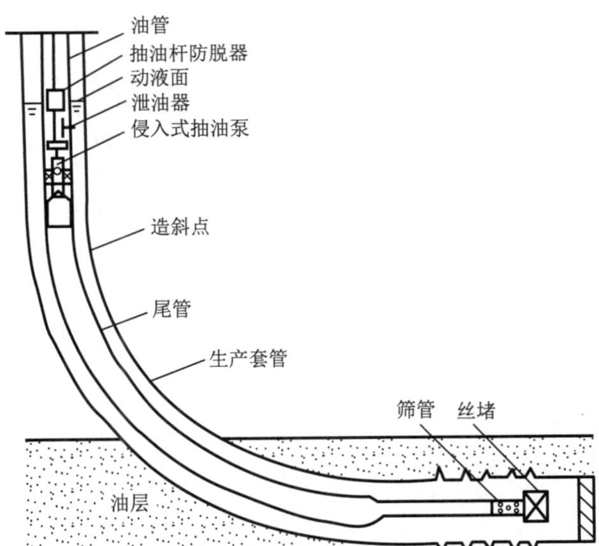

图 5-48　水平井有杆泵完井管柱结构

参考文献

[1]　陈庭根，管志川．钻井工程理论与技术[M]．东营：石油大学出版社，2000.

[2] 李根生,翟应虎. 完井工程[M]. 东营:中国石油大学出版社,2009.
[3] 郭建明,夏宏南. 完井工程[M]. 北京:石油工业出版社,2014.
[4] 刘文清. 石油钻井[M]. 北京:石油工业出版社,1987.
[5] 胡博仲. 油水井大修工艺技术[M]. 北京:石油工业出版社,1998.
[6] 罗长吉,李杨,赵永会. 固井技术[M]. 北京:石油工业出版社,1999.
[7] 刘希圣. 钻井工艺原理:完井工程[M]. 北京:石油工业出版社,1981.
[8] 孙艾茵,刘蜀知,刘绘新. 石油工程概论[M]. 北京:石油工业出版社,2008.
[9] 丁保刚,王忠福. 固井技术基础[M]. 北京:石油工业出版社,2006.
[10] 廖作才,熊海灵. 保护油气层技术[M]. 北京:石油工业出版社,2012.
[11] 万仁溥. 现代完井工程[M]. 3 版. 北京:石油工业出版社,2008.
[12] 董星亮. 海洋钻井手册[M]. 北京:石油工业出版社,2011.
[13] 道威尔斯伦贝谢公司. 注水泥技术[M]. 张允昌,杜君,等译. 北京:石油工业出版社,1987.
[14] 徐同台,刘玉洁,申威,等. 钻井工程防漏堵漏技术[M]. 北京:石油工业出版社,1998.
[15] 丁士东,张卫东. 国内外防气窜固井技术[J]. 石油钻探技术,2002,30(5):35-38.
[16] 马孝春,王贵和,李国民. 钻井工程[M]. 北京:地质出版社,2010.

第六章

油气田开发概述

一个含油气构造经过初探发现具有工业油气流以后，就要着手进行详探并逐步投入开发。所谓油气田开发，就是依据详探成果和必要的生产性开发试验，在综合研究的基础上，对具有工业价值的油气田，按照国家或市场对原油、天然气生产的需求，从油气田的实际情况和生产规律出发，制定出合理的开发方案，对油气田进行建设和投产，使油气田按预定的生产能力和经济效果长期生产，并在生产过程中对开发方案不断进行调整和完善，使油气田保持合理开发，直至开发结束的全过程。一个油气田的正规开发包括下面 3 个阶段：

(1) 开发前的准备阶段。此阶段包括详探和生产试验等。详探就是运用各种可能的手段和方法，对含油气构造或者一个预定的开发区取得必要的资料，进行综合研究，力求搞清主要地质情况和生产规律，并计算出开发储量，为编制开发方案做准备。生产试验一般在详探的基础上进行。对于大型油气田，一般采取开辟生产试验区的方法开展各种试验；而对于中小型油气田，则可以采用试验井组或试验单元的方法开展各种试验。

(2) 开发设计和投产阶段。在投入开发之前，利用准备阶段提供的资料，根据油气藏的具体情况及技术、经济的需要，制订一个基本开发方案，包括对油气层的研究评价、开采方式选择、层系划分、井网布置及具体实施。

(3) 开发方案的调整和完善阶段。在油气田投入开发之后，研究油气藏动态变化规律，并运用这些规律来调整和完善开发方案。该项工作在开发过程中要进行多次。

在实际中，由于各油气田的具体条件相差较大，其勘探开发程序的具体环节是不尽相同的，所以必须结合实际情况制定开发方案，并在实施过程中努力使其趋于完善。

同时，油气田在投入开发以后，其地下流体(油、气、水)的分布及状态将发生变化，这些变化是遵循一定规律进行的，并且受某些因素的制约。油气藏动态分析的主要任务就是研究油气田投入开发后的变化规律，寻找其制约因素，并运用这些规律来调整和完善油气藏的开发方案，以便取得最好的开发效果。

本章主要介绍油田开发工程设计中的开发方针与原则、开发程序、开发层系的划分、油藏天然能量及驱动方式、试井分析、油藏注水开发、开发方案编制以及方案调整等。

第一节　油田开发方针与原则

一、开发方针

在找到有工业价值的油田之后，如何进行合理开发是很重要的。要根据国民经济和市场对石油产量的需求情况，从油田地下情况出发，选用适当的开发方式，部署合理的开发井网，对油层层系进行合理的划分和组合。

油田开发必须依据一定的开发流程和开发内容来进行，开发流程正确与否，直接关系到油田今后生产的经济效果的好坏及技术上的成败。编制油田开发流程应考虑以下几个方面的因素：① 采油速度，即以什么样的速度进行开发；② 油田地下能量的利用和补充；③ 油田最终采收率的大小；④ 油田稳产年限；⑤ 油田开发经济效果；⑥ 各类工艺技术水平；⑦ 对环境的影响。以上几个因素往往是相互依赖和相互矛盾的，在编制开发方案时应统筹兼顾，全面考虑。

二、开发原则

在编制油田开发方案时，必须依照国家对石油生产的方针、市场的需求，针对所开发油田的情况和现有工艺技术水平与地面建设能力，制定具体的开发原则与技术政策界限。

1. 规定采油速度和稳产年限

采油速度是指油田(藏)年产油量与其地质储量的比值。采油速度问题就是一个生产规模问题，即一个油田既需要以较高的采油速度生产，但同时又需要立足于油田的地质开发条件、采油工艺技术水平以及开发的经济效果。因此，油田不同，对采油速度的规定也不同，一般标准是使可采储量的大部分在稳产期内采出。

2. 规定开采方式和注水方式

在开发方案中必须对开采方式做出明确规定，如利用什么驱动方式采油，开发方式如何转化。假如决定注水，应确定注水时间及注水方式。

3. 确定开发层系

开发层系是由一些独立的、上下有良好隔层、油层性质相近、驱动方式相近、具备一定储量和生产能力的油层组合而成的。开发层系用一套独立的井网开发，是一个最基本的开发单元。当开发多油层油田时，必须合理划分和组合开发层系。一个油田用几套层系开发，是涉及油田基本建设的重大技术问题，也是决定油田开发效果好坏的重要因素，是开发方案中的重大决策，因此必须慎重划分和组合开发层系。

4. 制定开发步骤

开发步骤是指从布置基础井网开始，一直到完成注采系统，再到全面注水和采油的整个过程所必经的阶段和每一步具体做法。合理的开发步骤要根据实际情况具体制定，通常应包括以下几个方面：

(1) 部署基础井网。基础井网是以某一主要含油层系为目标而首先设计的基本生产井和注水井，同时也是开发方案设计时进行开发区油田地质研究的井网。研究基础井网，要进行准确的小层对比，做出含油砂体的详细评价，提供进一步层系划分和井网部署的依据。

(2) 确定生产井网和射孔方案。根据基础井网，待油层对比工作完成后，全面部署各层系的生产井网，依据层系和井网确定注采井井别并编制射孔方案。

(3) 编制注采工艺方案。在全面钻完开发井后，对每一开发层系独立地进行综合研究，并在此基础上落实注采井别，确定注采井的注采井段，最后根据开发方案编制出相应的注采工艺方案。

综上所述，合理的开发步骤就是科学合理地认识油田和开发油田，同时不断落实开发措施。任何对合理开发步骤的偏离，都会导致对油田认识的错误和开发决策的失误。

5. **确定合理的布井原则**

合理布井要求在保证采油速度的条件下，采用井数最少的井网，最大限度地控制住地下储量，以减少储量损失。对于注水开发油田，还必须使绝大部分储量处于水驱范围内，保证水驱控制储量最大。由于井网问题是涉及油田基本建设的中心问题，也是涉及油田今后生产效果的根本问题，所以除了要进行地质研究外，还应采用渗流力学方法进行动态指标的计算和经济指标的分析，最后做出开发方案的综合评价，并选出最佳方案。

6. **确定合理的采油工艺技术和增注措施**

在方案中必须根据油田具体的地质开发特点，提出合理的采油工艺措施，尽量采用先进的工艺技术，使地面建设符合地下实际，使增产增注措施充分发挥作用。

此外，在开发方案中还必须对其他有关问题做出规定，如层间、平面接替问题，稳产措施问题以及必须进行的重大开发试验等。

第二节　油田开发程序

在进行详探以前，要进行预探。它是从区域出发，进行盆地(或坳陷)的整体调查，了解地质情况，查明生、储油条件，指出油气聚集的有利地带，并进行油气地质储量的估算，为进一步开展油气田详探指出有利的含油构造。

一、详探阶段的任务和方法

详探阶段的主要任务是查明油藏的特征及含油边界，圈定含油面积，提高探明储量程度，并为油藏工程设计提供全部地质基础资料，其中包括油田构造的圈闭类型、大小和形态，含油层的有效厚度，流体物性参数以及油层压力系统和油井生产能力等油藏参数资料。

要完成详探阶段的任务，就必须运用各种方法进行多方面的综合研究，把勘探和开发工作有机地结合起来，分阶段、有部署地使油田全面投入开发。为此，在详探阶段，要有次序、有步骤地开展各项工作。

1. **地震细测工作**

地震细测工作主要是在预探成果的基础上配合钻探，加密地震测网密度。通常测线密度应在 2 km/km^2 以上，而在断裂复杂地区，密度应更大。通过对地震细测资料的解释，落实构造形态和其中的断裂情况(包括主要断层的走向、落差、倾角等),从而为确定含油带圈闭面积、闭合高度等提供依据,以便用较少的探井资料完成详探任务。

2. 钻详探资料井

详探工作中最重要和最关键的工作是钻详探资料井,直接认识地层。详探工作进展的快慢、质量的高低直接影响油田开发速度的快慢和开发设计的正确与否。因此,对于详探井数目的确定、井位的选择、钻井的顺序以及钻井过程中必须取得的资料等都应做出严格的规定,并作为详探设计的主要内容。

详探井的密度应在初步掌握构造情况的基础上,以尽量少的井,同时又能准确认识和控制全部油层为原则来确定。在简单的构造上,井距通常在 2 km 以上,但在复杂断块油田上,一口详探井控制的面积为 1～2 km^2,甚至更小。详探井井位布置和打井顺序应该经过充分研究以后认真且慎重地决定,这是提高勘探成功率的关键。此时认识含油层本身分布及变化是详探井的重要任务,但同时又要兼顾探边、探测断层分布的工作。在某些情况下,这些探井又可能是今后的生产井,因此也要考虑它们与生产井网的衔接问题。在详探井的布置方面已经有许多较好的经验,但总的原则仍然是结合不同地质构造情况具体研究确定。

利用详探井的录井、岩芯分析、测井解释等取得的资料进行详细的地层对比,必须搞清油层的性质及分布,尤其是稳定油层的性质及分布,以便为下一步布置生产井网提供地质依据。与此同时,还要对主要隔层进行对比,对其性质进行研究,为划分开发层系提供依据。在通过系统的取芯及分析和分层试油,了解到分层产能以后,可以确定出有效厚度下限,从而为计算储量打下基础。

3. 油井的试油和试采

在油井完成后,把油、气、水从地层中诱导到地面上来并经过专门测试取得各种资料的工作称为试油。试油是油田详探阶段不可缺少的重要环节。油田有没有工业开采价值？储层的面积及生产能力如何？这些问题要靠打详探井并进行试油来回答。试油工作的主要任务是:了解油层及其流体性质,确定油田的工业开采价值,为确定各个不同含油层面积、计算地质储量和确定油井合理工作制度提供必要的资料。试油确定的资料有:① 产量数据,包括油、气、水产量;② 压力数据,包括油层静压、流动压力、压力恢复数据,以及井口的油管及套管压力;③ 油、气、水基本物性资料;④ 温度数据,包括井下温度和地温梯度。

试采是油田开发前必不可少的一个步骤,它可以为开发方案中某些具体技术界限和技术指标提出可行的解决办法。通常试采是指试油后将油井按照生产井的正常要求,分单元地按不同含油层系进行较长时间的生产,生产期间通过试采确定油井的生产规律,暴露出油田生产的矛盾,以便在编制的方案中加以考虑。试采的主要任务是:

(1) 认识油井生产能力,特别是分布稳定的主力油层的生产能力以及产量递减情况。

(2) 认识油层天然能量的大小及驱动类型和驱动能量的转化,如边水和底水活跃程度等。

(3) 认识油层的连通情况和层间干扰情况。

(4) 认识生产井的合理工艺技术和油层改造措施。

(5) 落实某些影响开采动态的地质构造因素,如边界影响、断层封闭情况等,为今后合理布井和确定注采系统提供依据。为此,有时除了进行生产性观察外,还必须进行一些专门的测试，如探边测试、井间干扰试验等。

二、开辟生产试验区和开发试验

在经过试采了解到较详细的地质情况和基本的生产动态以后，为了认识油田在正式投入开发以后的生产规律，对于准备开发的大型油田，在详探程度较高和地面建设条件比较有利的地区，首先划出一块面积作为生产试验区，用正规井网正式开发，开展各种生产试验。这一区域应按开发方案进行设计，严格划分开发层系，选用某种开采方式（如早期注水或依靠天然能量采油），提前投入开发，取得经验，以指导其他地区。对于复杂油田或中小型油田，当其不具备开辟生产试验区的条件时，也应力求开辟试验单元或试验井组。它们的试验项目、内容和具体要求，应根据具体情况恰当地确定。

开辟生产试验区是油田开发工作的重要组成部分。这项工作必须针对油田的具体情况并遵循以下正确的原则进行：

(1) 生产试验区所处的位置和范围对全油田应具有代表性，以使通过试验区所取得的认识和经验具有普遍的指导意义。

(2) 生产试验区应具有一定的独立性，既不因生产试验区的建立而影响全油田开发方案的完整与合理，也不因其他相邻区域的开发而影响试验区任务的继续完成，将试验区对全油田合理开发的影响降到最低。

(3) 试验区应具有一定的生产规模。

(4) 试验区的开辟应尽可能考虑地面建设。

开辟生产试验区的主要任务是：① 研究油层的地质情况，搞清各小层面积、分布形态、厚度、储量及非均质情况，弄清隔层的性质和分布规律；② 研究井网系统和布井方式及其对储量的控制程度，以及开发层系划分的标准；③ 研究生产动态规律和合理的采油速度，以及适用的采油工艺技术。

实际上，生产试验的任务还应包括根据各油田的不同地质条件和生产特点确定针对该油田的一些特殊任务，如对于有天然能量的油田，转注时间及合理注采比必须加以研究，而对于其他情况如断层对油水地下运动的影响，高渗透层、裂缝油田、特低渗透层、稠油层、厚层等的开采特点则应结合该油田的实际情况加以研究。

生产试验区是一个开发区，它不可能进行一个油田尤其是一个大油田开发过程中所需要的各种试验，更不可能进行对比性试验。因此，为了弄清在一个油田开发过程中的各种各样的问题，还必须进行多种综合的和单项的开发试验，为制定开发方案的各项技术方针和原则提供依据。

生产试验区的试验项目应以研究开发部署中的基本问题，或揭示油田生产动态中的基本问题，或揭示油田生产动态中的基本规律为目标来确定。针对不同油田的地质特点以及人们可能采用的开采方式，各油田所需要进行的开发试验项目可能差别很大，不能同样对待。下面将列出一些重要和基本的内容：

(1) 油田各种天然能量试验。这些能量包括弹性能量、溶解气的能量、边水和底水的能量。应认识它们对油田产能大小的影响、对稳产的影响，以及各种能量和驱动方式的转化关系等。

(2) 井网试验。包括各种注采井网形式及井网密度所能取得的最大产量和合理生产能力、对油层的控制程度，以及对采收率和技术经济效果的影响。

（3）提高采收率研究。包括不同开发方式下各类油层的层间、平面和层内的干扰情况，注水波及体积和驱油效率，以及各种提高采收率方法的适用性。

（4）各种增产措施及方法试验。提高产能的开发措施应包括压裂、酸化、卡堵水、放大压差、强注强采等，分析这些措施对增加产量、提高储量动用程度、改善开发效果的作用。

总之，各种开发试验都应针对油田实际情况提出，在详探、开发方案制定和实施阶段集中力量进行，而在油田开发的整个过程中，同样必须始终坚持进行开发试验，直至油田开发结束。所以，油田开发的整个过程是一个不断深入进行各种试验的过程，而且应该坚持使试验在早期进行，以取得经验指导全油田开发。

三、油田正式投入开发

油田详探阶段是油田勘探开发整个程序中的一个独立的重要阶段，它是保证油田能够科学且合理开发的必经阶段，但同时也要必须考虑其与各阶段之间的衔接和交替。对于整装的大油田，根据详探井的钻探和对生产试验区的解剖，虽然可基本掌握油层性质的变化特征和生产动态，但还存在较大的局限性。因为一般详探井的控制面积为 1～2 km^2，在这样大的井网下，一般很难掌握储层的非均质特点。为了解决这个问题，可以采用部署基础井网的办法。

基础井网是以某一主要含油层为目标而首先设计的基本生产井和注水井，是开发区的第一套正式开发井网。

基础井网的主要任务有两个：一是合理开发主力油层，建成一定的生产规模；二是兼探开发区的其他油层，解决详探井所没有完成的任务，搞清这些油层的分布状况、物理性质和非均质特点，为下一步开发这些油层提供可靠的地质依据。

基础井网的部署要求是：

（1）应该在开发区总体开发设计的基础上进行，同时要考虑到将来不同层系井网的相互配合和综合利用，不能孤立地进行部署。

（2）在实施上要分步进行。基础井网钻完后，可暂不射孔，及时进行油层对比，搞清地质情况，掌握其他油层特点，必要时可先修改和调整原定方案，再对基础井网射孔投产。

综上所述，合理的勘探开发程序就是合理认识油田和开发油田的工作程序。科学而合理的油田勘探开发程序既可以使人们对油田的认识逐步提高，又可以使开发措施不断落实。但对于复杂断块油田而言，以上所述的油田勘探开发程序不再适用，必须进行滚动勘探开发。

第三节 油田开发层系的划分

目前世界上发现的油田很少是均质单一的油层，特别是碎屑岩储层的大油田或特大油田，不仅油层多，而且差异大。我国现有的油田大部分属于陆相沉积的非均质、多油层油田。油层的非均质性是影响多油层油田开发部署和开发效果的最重要的因素之一。合理地划分与组合开发层系是从开发部署角度解决多油层油田层状非均质性的基本措施。所谓划分开发层系，就是把特征相近的油层组合在一起，用单独一套开发系统进行开发，并以此为基础进行生产规划、动态研究和调整。

一个油田一般有多个油层组，每个油层组又有多个单油层。层间非均质是油田中的宏观现象，也是人们研究得比较清楚的问题。在油田中，层间非均质的地质特点可能表现为以下几个方面：① 储层性质之间的差别，如单油层的渗透率、有效厚度或储层岩性等；② 各层油水关系的差别，如底水油藏和边水油藏、带气顶油藏和纯油藏、边水活跃油藏和边水不活跃油藏等；③ 各层间天然能量驱动方式的差别，如不同区域可能有不同的天然能量，或起主导驱动作用的天然能量不同，而且天然能量的大小也可能差别很大；④ 各油层油、气、水的性质、压力的差别，不同油层的原油黏度、压力系统可能存在较大差别。

一、划分开发层系的意义

(1) 合理地划分开发层系有利于充分发挥各类油层的作用。在同一油田内，由于各油层在纵向上的沉积环境及其条件不可能完全一致，油层特性自然会有差异，所以开发过程中也就不可避免地要出现层间矛盾。如果不能合理地划分与组合开发层系，就可能导致油田生产出现重大问题而影响开发效果，这将是开发中的重大失策。如果高渗透层和低渗透层合采，则由于低渗透层的油流阻力大，限制其生产能力，而且高渗透层过早水淹或水窜，将会形成强水洗带(或大孔道)，最终降低注水利用率和注水开发效果。如果低压层和高压层合采，则低压层往往不出油，甚至高压层的流体有可能窜入低压层。在水驱油田，高渗透层往往很快水淹，在合采的情况下会加剧层间矛盾，出现油水层相互干扰，造成开发被动，严重影响采收率。

(2) 划分开发层系是部署井网和规划生产设施的基础。确定了开发层系，一般也就确定了井网套数，使得研究和部署井网、选择注采方式以及规划和建设地面生产设施成为可能。

(3) 采油工艺技术的发展水平要求进行层系划分。一个多油层油田，其油层数目往往多达几十个，开采井段有时可达数百米。为了充分发挥各油层的作用，使它们吸水均匀、出油均匀，在采油工艺方面往往采取分层注水、分层采油和分层控制的措施。目前的分层技术还不能达到很高的水平，因此必须划分开发层系，使一个开发层系内部的油层数不致过多，井段不致过长，以便更好地发挥工艺的作用，将油田开发好。

(4) 油田的高效高速开发要求进行层系划分。用一套井网开发一个多油层油田必然不能充分发挥各油层的作用，尤其是当主要产油层较多时。为了充分发挥各油层的作用，必须要划分开发层系，这样才能提高采油速度，加速油田生产，缩短开发时间，提高基本投资的周转率。

二、划分开发层系的原则

合理地划分与组合开发层系是开发好多油层油田的一项根本性措施。那么具备什么特点的油层可以组合在同一开发层系内呢？总结国内外在开发层系划分方面的经验和教训，特别是大庆油田在层系划分方面的研究成果，得到合理划分和组合开发层系的几项原则如下：

(1) 将特性相近的油层组合在同一开发层系内，以保证各油层对注水方式和井网具有共同的适应性，减少开采过程中的层间矛盾。

(2) 一个独立的开发层系应具有一定的储量，以保证油田满足一定的采油速度，并具有较长的稳产时间，达到较好的经济指标。

(3) 各开发层系间必须具有良好的隔层，以便在注水开发条件下层系间能严格地分开，确保层系间不发生干扰。

(4) 同一开发层系内，油层的构造形态、油水边界、压力系统和原油物性应比较接近。

(5) 划分开发层系时，要考虑目前的工艺技术水平，充分发挥工艺措施的作用，在分层开采工艺所能解决的范围内，尽量不要将开发层系划分得过细，以减少建设工作量，达到较好的经济开发效果。

(6) 多油层油田具有下列地质特征时不能用一套开发层系开发：

① 储层岩性和特性差别较大，如渗透率的差异将严重影响多油层油田的开发效果；② 油气的物理化学性质不同，如原油黏度的差别将造成注水开发时油水流度比的差别，加剧层间动用差异；③ 油层的压力系统和驱动方式不同；④ 油层的层数太多，含油层段过大。

合理划分开发层系和采用越来越先进的开采技术都是解决层间矛盾的重要途径，但是它们不能互相代替。分层开采工艺的发展进一步提高了层系划分的效果，而合理地划分层系则为充分发挥分层开采工艺的作用创造了条件，二者相辅相成。一般说来，工艺上分层段能力大，层系就可以划得粗一些；分层段能力小，层系就可以划得细一些。开发井的层系可以粗划，而注水井的层系则要细划。

综上所述，正确与合理地划分开发层系是油田开发工作中的一个基本部署，必须努力做好该项工作。

三、划分开发层系的方法

按照上述原则进行开发层系的划分和组合时，要从油田的实际情况出发，首先研究储量大、分布广、产能高的主力油层，然后研究其他油层。对于不具备独立开采条件的油层，可以在个别井点单采、合采或回采。具体的划分开发层系方法如下：

(1) 详细研究和掌握各类油层、油砂体的特性，是合理划分与组合开发层系的地质基础。对各类油层组、油砂体进行分类，研究某一个油层组内不同渗透率、不同延伸长度、不同分布面积的油砂体所占储量的百分数。通过分类研究，掌握不同油层的特点、差异程度及其对开采方式、井网的不同要求。

(2) 对已开发区进行油砂体动态分析，为新区合理划分与组合开发层系提供依据。研究某一个油层组内不同采油速度、不同工作状况的油砂体所占储量的百分数，以认识每个油砂体在开采过程中的油、水运动规律及不同油砂体的开采均衡程度，进一步了解开发层系划分与组合的条件。

(3) 确定开发层系的基本单元。开发层系的基本单元是指大体上符合一个开发层系基本条件的油层组或油层，它本身可以独立开发，也可以把几个基本单元组合在一起作为一个层系开发。各个基本开发单元之间必须具有良好的隔层，并且各单元有一定的储量和生产能力。

(4) 进行综合分析对比，选择层系划分与组合方案时，主要考虑的指标有：① 不同层系组合所能控制的储量；② 不同层系组合所能达到的采油速度；③ 不同层系组合的无水采收率和最终采收率；④ 不同层系组合的技术经济指标。

开发层系的划分应在详细研究油田储层特征的基础上确定，对某些划分原则要定出技术界限（如渗透率级差界限），对大部分井点超过这一界限的油层就不应该在这套层系中射孔。如果不能和其他油层组合成另一套层系，那么一般来讲在开发初期就暂不射孔投产，而是整体留作后备，作为今后调整的基本对象。

多油层油田层系划分是一个综合性很强的问题，在编制开发方案时，应对不同的划分结果进行油藏数值模拟研究，并进行技术经济指标的综合对比，然后根据对油田开发的总要求选择比较合理的层系划分。

一个非均质、多油层的油田，根据上述原则和方法可能划分出若干个开发层系，但往往由于地质、技术及施工速度或经济上的原因，不能把所有层系同时投入开发，这时应确定各层系投入开发的先后次序，依次进行开发。

开发层系的开发次序应按下述原则确定：

(1) 首先开发勘探程度高的层系。这种层系往往由该油田（或该区）延伸稳定、岩性和物性变化小的主力油层组成。开发这种油层的生产井网可以同时兼探其他油层。

(2) 首先开发储量大、产油能力高的层系，这样能尽快满足国家对原油的需要，提高经济效益。

(3) 当几套开发层系指标相当时，在经济和建设能力等条件允许的情况下，可以分别采用不同的井网同时开发，否则应尽可能先开发最下边的层系，将上边层系的开发时间放在后面，待基础层系开发完后再回采。这一情况所钻的井数少，投资也少，但油田开发速度慢。

第四节　油藏天然能量及驱动方式

在油田开发过程中，油井完成之后，经过试油，油气能够从地层运移到井底，甚至自喷到地表，这表明地层具有能量。地层能量可以是天然的，也可以是人工补充的。在没有任何人工补充能量的情况下，地层所具有的能量称为天然地层能量。地层能量的大小表现为地层压力的高低，它是油气在油层中流动的动力来源。地层能量高的油井，油气可以自喷到地表，但在自喷开采过程中，如果地层得不到人工补充能量，其能量必然逐步衰减，最终油井不能自喷，必须转用其他方法开采。因此，地层能量的大小决定了油田的开采方法，同时也决定了油田的开采特征。

一、地层中的天然驱油能量

油层中油、气、水构成一个统一的水动力系统。油层未被打开时，油、气、水处于平衡状态，油层内部承受着较大的压力而具有潜在能量，即天然能量。油层的天然能量包括以下几种类型。

1. 流体和岩石的弹性能

弹性能是指由于物体的形变而释放（或储存）的能量。对一个油藏来说，它的岩石承受着油层上部所有岩层的压力和孔隙中的液压，岩石和流体处在压缩状态。当油层被钻开，井底附近油层压力下降时，压力降落会向外传播。在压力下降的这部分油层内，原来处于压缩状态的岩石和流体的体积就会膨胀，其结果是孔隙空间变小。于是，在流体体积增大与孔隙空间变小这二者的同时作用下，孔隙中容纳不下原有的流体，就会把多余的部分流体挤入油井。

弹性能的大小与综合压缩系数、油层的超压程度（油层压力高于饱和压力的大小）、压降的大小及油层体积有关，当采用该驱动方式时，油层流体饱和度一般不变化。

2. **溶解气的弹性膨胀能**

油区压力降低，只要地层压力高于饱和压力，弹性能就是驱油的主要能量。当地层压力低于饱和压力时，弹性能仍然起作用，只不过占次要地位。因为此时溶解在油中的天然气会不断分离出来，形成气泡分散在油中，在压力不断下降的过程中，气泡不断膨胀，膨胀释放出来的能量会将油推向井底。油层压力降低得就越多，分离出来的气体量越多，气体的弹性膨胀能也就越大，此时油层中的含油饱和度不断减小，含气饱和度不断增大，由于气体的压缩系数比综合压缩系数高一个数量级，所以此时溶解气的弹性膨胀能成为驱油的主要能量。

溶解气的弹性膨胀能大小与地层油的原始气油比、溶解系数、气体及油的组成有关，也与油层的温度和压力有关。

3. **水柱压能**

水柱压能通常是油气流动的主要动力。如果岩层有露头，水源供给充足，而且供水区和含油区连通性好，则边水或底水的水柱压力便有能力驱动油流（图 6-1）。油藏的水压能量以压力表示，即

$$p_{地层} = 10\rho_{水}H \tag{6-1}$$

式中 $p_{地层}$——原始油层压力，Pa；

$\rho_{水}$——地层水的密度，kg/m^3；

H——边水或底水的净水头高度，m。

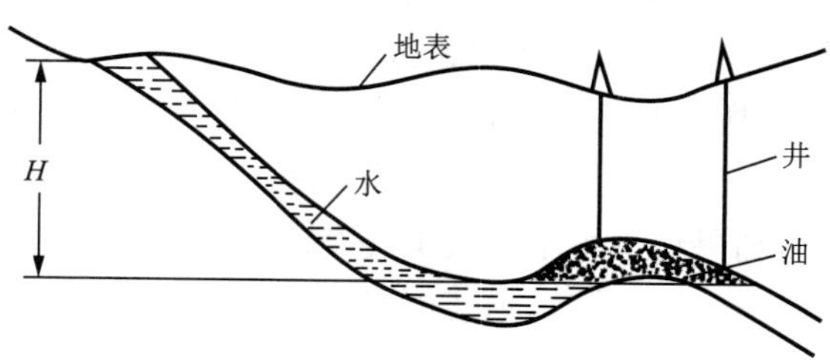

图 6-1 驱油的水柱压力

露头水柱压能的大小不但与露头和油藏埋深的高度差有关，还与露头到油藏距离及供水区的渗透率有关。

4. **气顶压缩气的膨胀能**

当油层原油中的溶解气量达到饱和后，多余的天然气就会聚集在油藏顶部形成气顶，且处于高压的压缩状态。油井生产后，油层压力降低，井底地区呈现出溶解气驱特征。当压降传递到气顶，且气顶的体积足够大时，气顶就开始膨胀，并推动原油流向井内。对于气顶较大的含油气层，这种能量可以成为采油的重要能量来源。

5. **地层油本身的重力势能**

油层中的流体始终受重力的作用。在采油过程中，当其他能量充足时，重力虽不足以作为驱油的主导因素，但也有一定的影响；在其他能量趋于枯竭时，重力就成为驱动原油向井底流动的主要能量，特别是对于地层倾角较大、渗透性较好的油藏，重力驱油效果更加显著。

一个具体的油藏来说，只要条件具备，便可同时具有几种驱油能量。在实际采油过程中，往往是几种能量均有一定程度的表现，有的起着主导、决定性的作用，有的则起着次要作用，有的则微而不显。

二、驱动方式

油藏的驱动方式是全部油层工作条件的综合，各种驱动方式也是油藏中排油的主要动力来源。这种动力既可以来自自然界，它与油藏的地质条件有关，也可以来自人工补充的能量，如向油层注入工作剂。建立哪一种驱动方式，应根据油田开发需要和油藏的地质条件来确定。

驱动方式对油田开发来说具有很大意义，它将确定油田开采的最终采收率，而且在油藏工程设计中，合理的井网布置、油井工作方式及地层压力保持水平等在一定程度上要由驱动方式来确定。

某一驱动方式是指油层在开发过程中，某一种能量起主导驱油作用。油藏的驱动能量不同，开采方式就会不同，开发过程中产量、压力、气油比等主要开发指标也有不同的变化特征。这些开发指标是表征驱动方式的主要因素，可以从它们的变化特征来判别驱动方式。

1. **弹性驱动**

在油藏无边水或底水，又无气顶，且原始油层压力高于饱和压力时，随着油层压力的降低，依靠油层岩石和流体的弹性能驱油的方式称为弹性驱动。这类油藏一般为封闭油藏和断块油藏。这类油藏在开采时，随着油层压力的降低，地层将不断释放出弹性能将油驱向井底。如果保持井底流压不变，油井产量将不断下降。弹性驱动油藏的开采特征曲线如图 6-2 所示。

2. **溶解气驱**

在弹性驱阶段，当油层压力下降至低于饱和压力时，随着油层压力的进一步降低，原来处于溶解状态的气体将被分离出来，气泡的膨胀可将原油驱向井底。就驱动机理来说，溶解气驱属于弹性驱动的一种，但其弹性能主要来自气泡的膨胀，而不是液体和岩石的膨胀。

形成溶解气驱的油藏应无边水（底水或注入水）、无气顶或有边水但不活跃，油层压力低于饱和压力。

由于油藏压力急剧下降，井底附近严重脱气，油层孔隙中很快形成混合流动，随着压力的降低，逸出的气量增加，相应的含油饱和度和相对渗透率不断减小，使油的流动困难。此外，原油中的溶解气逸出后油的黏度增加，流动阻力增加，油井产量和总的采油量开始以较快的速度下降。开发初期当压降数值较小时，气油比将急剧增加，地层能量被大大消耗，待地层能量枯竭后，气油比又以很快的速度下降。溶解气驱油藏开采特征曲线如图 6-3 所示。

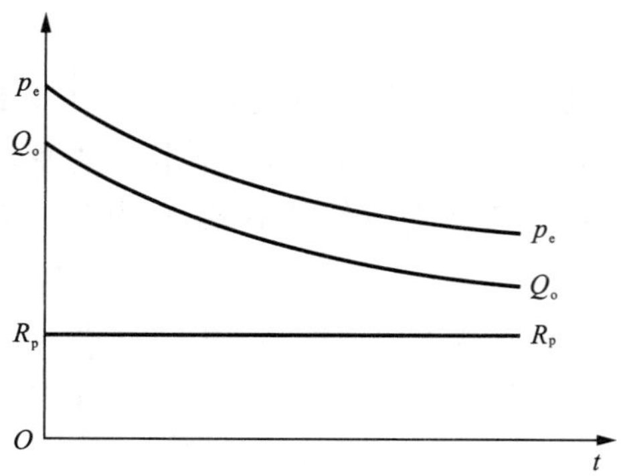

图 6-2 弹性驱动油藏开采特征曲线

p_e—油层压力；Q_o—产油量；R_p—气油比

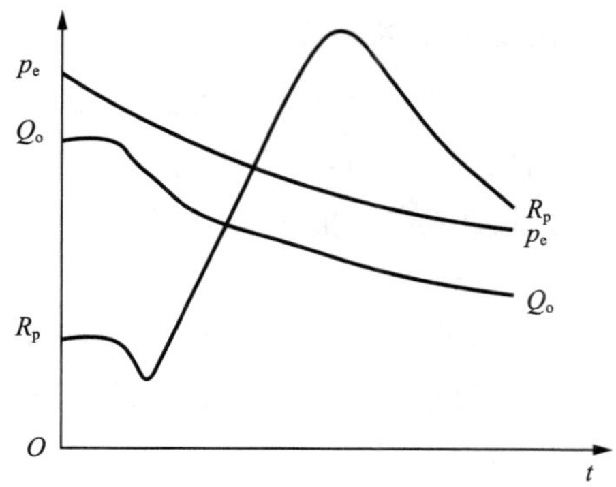

图 6-3 溶解气驱油藏开采特征曲线

3. 水压驱动

当油藏与外部的水体相连通时，油藏开采后由于压力降低，其周围水体中的水流入油藏进行补给，这就是水压驱动。水压驱动分为刚性水驱和弹性水驱两种。

1）刚性水驱

刚性水驱以油藏压力基本保持不变为其特征，因此凡与压力有关的参数都是常数，而不是时变参数，这时的流动属于稳态流动，其驱动能量主要是边水的重力作用。

形成刚性水驱的条件是：油层与边水或底水相连通；水层有露头，且存在良好的供水水源，与油层的高差也较大；油、水层都具有良好的渗透性；油、水区之间连通性较好。因此，在刚性水驱条件下，能量供给充足，其水侵量完全补偿了采液量，且总压降越大，采液量就越大。通常可以把注水开发看成刚性水驱(注采比等于 1 时)。

刚性水驱油藏进入稳定生产阶段以后，由于有充足的边水、底水或注入水，能量消耗能够得到及时补充，所以在整个开发过程中油层压力保持不变。当边水、底水或注入水推至油井后，油井开始见水，含水将不断增加，此时产油量开始下降，但产液量可保持不变。由于油层压力保持不变，所以生产气油比等于原始溶解气油比。刚性水驱油藏开采特征曲线如图 6-4 所示。

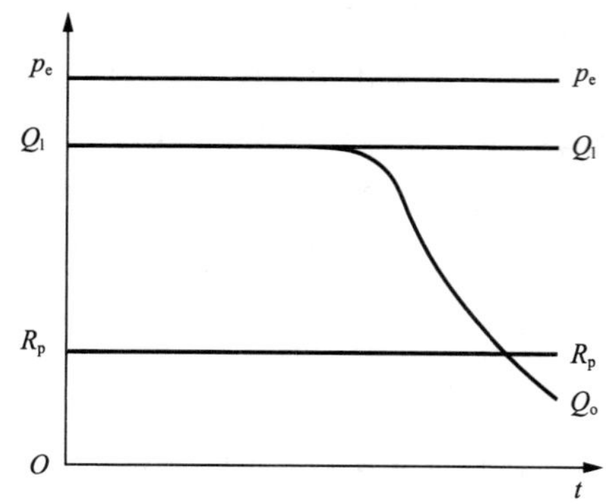

图 6-4 刚性水驱油藏开采特征曲线

Q_l—产液量

2）弹性水驱

弹性水驱主要依靠含油区和含水区压力降低而释放出的弹性能量进行开采。当压降的范围扩大到水体边界以后，如果没有充分的边水能量供给，则整个水动力学系统将呈现拟稳态流动，即整个系统中的压力降与累积产液量的增加成正比关系，直到油层压力低于饱和压力后转变为以溶解气驱方式为主。

形成弹性水驱的条件是：① 有边水，但其活跃程度不能弥补产液量，一般边水无露头，或有露头但水源供给不足；② 采用人工注水时，注水速度小于采液速度。

在弹性水驱方式下，当压降到达水体边界以后，油层压力将不断下降；若保持井底流压为常数，则此时产量将不断下降；由于油层压力高于饱和压力，因此不会出现脱气区，生产气油比等于原始溶解气油比。弹性水驱油藏开采特征曲线如图 6-5 所示。

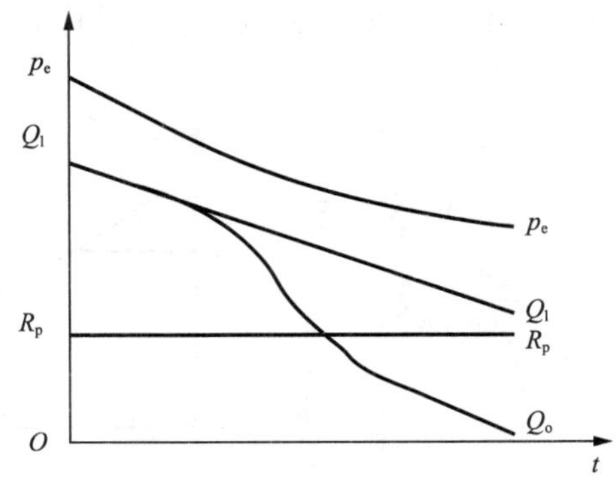

图 6-5　弹性水驱油藏开采特征曲线

4. **气压驱动**

气压驱动的油藏以存在一个较大的气顶为前提，在开采过程中，气顶气的膨胀能是油藏开采的主要驱动能量。由于气顶的存在，油藏往往是饱和油藏，所以气压驱动时或多或少地伴随着一定程度的溶解气驱，此时主要驱动力还是气顶的膨胀能。气压驱动也可分为刚性气驱和弹性气驱两种。

1）刚性气驱

只有在人工向地层注气，并且注入量足以使油藏压力在开采过程中保持稳定时，才能出现刚性气驱。在自然条件下，如果气顶体积比含油区的体积大得多，能够使气顶或油藏压力在开采过程中基本保持不变或下降很小，则也可以看作刚性气驱，但是这种情况通常较少见。

该驱动方式的开采特征与刚性水驱的开采特征相似：油层压力、产油量和生产气油比基本保持不变；当油气边界不断移至油井时，油井开始气侵，气油比逐渐增大。刚性气驱油藏开采特征曲线如图 6-6 所示。

2）弹性气驱

当气顶气驱没有外来补给时，不可能有刚性驱动。随着产油量的不断增加，气顶气不断膨胀，其膨胀体积相当于采出油量的体积。在气驱条件下，油层压力的变化取决于气顶与油区的体积之比。随着气顶压力的不断下降，油井已无法保持稳产，产量将缓慢递减。同时，随着油层压力的下降，原油中会分离出一部分溶解气，使开采过程中的生产气油比逐步上升。弹性气驱油藏开采特征曲线如图 6-7 所示。

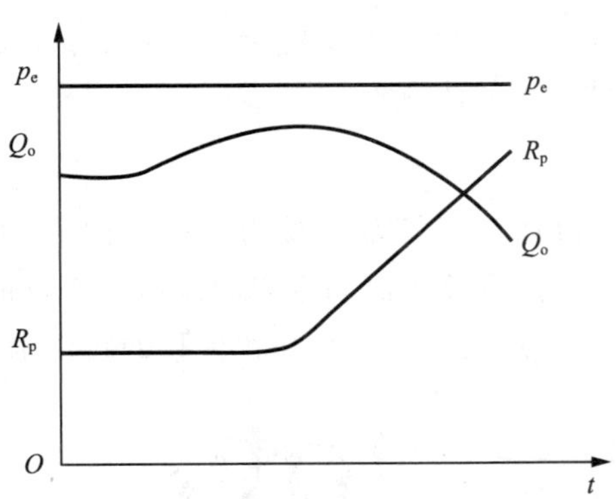

图 6-6　刚性气驱油藏开采特征曲线

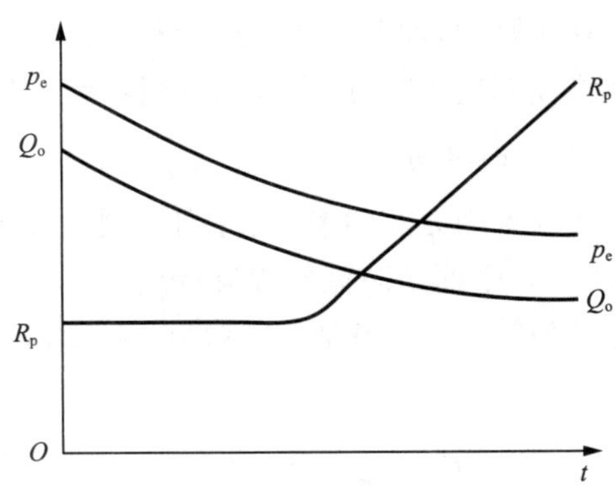

图 6-7　弹性气驱油藏开采特征曲线

5. **重力驱动**

靠原油自身的重力将原油驱向井底的驱油方式称为重力驱动。一般情况下，重力作用在整个油藏开采过程中处处存在。在多数情况下，与其他能量相比，重力所起的作用不大。重力是一种比较弱的力，只有当油藏开采到末期，其他驱动力都变得很微弱时，重力才能显示出其作用。重力驱动油藏开采特征曲线如图 6-8 所示。

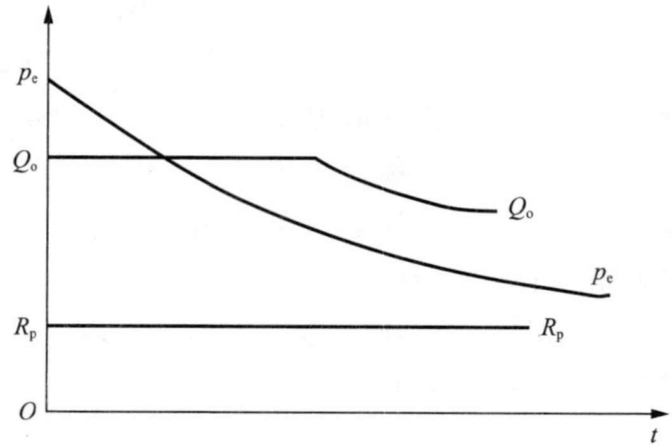

图 6-8 重力驱动油藏开采特征曲线

第五节 试井分析

一、渗流基本概念

1. 渗流速度

渗流速度是指流体通过单位渗流面积的体积流量。需要特别指出的是，渗流速度虽然是速度的概念，但严格来说，它与力学中所定义的速度的物理含义有所不同。由于孔隙结构非常复杂，所以在渗流过程中流体的流动方向不断改变，即渗流速度的方向是不确定的。从力学观点来看，渗流速度仅具有速度的量纲，它是在宏观统计平均意义上的速度概念。如果说渗流速度有方向，那么可以认为其方向由高压力端指向低压力端。

2. 渗流形式

在实际中，油藏的几何形状和布井方式不同，导致渗流形式比较复杂。为了便于分析和研究渗流问题，从实际中找出共同特性，归纳出 3 种基本的渗流形式。

1）平面单向流

实验室中岩芯的渗流、行列井网中井排之间的流体渗流等都可视为平面单向流，如图 6-9 所示。平面单向流的渗流特点是：① 流线相互平行，垂直于流动方向的截面上各点的渗流速度相等；② 如果是稳定渗流，那么流动方向上任一点的压力只是沿程位移的线性函数。

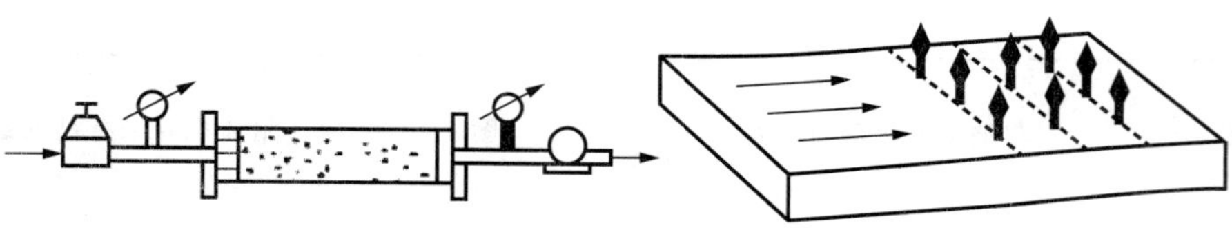

（a）岩芯测试示意图　（b）行列井网中井排间渗流示意图

图 6-9 平面单向流示意图

2）平面径向流

裸眼井井底附近的渗流即平面径向流，如图 6-10 所示。平面径向流的渗流特点是：流线呈放射状，越靠近井底，渗流面积越小，渗流速度越大；越远离井底，渗流面积越大，渗流速度越小。

3）球形径向流

若开采的油藏存在底水，而油井只打开油层的顶部，则在井底附近将呈现球形径向流，如图 6-11 所示。球形径向流的渗流特点是：渗流面积呈球面形，流动呈三维流动。

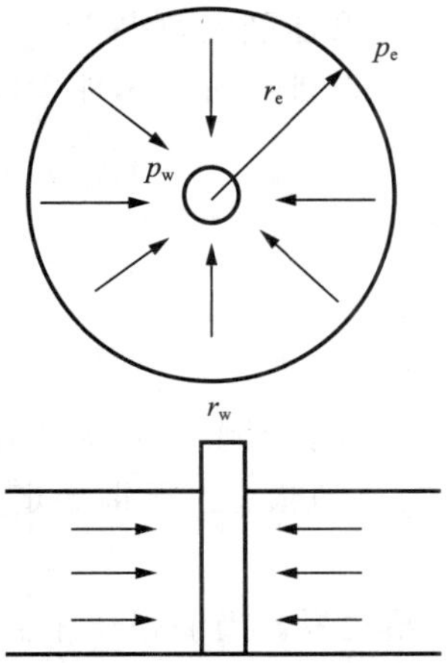

图 6-10 平面径向流示意图

p_e—供给边缘压力；p_w—井底压力；r_e—供给半径；r_w—油井半径

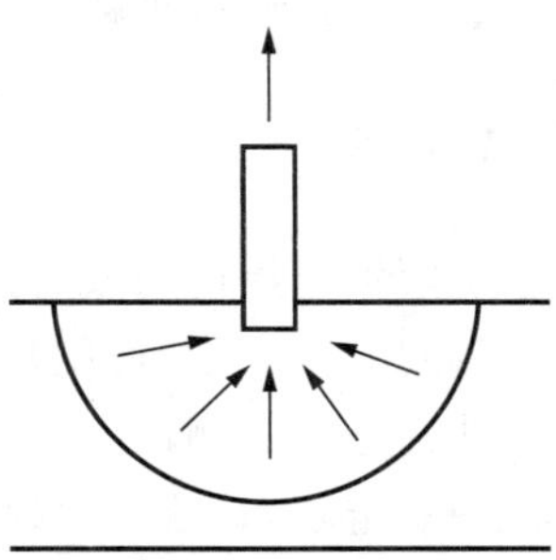

图 6-11 球形径向流示意图

二、试井的重要性及目的

试井分析是油藏工程分析研究的重要手段之一，它通常是指以渗流理论为基础的所有油井测试资料的解释方法。试井涉及油层物理、渗流理论、计算机技术、测试工艺和仪器仪表等各个领域，是评价油田开发动态的主要技术手段和基础工作之一。

1. 试井分析方法的重要性

评价油藏动态及其参数常用的方法有岩芯分析方法、地球物理方法、测井方法及试井分析方法等。岩芯分析方法得到的地层渗透率只能代表取芯点处的绝对渗透率，它的优点是能准确反映渗透率沿地层厚度的变化，但对确定井的产能意义不大；地球物理方法求得的地层参数大都必须依据岩芯分析或其他资料，精度不高，只能代表井底周围地带的情况；测井方法得到的地层参数也只能反映近井地带的地层情况，且是在流体静止条件下测得的，不能反映井的动态；试井分析方法求得的地层参数代表井附近及较大范围内的平均有效渗透率，也就是说，这些参数是在流体流动条件下测得的，与井的产能直接相关。因此，只有通过试井分析方法才能确定工艺条件变化（如油层堵塞和改造措施）引起的渗透率变化及相应的产能变化。另外，试井工艺简单、成本低廉，在整个开发过程中都可进行，且每口井也都可进行试井。

2. 试井的目的

根据勘探开发的不同阶段，结合注采井需要解决勘探开发部署和油田调整挖潜等工作中的问题，赋予试井不同的目的，如对探井的地层评价、油藏开发的动态评价、增产措施的效果评价、边界特征评价和井间连通评价等。具体来讲，运用试井资料，结合其他资料可以解决以下问题：

(1) 推算地层的原始地层压力或平均地层压力。

(2) 确定地下流体在地层中的流动能力，即地层流动系数 Kh/μ、地层系数 Kh 及地层渗透率 K 等。

(3) 油井进行增产措施后，判断其增产效果，即酸化和压裂的效果。

(4) 认识油藏的形状，目的是评价油藏能量作用范围，即评价边界性质，如断层、油水边界、尖灭等。

(5) 估算油藏地质储量和油藏(单井)的可采储量。

三、稳定试井

稳定试井是了解油井产能的最好方法，也是最简单且易于操作的试井方法之一。所谓稳定流动，是指流动参数(压力、速度)不随时间变化的流动状态。所谓稳定试井，是指在稳定流动过程中对油井进行的测试。

油井若要达到稳定状态，就必须存在一个定压供给边界。当油井开井生产之后，地层压力首先经历一个不稳定的变化过程(图 6-12)，当压降传播到边界之后，油井及地层压力将不再发生变化，即达到稳定状态(图 6-13)。稳定流动的主要标志是井底流压 p_{wf} 的下降速率为 0，即

$$\frac{\mathrm{d}p_{wf}}{\mathrm{d}t} = 0 \tag{6-2}$$

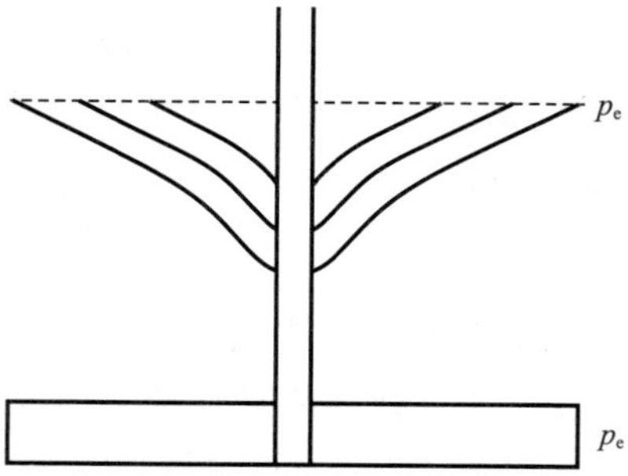

图 6-12 地层压力变化过程

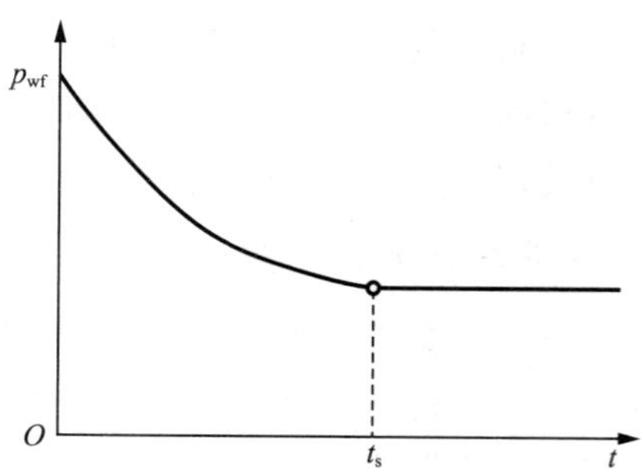

图 6-13 井底流压变化过程

t_s—压降传至边界的时间

图 6-14 为一圆形等厚均质地层，地层中心有一口油井，地层厚度为 h，地层的内边界即油井半径为 r_w，地层的外边界即供给半径为 r_e。地层的外边界为定压边界，外边界压力即供给压力为 p_e，地层的内边界压力即井底流压为 p_{wf}，稳定流动时井底流压为常数。

圆形等厚地层中的流动属于平面径向流，若流动符合 Darcy 定律，则径向距离 r 处的渗流速度方程为：

$$v=\frac{K}{\mu}\frac{\mathrm{d}p}{\mathrm{d}r} \tag{6-3}$$

式中　v——径向断面上的渗流速度，10^{-3} m/s；

K——地层渗透率，D，1 D=1 μm^2；

μ——地层流体黏度，mPa·s；

p——地层压力，MPa；

r——径向断面半径，m。

地层任意径向断面上的流量方程为：

$$q=\frac{2\pi rhK}{\mu}\frac{\mathrm{d}p}{\mathrm{d}r} \tag{6-4}$$

式中　q——径向断面上的流量，10^{-3} m^3/s。

由于该流动是稳定流动，地层任意断面上的流量 q 为一常数，因此对式(6-4)进行积分，得：

$$\int_{p_{wf}}^{p}\mathrm{d}p=\frac{q\mu}{2\pi hK}\int_{r_w}^{r}\frac{\mathrm{d}r}{r} \tag{6-5}$$

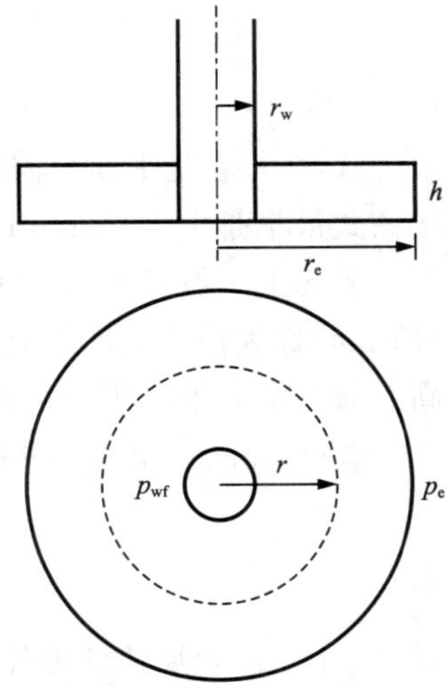

图 6-14　圆形等厚定压边界均质底层

地层压力分布的计算公式为：

$$p=p_{wf}+\frac{q\mu}{2\pi Kh}\ln\frac{r}{r_w} \tag{6-6}$$

由式(6-6)可以看出，地层压力随径向距离 r 的增大而增大。若将地层压力绘制到直角坐标系中，则得到图 6-15 所示的压力分布曲线；若将地层压力绘制到半对数坐标系中，则得到图 6-16 所示的压力分布直线。

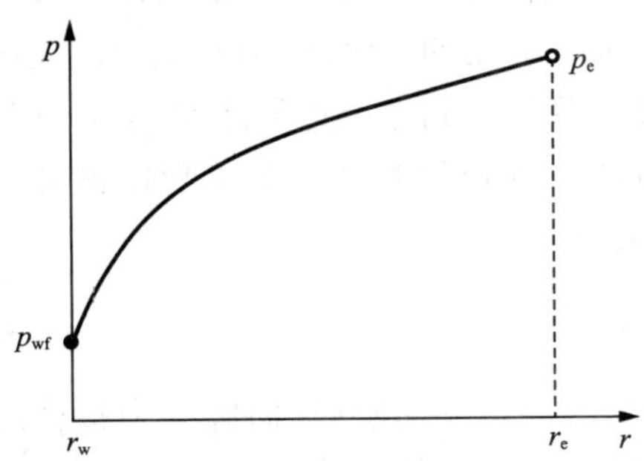

图 6-15　直角坐标系中地层压力分布曲线

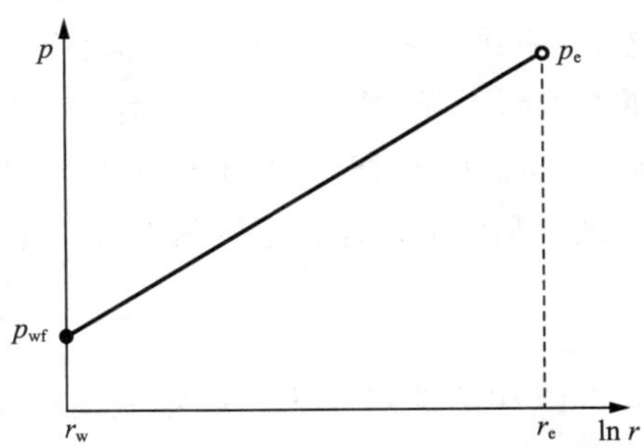

图 6-16　对数坐标系中地层压力分布曲线

当 $r=r_e$ 时，供给边界压力的计算公式为：

$$p_e=p_{wf}+\frac{q\mu}{2\pi Kh}\ln\frac{r_e}{r_w} \tag{6-7}$$

式(6-7)也可以写成：

$$p_{wf}=p_e-\left(\frac{\mu}{2\pi Kh}\ln\frac{r_e}{r_w}\right)q \tag{6-8}$$

由于上式括号中的参数皆为常数，因此井底流压与产量之间满足线性关系(图 6-17)。由式(6-8)可以看出，若提高油井的产量，必然导致井底流压的下降。

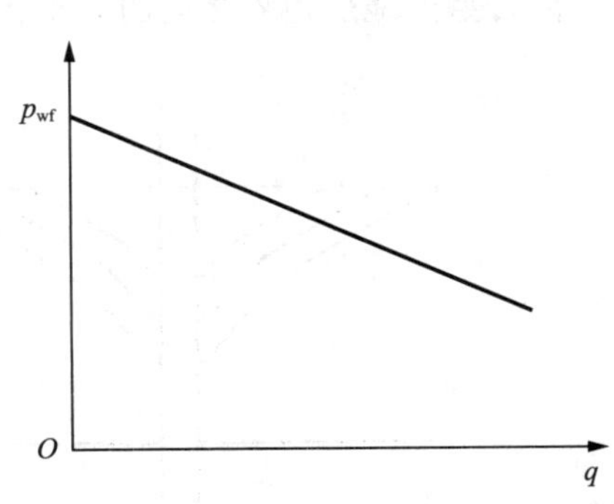

图 6-17　井底流压与油井产量关系曲线

式(6-8)也可以写成：

$$q = \frac{2\pi Kh(p_e - p_{wf})}{\mu \ln \dfrac{r_e}{r_w}} = \frac{2\pi Kh\Delta p}{\mu \ln \dfrac{r_e}{r_w}} \tag{6-9}$$

式(6-9)就是平面径向流形式的 Darcy 方程，也是矿场上计算油井产量的常用公式。由于该式最早是由 J. Dupuit 于 1963 年提出的，因此人们通常称之为 Dupuit 产量公式。

矿场上一般将式(6-9)中的 r_e称为油井的泄油半径，将外边界压力与内边界压力的差值(即 Δp)称为油井生产压差。由式(6-9)也可以看出，油井的生产压差越大，油井的产量就越高。通过增大生产压差来提高油井产量是矿场上提高油井产量的常用方法之一。

式(6-9)的产量为油井的地下产量，若用井口地面产量表示，则可以写成：

$$q = \frac{2\pi Kh(p_e - p_{wf})}{B\mu \ln \dfrac{r_e}{r_w}} \tag{6-10}$$

式中 B——地层流体的体积系数。

式(6-9)和式(6-10)中的产量都以体积为单位，若以质量为单位，则可以写成：

$$q = \frac{2\pi Kh\rho_{sc}(p_e - p_{wf})}{B\mu \ln \dfrac{r_e}{r_w}} \tag{6-11}$$

式中 ρ_{sc}——地面流体的密度，g/cm^3。

以上公式都是针对生产井推导出来的，若在产量前加负号(—)，则成为注入井的计算公式。

四、不稳定试井

不稳定流动是所有油井开井投产之后都必须经历的一个阶段。在井底压降传播到地层边界之前，油井所采出的油量都是靠油层自身弹性能量驱动的。因此，只有压力波及区域的地层压力不断下降，油井才能不断地采出原油。在压降传播到地层边界之前，油井即处于不稳定流动状态(图 6-18)。在不稳定流动状态下对油井进行的测试称为不稳定试井。不稳定流动的主要标志是井底流压的下降速率不为常数，即

$$\frac{dp_{wf}}{dt} \neq c \tag{6-12}$$

图 6-19 中的曲线 1 为不稳定流动阶段，曲线 2 为稳定流动阶段，曲线 3 为拟稳定流动阶段。稳定流动和拟稳定流动都是压降传播到地层边界之后的流动状态，而不稳定流动是压降传播到地层边界之前的流动状态。

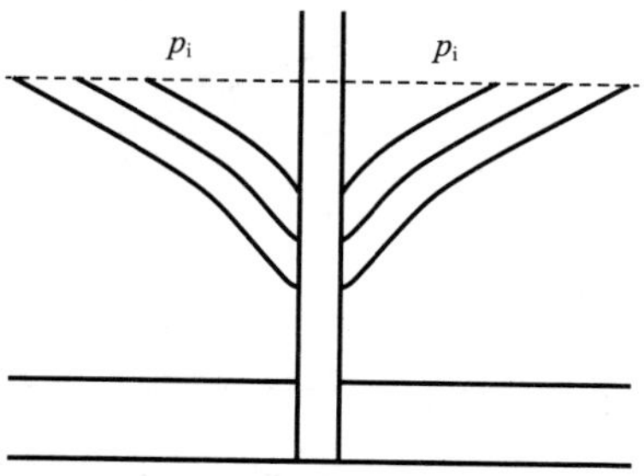

图 6-18 地层压力变化过程

p_i—原始地层压力

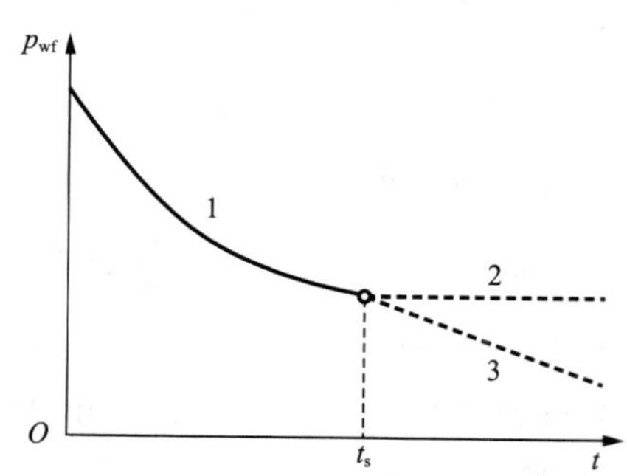

图 6-19 井底流压变化过程

井底压力的不稳定变化过程与地层和油井的性质有关。通过井底压力的变化来了解地层和油井的性质是进行不稳定试井的主要目的。

不稳定试井分析方法开始于 20 世纪 20 年代,主要是研究晚期资料以推算油藏平均压力。20 世纪 50 年代,以分析中期资料为主的不稳定试井分析方法(就是以 Horner 为主创立的常规试井分析方法)得到了发展。我国油田从 20 世纪 60 年代初期开始大量使用常规试井分析方法,以确定原始地层压力和地层参数,了解油藏形状、边界性质,估算酸化、压裂效果等。

常规试井分析方法是将实测井底压力和对应时间数据绘制在半对数坐标系中(图 6-20),找出直线段进行分析。可按测压时间将压力资料分为早期、中期和晚期 3 个阶段。早期资料主要反映井筒附近的污染、增产措施等动态状况;中期资料反映总的油藏状况,分析这段数据可求得地层参数;晚期资料受边界影响,可用于判断油藏边界形状与性质,求得油藏平均压力。

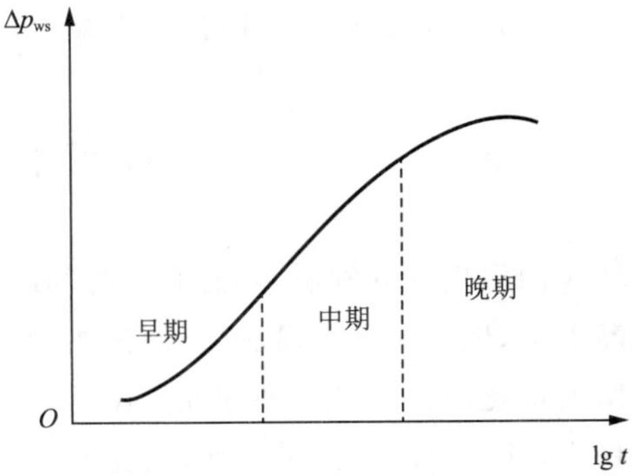

图 6-20 压力恢复半对数曲线

常规试井分析方法以 Horner 半对数分析方法为代表,利用测试压力数据直线段的斜率和截距反求地层参数,主要有 Horner 压降和压力恢复分析方法、MDH 分析法(Miller-Dyes-Hutchinson method)、MBH 分析法(Mathews-Brons-Hazebroek method)、Y 函数分析法等。

常规试井分析方法主要以分析各向同性的均质油藏为基础,特点是理论较为完善、原理简单、易于实际应用,但是该方法也不可避免地存在着各种缺点,如:

(1) 应用常规试井分析方法时,以分析中、晚期压力资料为主。这就要求油井测试时间较长,从而影响生产。尤其对于渗透率很低的油藏,要取得这些资料更为困难。

(2) 应用常规 Horner 方法分析时,直线段的选择将影响最后的分析结果,而这种选择只能人为进行,所以不可避免地产生人为的结果误差。

(3) 在常规 Horner 方法的半对数坐标图中,对早期段数据的利用显得无能为力,故无法准确估计井筒存储特性。

(4) 常规试井分析方法求得的结果一般反映的是油藏总体的平均特征,难以实现井底附近情况的准确反映。

(5) 有时常规试井分析方法中获取的数据有限,这给油藏模型的识别带来一定的困难;有时往往同一条曲线形状反映出的却是不同的油藏模型特征。

20 世纪 70 年代以来,随着科学技术的飞速发展,特别是计算机和高精度测试仪表的升级,在原来常规试井分析方法的基础上,试井解释方法取得了长足的进步。各国试井专家研制出许多试井解释图版,因此图版拟合分析方法引起了广泛的关注和高度的重视,特别是压力导数解释图版及其拟合分析方法的创立,使试井解释获得了突破性的发展。目前一套比较完整的现代试井解释分析方法已经建立起来,并日臻完善。

现代试井解释分析方法的特点为:

(1) 系统考虑了早、中、晚期的资料,建立了更完善的数学物理模型。

(2) 建立了双对数分析方法,确立了早期资料的解释,从过去认为无法应用的数据中得到了许多有用的信息。

(3) 包含并完善了常规试井分析方法,给出了半对数直线段开始出现的大致时间,提高了半对数分析的可靠性。

(4) 采用实测曲线与理论图版互相拟合的方法。

(5) 整个过程是一个边解释边检验的过程,几乎每个流动阶段的识别及每个参数的计算都要借助两种不同的方法获取,然后进行分析比较,保证了解释的可靠性。

(6) 能对解释结果进行模拟检验,提高了解释结果的可靠性。

第六节　油藏注水开发

油田投入开发后,随着开采时间的延长,油层本身的能量不断被消耗,致使油藏压力不断下降,地下原油大量脱气,原油黏度增加,油井产量大大减少,甚至停喷停产,造成地下残留大量死油。为了弥补原油采出后造成的地下亏空,保持或提高油藏压力,实现油田高产、稳产,并获得较高的采收率,就必须对油田进行注水。

通过向油层中注水来保持油藏压力开发油田是油田开发史上的一个重大转折。自 20 世纪二三十年代注水开采油田在美国获得工业化应用以来,目前已在世界范围内得到了广泛应用,注水已成为主要的油田开采方式,承担了当前强化采油和提高原油产量的重任。注水开采之所以能得到广泛应用,主要有以下 4 个方面的因素:

(1) 可供利用的水资源较多,而且污水可以回注油层。

(2) 注水井中的水柱本身就具有一定的水压,注水相对容易。

(3) 水在油层中的波及能力较高。

(4) 注水可以提高驱油效率。

我国已投入开发的油田大多发现于陆相含油气盆地内,其沉积模式以河流-三角洲沉积建造为主,在这样的沉积环境中,砂体沉积小,侧向延续性差。这种特定的石油地质条件没有渗流条件好、储层大面积分布的前提,同时缺少上百倍于含油储层体积的连通水体做后盾,不易形成大型天然水压驱动油藏。在已开发的油田中,天然能量充足的油田的地质储量占不到可开发地质储量的 4%,储量占 96%左右的油田的天然能量不足,需要注水补充能量,以保持高产、稳产和较高的采收率,所以注水开采仍然是今后我国大多数油田的主要开采方式。

下面主要介绍注水时机以及各类注采井网的相关知识,重点介绍目前油田注水开发中的一些基本做法。

一、注水方式

油田注水方式是指注水井在油藏中所处的部位和注水井与生产井之间的排列关系。目前,国内外油田应用的注水方式或注采系统归纳起来主要有边缘注水、切割注水、面积注水 3 种。

1. 边缘注水

边缘注水就是把注水井按一定的形式布置在油水过渡带附近进行注水。

边缘注水方式的适用条件为：① 油田面积不大，中小型油田，油藏构造比较完整；② 油层分布比较稳定，含油边界位置清楚；③ 外部和内部连通性好，油层的流动系数（Kh/μ）较高，特别是注水井的边缘地区要有好的吸水能力，以保证压力能够有效地传播，水线能够均匀地推进。

根据注水井在油水过渡带附近所处的位置，可将边缘注水分为 3 种，即边外注水、边上注水和边内注水。边外注水是指注水井按一定方式分布在外含油边界以外，向边水中注水。这种注水方式要求含水区与含油区之间的渗透性较好，不存在低渗透带或断层，如图 6-21 所示。边上注水是由于一些油田的外含油边界以外的地层渗透率显著变差，为了保证注水井的吸水能力和注入水的驱油作用，而将注水井布置在含油外边界上或油水过渡带上，如图 6-22 所示。如果在油水过渡带处有高黏度稠油带，或这一带出现低渗透的遮挡层，或在过渡带注水不适宜，则可将注水井布置在内含油边界以内，以保证油井充分见效和减少外溢注水量，这样的注水方式称为边内注水，如图 6-23 所示。

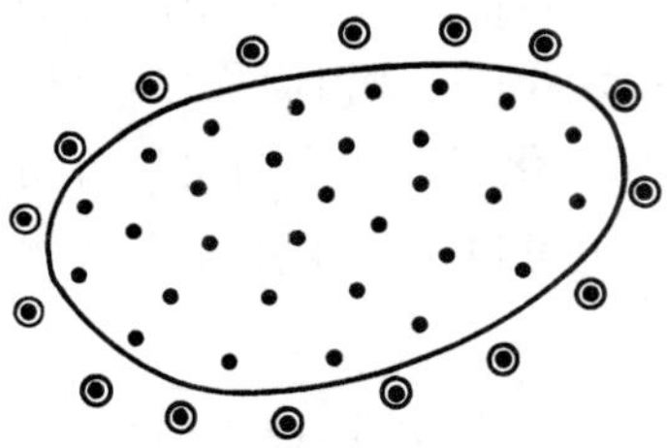

图 6-21 边外注水

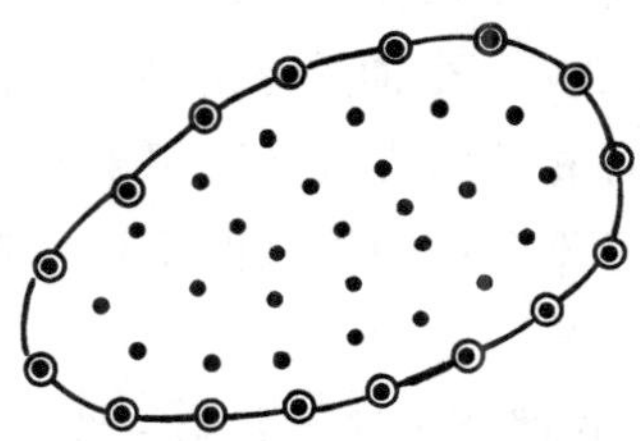

图 6-22 边上注水

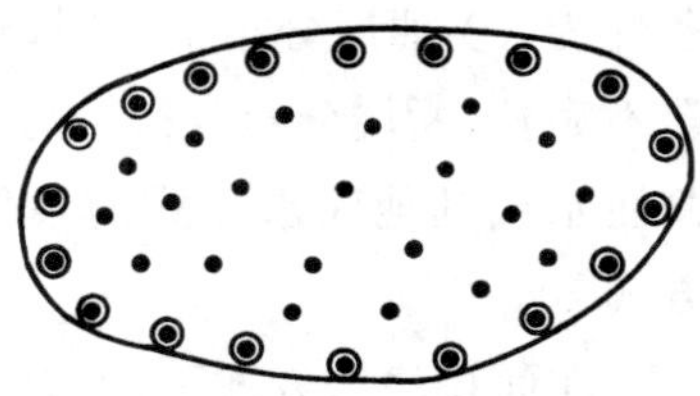

图 6-23 边内注水

采用边缘注水方式时，注水井排布置一般与等高线平行，而且生产井排和注水井排基本上与含油边缘平行，这样将有利于油水前缘均匀向前推进，以取得较高的采收率。

2. 切割注水

利用注水井排将油藏切割成为若干区块，每个区块可以看成是一个独立的开发单元，分区进行开发和调整，这种布井形式称为切割注水或行列切割注水，如图 6-24 所示。2 排注水井排之间可以布置 3 排或 5 排生产井。

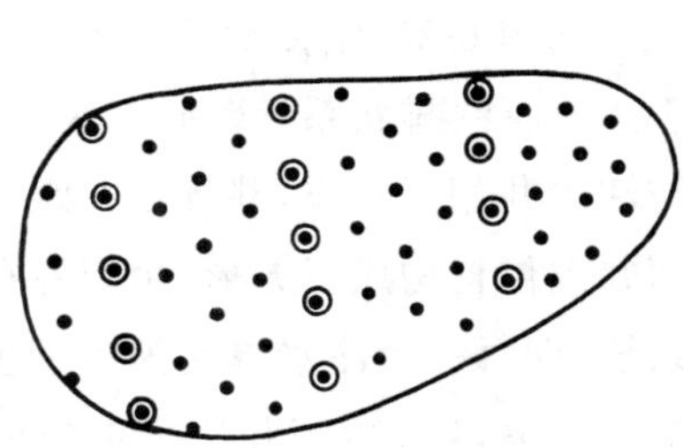

图 6-24 切割注水

切割注水方式的适用条件为：① 油层大面积稳定分布且具有一定的延伸长度；② 在切割区内，注水井排与生产井排间要有较好的连通性；③ 油层渗透率较高，具有较高的流动系数，以保证注水效果能较好地传递到生产井排，达到所要求的采油速度。

我国大庆油田面积大、延伸性好，对其渗透率较高的很大一部分层系采用了切割注水方式。图 6-25 所示为大庆油田萨北、萨中油区主要层系切割注水井网示意图。

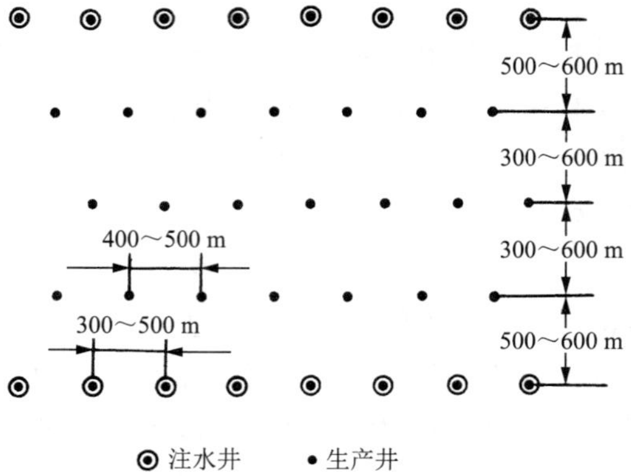

图 6-25 萨北、萨中油区切割注水井网示意图

3. 面积注水

面积注水是指将注水井和生产井按一定的几何形状和密度均匀地布置在整个开发区上进行注水和采油的系统。这种注水方式实质上是把油田分割成许多更小的单元，其中一口注水井和几口生产井构成的单元称为注采井组，又称注采单元。面积注水方式适用的油层条件为：① 油层分布不规则，延伸性差；② 油层渗透性差，流动系数低；③ 油田面积大，但构造不完整，断层分布复杂。另外，面积注水方式亦适用于油田后期强化开采。当油层具备切割注水或其他注水方式的条件，但要求达到更高的采油速度时，也可以考虑采用面积注水方式。

在面积注水方式下，所有生产井都处于注水井第一线，有利于生产井受效；注水面积大，注水受效快；每口油井有多向供水条件，采油速度高。由于面积注水的特点较显著，目前面积注水方式几乎被所有注水开发油田或进行二次采油的油田所采用。

根据生产井和注水井相对位置的不同，面积注水可分为四点法面积注水、五点法面积注水、七点法面积注水、九点法面积注水和直线排状系统等。不同的注采系统（注水井和生产井的布置）都是以三角形或正方形为基础的开发井网。

如图 6-26 所示，注采系统以正方形井网为基础，注采系统布井方式主要有如下几种：Ⅰ——直线排状系统，即注、采井的排列关系为一排生产井和一排注水井相互间隔，生产井与注水井相互对应，井排中井距与排距可以不等。Ⅱ——五点系统，即注、采井均匀分布，相邻井点位置构成正方形，生产井在注水井正方形的中心，构成一个注水单元。Ⅲ——反九点系统，即每一个注水单元为一个正方形，其中有 1 口注水井和 8 口生产井。注水井位于注水单元中央，4 口生产井位于 4 个角上（称为角井），另 4 口生产井位于正方形 4 条边上（称为边井）。Ⅳ——九点系统，即每个注水单元为一个正方形，其中有 1 口生产井和 8 口注水井。生产井位于注水单元中央，8 口注水井位于四角和四边上。Ⅴ——反方七点（歪四点）系统，即注水井的井点构成三角形，生产井位于三角形中心，生产井构成歪六边形。Ⅵ——方七点系统，即注水井构成歪六边形，生产井在中心。

如图 6-27 所示，布井系统以三角形井网为基础，井间距离为 a，注采系统布井方式有如下 3 种：Ⅰ——反七点（正四点）系统，即注水井的井点位置构成正三角形，中心为生产井，而

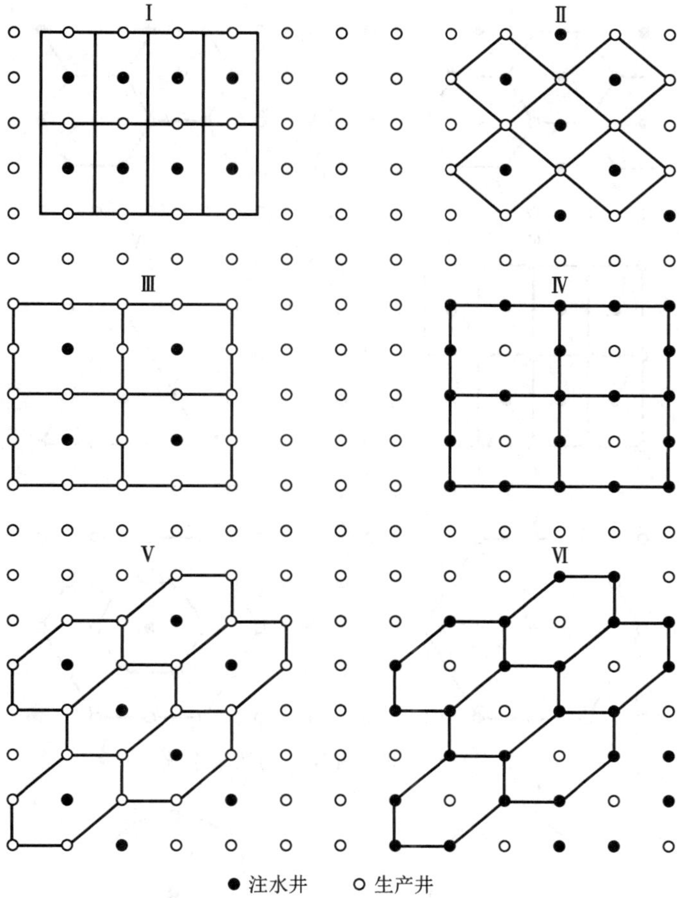

图 6-26 正方形井网下的注采系统

生产井的井点位置构成正六边形，注水井在中心。Ⅱ——七点系统，即每个注水单元为1个正六边形，注水井位于正六边形的6个顶点，生产井位于中央。Ⅲ——交错排状系统，即注水井排与生产井排相互间隔布置，注水井与生产井呈交错排列状布置。Ⅳ，Ⅴ，Ⅵ是各种蜂窝状注采系统。

另外，有些注采井网，如两点法或三点法井网（图6-28），是为了某种可能的试注目的而采用的孤立布井方式，其余大部分注采井网属于重复周期布井。要注意的是，布井术语中所说的“反”井网，是指每个单元中只有一口注水井，这也是“正”井网与“反”井网之间的区别。

井网问题一直是油田开发中的一个重要问题，特别是油田注水开发的井网系统。确定合理的注采井网要满足以下条件：有较高的水驱控制程度；适应差油层的渗流特点，达到一定的采油速度；保证有一定的单井控制储量；四是有较高的经济效益。

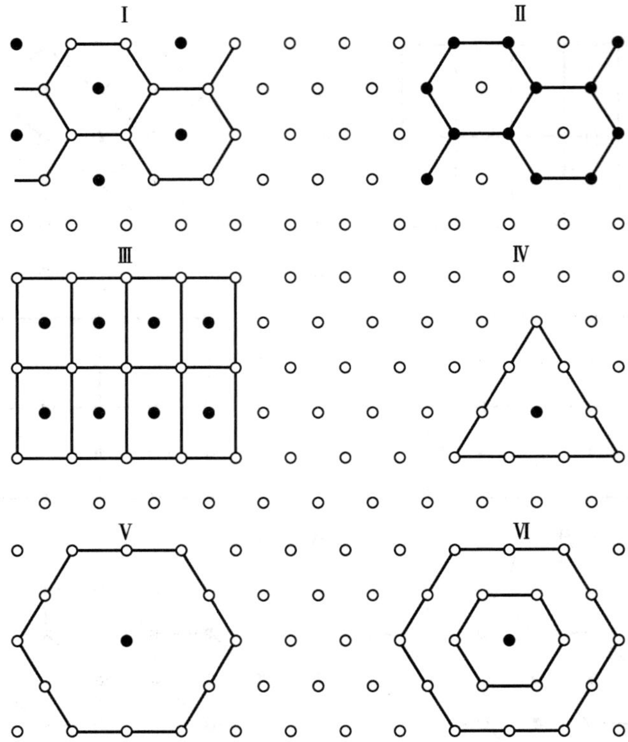

图 6-27　三角形井网下的注采系统

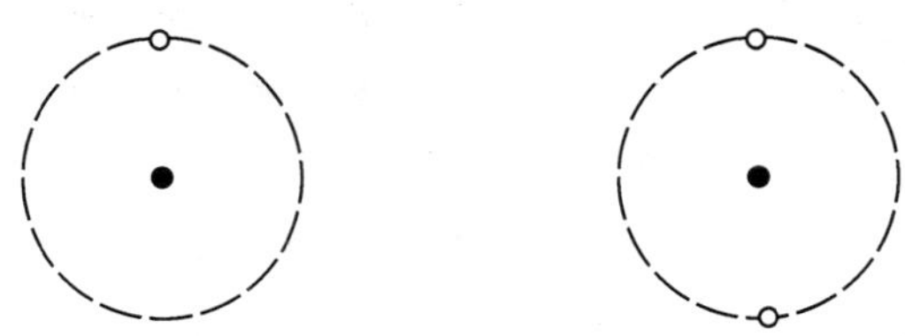

(a) 两点法　　(b) 三点法

图 6-28　两点法与三点法井网

二、注水时间

油田合理的注水时间和压力保持水平是油田开发的基本问题之一。对于不同类型的油田,在油田开发的不同阶段进行注水对油田开发过程的影响是不同的,其开发效果也有较大差别。根据注水时间不同,大致可以分为 3 种类型:早期注水、晚期注水和中期注水。

1. 早期注水

早期注水就是在油田投产的同时进行注水,或是在油层压力下降到饱和压力之前及时进行注水,使油层压力始终保持在饱和压力以上,或保持在原始油层压力附近。由于油层压力高于饱和压力,所以油层内不脱气,原油性质较好。注水以后,随着含水饱和度的增加,油层内只是油水两相流动,其渗流特征可由油水两相相对渗透率曲线来反映。

早期注水可以使油层压力始终保持在饱和压力以上,使油井有较高的产能,并且由于生产压差的调整余地大,有利于保持较高的采油速度和实现较长的稳产期。但这种方式使油田投产初期的投资较大，投资回收期较长，所以早期注水方式不一定对所有油田都是经济合理的，对地饱压差较大的油田更是如此。

2. **晚期注水**

晚期注水是指油田天然能量由弹性驱转化为溶解气驱之后的注水。溶解气驱以后，原油严重脱气，黏度增加，采油指数下降，产量下降。注水以后，油层压力回升，但一般只在低水平上保持稳定。由于大量溶解气已被采出，在压力恢复后，只有少量游离气重新溶解到原油中，溶解气和原油性质不能恢复到原始值，因此注水以后采油指数不会有大的提高，而且此时注水将形成油水两相或油气水三相流动，渗流过程变得更加复杂。对原油黏度和含蜡量较高的油田，由于脱气还会使原油具有结构力学性质，渗流条件会更加恶化。但晚期注水方式的初期生产投资少，原油成本低，原油性质好、面积不大且天然能量比较充足的油田可以考虑采用。

3. **中期注水**

中期注水介于早期注水和晚期注水两种方式之间，即投产初期依靠天然能量开采，当油层压力下降到饱和压力以后，在生产气油比上升到最大值之前进行注水。这种注水方式的开发初期投资少，经济效益较好，可以保持较长稳产期，并且不影响最终采收率。对于地饱压差较大、天然能量相对较大的油田，中期注水是比较适用的。

三、注水时机的确定

1. 考虑油田本身的特征

1）油田天然能量的大小

油田的天然能量是指弹性能量、溶解气能量、边底水能量、气顶气能量和重力能量等，这些能量都可以作为驱油动力。对于不同的油田，由于各自的地质条件不同，天然能量的类型不一样，能量的大小也不一样。要确定一个油田的最佳注水时机，首先要研究油田天然能量的大小以及这些能量在开发过程中可能起的作用。例如，有的油田边水充足且很活跃，水压驱动能够满足油田开发要求，就不必采用人工注水方式开采；有的油田地饱压差较大，有较大的弹性能量，此时就不必采用早期注水。总之，应该尽量利用天然能量，提高经济效益。

2）油田的大小和对油田产量的要求

不同油田由于地质和地理条件以及储量规模不同，对产量的要求是不同的。从技术经济角度来看，宏观经济的石油市场对产量的影响也是不同的。

3）油田的开采特点和开采方式

不同油田的地质条件差别较大，因此其选择的开采方式对注水时间的确定也有一定影响。采用自喷方式开采时，就要求注水时间相对早一些，压力保持的水平相对高一些。有的油田原油黏度高，油层非均质性严重，只适合机械采油方式时，油层压力没有必要保持在原始油层压力附近，因此就不一定采用早期注水开发。

2. 考虑油田经营管理者所追求的目标

(1) 原油采收率最高。

(2) 未来的纯收益最高。

(3) 投资回收期最短。

(4) 油田的稳产期最长。

总之,确定开始注水最佳时机的办法是先设计几个可能的开始注水时间,计算可望达到的原油采收率、产量和经济效益,然后研究达到期望目标的影响因素。

第七节 油田开发方案编制

油田开发方案是指导油田开发工作的重要技术文件,油田投入开发必须有正式批准的开发方案设计报告。油田开发方案设计报告应包括以下 5 方面的内容:油田概况,油藏特征描述,油藏工程设计,钻井、采油、地面建设工程设计,油田开发方案实施要求。

一、编制原则

油田开发设计原则为:① 要坚持少投入、多产出,具有较好的经济效益;② 根据当时、当地的政策、法律和油田的地质条件,制定储量动用、投产次序、合理采油速度等开发技术政策,保持较长时间的高产、稳产。

值得注意的是,在制定油田开发方案时要严格按油藏类型确定设计原则。钻井工程设计要根据油层情况,设计合理的井身结构,选用适合于保护油气储层的钻井液、完井液,并设计合理的射孔方案。油藏工程设计要根据油藏地质资料初选布井方案,设计各种生产方式的对比方案并进行油藏数值模拟计算,预测各方案开采 10 年以上的开发指标。采油工程的目标是:实现最佳的油藏工程方案,优选采油工艺生产方式,设计配套的工艺技术,实现生产能力。地面建设工程设计要提出油、气、水计量精度的要求,并对注入剂质量提出具体指标。最终,在预测开发指标的基础上,计算各方案的最终盈利、净现金流量、利润投资比、建成万吨产能投资、总投资和总费用,分析影响经济效益的敏感因素。经过综合评价油田各开发方案的技术经济指标,筛选出最佳方案。

为保证国家原油生产的稳定增长,适应国民经济发展的需要,可对不同级别油田的稳产年限实行宏观的控制,具体划分如下:

(1) 可采储量大于 10^8 t 的油田,稳产期应在 10 年以上。

(2) 可采储量为 $5\ 000\times10^4\sim1\times10^8$ t 的油田,稳产期应为 8~10 年。

(3) 可采储量为 $1\ 000\times10^4\sim5\ 000\times10^4$ t 的油田,稳产期应为 6~8 年。

(4) 可采储量为 $500\times10^4\sim1\ 000\times10^4$ t 的油田,稳产期应在 5 年以上。

(5) 可采储量小于 500×10^4 t 的油田,稳产期不少于 3 年。

二、编制内容

油田开发方案是在详探和生产试验的基础上,经过充分研究后,使油田投入正式长期开发生产的一个总体部署和设计，其内容包括：油田自然地理、地层层序、区域构造、水文地质、流体物性、驱动类型、压力系统、储量计算、油田开发原则、注水方式、投产程序、方案指标计算及技术经济指标计算等。油田开发方案是指导油田有计划、有步骤地投入开发的依据。

油田开发方案的好坏往往决定油田今后生产的好坏，涉及资金、人力的使用问题，必须认真对待。国家规定，任何一个油田在投入正式开发前必须要有详细的开发方案设计，待管理单位审查通过后方能投入全面开发。

油田开发方案应包括以下内容：

(1) 油田地质情况；

(2) 流体物性；

(3) 储量计算(指开发储量及其核实情况)；

(4) 油田开发原则；

(5) 油藏驱动类型；

(6) 油藏温度、压力系统；

(7) 开发层系、井网、开采方式、注采系统；

(8) 钻井工程和完井方法；

(9) 采油工艺技术；

(10) 油、气、水的地面集输和处理；

(11) 开采指标；

(12) 经济分析；

(13) 实施要求。

三、编制步骤

油田开发方案编制是一项综合运用多学科的复杂的系统工程，涉及地质、物探、钻井、采油、油藏、储运、经济、环保、管理，甚至包括水电、土建部门。在油田所在地常常会建成新的城市，以满足开发上的后勤支援和需求。海洋油田开发还需要考虑海洋气象、风流、海工建筑以及海空的支援，为协调其间的关系必须从系统工程的角度加以考虑。因此，油田开发方案的编制往往需要由多学科的人员组成专门的小组，形成协同作业的方式，才能保证方案的完整。

油田开发方案的编制一般可分为以下几个步骤：

(1) 油藏描述；

(2) 油藏工程研究；

(3) 采油工程研究；

(4) 油田地面工程研究；

(5) 油田开发方案的经济评价；

(6) 油田开发方案的综合评价与优选。

四、方案实施

在优选油田开发方案后，就要考虑如何将所选定的最佳方案付诸实施，按部就班地会同有关工程部门予以实现。

1. **开发方案的实施要求**

油田开发方案中应明确指出为实现最佳方案所需确定的几个问题，会同有关部门予以执行。以下是方案中应加以明确的几个问题：

(1) 提出钻井、投产、转注程序，以及运行计划和特殊技术要求。

(2) 提出开发试验安排及要求。

(3) 预测增产措施工作量。

(4) 提出和设计油藏动态监测系统，主要包括：① 根据油藏地层特点和开发要求，确定动态监测内容、井数和取资料密度；② 提出油藏动态监测的主要内容及监测要求；③ 指出油藏动态监测系统的监测重点。

2. **开发方案的实施**

油田开发方案经批准后，钻井、完井、射孔、测井、试井、开采工艺、地面建设、油藏地质、开发研究和生产协调部门都要按照方案的要求制定出本部门具体实施的细则，并严格执行。

按照油田地下情况，确定钻井的先后次序，尽快地形成生产单元、区块完善的井网。对饱和压力高的油藏，要先钻注水井进行排液，再转入注水。对小断块油田、复杂岩性油田，在基本钻完开发井后，经过油层对比研究，尽快地研究注采井别、注采层系，投入生产。

对油田开发方案中要求补充能量的油田，要在注水(气)之前建好注水(气)装置。依照油藏工程设计和开发井完钻后的重新认识编制射孔方案，使整体或分区块射孔投产。按方案要求取全、取准资料，所钻的开发井必须获得孔隙度、渗透率、饱和度等储层参数，及时地分析开发井新资料，不断修改地质模型。在油田开发方案实施一年后，重新核算地质储量和可采储量，修改开发指标，以此来安排生产。

第八节 油田开发方案调整

在油田开发过程中，地下状况始终在不断变化，为了改善油田的开发效果，适应地下变化的状况，必须不断对油层施加人为作用，以达到延长稳产期、改善开发效果和提高采收率的目的。本节将对层系、井网、驱动方式和开采工艺 4 个方面的油田开发调整问题进行简单的讨论。

一、层系调整

在多油层的油藏中，往往包含了众多在水动力学上相互连通的含油砂体或单层，在注水条件下用一套井网开发往往是不可能的，需要分成若干个开发层系，用不同的井网进行开发。例如，大庆油田从萨尔图油藏顶部到高台子油藏底部，由压力系统到油水界面的一致性来看，可以认为是一个油藏。但是当用一套井网进行开采时，每口井的射孔层段都可能达到300 m。这样会给开采带来很大的困难，特别是注水以后，由于不同层位渗透率的差异，本来是一个统一压力系统的各个单层将出现严重的层间干扰现象。在一些极端情况下，个别层的油层压力甚至低于油井生产时的流动压力，出现层间倒灌的现象，造成地下原油损失。这一情况已在矿场试验中得到了证实。因此，在开发过程中，往往要根据实际情况将厚度很大的一个本来是统一的油藏分成若干个开发层系。

在油田开发过程中，一个层系中的各个单层之间由于注采的不均衡而产生了新的不均衡。为了实现更合理的开发，需要更进一步的划分，将开发层系细化。这时可能出现两种情况：一是在一个开发层系的内部更进一步地划分出若干个开发层系；二是在相邻开发层系中将开发得较差的单层组合在一起，形成一个独立的开发层系。在进一步划分开发层系时，除了仍然遵循第三节中提出的几个划分原则外，还应强调经济效益原则，尽量避免在经济上无利的层系划分。开发层系细化示例如图 6-29 所示。

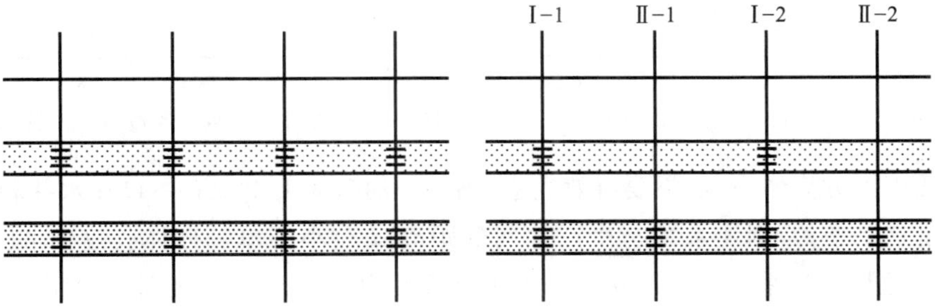

(a) 调整前：一套井网开发两类储层　　(b) 调整后：两套井网开发两类储层

图 6-29　开发层系的细化

二、井网调整

井网问题长期以来是很多人研究的主要问题，研究者将研究重点放在提高产量和采收率以及经济问题上。

在人工注水开发油田时，一些规模较小、层系比较简单的油藏可以采用以边外注水为主的开采方式，而规模较大、层系比较复杂的油藏常采用以内部注水为主的开采方式。值得注意的是，油藏边缘处往往出现稠油带(这种情况有地球化学上的规律性)或低渗透带，因此边外注水的应用受到了更多的限制。

反七点法或四点法与五点法井网相比，在无水采收率上，前者优于后者。但在含水开采期间，这一优点将逐渐不明显。分析综合指标可知，五点法井网比其他各种井网更优，而且便于调整，因此一般情况下以采用五点法井网为好。

井网密度问题应当从经济和地质因素两个方面考虑。从经济因素方面考虑，如果把油藏简化为均质各向同性储层，则随着井网密度的增加，即开发井数的增加，会加剧井间干扰，从而降低增加井数的增产效果。图 6-30 所示为油田产量与开发井数的关系。从图中可以看出，随着井数的增加，产量增加幅度逐渐减小，并存在一个合理井数 n_{REA} 的问题。在油田投产初期，应钻生产井的合理井数 n_{REA} 不应超过油田最终开采井数的 80%，而余留的 20%

的井数应考虑在油田开采的中后期作为开发调整使用。另外，油田开发的井数与经济效益密切相关。图 6-31 所示为油田开发经济效益与开发井数的关系。从图中可以看出，随着井数的增加，经济效益开始增加很快，达到合理井数 n_{REA} 之后，再增加井数，经济效益增加很少；如果继续增加井数，当达到经济极限井数 n_{CRT} 之后，经济效益反而会明显下降。显然，对于某一特定油藏，存在一个最佳的井网密度范围。

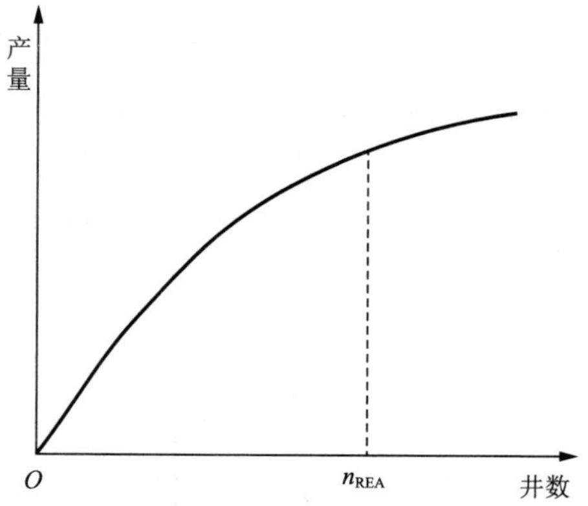

图 6-30 油田产量与开发井数的关系

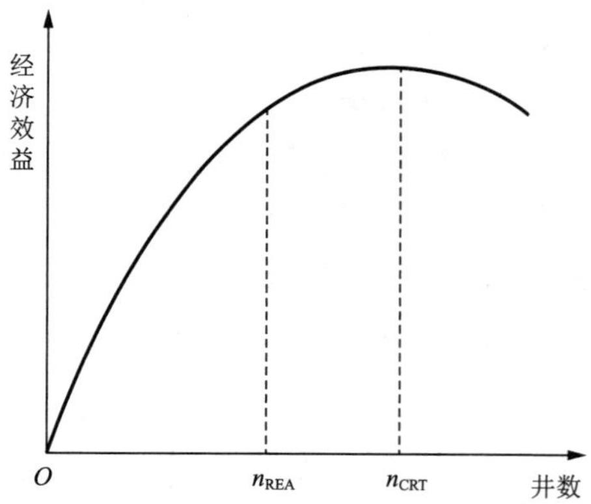

图 6-31 油田开发经济效益与开发井数的关系

从地质因素方面考虑，如果要有效注水，则每个油砂体上至少有一口注水井和一口生产井。要满足这一条件，则注水井与生产井间的距离 d 应小于单一砂体长度 L 的 1/2，如图 6-32 所示。这样如果采用 300 m 井距，则延伸长度为 600 m 以上的油砂体将全部受到控制；而在 300 m 以下的油砂体则完全不能控制，因为这时油砂体上将只有一口井，无法建立注采系统。

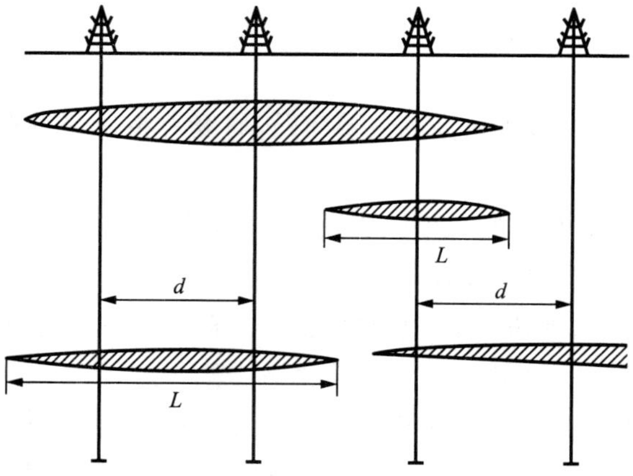

图 6-32 井距与砂体长度的关系示意图

由此可见，加密钻井进行井网调整，将会使更多的储量直接受到水驱的影响，也就使那些开发情况比较差的油砂体的开发效果得到改善。而对于那些已经处于直接水驱下的油砂体，加密后只能有利于提高全油藏的产量，并不能提高水驱油效率。

加密钻井（包括将反九点注采系统转为五点注采系统时的加密）常常与进一步划分层系同时进行，但二者的意义是不一样的，在评价和预测开发效果时应分别对待。

三、驱动方式调整

根据油藏的地质条件建立技术上有效、经济上可行的驱动方式，同时也要考虑产能的需要。在研究这个问题时，要考虑充分利用天然能量，因为这样往往是最经济的。例如，我国的雁翎油田和龙虎庄油田的开发，根据动态资料的分析，当以采油速度低于4%～5%开发时，边水可以提供足够的能量，但是实际采油速度达到了10%，因此必须进行人工注水。

如果油藏开发的初期证明边水比较活跃，而且油藏又是由比较单一的油层组成的，则可以先不考虑注水，直到开发后期为了更好地开发那些与边水连通较差的层位时，才考虑进行内部注水。

对于底水驱动的油藏，向底水部位注水的效果是比较好的，而向内部注水的效果则不会那么理想。前者的典型例子是任丘油田的雾迷山油藏，由于建立了完整的观察体系和合理的控制系统，油水界面的上升比较均匀，驱油效果较好。

从理论上说，油田投入开发与投入注水同步进行是可行的，但实际上注水总有一个滞后的时间。对于欠饱和油藏，由于有一个弹性驱动阶段，所以在地层压力降至饱和压力以前注水不会有什么问题。但是，对于油藏压力已接近或等于饱和压力的油藏，一旦油藏开始开发，溶解气就会从油藏中分离出来。在这种情况下，只有在储层中的含气饱和度低于气体开始流动的饱和度以前进行注水，地下原油才不会流入已被气体占据的孔隙空间，仍可得到很好的效果。这一饱和度可以作为开始注水的界限，也可以作为保持油藏压力的下限。

油气（存在气顶时）界面和油水界面都是可以移动的。当在油藏内部注水时，如果油区的压力高于外部水体或气顶的压力，则将有一部分原油进入水体或气顶，从而造成地下原油损失。很多油田的开发实践证明了这一点。因此，在开发过程中，原始地层压力应为地层压力的上限，只有全封闭的油藏，才允许将油藏压力提高到原始地层压力以上，但还要注意储层中的裂缝张开和地应力平衡受到破坏后所引起的一系列技术问题。因此，一般情况下油藏压力保持在略低于原始地层压力为宜。

在异常高压油藏中注水，需要根据实际情况确定是否要保持原始地层压力。至少对埋藏较深、压力系数较高（如1.5以上）的油藏，可以保持在低于原始地层压力，甚至接近油藏饱和压力下开采。

大气顶油藏的开发在国内还没有成熟的经验。国外这类油田的开发实践和室内研究表明，当气顶膨胀驱油的速度低于某一临界值时，整个油气界面将均匀下降（图6-33），而只在生产井附近出现锥进现象。但是这种情况要求油藏具有高倾角和高渗透率，否则整个油藏生产能力太低，很难满足生产计划的要求。在国外教科书中，在靠近气顶处利用气顶驱油、在油水界面附近利用水驱油的设想也有成功的例子，但在技术上难度较大。

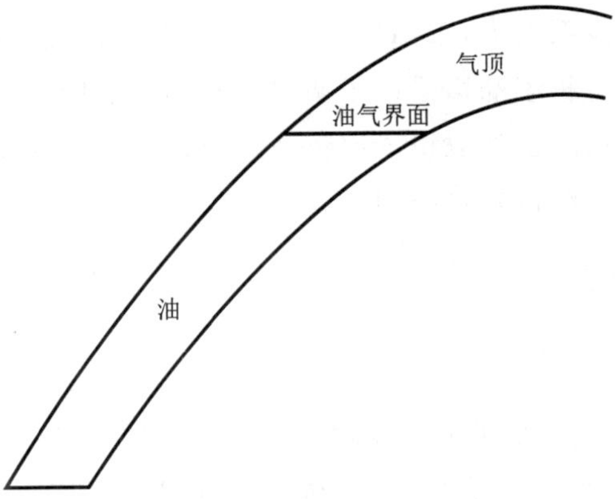

图6-33 气顶驱的示意图

实验已证明重力驱油的有效性。气顶驱和重力驱联合应用的前景是十分诱人的。英国北海 Brent 油田的进一步开发就考虑了这个方案。

四、开采工艺调整

对溶解气驱开发的油田，随着油藏压力的下降，油藏能量将不能把油举至井口，需要人工举升。在注水的水驱油田中，随着开发的进行，含水率不断上升，流动压力不断升高，井底生产压差降低，井的产油量不断下降，到某一个阶段就需要人工举升。但是这两者还有区别，前者是补充压力的不足，而后者则更着眼于提高排液量。我国大部分油田主要是后一种情况。

针对后一种情况，我国大部分油田在实际中需要排量范围变动较大的泵。由于井的产量较大，常规杆式泵不能满足这个要求，所以目前我国采用电潜泵和水力活塞泵以满足提高排液量的需要。

油田从自喷阶段进入人工举升阶段需要进行很大的调整，包括劳动组织、动力供应和维修工作量等，特别是在我国当前能源供应十分紧张的条件下，抽油井需要消耗大量电力，其供应来源要切实解决。由于抽油井中增加了设备，增加了井下作业和设备的维修工作量，包括大量地面设备的改扩建，因此，由自喷转入人工举升要经历相当长的时间。

同样，需要根据注采平衡的要求进行注水调整，包括增加注水井点和提高注入压力等。一般认为注水井的井底压力应低于地层破裂压力。矿场实践证明，这并不是不可逾越的界限，而是可以根据油藏和储层的地质特点来定。例如大庆油田，由于砂层的吸水能力很强，在注水井底附近裂缝中的流体很快被油层吸收，因此裂缝内的压力降低，裂缝不再延伸。在这种情况下，可以使注水井的井底压力略高于破裂压力。而在克拉玛依油田，当注水井的井底压力高于地层破裂压力时，很快就出现了水窜和油井暴性水淹的情况，这时必须严格控制注水压力，使油层中的裂缝不张开。总之，一般情况下，破裂压力仍可作为注水压力的界限，但可以根据具体情况适当进行调整。

大量的矿场实践证明，只要在油井见水后继续生产到含水极高(如 98%)时，水驱油的面积波及系数就会接近 80%，而垂向波及系数则在 40%～80%。因此，在高含水情况下通过加密钻井来提高体积波及系数是没有太大效果的，此时的重点应更多地放在改善垂向波及系数上，采用调剖技术调整吸水剖面，并与注聚合物改善驱油效率相结合。目前在国外已有很多油田采取了调整吸水剖面的措施，效果较好。国内油田如大庆、胜利、大港等，采用此措施也都取得了比较好的效果。聚合物驱油技术作为一种简单、高效的提高采收率的方法，已经得到普遍的研究与应用。

参考文献

[1] 郎兆新. 油藏工程基础[M]. 3 版. 东营：石油大学出版社，1994.
[2] 陈元千. 现代油藏工程[M]. 北京：石油工业出版社，2001.
[3] 郭建春，唐海，李海涛. 油气藏开发与开采技术：上[M]. 北京：石油工业出版社，2013.

[4]　陈元千. 油气藏工程计算方法[M]. 北京:石油工业出版社,1990.
[5]　陈元千. 油气藏工程计算方法:续篇[M]. 北京:石油工业出版社,2001.
[6]　姜汉桥,姚军,姜瑞忠. 油藏工程原理与方法[M]. 东营:中国石油大学出版社,2006.
[7]　李传亮. 油藏工程原理[M]. 北京:石油工业出版社,2005.
[8]　切尔西. 油气藏工程原理[M]. 窦之林,王赟,译. 北京:科学出版社,2009.
[9]　秦同洛. 实用油藏工程方法[M]. 北京:石油工业出版社,1989.
[10]　钟孚勋. 气藏工程[M]. 北京:石油工业出版社,2001.
[11]　陈元千. 油气藏工程实践[M]. 北京:石油工业出版社,2005.
[12]　何耀春,赵洪兴. 石油工业概论[M]. 北京:石油工业出版社,2006.
[13]　孙艾茵,刘蜀知,刘绘新. 石油工程概论[M]. 北京:石油工业出版社,2008.

第七章

采油采气工程概述

采油采气工程是以渗流力学、油气田开发与开采原理为基础，广泛运用现代数学方法以及工程分析方法，研究科学、合理开发与开采油气藏(田)配套工艺技术的一项综合性系统工程。作为一门综合性应用学科，采油采气工程所研究的是可经济有效地作用于油气藏(田)，以提高油气井产量和油气采收率的各项工程技术措施的理论、工程设计方法及实施技术。

采油采气工程面对的是不同地质条件和动态不断变化的各种类型的油气藏(田)，只有根据油气藏(田)地质条件和动态变化，正确地选择和实施技术上可行、经济上合理的工程技术方案，才能获得良好的经济效果。随着油气藏(田)开采难度的不断增大，技术要求越来越高，必须重视采油采气工程原理以及工程设计方法，正确运用采油采气工艺技术。

本章主要介绍油气多相流动、采油工艺技术、采气工艺技术以及压裂与酸化技术 4 个方面。

第一节　油气多相流动

油井生产系统可分为 3 个子系统：从油层到井底的流动，即油层中的渗流；从井底到井口的流动，即井筒中的流动；从井口到地面计量站分离器的流动，即地面管线中的水平或倾斜管流。有些油井，出于稳定生产和安全性考虑，还会有通过油嘴以及井下安全阀的流动，即嘴流(节流)。为此，本节将介绍油井生产系统的 4 个基本流动过程，即油层渗流、垂直管流、嘴流及水平管流。

一、油层渗流

渗流是指流体在多孔介质中的流动。原油从油层到井底通过多孔介质(含裂缝)的渗流是油井生产系统的第一个流动过程。认识并掌握这一渗流过程的特性是进行油井举升系统工艺设计和动态分析的基础。油井的产量主要取决于油层性质、完井条件和井底流动压力。油井流入动态是指在一定地层压力下油井产量与井底流压的关系，它反映了油藏向该井供油能力的大小。图 7-1 所示为典型的油井流入动态曲线，简称 IPR 曲线。

对一口油井而言，其地层压力、油层渗透率、油层有效厚度、原油黏度、原油体积系数、供油(泄油)半径、井眼半径都是确定的，油井产量将随井底流压的变化而变化。

二、垂直管流

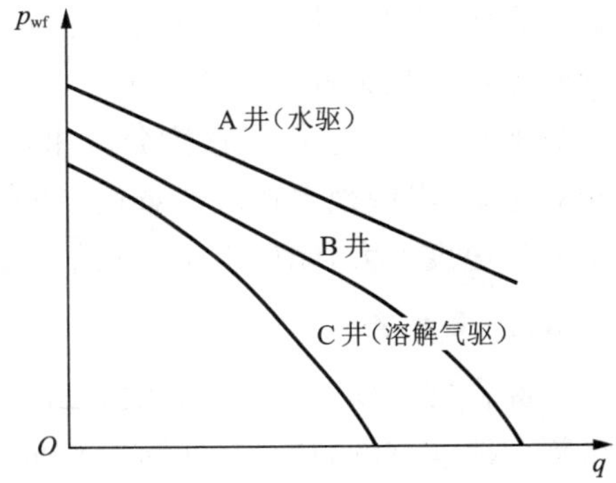

图 7-1 典型的油井 IPR 曲线

流体从油层流入井底，当油井的井口压力高于原油饱和压力时，井筒内流动着的是单相液体，其流动规律与普通水力学中单相液体的流动规律完全相同。

原油从油层流到井底后具有的压力简称流压，它既是油藏流体流到井底后的剩余压力，也是原油沿井筒向上流动的动力。如果流压足够高，在平衡了相当于井深的静液柱压力和克服流动阻力之后，在井口尚有一定的剩余压力（即油管压力），此时原油将通过油管和地面管线流到计量站。根据普通水力学的概念，油管中的压力平衡等式应为：

$$p_{wf} = p_H + p_{fr} + p_{wt} \tag{7-1}$$

式中 p_{wf}——井底流压，MPa；

p_H——井内静液柱压力，MPa；

p_{fr}——摩擦阻力，MPa；

p_{wt}——井口油管压力，MPa。

当自喷井的井底压力低于原油饱和压力时，整个油管内部都是气液两相流动。当井底压力高于原油饱和压力而井口压力低于原油饱和压力时，在油流上升过程中，其压力低于原油饱和压力后，油中溶解的天然气就开始分离出来，油管中流体便由单相流变为气液两相流动。液流中增加了气相之后，其流动形态（流型）与单相垂直管流有很大差别，流动过程中的能量供给和消耗关系也要复杂得多。油气混合物的流动形态是指流动过程中油气的分布状态，不同流动形态的混合物有各自的流动规律，如图 7-2 所示。

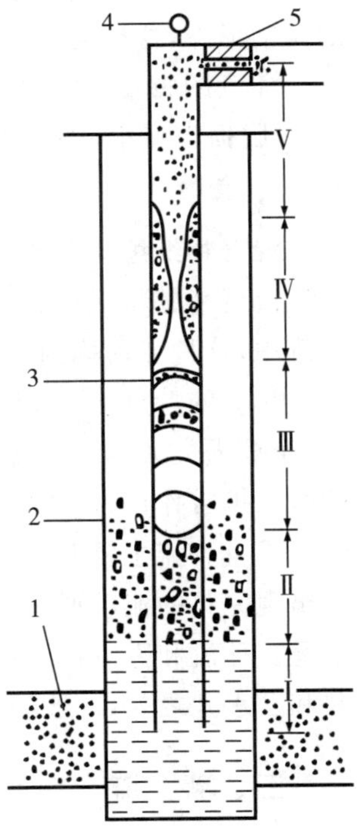

图 7-2 油气混合物流动结构状态示意图

1—油层；2—套管；3—油管；4—油压表；5—油嘴；Ⅰ—纯油（液）流；Ⅱ—泡流；Ⅲ—段塞流；Ⅳ—环流；Ⅴ—雾流

1. 纯油（液）流

当井筒压力高于原油饱和压力时，天然气溶解在原油中，油管中只有液体流动，称为纯油（液）流，如图 7-2 中Ⅰ所示。

纯油（液）流的特点：油（液）流呈单相流动，油气没有分离，油气无相对运动，不产生滑脱损失。由于油（液）流速度较低，摩擦阻力较小。

2. 泡流

当井筒内流体的压力稍低于原油饱和压力时，部分溶解气从原油中分离出来，由于气量少、压力高，气体以小气泡形式分散在液相中，气泡直径相对于油管直径要小很多，这种流动称为泡流，如图 7-2 中Ⅱ所示。

由于油气密度的差异和泡流混合物的平均流速小，因此在混合物向上流动时，气泡上升速度大于液体流速，气泡将从油中超越，这种气体超越液体的现象称为滑脱，因滑脱而产生的附加压力损失称为滑脱损失。

泡流的特点：① 气体为分散相，液体为连续相；② 气泡的流速大于液体的流速，即存在相对运动，滑脱现象比较严重；③ 气体举油主要依靠气体的摩擦携带作用，举油效果差。由于液流速度不大，摩擦阻力仍然很小。

3. **段塞流**

混合物继续向上流动，压力逐渐降低，气体不断膨胀，小气泡合并成大气泡，直到能够占据整个油管过流断面，在井筒内形成一段油一段气的结构，这种流动称为段塞流，如图 7-2 中Ⅲ所示。

段塞流的特点：① 气体为分散相，液体为连续相；② 气液间相对运动小，滑脱损失少；③ 气体举油的作用表现为气泡托举着液柱向上运动，气体的膨胀能得到很好的发挥和利用。

4. **环流**

混合物继续向上流动，压力不断降低，随着气体的分离和膨胀，气体的段塞不断加长而突破液体段塞，形成中间为连续气流(气流中可能存在分散的小液滴)、管壁附近为环形液流的流动形态，这种流动称为环流，如图 7-2 中Ⅳ所示。

环流的特点：① 气液两相都是连续相；② 气体举油主要依靠气体的摩擦携带作用；③ 滑脱损失变小；④ 摩擦损失变大。

5. **雾流**

混合物继续向上流动，如果压力下降使气体的体积流量增加到足够大，则油管中央流动的气流越来越粗，沿油管壁流动的油环厚度越来越薄，绝大部分的液体以小液滴形式分散在气流中，这种流动称为雾流，如图 7-2 中Ⅴ所示。

雾流的特点：① 气体为连续相，液体为分散相；② 气体以极高的速度携带液滴喷出井口，摩擦损失大；③ 气液之间的相对运动速度很小，滑脱损失小；④ 气体举油主要依靠气体的摩擦携带作用，由于气流速度很大，摩擦阻力也很大。

垂直管流主要取决于井筒内压力的变化和气量的多少。实际上，在同一口井内一般不会出现完整的流动形态变化，特别是在一口自喷井内不可能同时存在纯油(液)流和雾流的情况。环流和雾流仅出现在混合物流速和气液比很高的情况下，因此除某些高产量凝析气井和含水井之外，一般油井都不会出现环流和雾流。

三、嘴　流

如图 7-3 所示，油气混合物从井底到达井口时，在油嘴前的油压 p_1 和油嘴后的回压 p_2 的作用下通过油嘴。油嘴处气体膨胀，混合物体积流量很大，而油嘴直径又很小，所以混合物流经油嘴时的流速极高，当流体的流速达到压力波在流体介质中的传播速度即声波速度时的流动状态即临界流动。在此条件下，气体或液体的质量流量 G 与油嘴后压力和油嘴前压力之比 p_2/p_1 的关系如图 7-4 所示。

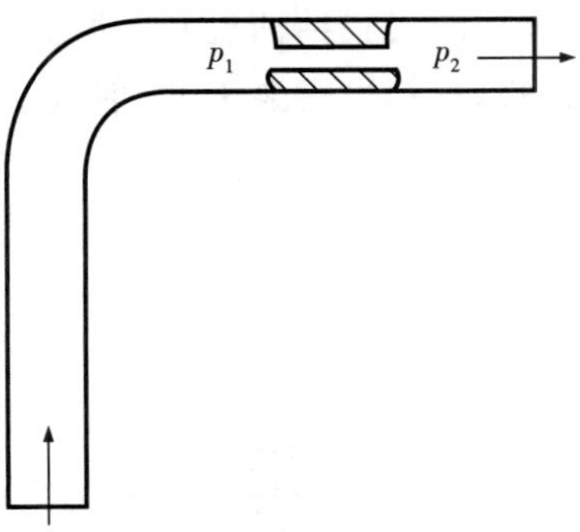

图 7-3 嘴流示意图

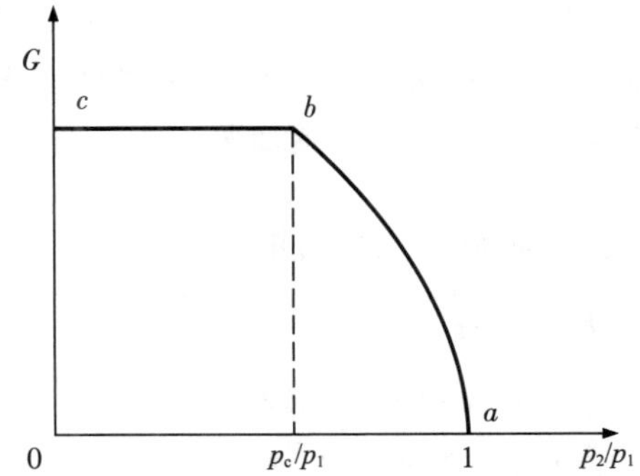

图 7-4 G与p_2/p_1关系

p_c—临界压力

四、水平管流

流体进入输油管线后沿管线流动，为多相近似水平管流。

水平管中的气液两相流流型与垂直管中的有很大不同：水平管中没有势能下降。图 7-5 所示为常见的气液两相流流型，可归结为 3 类典型流型：① 层状流（气液分离）；② 间歇流（气液交替）；③ 分散泡状流（一相分散于另一相中）。

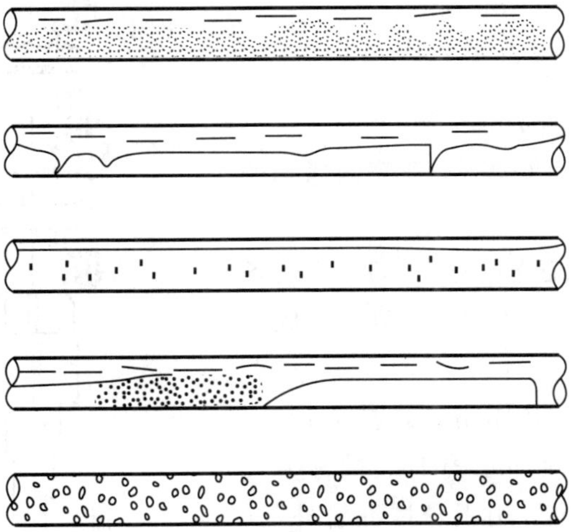

图 7-5 水平管气液两相流典型流型

第二节 采油工艺技术

采油工艺技术是指从井底到井口这一段利用各种工艺技术合理有效地将油气采出地面的一整套工艺。将油气从地下开采到地面有很多方式，但一般归结为两类：一类称为自喷，另一类称为人工举升。

当油层自身能量较充足时，一般通过自喷将油举升到地面。自喷井是指在采油井建成后，利用地面和地下的设施，令油气依靠自身的压力通过井筒自动喷出的油气井。当油层能量较低时，可采用人工增加井筒中流体能量的方法（即人工举升技术）将油举升到地面。在人工举升井中占主导地位的是有杆泵采油，其地面设备包括游梁式抽油机和无游梁式抽油机两种(以游梁式抽油机为主)。此外还有无杆泵采油方式，包括电潜泵采油、射流泵采油、水力活塞泵采油、螺杆泵采油等。

一、自喷和气举采油

1. 自喷采油

1) 自喷采油的基本原理

油井自喷的主要动力是油层压力。油层中的原油通过消耗一部分油层压力来克服流动阻力后流入井内，之后又在流动压力的推举下沿井筒向上运动，在上升的过程中压力不断降低，当压力降低到原油饱和压力时，溶解在原油中的天然气开始分离出来，且随井筒压力的继续降低，分离出来的溶解气量逐渐增多，气体随着油流向上运动，逐渐聚集膨胀，推举和携带原油上升。因此，井底原油是依靠流动压力及天然气的膨胀能量，克服井筒中的液柱重力、摩擦损失和滑脱损失等，从井底喷到地面。

2) 自喷井井口装置

典型的自喷井井口装置如图 7-6 所示。

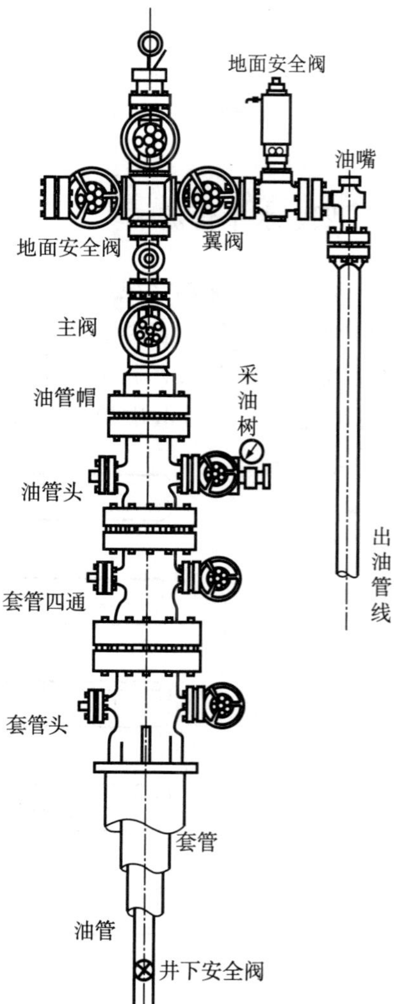

图 7-6 自喷井井口装置

(1) 井口。井口装置主要由套管头、套管四通和油管头组成。

套管头和套管四通的作用是连接各层套管，密封各层套管间的环形空间，钻井时承托防喷器，钻井完成后承托油管头和采油树。

油管头坐于套管四通之上，其作用是悬挂油管，密封油管和套管间的环形空间。油管头有时又被称为大四通。油管头内有油管挂，其除可用于悬挂油管外，其内部螺纹还可安装一个背压阀(拆除防喷器后，背压阀能密封油管挂，以防发生井喷现象)。油井射孔之后，通过防喷器将背压阀装入油管挂。

(2) 采油树。采油树安装在油管头之上，其主要作用是控制和调节油井生产。采油树处可以进行取样，测量必要的参数(如套压、油压等)，通过调节油管或油套环空有控制地压入或放出液体，并便于油井的操作、修理和更换部件。

(3) 油嘴。油嘴又称节流器，有可调式和固定式两种，如图 7-7 和图 7-8 所示。

油嘴安装在采油树的出口端，其工作原理是利用较小孔径对流体的节流作用来控制采油量，使油井在合理的参数下工作。

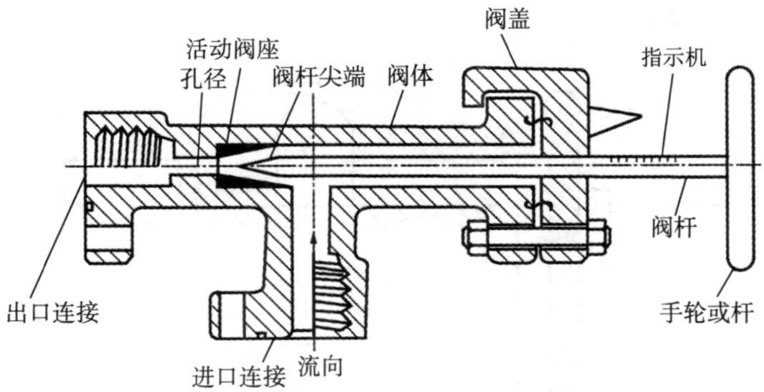

图 7-7 可调式油嘴

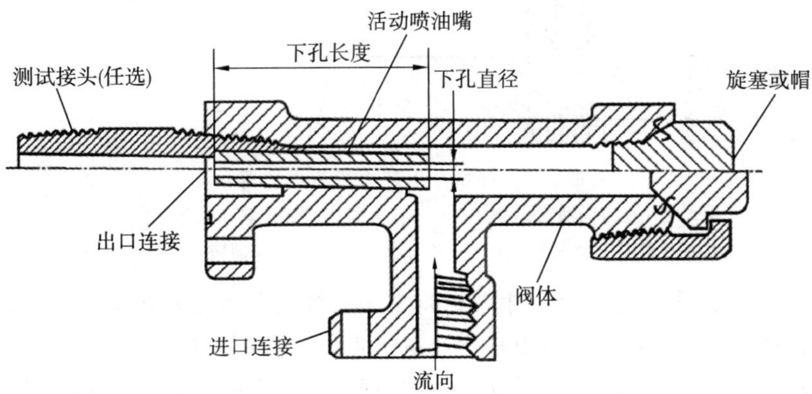

图 7-8 固定式油嘴

3）自喷井节点系统分析

节点系统分析方法简称节点分析，最初用于分析和优化电路和供水管网系统。1954 年 Gilbert 提出把该方法应用于生产系统，后来 Brown 等对此进行了系统研究。20 世纪 80 年代以来，随着计算机技术的发展，该方法在油气井生产系统设计及生产动态预测中得到了广泛应用。

节点系统分析的对象是油藏至地面分离器的整个油气井生产系统，按不同的流动规律分成若干个相对独立的流动子系统，在每个流动子系统的起始及衔接处设置节点。在分析研究各子系统流动规律的基础上分析各子系统的相互关系及其各自对整个系统工作的影响，为优化系统运行参数和进行系统调控提供依据。图 7-9 所示为自喷井生产系统相对应的各节点位置。

(1) 节点基本概念。在油井生产系统中，节点是一个位置概念。对于图 7-9 所示的自喷井生产系统，至少可以确定 8 个节点，其他举升方式还有不同的节点。节点可分为普通节点和函数节点两类。

① 普通节点。普通节点一般指两端为不同流动过程的衔接点，如图 7-9 所示的井口 3、井底 6 以及系统的起、止点（地层边界 8、分离器 1）。在这类节点处不产生与流量有关的压降。

② 函数节点。具有限流作用的装置也可作为节点，如图 7-9 所示的地面油嘴 2、井下安全阀 4、井下节流器 6 和完井段 7。由于这类装置在局部会产生一定的压降，其压降大小为

流量的函数,故称为函数节点。

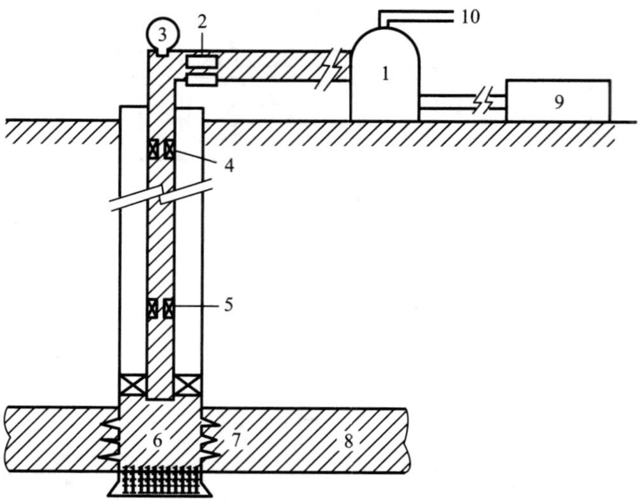

图 7-9 自喷井生产系统节点位置

1—分离器;2—地面油嘴;3—井口;4—安全阀;5—节流器;6—井底流压 p_{wf};7—井底油层面上的压力 p_{wfs};8—平均油藏压力 p_R;9—油罐;10—集气管网

应用节点分析法,通常要选择一个节点将整个系统划分为流入和流出两部分进行求解。所选用的这个使问题得到解决的节点称为求解节点,简称解节点。

(2) 节点分析方法及应用。下面以简单的自喷井生产系统为例,说明节点分析方法及其应用。

① 井底为解节点。以井底(节点 6)为解节点时,整个生产系统将被分成两部分:一部分为油层中的流动;另一部分为从油管鞋到分离器的管流系统。

由于选取节点 6(井底)作为解节点,所以求解要从两端(节点 8 和 1)开始。设定一组流量,对这两部分分别计算至解节点上的压力(井底压力),并与流量组成关系曲线。节点流入部分为油层渗流,用流入 IPR 曲线表示;以分离器压力为起点,通过水平或倾斜管流计算得到井口油压,再通过井筒多相流计算得到油管入口压力与流量的关系曲线,以此表示节点流出部分。将这两条曲线绘制在同一坐标系中(图 7-10),其交点便为该系统在所给条件下获得的油井产量和相应的井底流压。

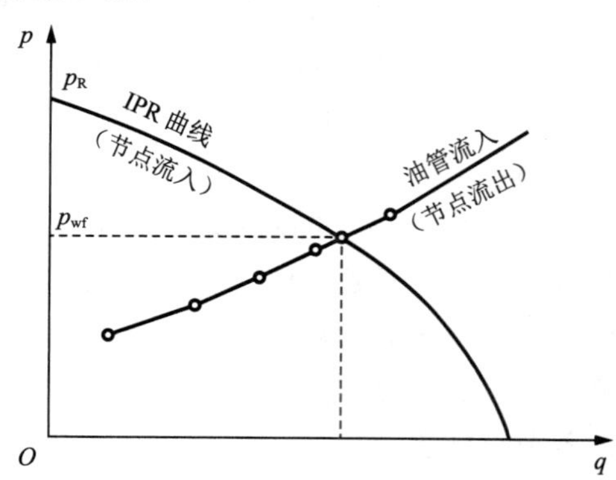

图 7-10 求解点在井底的解

因此,选取井底(节点 6)为解节点便于预测油层压力降低后的未来油井产量(图 7-11),便于研究由于污染或采取增产措施后引起的完善性(或流动效率)改变所带来的影响(图 7-12)。

② 井口为解节点。以井口为解节点,整个生产系统将分为两部分:一部分是地面管线和分离器,另一部分是油管和油藏。

仍先设定一组流量,分别以给定的分离器压力 p_{sep} 和油藏压力 p_R 为起点计算不同流量

下的井口压力 p_{wh}。由此可绘制节点流入曲线(油管及油藏的 IPR 动态曲线)和节点流出曲线(水平管流动态曲线),如图 7-13 所示。由两条曲线的交点即可求出该井在所给条件下的产量及井口压力。

解节点在井口可以研究不同直径的油管和出油管线对生产动态的影响,以便选出合适的油管和出油管线直径(图 7-14),也可以计算出任意产量下的井口压力,并用于预测油井能否自喷。

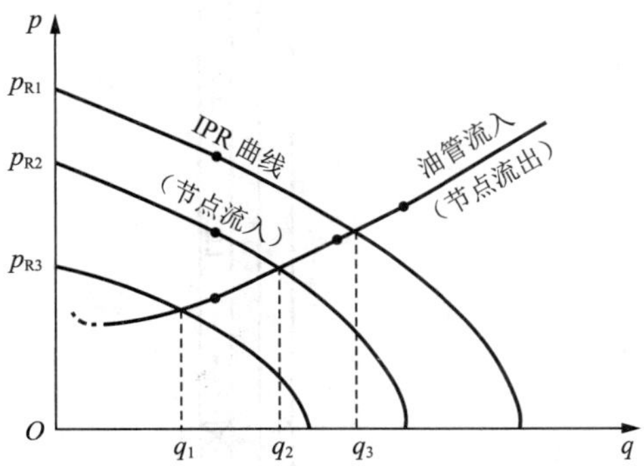

图 7-11　预测未来产量

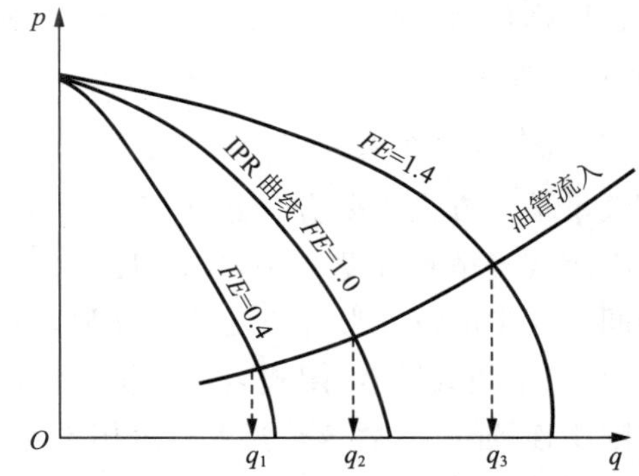

图 7-12　油井流动效率(FE)改变的影响

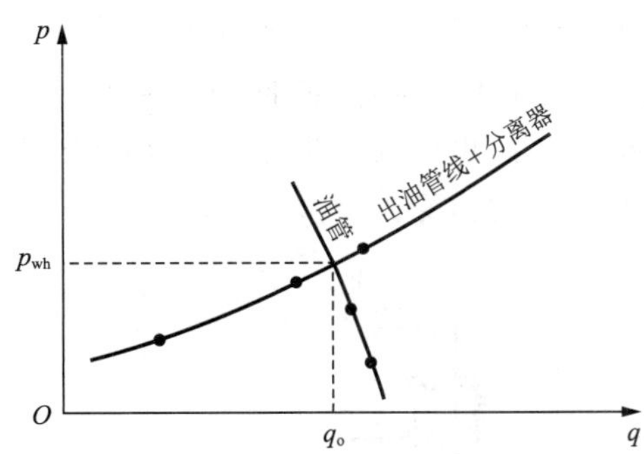

图 7-13　求解点在井口的解

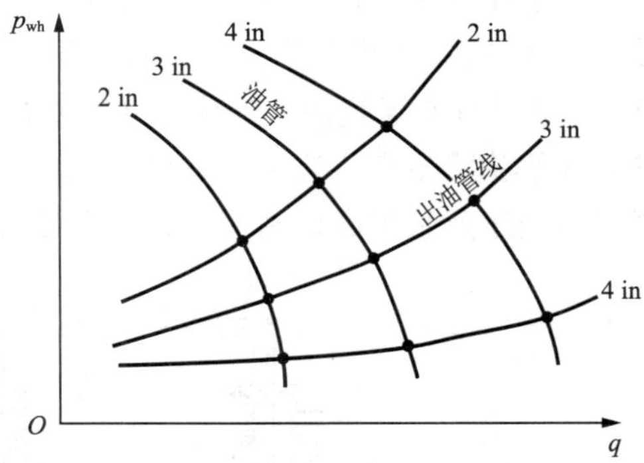

图 7-14　不同直径的油管和出油管线的井口解

③ 平均油藏压力为解节点。以给定的分离器压力为起点,计算不同流量下的油藏压力,并绘制成油藏压力和流量的关系曲线。先假定一组流量,通过分离器压力计算各流量下的井口压力,然后以井口压力为起点计算各流量下对应的井底压力,最后根据假定流量与井底压力并利用 IPR 曲线求出平均油藏压力,如图 7-15 所示。

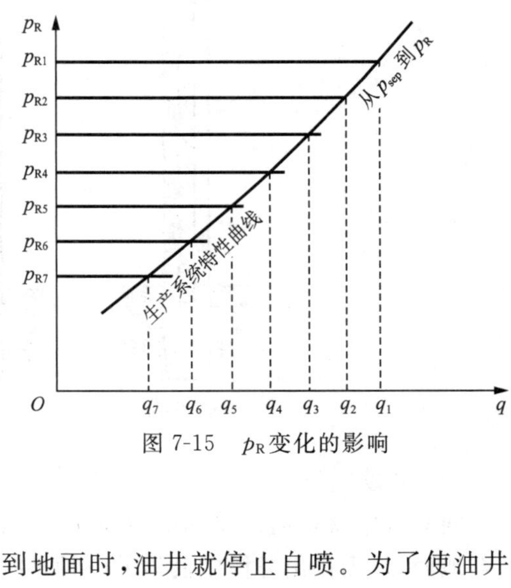

图 7-15　p_R 变化的影响

以平均油藏压力为解节点所得到的曲线可以研究给定条件下平均油藏压力对油井生产的影响以及预测不同平均油藏压力下的油井产量。

2. 气举采油

当地层供给的能量不足以把原油从井底举升到地面时,油井就停止自喷。为了使油井继续出油，人为地将气体(天然气或空气)压入井底，使原油喷出地面，这种采油方法称为气举采油法。气举采油是机械采油法中对油井生产条件适应性较强的一种，常用于高产量的深井以及含砂量小、含水低、气油比高且腐蚀性成分含量低的油井。

1) 气举采油原理

气举采油是从地面注入井内的高压气体与油层产出流体在井筒中混合，利用气体的膨胀使井筒中的混合液密度降低，将流入井内的原油举升到地面的一种采油方式，如图 7-16 所示。

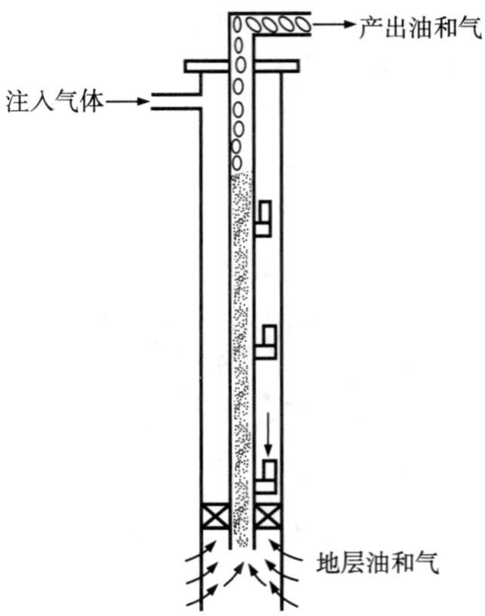

图 7-16 气举采油原理示意图

2) 气举采油方式

气举采油方式主要分为连续气举和间歇气举，此外还有腔式气举和柱塞气举，实际上后 2 种气举方式属于间歇气举的特殊形式或延伸。气举装置一般分为开式装置、半闭式装置、闭式装置及箱式装置。开式装置仅限于连续气举，后 3 种装置既可用于连续气举，又可用于间歇气举。

(1) 连续气举。所谓连续气举，就是将高压气体连续地注入井内，排出井筒中液体的一种举升方式(图 7-17a)。连续气举通过注入气体与井筒中的液体混合，气体不断膨胀，降低液体密度，从而使油井连续稳定生产。连续气举可以是环空注气、油管出油，也可以是油管注气、环空出油，后者只适用于产量很高而利用油管生产无法满足产量要求的情况。

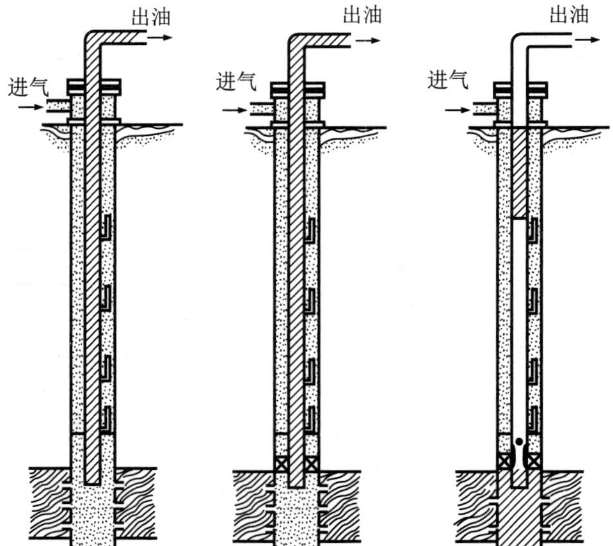

(a) 开式　　(b) 半开式　　(c) 闭式

图 7-17 气举采油类型

(2) 间歇气举。

间歇气举就是向井筒周期性地注入气体，推动停注期间在井筒内聚集的油层流体段塞升至地面，从而排出井筒中液体的一种举升方式。间歇气举可以是半开式或闭式(图 7-17b

和 c)，一般闭式装置应用较多。间歇气举主要用于油层供给能力差、产量低的油井。

腔式气举是一种特殊的间歇气举，它的排液和举升与间歇气举相似，主要应用于低产能井。腔式气举的生产管柱下面有一个集液腔包，以便有足够的液柱。腔式气举与常规间歇气举不同的是，当气举工作阀打开时，气体把腔包的液体向下推，由于下面有单流阀，迫使液体进入油管，气体把这段液柱举升到地面。这时地面控制阀(连续气举不存在)关闭，工作阀也关闭。环空(腔包)通过泄压孔与油管压力平衡，防止气锁，腔包压力下降，单流阀打开，地层液体进入腔包。

柱塞气举是一种特殊的间歇气举方式。柱塞气举在举升的气体和液柱之间增加了一个固体柱塞，防止液柱滑脱，以提高举升效率。柱塞气举适用于井底流压低的油井。柱塞气举可以有效防蜡，也可以用于气井排液采气，但是其气举方式复杂，操作管理难度大。

(3) 气举采油的适用条件。每种人工举升方式都有一定经济合理的适用范围，一种人工举升方式不可能完全替代另一种人工举升方式，但在海上和其他复杂开采条件、恶劣气候条件下，相对其他人工举升方式，气举法有其特有的优势。

采用气举法采油，需具备下列条件：

① 有充足的气源；

② 举升度高的油井；

③ 高气油比的海洋油井、沙漠油井或恶劣气候条件下的油井；

④ 高含砂、高气油比油井，用井下泵采油故障频繁的油井；

⑤ 斜井、水平井和近海平台上的定向井。

二、有杆泵采油

有杆泵一般是指利用抽油杆上下往复运动所驱动的柱塞式抽油泵。有杆泵采油具有结构简单、适应性强、维修管理方便和寿命长的特点，是目前国内外应用最广泛的机械采油方式。有杆泵采油包括游梁式有杆泵采油和无游梁式无杆泵采油。这两种采油方式都是将电能转化为机械能。本章主要介绍游梁式抽油机有杆泵采油。

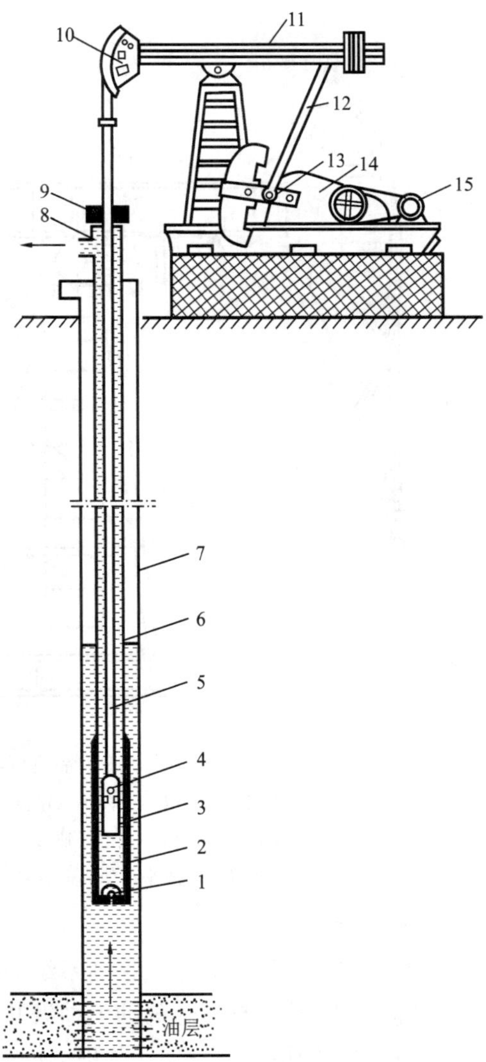

图 7-18 典型有杆泵采油生产系统

1—吸入阀；2—泵筒；3—柱塞；4—排出阀；5—抽油杆；6—油管；7—套管；8—三通；9—盘根盒；10—驴头；11—游梁；12—连杆；13—曲柄；14—减速器；15—电动机

1. 有杆抽油装置

典型的有杆泵装置(图 7-18)由 3 部分组成：

一是地面驱动装置即抽油机；二是安装在抽油管柱下部的抽油泵；三是抽油杆，它将地面设备的运动和动力传递给井下抽油泵柱塞，使其上下往复运动，给油管柱内液体增压，将原油抽汲至地面。以上 3 部分简称三抽。

1）抽油机

抽油机是有杆泵采油的主要地面设备，按其基本结构可分为游梁式抽油机和无游梁式抽油机。目前国内外应用最广泛的是游梁式抽油机，俗称磕头机。游梁式抽油机主要由游梁-连杆-曲柄（四连杆）机构、减速机构（减速器）、动力设备（电动机）和辅助装置等 4 部分组成。游梁式抽油机按结构不同可分为常规型（图 7-19）、异相型（图 7-20）、前置型（图 7-21）等类型。

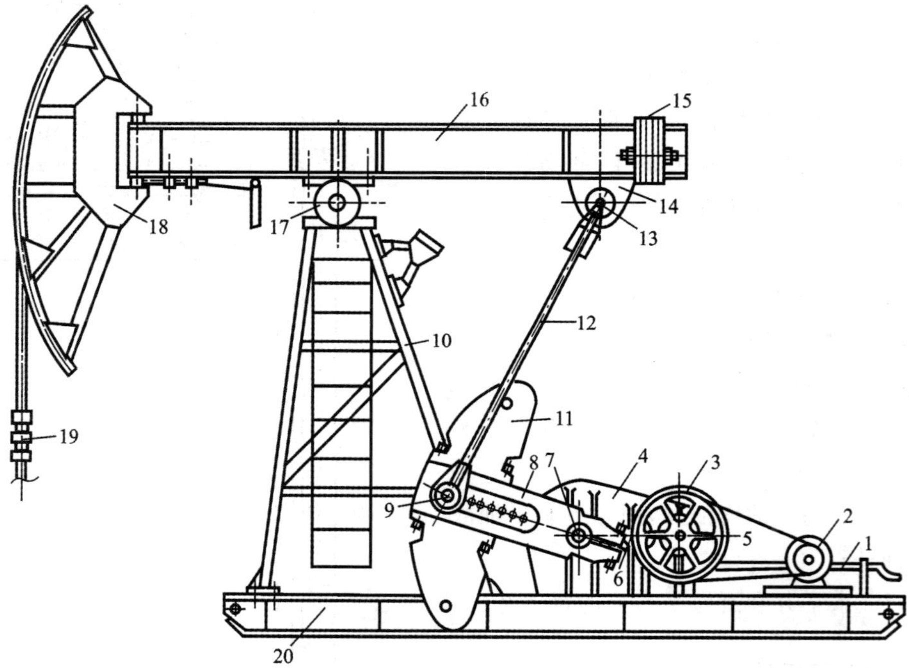

图 7-19 常规型游梁式抽油机基本结构图

1—刹车装置；2—电动机；3—减速器皮带轮；4—减速器；5—动力输入轴；6—中间轴；7—输出轴；8—曲柄；9—连杆轴；10—支架；11—曲柄平衡块；12—连杆；13—横梁轴；14—横梁；15—游梁平衡块；16—游梁；17—支架轴；18—驴头；19—悬绳器；20—底座

2）抽油泵

抽油泵（有杆泵）是有杆泵采油系统的井下关键设备，安装在油管柱的下部，沉没在井液中，通过抽油机、抽油杆传递的动力抽汲井内液体。抽油泵所抽汲的液体中常常含有蜡、砂、气、水及腐蚀性物质。在地下工作时，抽油泵内压力可高达 20 MPa 以上。为了使抽油泵适应井下复杂的工作环境和恶劣条件，对其基本要求是：① 结构简单、强度高；② 工作可靠，使用寿命长；③ 便于起下，且规格能满足各类油田采油工艺的需要。按照抽油泵在油管中的固定方式，可分为管式泵和杆式泵。

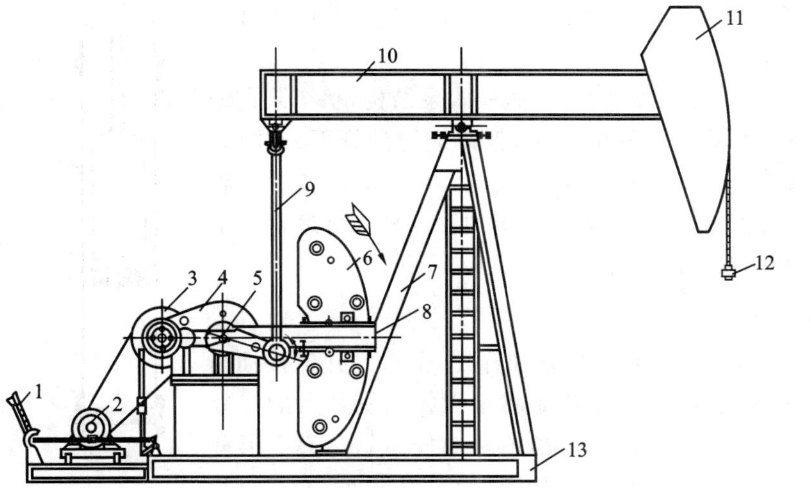

图 7-20　异相型游梁式抽油机结构图

1—刹车装置；2—电动机；3—减速器皮带轮；4—减速器；5—输出轴；6—平衡块；7—支架；8—曲柄；9—连杆；10—游梁；11—驴头；12—悬绳器；13—底座

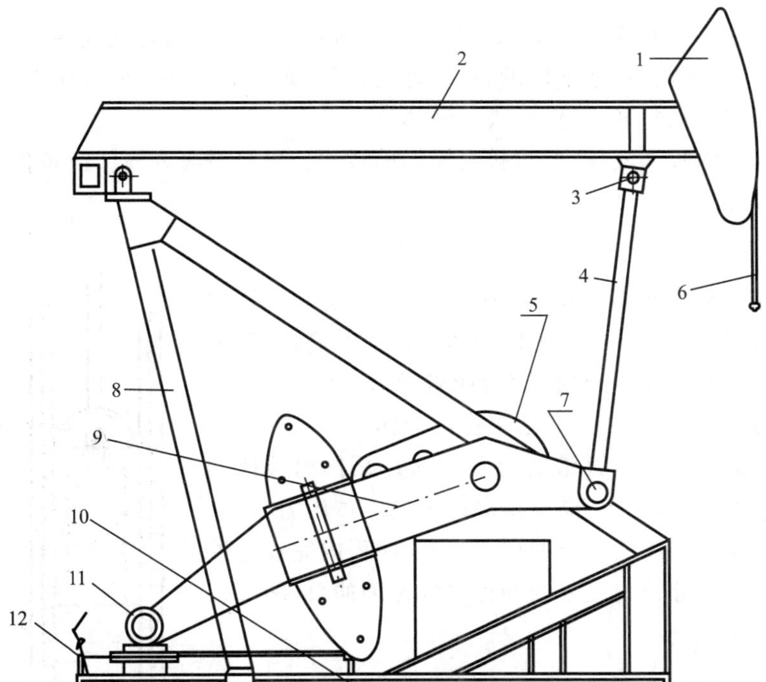

图 7-21　前置型游梁式抽油机结构

1—驴头；2—游梁；3—横梁；4—连杆；5—减速器；6—悬绳器；7—连杆轴；8—支架；9—曲柄；10—底座；11—电动机；12—刹车装置

(1) 管式泵：图 7-22(a)所示为管式泵结构，泵筒和衬套在地面组装好后接在油管下部下入井内，然后投入固定阀，最后把柱塞接在抽油杆柱下端并下入泵内。管式泵结构简单、制造成本低，在相同的油管直径下允许下入的泵径较杆式泵大，因此排量大，但检泵时必须起出油管，修井工作量大，故适用于下泵深度不是很大且产量较高的油井。

(2) 杆式泵：图 7-22(b)所示为杆式泵结构，整个泵在地面组装好后接在抽油杆柱的下端，整体通过油管下入井内，然后利用预先装在油管预定深度(下泵深度)上的锁紧卡将其固定在油管上，检泵时不需要起出油管。杆式泵适用于下泵深度大、产量较小的油井。

3) 抽油杆

常规抽油杆通过接箍连成抽油杆柱，上经光杆连接抽油机，下接抽油泵的柱塞，其作用是将地面抽油机悬点的往复运动传递给井下抽油泵。常规抽油杆的杆体是实心圆形截面的钢杆，其特点是结构简单、制造容易、成本低，主要用于常规有杆抽油方式。

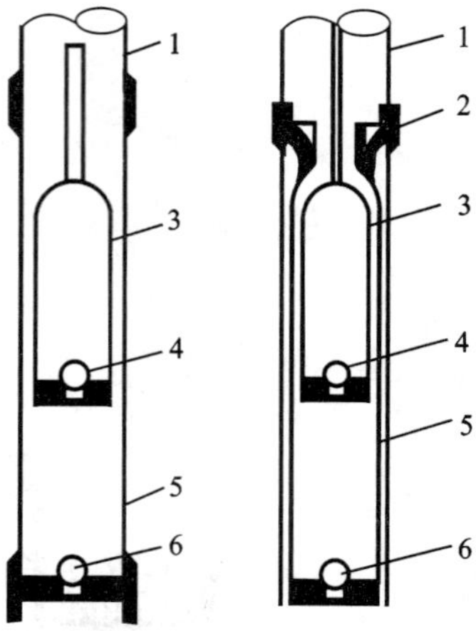

(a) 管式泵　(b) 杆式泵

图 7-22　抽油泵示意图

1—油管；2—锁紧卡；3—柱塞；4—游动阀(排出阀)；5—工作筒；6—固定阀(吸入阀)

2. 泵的工作原理

1) 上冲程

抽油杆柱带着柱塞向上运动，如图 7-23(a)所示。柱塞上的游动阀在管内液柱压力的作用下关闭。此时，泵内(柱塞下面的)压力降低，固定阀在油套环空液柱压力(沉没压力)与泵内压力差的作用下被打开，泵筒内吸入液体。

上冲程是泵内吸入液体、井口排出液体的过程。满足泵吸入液体的条件是泵内压力(吸入压力)低于沉没压力。

2) 下冲程

抽油杆柱带动柱塞向下运动，如图 7-23(b)所示。固定阀在重力作用下关闭。泵内压力因液体压缩而升高，当泵内压力大于柱塞以上液柱压力时，游动阀被顶开，柱塞下部的液体通过游动阀进入柱塞上部，使泵排出液体。

下冲程是泵向油管内排液的过程。满足泵排出液体的条件是泵内压力(排出压力)高于柱塞以上的液体压力。

柱塞上下抽汲一次为一个冲程，在一个冲程内完成进油与排油的过程。一分钟内完成的冲程次数称为冲数(冲次)。

3) 泵的理论排量

泵的工作过程由 3 个基本环节组成，即柱塞在泵内让出容积、井内液体进泵和从泵内排出井内液体。在理想情况下，活塞上、下运动一次的过程中，进入和排出的液体体积都等于柱塞让出的体积 $A_p S$，所以泵的理论排量为：

$$Q_t = 1\,440 A_p S n \qquad A_p = \pi D^2/4 \tag{7-2}$$

式中　Q_t——泵的理论排量，m^3/d；

A_p——柱塞截面积，m^2；

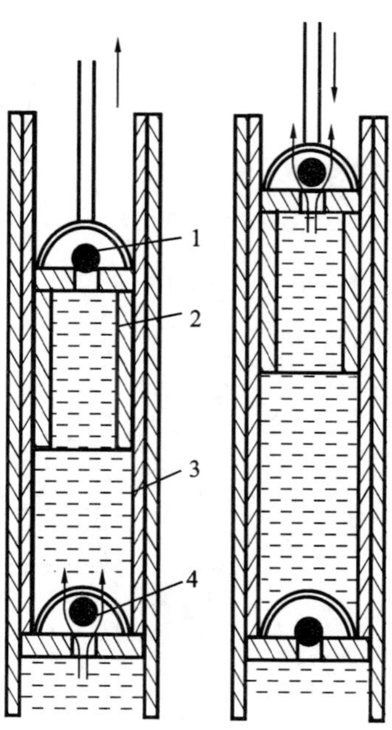

(a) 上冲程　(b) 下冲程

图 7-23　泵的工作原理图

1—游动阀；2—柱塞；3—衬套；4—固定阀

D——泵径，m；

S——光杆冲程，m；

n——冲数，min^{-1}。

三、无杆泵采油

1. 电潜泵采油

电潜泵采油是一种无杆泵采油方式。电潜泵的全称为电动潜油离心泵，简称电泵。电潜泵采油是为适应经济有效地开采地下石油而逐渐发展起来的日趋成熟的一种人工采油方式。它具有排量和扬程范围大、功率大、生产压差大、适应性强、地面工艺流程简单、机组工作寿命长、管理方便、经济效益显著等特点。

1）电潜泵工作原理

电潜泵是由多级叶导轮串接起来的一种电动离心泵。它的工作原理是：当潜油电机带动泵轴上的叶导轮高速旋转时，处于叶导轮内的液体在离心力的作用下从叶导轮中心沿叶片间的流道甩向叶导轮的四周，由于液体受到叶片的作用，其压力和速度同时增加，在叶导轮的进一步作用下，速度能又转变成压能，同时流向下一级叶导轮入口。如此逐次地通过多级叶导轮的作用，流体压能逐次升高，获得克服管路阻力的能量并流至地面，达到开采石油的目的。

2）电潜泵系统组成

电潜泵采油系统由井下机组部分、中间部分、地面部分组成，如图 7-24 所示。

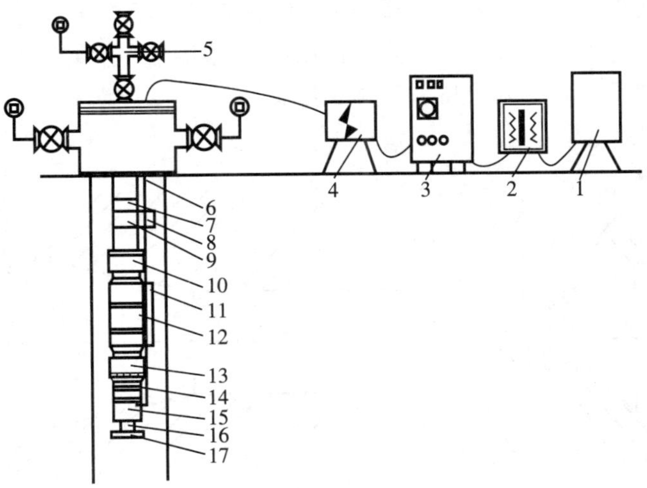

图 7-24 电潜泵采油系统组成示意图

1—配电盘；2—变压器；3—控制柜；4—接线盒；5—采油树；6—潜油电缆；7—测压阀；8—大扁护罩；9—单流阀；10—泵出口；11—小扁护罩；12—潜油泵；13—气体分离器；14—保护器；15—潜油电机；16—测压装置(PSI/PHD)；17—扶正器

（1）井下机组部分：包括潜油电机、潜油泵、保护器、气体分离器、测压装置(PSI/PHD)、单流阀、测压阀/泄油阀、扶正器等。

（2）中间部分：传输电能的潜油电缆。

（3）地面控制部分：包括配电盘、变压器、控制柜或变频器、接线盒和采油树等。部分特殊油田还配有变频器集中切换控制柜。

2. 射流泵采油

射流泵又称喷射泵，是一种特殊的水力泵，其结构如图 7-25 所示。

射流泵与普通水力泵的不同之处在于它没有运动部件，仅靠动力液与地层液的动量转换来实现抽油动作。由于无井下运动部件，水力射流泵能适应质量较差的动力液，维修检泵不需要起下油管，极为方便，因而在世界各国油气田中都有应用。射流泵采油系统由地面和井下两大部分组成。动力液在井下与油层产出液混合后返回地面。

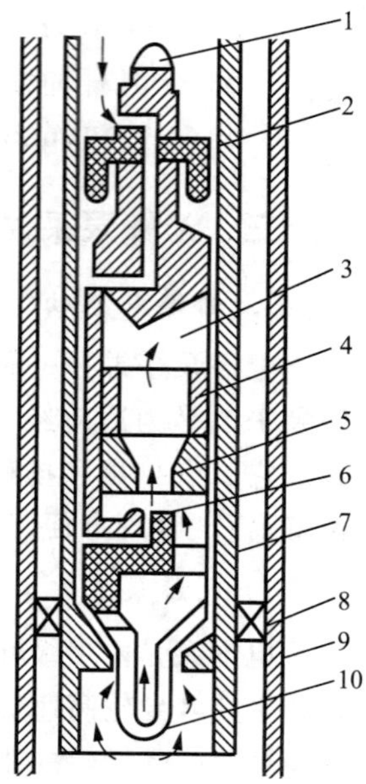

图 7-25 射流泵工作简图
1—打捞头；2—提升皮碗；3—排油孔；4—扩散器；5—喉管；6—喷嘴；7—油管；8—封隔器；9—套管；10—尾管

1) 射流泵工作原理

图 7-26 为一台射流泵的工作示意图。如图所示，在动力液压力为 p_1、流速为 q_1 的条件下，动力液被泵送通过过流面积为 A_n 的喷嘴；压力为 p_3、流速为 q_3 的井中流体则被加速吸入喉管，其吸入截面为 A_s。在喉管中，井中流体与动力液混合，形成均匀混合液，在压力下离开喉管。在扩散管中，混合液的流速降低，压力升高到泵的排出压力 p_2，这个压力足以将混合液排出地面。

射流泵的排量、扬程取决于喷嘴面积与喉管面积的比值。直径较大的喷嘴和喉管理论上应具有较高的排量，然而，更重要的变量因素却是喷嘴面积与喉管面积的比值，因为它决定着泵压头和排量之间的协调。有了一定数量的不同面积比的喷嘴-喉管组合，就有条件很好地满足不同的流量和举升高度要求。

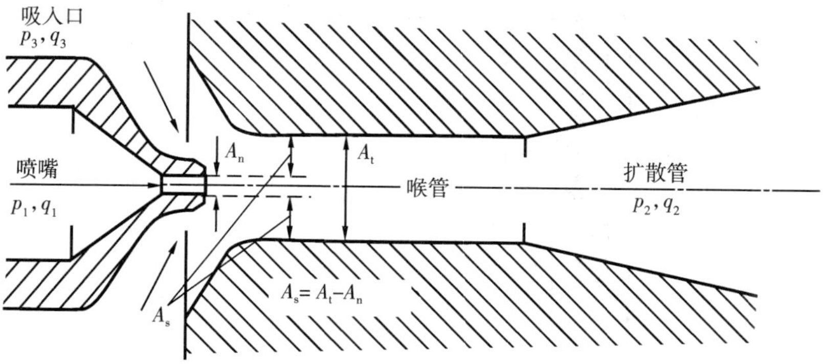

图 7-26 井下射流泵工作示意图

2) 射流泵分类

(1) 根据射流泵的起下方式，可分为用钢丝起下式射流泵和液力投捞式射流泵。

(2) 根据动力液的循环方式，可分为正循环式和反循环式射流泵。

3. 水力活塞泵采油

水力活塞泵是一种液压传动的无杆抽油设备。实际上，它是去除了抽油杆，将液压抽油机的驱动油缸和换向阀移到井下与抽油泵直接连接。地面动力泵将动力液通过油管输送到驱动油缸，从而带动抽油泵抽油。多年的矿场实践证明，水力活塞泵能够有效地用于稠油井、高含蜡井、深井和定向井，且效率较高。

水力活塞泵采油具有泵挂深、扬程高、排量调节范围宽、效率高、适应性强、作业周期长及经济效益显著等优点，因此已成为我国机械采油工艺技术及装备中不可缺少的重要组成部分。

1）水力活塞泵系统工作原理

高压动力液经动力液管柱注入井中，驱动水力活塞泵上的液马达，动力液的高压势能变为往返运动的机械能；液马达驱动泵，泵将机械能转变为液体的静压，使产出液采到地面。水力活塞泵系统井下机组主要由液马达、泵和主控滑阀 3 部分组成。

2）水力活塞泵系统分类与特点

(1) 根据系统井数，可分为单井流程系统、多井集中泵站系统、大型集中泵站系统。

(2) 根据动力液循环，可分为闭式循环方式、开式循环方式，如图 7-27 和图 7-28 所示。所谓开式循环或闭式循环，是指在整个采油系统中乏动力液是否有自己的独立通道。动力液经地面泵加压使井下泵工作后不与产出液混合，而从特设的乏动力液独立通道排出，再通过地面泵反复循环使用的，称为闭式循环。反之，没有特设的乏动力液独立通道，乏动力液必须和产出液混合，流往地面集油站处理的，称为开式循环。开式循环方式设备简单，操作容易，但动力液处理费用较高；而闭式循环方式设备复杂，操作麻烦，但动力液处理费用低。

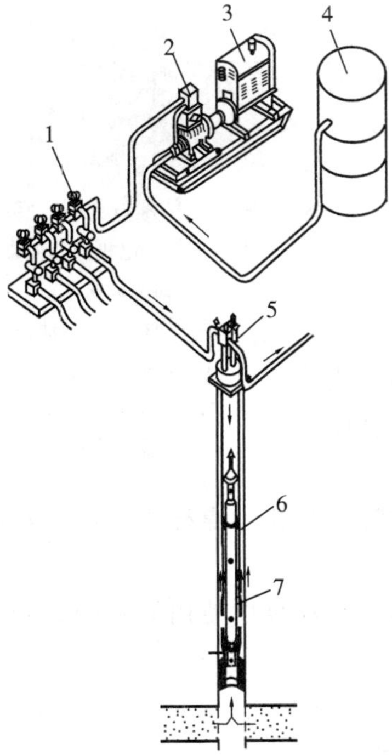

图 7-27 开式水力活塞泵系统

1—高压控制管汇；2—地面泵；3—发动机；4—动力液罐；5—井口装置；6—井下泵工作筒；7—沉没泵

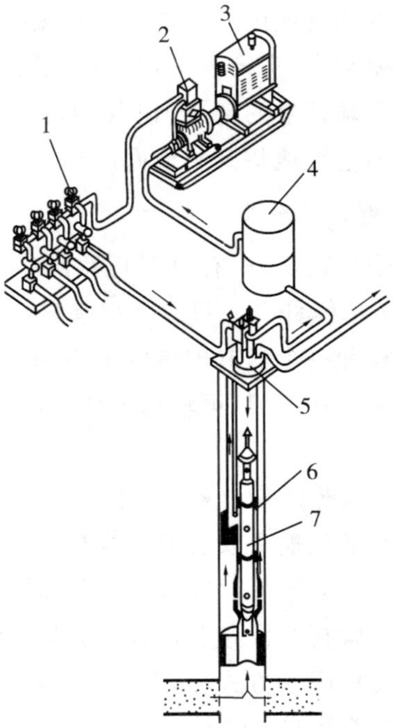

图 7-28 闭式水力活塞泵系统

1—高压控制管汇；2—地面泵；3—发动机；4—动力液罐；5—井口装置；6—井下泵工作筒；7—沉没泵

水力活塞泵采油系统是一种液压传动的无杆抽油系统，其工艺特点可简单归纳如下：① 往复容积式水力活塞泵被安装在井下，靠油管中的动力液传递动力，驱动井下泵往复运动，实现井液的举升；② 动力液通常为原油，但也有少数井使用水基动力液；③ 工艺系统形式有开式和闭式两种，但90％以上的井采用开式系统；④ 下泵深度不受限制，能够适应深井、低液面举升条件；⑤ 泵的排量可以通过改变工作冲数实现无级调节，便于适应不同油井产量的要求。

4. 螺杆泵采油

螺杆泵又称渐进式容积泵。由于螺杆泵的结构、工作原理和工作特性方面均不同于往复式水力机械和传统叶片式水力机械，所以把它称为单螺杆式水力机械。单螺杆式水力机械在机械采油领域的应用主要包括3种形式：电动潜油单螺杆泵、液动式单螺杆泵和井口驱动单螺杆泵。螺杆泵在抽汲高黏度、高含气和含砂的原油时具有较好的适应性，在国内油田应用较广的是井口驱动式单螺杆泵。螺杆泵采油如图7-29所示。

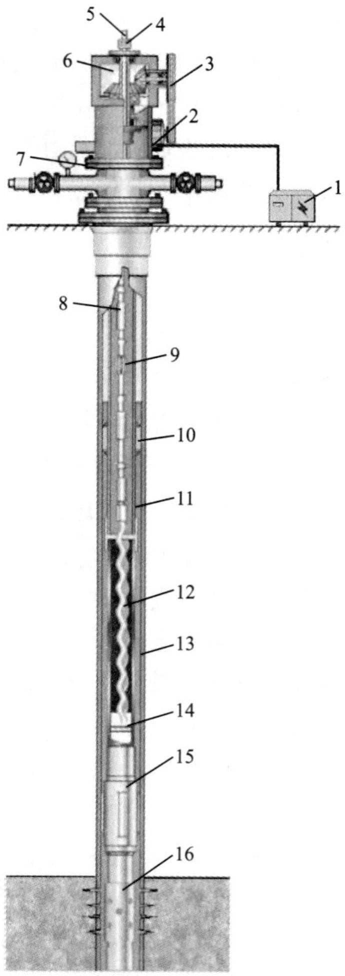

图7-29 螺杆泵采油系统示意图

1—电控箱；2—电机；3—皮带；4—方卡子；5—光杆；6—减速箱；7—专用井口；8—抽油杆；9—抽油杆扶正器；10—油管扶正器；11—油管；12—螺杆泵；13—套管；14—定位销；15—锚定装置；16—筛管

1）螺杆泵采油系统工作原理

电网的电能由电机转化为机械能，通过皮带或齿轮等传递给驱动头，实现了变速；驱动头通过抽油杆柱将动力传给井下螺杆泵的转子，使其旋转，从而将由油藏进入井筒的原油连续地举升到地面。

2）螺杆泵分类

按螺杆数目分，有以下几种：

(1) 单螺杆泵。只有一根螺杆，主要工作机构是一根钢制螺杆和一个具有内螺旋表面的橡皮衬套，主要用于化工和其他工业部门，可输送含微小固体颗粒的各种高黏度液体。

(2) 双螺杆泵。泵内有两根螺杆啮合工作，主动螺杆和从动螺杆之间用一对齿轮传递扭矩。有的油船上安装有双螺杆泵。

(3) 三螺杆泵。泵内有3根螺杆互相啮合工作，是螺杆泵中使用最多的一种。在油库中常用三螺杆泵输送黏油或燃料油、柴油等。

按螺杆吸入方式分，有以下几种：

(1) 单吸式。油料从螺杆一端吸入，从另一端排出。

(2) 双吸式。油料从螺杆两端吸入，从中间排出。

此外，按泵轴位置还可分为卧式泵和立式泵，油库中常用卧式泵。

第三节　采气工艺技术

由于天然气储层地质特征和流体性质复杂，采气工艺技术水平直接影响气井的开采效率与开采效益。不同类型气藏的采气工艺技术有不同的技术内容要求和十分明显的差异，只有选用不同的、与之相对应的采气工艺技术，才能确保气井科学、安全、稳定生产。

一、井下节流

天然气的开发为解决我国能源危机提供了新的思路，但在开发过程中存在一些问题。例如，由于天然气为可压缩流体，生产过程中往往会造成井口和输送管道压力过高，存在事故隐患，需要将输送压力控制在合理的范围，若更换高等级的井口和输送管道，则开发成本会升高。

控制管道输送压力的方法是在井口安装节流阀。节流是一个降温降压的过程，节流以后气体在节流阀附近的流速有所增加，因为节流以后由于天然气温度的降低容易生成水合物，所以一般做法是在井口节流前安装水套炉加热装置，这样能起到防止水合物生成和控制管道输送压力的效果，但是这种做法生产投资大，并且抑制剂排放会破坏环境。

井下节流工艺在实现井筒节流降压的同时，还可以充分利用地热，对节流后的天然气流加热，使节流后的气流温度高于该压力条件下的水合物生成温度，从而达到降低地面管线压力、防止水合物生成、取消地面保温装置、减少注醇量、提高气井携液能力、节省地面投资、降低成本的目的。

1. 井下节流工艺原理

将井下气嘴与其他工具配合成套安装，下入井下某一位置固定，取代原有的地面油嘴及水套炉，充分利用地热资源，对节流后的气流进行加热，使节流后的气流温度得到一定程度的恢复，把大地当作热能交换场所，使压缩气体的膨胀、吸热过程在地下完成，从而实现在无地面水套炉加热情况下仍可保证气体温度，低压输气，从而达到节能降耗、安全、环保的效果。

2. 井下节流器

1）井下节流器类型

目前开发的井下节流器有两类：一类是活动型井下节流器，适用于已经生产的气井，工具的坐封和投捞更加安全可靠；一类是固定型井下节流器，适用于节流压差较高的新投产井，坐封和投捞安全可靠。

活动型井下节流器和固定型井下节流器的主要区别在于有无工作筒和卡定方式不同。工作筒主要用作固定型井下节流器的外密封筒和坐放短节，未坐放节流器时相当于油管接箍。

活动型井下节流器和固定型井下节流器结构示意图如图 7-30 和图 7-31 所示。

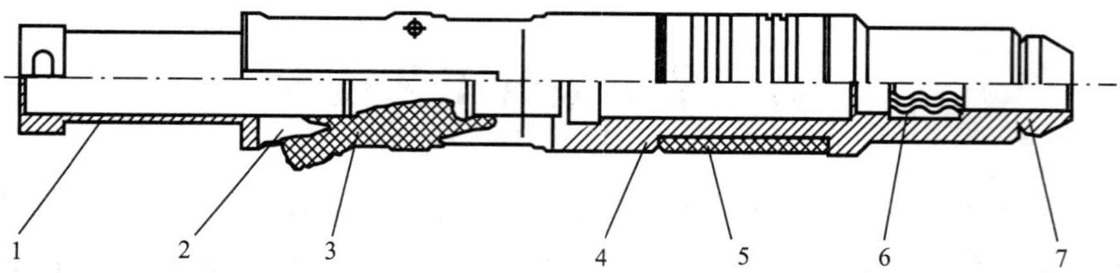

图 7-30 固定型井下节流器结构示意图

1—上体；2—锁块；3—弹簧；4—下体；5—盘根；6—节流嘴；7—底帽

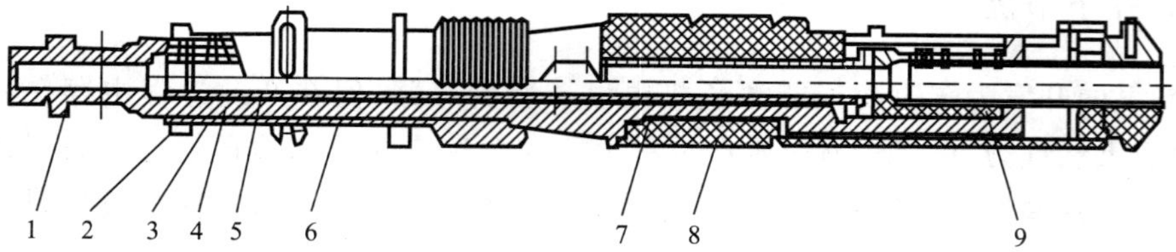

图 7-31 活动型井下节流器结构示意图

1—释放头；2—剪钉；3—打捞颈；4—心轴；5—上推力筒；6—油管爪；7—上皮碗；8—下皮碗；9—密封弹簧

2）井下节流器材质选择

（1）在有腐蚀介质的情况下，选择低碳钢，用合理的材料热处理方式完成加工。

（2）在没有腐蚀介质的情况下，选择优质高碳合金钢。

（3）选择特殊的橡胶密封件，适应各种不同井况。

3）井下节流器优缺点

井下节流器的优点主要有：

（1）活动型井下节流器可根据需要下入任意井段位置，投捞作业方便可靠，特别适用于需节流生产的老井。

（2）固定型节流器下入位置由井下工作筒位置确定，投捞作业简单可靠，密封效果好，适合在新投产井中使用。

（3）对于少量出水气井，由于井下节流后的气体通过节流嘴呈喷射状喷出，当气夹水通过节流器时，液体几乎呈雾状流动，可降低液柱的重力梯度，使气体举升液体的能力增加，从而达到排水采气的目的。

（4）低压的井口状态对井口装置具有保护作用，使井口装置更加安全可靠，使用寿命延长。

井下节流器的缺点为：由于井下坐放节流器，所以井下压力计不能下到产层去测试井底流压。

二、排水采气

随着开采时间的增加和开发程度的加大，气田和气井都面临一个严峻的问题，即产水气井不断增加，严重威胁气井的稳定生产，气井产量急剧下降，严重时气井会被水淹而停产，大大降低了气田和气井的采收率。

1. 气井出水原因及危害

1）影响出水的主要因素

实践证明，气井出水主要受以下4个因素影响：

（1）采气速度。过高的采气速度容易导致底水很快到达井底，使气井无水生产期很短，产量递减迅速，甚至气井被水淹。

（2）生产压差。生产压差过大会引起底水锥进或边水舌进，且生产压差越大，地层水因锥进或舌进而到达井底的时间越短，会使气井过早出水。

（3）气层非均质性。气层非均质性越强，井底距气水界面方向渗透性越强或纵向裂缝越发育，底水到达井底的时间越短。

（4）井底距原始气水界面的高度与水体的能量。在相同条件下，井底距原始气水界面越近，水体的能量越大、越活跃，底水到达井底的时间越短。

2）气井出水的危害

（1）地层水沿裂缝窜入，对气藏进行分割，会形成死气区，使最终采收率显著降低。一般纯气驱气藏的最终采收率高达90%以上，而产水气藏的平均采收率仅为40%～60%，也就是说，有30%～50%的储量因两相流动和水对渗透区的封隔而无法采出，这些气必须依靠排水采气工艺才能开采出来。

（2）气井出水后，气相渗透率降低，气层受到伤害，产气量迅速下降，递减期提前。

（3）气井出水后，由于在主要渗流通道和气井自喷管柱内形成气水两相流动，管柱内的压力损失和气藏的能量损失显著增大，导致气井产量迅速递减，气井的自喷能力减弱，逐渐变为间歇井，终因井底严重积液而水淹停产。

（4）气井出水会降低天然气质量，增加脱水设备和费用，增加天然气成本。

2. 排水采气工艺技术

气井出水后需要采取排水采气工艺继续对气藏进行开采，从而提高气井产量、开采效益和单井产能。产水气井二次开采的排水采气工艺技术试验始于1978年。40多年来经历了各种排水采气方法的试验、改进和发展，并逐步形成了优选管柱排水采气工艺、泡沫排水采气工艺、气举排水采气工艺、机抽排水采气工艺、电潜泵排水采气工艺、螺杆泵排水采气工艺、组合排水采气工艺、超声波排水采气工艺等。下面对各种排水采气工艺进行简要介绍。

1）优选管柱排水采气工艺

优选管柱排水采气是指在产水气藏开发中后期，气井已不能自喷带水生产而转入间歇生产时，对其及时调整管柱，改换成较小直径管柱的一种自喷排水采气工艺。优选管柱排水采气工艺施工简单到只需要更换一次油管，不需要人为提供任何能量。

2）泡沫排水采气工艺

泡沫排水采气（简称泡排）就是向井底注入某种与水产生稳定泡沫的表面活性剂（即起泡剂），注入井内的起泡剂借助天然气流的搅动，将水分散并产生大量密度较低的含水泡沫，从而改变井筒内水气流态，在地层能量不变的情况下提高天然气井的带水能力，实现排水采气的工艺技术。加入的起泡剂可降低水的界面张力，也可减少气体滑脱损失，其工艺流程如图7-32所示。

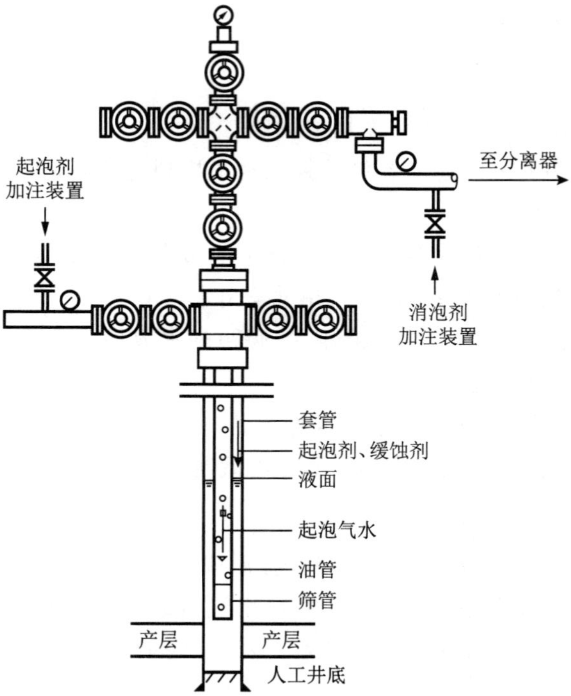

图 7-32 泡沫排水采气工艺流程

3）气举排水采气工艺

气举排水采气（简称气举）是将高压气体（天然气或氮气）注入井内，借助气举阀实现注入气与地层产出流体混合，降低注气点以上的流动压力梯度，减少举升过程中的滑脱损失，排出井底积液，增大生产压差，恢复或提高气井生产能力的一种人工举升工艺。其工艺流程如图 7-33 所示。

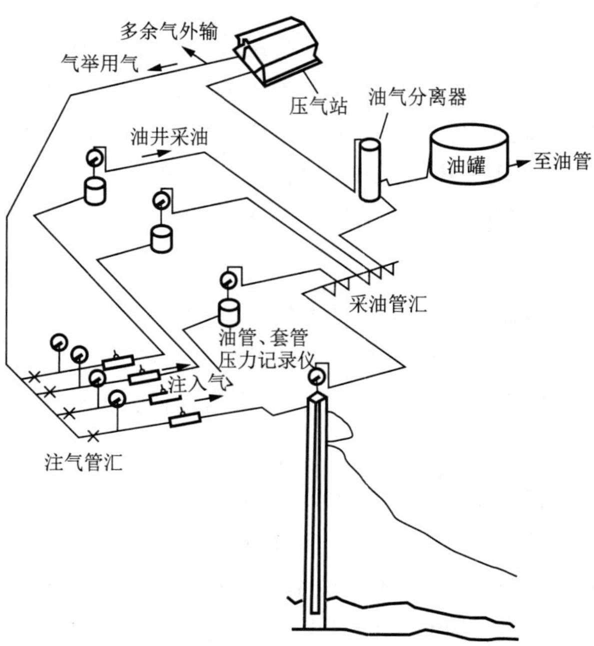

图 7-33 气举排水采气工艺流程

4）机抽排水采气工艺

机抽排水采气是气田进入开发中后期维持气井生产的重要措施之一，其工作原理与抽油相同，区别在于机抽排水采气从油管排水、油套环空采气。

机抽排水采气工艺流程（图 7-34）为：在需要排水的气井中，首先将有杆深井泵连接在油管上并下到井内适当深度，将柱塞连接在抽油杆下端，通过安装在地面的抽油机带动油管内的抽油杆不停地做往复运动。上冲程，泵的固定阀打开，游动阀关闭，泵的下腔吸入液体，油管向地面排出液体；下冲程，固定阀关闭，游动阀打开，泵的下腔吸入的液体转移到柱塞上面从而进入油管。这样，抽油机装置不停地将地层和井筒中的液体从油管排到地面，井筒中的液面逐渐下降，从而降低井筒中液体对气层的回压。此时产层气向油套环空聚集、升压，当套压超过输压一定值后，即可使套管内的天然气通过地面气水分离器进入输气管线，这样就实现了气井抽油机排水采气的目的。

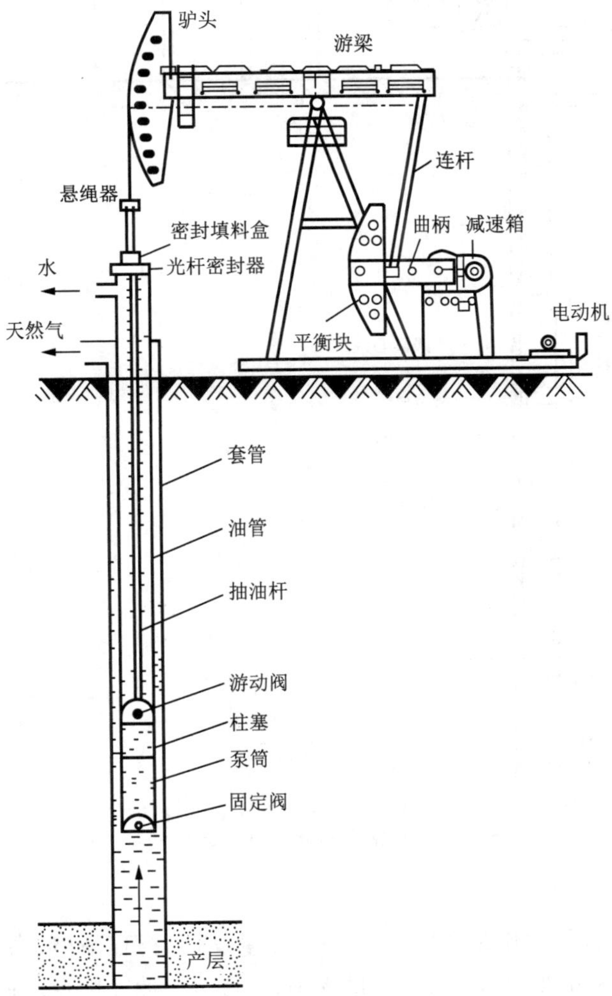

图 7-34 机抽排水采气工艺流程

5）电潜泵排水采气工艺

电潜泵排水采气是一种将多级离心泵下入井底，启泵后将油管中的积液迅速排出井口，以降低回压、提高气藏采收率的排水采气工艺技术。

电潜泵排水采气的工艺流程(图 7-35)为:电力经过变压器、接线盒、动力电缆使井下电机带动多级离心泵高速旋转;井液通过旋转式气体分离器、多级离心泵、导流阀、油管、特种采气井口装置被举升到地面排水管线,进入卤水池计量并处理;井恢复生产后,气水混合物经油套环空及井口装置、高压输气管线进入地面分离器,分离后的天然气进入输气管线集输。

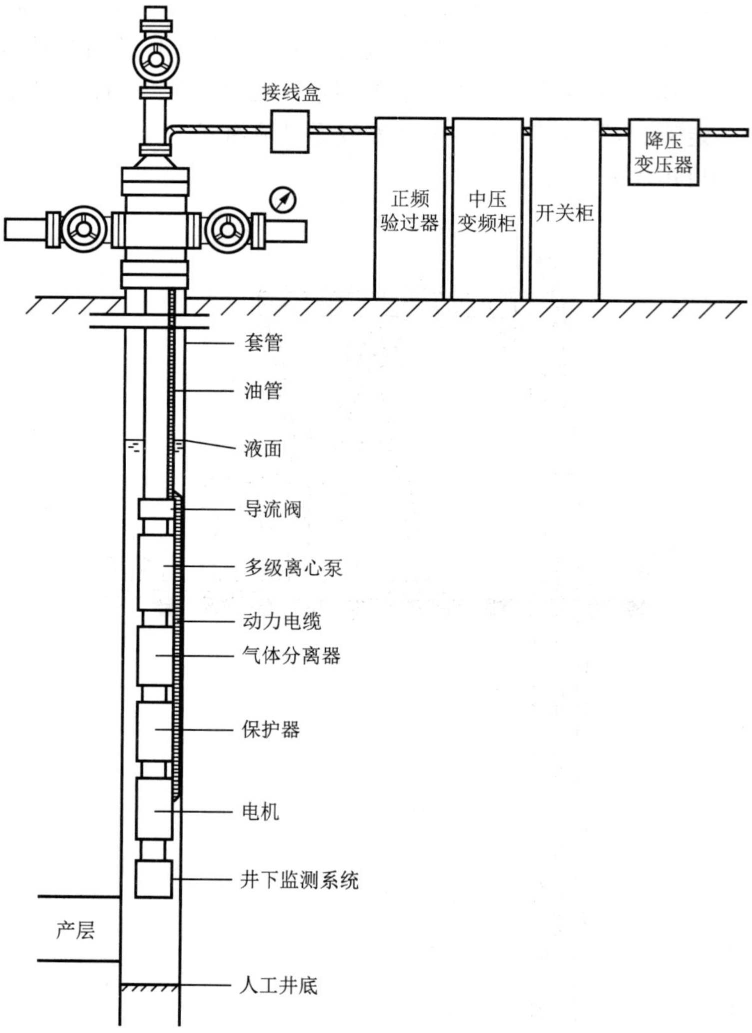

图 7-35　电潜泵排水采气工艺流程

6) 螺杆泵排水采气

螺杆泵具有排量大(最大排量 1 050 m^3/d)、排量易调、扬程高(最高扬程 3 000 m)、气液混输、适合出砂井、耐腐蚀、效率高、一次投资小、运行费用低等优点。近几年来,随着新材料和新工艺技术的采用以及应用技术的发展,螺杆泵举升技术得到了不断的完善和很大的提升。螺杆泵在使用寿命、泵效、可靠性和经济性等方面取得重大突破的同时,适应性也大大加强,应用范围进一步扩大,已基本覆盖了其他人工举升所具有的能力,可以说螺杆泵举升技术已经面目一新。由于螺杆泵气液混输的优势，其在排水采气中的应用具有越来越好的前景。

7）组合排水采气工艺技术

组合排水采气是在对气举及泡排两项单项工艺技术进行评价研究的基础上优选同心双管的排水采气管柱，设计研究双管井口装置及井下小油管捕集器，对最佳注气量和注泡量进行优化设计。组合排水采气工艺适用于已开展气举或泡排的工艺井，能够降低注气量，保持气水同产井的连续带水生产。

8）超声波排水采气工艺

超声波排水采气是由动力电源供应电力给超声波发生器，传输电缆将该发生器产生的电功率信号传至井下的超声波换能器，换能器将电能转化成超声能发射，使井底积液雾化，雾化后的积液随天然气排出地面。超声波排水采气工艺克服了目前排水采气工艺的不足，对气藏无污染，对设备无化学腐蚀，并可显著提高采气量，延长气井采气周期，特别适用于深井小底水天然气井。

三、出砂气井采气

我国疏松砂岩气藏主要分布在柴达木盆地、松辽盆地和渤海湾地区，其中柴达木盆地发现的涩北气田是长井段多层疏松砂岩气藏，探明天然气地质储量为 $3\ 700\times10^{8}\ m^{3}$（截至 2017 年底），储层渗透性好、自然产能高，但因岩石疏松、易出砂，严重限制了储层自然产能的发挥。

出砂气井投产后，常采取控砂生产（控制在临界出砂生产压差之下生产）技术防止气井出砂；砂埋产层后，通过井筒清砂来恢复气井生产；对于部分出砂严重的井，采取防砂重建人工井壁的措施来恢复气井的正常生产。对于部分产出砂，通过分离器分离排污除去。对出砂气田要定期进行场站检修，以确保集输系统安全平稳输气。

1. 出砂机理及影响因素

1）出砂机理

一般来说，地应力超过地层强度时，井就可能出砂。地层强度取决于胶结物的胶结力、流体的黏着力、地层颗粒之间的摩擦力以及地层颗粒本身的重力。地层应力包括地层结构应力、上覆压力、流体流动时对地层颗粒施加的推力，还有地层孔隙压力和生产压差形成的作用力。因此，地层出砂是由多种因素决定的。

2）出砂影响因素

（1）岩石强度低。这是最重要的影响因素，一般认为单轴抗压强度低于 7.0 MPa 的岩石为弱固结岩石，有可能出砂。胶结物的种类、性质和数量对岩石的强度起着至关重要的影响。地层岩石遭到破坏而出砂，其本质是胶结物被破坏，形成分散的砂粒。

（2）地层压力的衰减。地层压力的衰减相对增大了岩石的有效应力。

（3）生产压差或生产速度过大。

（4）地层流体黏度大。

(5) 随着气井含水量的增加，出砂的可能性增大，一般当气井产层段砂岩含水后，其岩石强度降低 80%～95%。

3) 出砂危害

(1) 气井减产或停产。气井出砂极易造成产层砂埋、油管堵砂及地面管汇和分离装置积砂。这时要恢复气井生产，必须采用冲砂作业，不仅耗时耗资，而且重复作业越多，地层污染越严重，导致气井生产周期越短，气田产量递减趋势越明显，作业成本逐年增加。

(2) 井下设备、管线腐蚀和堵塞。

(3) 套管损坏使气井报废。出砂破坏了地层的架构，使气藏环境复杂化，长期严重出砂会使套管外形成巨大的空穴，内、外力不平衡导致突发性地层坍塌，轻则造成套管变形，重则使套管被错断挤毁，导致气井报废。

(4) 破坏地层的原始结构，造成近井地带地层渗透率严重下降。

2. 出砂预测及监测

1) 出砂预测

出砂预测方法有 4 类，分别为现场观测法、经验法、实验室模拟法和数值计算法。从目前的研究水平来看，很难用单一方法得到比较可靠的预测结果。要预测一口井在生产全过程中是否出砂和何时出砂，只有利用多种预测方法才能得到比较可靠的预测结果。现场观测法主要包括岩芯观察、DTS 测试和邻近井状态分析。经验法主要包括出砂指数法、斯伦贝谢比、声波时差法和压降法。数值计算法的研究对象是固结—疏松之间的地层。

2) 出砂监测

常用的出砂监测方法有井下探砂面、地面计量等。

在出砂监测过程中，要保持气井生产制度稳定，定期安排砂面探测，根据气井砂量大小及时调整气井出砂监测周期并制定适当的出砂治理措施。在气井压力、产量同时异常降低或关井复压试井时，应开展砂面监测或探测，为气井控砂生产提供依据。

出砂在线监测法是利用超声波智能传感器进行出砂在线监测。这种传感器安装在井口弯管上，气体携砂通过时碰击管壁的内壁，产生超声波脉冲信号，由声敏传感器接收，据此判断气井是否出砂。此方法结合试采法使用，可以及时发现出砂，克服单一气井试采法出砂判断滞后的问题。

3. 气井合理生产参数的确定

对投产后出砂的气井，需控制地层中的压降及流体流速，使气井不出砂或少出砂。通常结合出砂监测和出砂预测资料，通过控制气井临界出砂生产压差(产量)来实现。

临界出砂生产压差的确定方法主要有两种：一是岩芯判断法，主要通过岩芯室内实验确定合理的出砂临界生产压差，但对于易出砂、岩性差的储层，此方法难以应用；二是气井试采法，即气井产能试井时，随着工作制度的逐渐放大，气井出砂程度也在变化，通过水样和气嘴的刺损情况判断出砂时的工作制度或井下生产压差，并选用出砂前的工作制度进行生产。虽然第二种方法较常用，但存在一定的滞后性，当发现出砂时，地层已经在此压差下生产了一段时间，可能已对地层造成破坏。

1）合理生产压差的确定

首先，应从防砂的角度出发，采用实验室模拟法、声波时差法、防斜法或“C”公式法等多种方法，综合分析确定气井的临界生产压差；然后，取临界生产压差的 1/2 作为最大安全合理生产压差对气井不同开发层序配产，确保气井生产时不出砂。

2）合理产能的确定

在按最大安全合理生产压差确定气井配产产能的基础上，通过试井求出储层无阻流量的 1/5～1/3 进行配产，将二者加以比较，并取最小配产值作为该层的合理产能，计算程序可归纳如下：

（1）根据气井采气方程，计算气井在实际地层条件下的绝对无阻流量和气井在 1/2 临界出砂生产压差下的产量。

（2）比较气井在 1/2 临界出砂生产压差下的产量和按气井绝对无阻流量 1/5～1/3 配产的产量，选取小值作为合理产能。

4．防砂工艺技术

气井生产时，天然气以极高的流速流向井底，以极大的拖拽力把近井地带的砂带入井内，对生产造成很大威胁。下面介绍几种常见的气井防砂工艺技术。

1）绕丝筛管砾石充填防砂工艺技术

绕丝筛管砾石充填防砂工艺技术是当今世界上应用范围广、成功率高、有效期长的一种防砂方法，经过多年的完善配套，已具备大规模施工的能力。绕丝筛管砾石充填防砂工艺是将全焊式不锈钢绕丝筛管、充填工具及辅助器材组合成井下防砂管柱下入井内，使具有均匀筛缝的绕丝筛管对准气层，然后通过充填管柱在井下筛套环形空间和射孔炮眼内充填高渗透的石英砂，依靠充填砾石阻挡地层砂，绕丝筛管阻挡充填砾石，形成双层挡砂屏障，从而达到防止地层生产时出砂的目的（图 7-36）。

2）树脂涂层砾石化学防砂工艺技术

所谓化学防砂，就是将化学原料注入地层以胶结地层砂，或将化学胶结剂预先涂在固体颗粒表面，然后将其挤进套管形成人工井壁，从而达到防砂目的。树脂涂层砾石化学防砂工艺是在石英砂表面均匀地涂敷约 0.2 mm 厚的半固性树脂，经干燥、粉碎后分散成涂层砾石成品，在常温下颗粒呈分散状。在疏松砂岩浅气藏施工过程中，用泵车将涂层砾石泵入地层，随着地层温度的回升，树脂迅速反应并将涂层砾石胶结成具有一定强度和渗透性的人工井壁，阻止气层出砂（图 7-37）。此工艺一般适用于粒度中值偏细的气藏。

3）树脂涂层砾石与绕丝筛管砾石充填复合防砂技术

该工艺是先对地层挤注树脂涂层砾石，候凝、钻塞后下入绕丝筛管以及配套管件组合的防砂管柱，采取绕丝筛管砾石充填方法，由树脂涂层砾石阻挡地层砂、充填石英砂阻挡树脂涂层砾石、绕丝筛管阻挡石英砂，从而形成逐级遮挡屏障，使地层到井筒的砾石层处于相对稳定的状态。

4）压裂砾石充填防砂技术

该工艺通过对气层压裂造成裂缝，用常规砾石充填工艺将砾石充填到裂缝中，然后在套管内进行常规砾石充填。这种防砂方法可极大地降低气体在近井地带的流动压差，降低流速，从而获得良好的防砂效果。

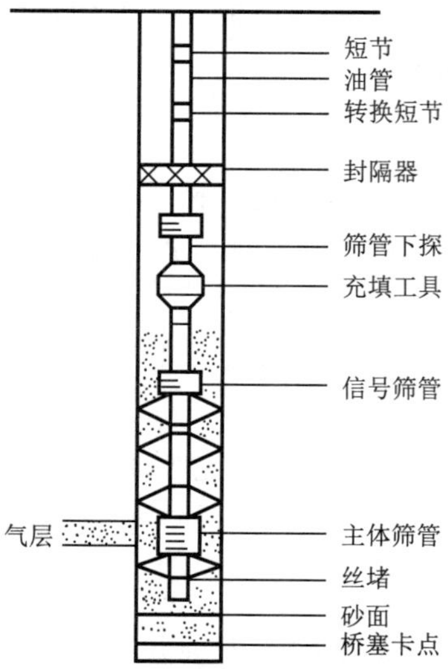

图 7-36 绕丝筛管砾石充填防砂管柱图

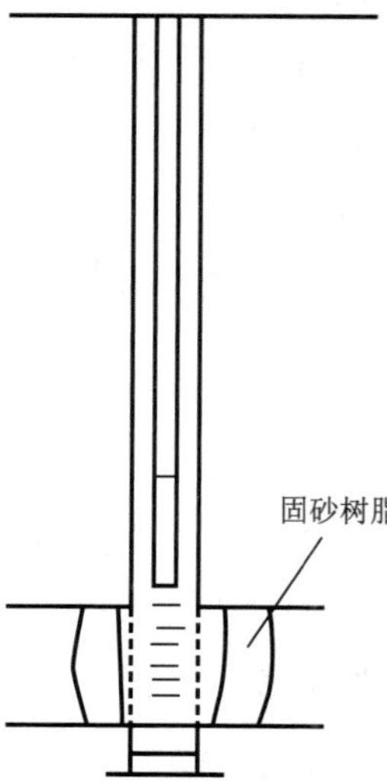

图 7-37 树脂涂层砾石化学防砂工艺示意图

第四节 压裂与酸化技术

压裂和酸化是通过向储层注入压裂液或酸液，解除地层阻塞，打开新的渗流通道，恢复和提高储层渗流能力的井下作业。压裂和酸化技术是油气藏最基本的增产措施，在世界范围内得到了广泛应用。压裂和酸化技术不仅可以提高油气井产量，更是认识地层的重要手段之一。通过压裂和酸化改造，许多复杂区块的地质储量得以升级和动用。压裂和酸化技术在勘探试油和油气藏开发中发挥着日益重要的作用，成为油气藏经济开发的重要手段。

一、压裂与酸化机理

1. 作用机理

1）压裂机理

压裂的作用机理是在地面通过高压大排量泵，利用液体传压原理，将具有一定黏度的液体以大于油层吸收能力的排量注入井内，使井筒内的压力逐渐升高。当井筒内的压力高于油层破裂所需要的压力时，油层就会形成一条或几条水平或垂直裂缝（图 7-38）。当继续注入液体时，裂缝会向油层深处延伸和扩展，提高储层导流能力，直到液体注入速度等于油层渗透速度时，裂缝才会停止延伸与扩展。

图 7-38 压裂示意图

2）酸化机理

酸化的作用机理是利用酸液对储层的化学作用和水力作用，恢复或提高储层渗流能力。通常，施工压力低于地层破裂压力的酸化称为解堵酸化，施工压力高于地层破裂压力的酸化称为压裂酸化，又称酸压。

2. **增产机理**

1）水力压裂增产机理

水力压裂的增产机理是降低井底地层中流体的渗流阻力，改变流体的渗流状态，使原来的径向流动变为油层与裂缝间的近似线性流动和裂缝与井筒间的线性流动，消除径向节流损失，大大降低能量消耗，从而大幅度提高油气井产量，如图 7-39 和图 7-40 所示。

图 7-39 流体径向流动

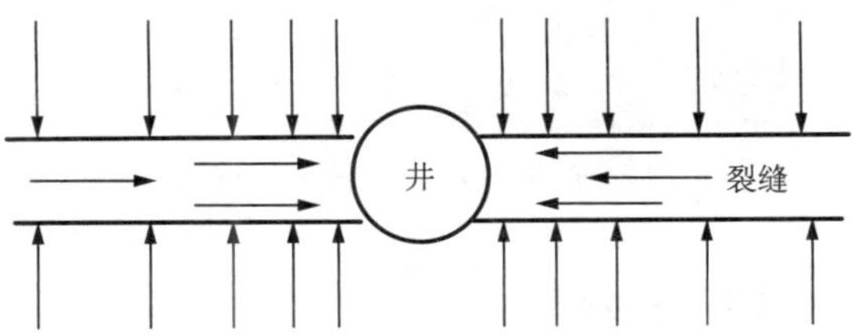

图 7-40 压裂后流体线性流动

无论是水力压裂还是酸压，都可以在油气层中造成一条渗透率较大且能延伸很远的人工裂缝，降低油气渗流阻力，从而达到增产效果。

2）酸化增产机理

酸化的增产机理是通过酸液对岩石胶结物或地层孔隙、裂缝内堵塞物等的溶解和溶蚀作用，恢复或提高地层孔隙和裂缝的渗透性。酸化按照工艺可分为酸洗、基质酸化和酸压。

酸洗是将少量的酸液注入井筒，清除井筒孔眼中的酸溶性颗粒和钻屑及结垢等，疏通射孔孔眼。

基质酸化是在低于岩石破裂压力的条件下将酸液注入地层，依靠酸液的溶蚀作用恢复或提高井筒附近较大范围内油气层的渗透性。对于砂岩储层，酸液大体沿径向渗入储层，溶解孔隙空间内的颗粒及堵塞物，扩大孔隙空间（图 7-41a）；破坏钻井液、水泥及岩石碎屑等堵塞物的结构，消除井筒附近储层污染，恢复或提高基质渗透率；在某些条件下，也可能形成高渗透性酸蚀孔道而旁通污染带（图 7-41b）。对于碳酸盐岩储层，酸液主要通过溶解微裂缝中的堵塞物或溶蚀裂缝壁面，扩大裂缝；或者形成类似于蚯蚓的孔道，简称为酸蚀蚓孔，从而

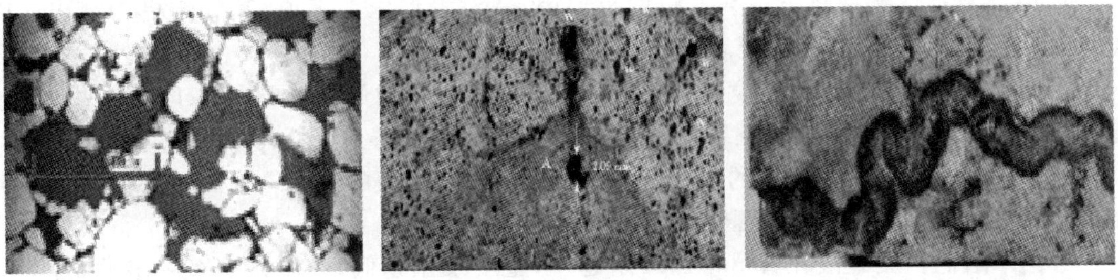

（a）酸液流经孔隙　（b）与砂岩作用形成的孔道　（c）与碳酸盐岩作用形成的蚓孔

图 7-41 酸液与岩石作用

旁通污染带，改善地层渗流条件(图 7-41c)。

酸压是在高于岩石破裂压力的条件下将酸液注入地层，在地层内形成裂缝，同时酸液与裂缝壁面岩石发生反应，非均匀地刻蚀缝壁岩石，形成沟槽状或凹凸不平的刻蚀裂缝，如图 7-42 所示。酸压一般不使用支撑剂，这种非均匀刻蚀会使裂缝在酸压施工结束后仍不能完全闭合，最终形成具有一定尺寸和导流能力的人工裂缝，如图 7-43 所示。

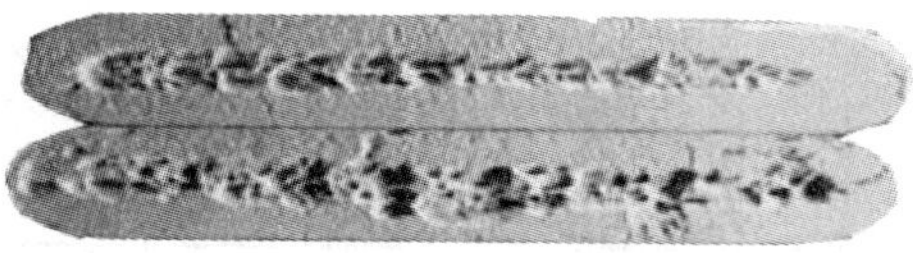

图 7-42　酸液非均匀刻蚀裂缝壁面

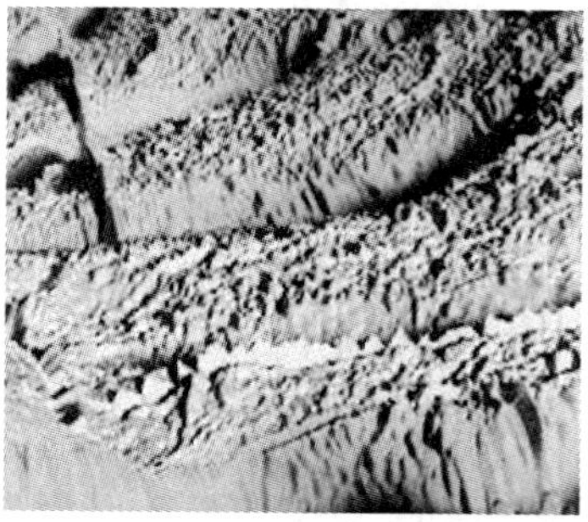

图 7-43　酸压酸蚀裂缝

二、压裂液与酸液

1. 压裂液及添加剂

1) 压裂液体系

压裂液是水力压裂过程中的工作液，起着传递压力、形成和延伸裂缝、携带支撑剂的作用。在施工过程中，按照压裂液在各个注入阶段所起作用的不同，可以将其分为以下 3 类：

(1) 前置液，即不含支撑剂的压裂液。它的作用是破裂地层，形成具有一定宽度的裂缝，以便后面的支撑剂颗粒能进入裂缝。对于温度较高的地层，前置液还能起到降温的作用。通过在一部分前置液中加粉砂，可以堵塞地层中的孔隙以减少携砂液的滤失。此外，前置液还可以存在于裂缝中防止砂堵。

(2) 携砂液，即混有支撑剂的压裂液。它的主要作用是将支撑剂带入裂缝，在裂缝中分布支撑剂并扩展裂缝。同时，携砂液也能起到冷却地层的效果。一般要求携砂液的悬砂能力强、滤失低，其用量在总液量中的占比最大。

(3) 顶替液。中间顶替液用以将携砂液推向裂缝深部，尾注顶替液用以将地面管汇和井筒内的携砂液顶入缝中，避免砂卡。

2) 压裂液性能要求

压裂液及其性能是影响压裂成败的重要因素，对大型压裂来说，其影响更为突出。因此，压裂液必须具备如下性能要求：

(1) 滤失少，这是造长缝、宽缝的重要条件。压裂液的滤失性主要取决于它的黏度与造壁性，黏度高则滤失量小。在压裂液中添加降滤失剂，能改善造壁性，大大减小滤失量。

(2) 悬砂能力强。压裂液的悬砂能力主要取决于压裂液的黏度。较高黏度的压裂液可以有效地悬浮和输送支撑剂到裂缝深部。

(3) 摩阻低。压裂液在管道中的摩阻越小，施工泵压越低，在设备功率一定的条件下，用于造缝的有效功率也就越大。

(4) 稳定性好。热稳定性和抗剪切稳定性好，能保证不因温度升高或流速增加而导致压裂液黏度大幅度降低。

(5) 配伍性好。配伍性是指压裂液性质应与地层岩石和地层流体性质相适应,即压裂液进入地层后,与各种岩石矿物和流体相接触时不产生不利于油气渗流的物理化学反应,例如不引起黏土膨胀或产生沉淀而堵塞油层等。

(6) 低残渣、易返排,能降低对生产层的污染和对填砂裂缝渗透率的影响。

(7) 经济有效,即价格便宜,便于配制。

3) 压裂液类型

由于压裂地层的温度、渗透率、岩石成分和孔隙压力等地层条件千差万别,且压裂工艺要求各不相同,所以必须开发研究与之相适应的压裂液体系。目前常用的压裂液有水基压裂液、油基压裂液、乳化压裂液及泡沫压裂液等。

(1) 水基压裂液。水基压裂液主要是用水溶性聚合物作为成胶剂,制成能悬浮支撑剂的稠化溶液。目前使用的成胶剂主要有植物胶、纤维素衍生物及合成聚合物等。这几种高分子聚合物在水中形成的溶胶具有黏度高、摩擦阻力低及悬砂能力强的优点。水基压裂液在裂缝中能达到较高的强度,滤失少,具有较好的支撑剂输送性能,热稳定性高。

(2) 油基压裂液。油基压裂液是以油为溶剂或分散介质,加入各种添加剂而制成的压裂液。油基压裂液的基液可以是原油、汽油、柴油、煤油及凝析油,但由于它们的携砂能力较差,所以多用稠化油。

油基压裂液的最大优势是避免水敏性地层由于水敏引起的压裂液伤害,而且稠化油压裂液遇地层水会自动破乳。但是油基压裂液易燃且成本高,流动摩阻一般高于水基冻胶压裂液,而且高温条件下的热稳定性不及水基冻胶压裂液,技术和质量控制要求高。因此,油基压裂液主要用于不太深的水敏性油气藏的改造。

(3) 乳化压裂液。乳化压裂液是用表面活性剂稳定的两相非混相分散体系,具有携砂能力强、曲度高、热稳定性好、对地层伤害小等特点,其缺点是摩擦阻力大、成本高。

(4) 泡沫压裂液。泡沫压裂液是以水、水基溶胶或水基冻胶为外相,气体等为内相制成的泡沫流体。它具有对地层伤害小、携砂能力和造缝能力强、易反排、摩擦阻力低等优点,但所需注入压力高。

4) 压裂液添加剂

为了满足对压裂液性能的要求,需要加入多种添加剂,以改变压裂液的流变性、高温稳定性、破乳和控制滤失的能力。以下为常见的几种压裂液添加剂。

(1) 稠化剂。稠化剂是水基压裂液的主剂,用以提高水溶液黏度,降低液体滤失,悬浮和携带支撑剂。

(2) 交联剂。交联剂能与聚合物线型大分子链形成新的化学键,使其连接成网状体型结构的化学剂。加入交联剂后,聚合物水溶液因交联作用可形成水冻胶。

(3) 破胶剂。施工结束后,需要尽快降低压裂液黏度,以便使其从地层中反排出来,从而减少对地层的伤害。受地层温度影响或依时间缓释的破胶剂通过破坏交联条件来降解聚合物大分子,使冻胶压裂液达到破胶降黏的效果。

(4) 黏土稳定剂。利用黏土表面化学离子交换的特点,用黏土稳定剂改变结合离子,从而改变其物理化学性质,或破坏其离子交换能力,或破坏双电层离子氛之间的斥力,达到防治黏土水合物膨胀或分散迁移的效果。

2. 酸液及添加剂

1）酸液类型

目前常用的酸液有无机酸、有机酸、粉状酸、多组分（或混合）酸或缓速酸等类型，其主要特点及适用条件见表7-1。

表7-1 酸化常用酸液类型

酸类	名称	特点	适用条件
无机酸	盐酸	溶解力强，价廉，货源广；反应速度快，腐蚀严重	碳酸盐岩储层酸化和碳酸盐含量高的砂岩储层酸化
	盐酸-氢氟酸（土酸）	溶解力强，反应速度快，反应剧烈，易产生二次污染	砂岩储层基质酸化
	氟硼酸	反应速度慢，水解速度受温度影响较大，处理范围大	砂岩储层深部解堵酸化
	磷酸	反应速度慢，可以解除硫化物、腐蚀产物及碳酸盐类堵塞物，加入氢氟酸可溶解黏土矿物	碳酸盐含量高、泥质含量高、含有水敏及酸敏性黏土矿物、污染较重又不易用土酸处理的砂岩储层
有机酸	甲酸（蚁酸）	反应速度慢，腐蚀性弱	高温碳酸盐岩储层酸化
	乙酸（冰醋酸）		
粉状酸	氨基磺酸	反应速度慢，腐蚀性弱，运输方便；溶蚀能力低，在高温下易产生水解不溶物	温度不高于70 ℃的碳酸盐岩储层解堵酸化
	氯醋酸	反应速度慢，腐蚀性弱，运输方便；溶蚀能力低，较氨基磺酸酸性强且稳定	碳酸盐岩储层解堵酸化
多组分酸	乙酸-盐酸	可保证较强的溶解力，也可较好地实现深部酸化	高温碳酸盐岩储层深部酸化
	混合酸		
缓速酸	稠化酸	缓速效果好，滤失量小；高温下稳定性差，残酸不易返排	中、低温碳酸盐岩储层酸化
	乳化酸	缓速效果好，腐蚀性弱；摩阻大，排量受限	碳酸盐岩储层酸化
	交联酸	缓速效果好，滤失量小；高温下稳定性差，未破胶对储层污染严重	碳酸盐岩储层酸化
	化学缓速酸	缓速效果好，施工难度大	碳酸盐岩储层酸化
	泡沫酸	缓速效果好，滤失量小，对储层污染小；成本高，施工困难	低压、低渗水敏性碳酸盐岩储层酸压

2）酸液性能要求

酸化设计时，必须针对施工井的具体情况选择适当的酸液。酸液应满足以下性能要求：

（1）溶蚀能力强，生成的产物能溶解于残酸水中，与储层流体配伍性好，对储层不产生污染。

（2）加入化学添加剂后所配制成的酸液的物理化学性质能满足施工要求。

(3) 运输、施工方便,安全。

(4) 价格便宜,货源广。

3) 酸液添加剂

为了获得最佳酸化经济效果,酸化处理时除了要正确选择酸液类型、计算酸液用量外,还要合理地使用添加剂。在油气井增产措施中,酸液添加剂的主要作用有:① 防止和减少酸对井筒内管柱的腐蚀;② 减缓乳化物的形成;③ 降低管柱摩阻,形成压降,提高泵速;④ 降低裂缝滤失速度;⑤ 改变地层润湿性,改善酸蚀与返排;⑥ 使酸液流通层段改变流向,达到均匀处理的目的;⑦ 络合铁质,防止其沉淀;⑧ 防止沥青质发生沉淀等。

常用添加剂有缓蚀剂、表面活性剂、稳定剂,有时还加入增黏剂、减阻剂、暂堵剂等。

(1) 缓蚀剂。酸液对金属有腐蚀作用,特别是高浓度盐酸,它能严重缩短设备及管件的使用寿命,有时甚至造成断裂事故,导致施工失败。缓蚀剂的作用主要是减缓局部电池的腐蚀作用,其机理有 3 方面:抑制阴极腐蚀、抑制阳极腐蚀、在金属表面形成一层保护膜。

缓蚀剂的类型不同,起主导作用的方面也不一样。国内外使用的盐酸缓蚀剂分为两大类:一类是无机缓蚀剂,如含砷化合物(亚砷酸钠、三氯化砷)等;一类是有机缓蚀剂,如胺类(苯胺、松香胺)、醛类(甲醛)、喹啉衍生物、烷基吡啶、炔醇类化合物等。有机缓蚀剂比无机缓蚀剂的缓蚀效能高,它们组成的复合缓蚀剂缓蚀效果最好。

(2) 表面活性剂。酸液中加入表面活性剂,可以降低酸液的表面张力,减少注酸和排出残酸时的毛细管阻力,防止在地层中形成油水乳状物,便于残酸的排出,同时可以改变岩石润湿性,防止生成酸渣,提高酸化效果。

表面活性剂分子具有亲水基团和亲油基团(有机链),其亲水亲油平衡(HLB)值决定了有机链的组成。表面活性剂根据亲水基团所带的电荷可分为 5 类:阴离子表面活性剂、阳离子表面活性剂、非离子表面活性剂、两性表面活性剂、氟碳表面活性剂。酸化时多采用阴离子型和非离子型表面活性剂,如阴离子型烷基碘酸钠(AS)、烷基苯磺酸钠(ABS)和非离子型聚氧乙烯辛基苯酚醚(OP)等。

(3) 铁离子稳定剂。酸液与金属设备及井下管柱接触,能够溶解铁垢和腐蚀铁金属,使酸液含铁量增多。油层本身或多或少地含有二价铁和三价铁的氧化物,当酸液进入地层以后,盐酸和氧化铁反应,也会生成铁离子。

因此,酸液中存在二价或三价铁离子,它们在酸液中能否沉淀取决于酸液的 pH 和 $FeCl_2$ 与 $FeCl_3$ 的质量分数。当 $FeCl_3$ 的质量分数大于 0.6%及 pH 大于 1.86 时,Fe^{3+} 会水解生成凝胶状沉淀;当 $FeCl_2$ 的质量分数大于 0.6%及 pH 大于 6.84 时,Fe^{2+} 也会水解生成凝胶状沉淀。

为了防止形成氢氧化铁沉淀,避免发生储层堵塞现象而加入的某些化学物质称为铁离子稳定剂。常用的铁离子稳定剂有醋酸、柠檬酸,有时也用乙二胺四醋酸(EDTA)及氮川三乙酸钠盐(NTA)等。

(4) 黏土稳定剂。

酸液中加入黏土稳定剂是为了防止酸化过程中酸液引起储层中黏土膨胀、分散、运移造成的污染。常用黏土稳定剂的分类如下:

① 简单阳离子型黏土稳定剂。该类黏土稳定剂主要是 K^+,Na^+ 和 NH_4^+ 等的氯化物,

如 KCl 和 NH_4Cl 等，添加在酸液中，依靠离子交换作用稳定黏土。但其效果不佳，一般不在酸液中使用，而用在前置液或后置液中。

② 无机阳离子聚合物黏土稳定剂。常用的无机阳离子聚合物为羟基铝和羟基锆。无机阳离子聚合物稳定黏土的有效期比无机盐长，但耐酸性差，不能用于碳酸盐含量高的砂岩地层。

③ 有机阳离子聚合物黏土稳定剂。有机阳离子聚合物的种类较多，按其所含阳离子的不同又可分为聚季铵盐、聚季磷盐和聚叔硫盐 3 类，其中聚季铵盐应用得最多。该类黏土稳定剂适用范围广，稳定效果好，有效时间长，在油田中应用广泛。

(5) 增黏剂。

在酸液中加入的一种能够提高酸液黏度的物质，称为增黏剂或稠化剂。高黏度酸液能延缓酸岩反应速度，增大活性酸的有效作用范围。

常用增黏剂为部分水解聚丙烯酰胺、羟乙基纤维素和胍胶等。增黏剂同时又是很好的减阻剂，可使稠化酸的摩阻损失低于水，能够在注酸时有效地降低酸液在井筒中的摩阻。

(6) 暂堵剂。

将一定数量的暂堵剂加入酸液中，可将高渗透层段的孔道暂时堵塞起来，使后续酸液转向到另外一层或低渗透层(污染严重层)，从而达到均匀进酸、最终实现均匀酸化的目的。

目前采用的暂堵剂主要有水溶性聚合物(聚乙烯、聚甲醛、聚丙烯酰胺、胍胶等)、惰性固体(硅粉、岩盐、油溶性树脂等)、萘、苯甲酸颗粒等。这些暂堵剂也可作为降滤失剂，降低碳酸盐岩储层酸压时酸液沿裂缝壁面的滤失。

三、支撑剂

支撑剂是一种用来支撑裂缝，防止压裂裂缝重新闭合的固体颗粒。支撑剂的作用在于填充压裂产生的水力裂缝，使之不再重新闭合，且形成一个具有高导流能力的流动通道。

1. 支撑剂的类型

按强度和硬度可将支撑剂分为两大类：硬脆性支撑剂(如石英砂、人造陶粒等)，特点是硬度大，变形小；韧性支撑剂(如核桃壳、铝球等)，特点是变形大，承压面积随之加大，高压下不易破碎。

1) 硬脆性支撑剂

(1) 石英砂。天然石英砂是首先且广泛使用的支撑剂，主要化学成分为二氧化硅(SiO_2)。石英砂具有下列特点：① 圆球度较好的石英砂破碎后仍可保持一定的导流能力；② 石英砂密度相对较低，便于泵送；③ 强度较低，开始破碎压力约为 20 MPa，破碎后将大大降低渗透性，裂缝导流能力大幅度降低，因此适用于低闭合储层。

(2) 人造陶粒。人造陶粒包括中强度陶粒支撑剂和高强度陶粒支撑剂。陶粒支撑剂强度较石英砂更高，在高闭合压力下可提供更高的裂缝导流能力，而且随着闭合压力和承压时间的延长，导流能力递减比石英砂慢得多，但陶粒密度大，泵送困难，价格昂贵。

因此，对人造陶粒和石英砂的使用应取得一定的平衡。

2) 韧性支撑剂

(1) 预固化树脂包层砂。在石英砂表面包裹一层树脂，可使闭合压力分布在较大的树脂层面上而不易被压碎。

(2) 固化树脂包层砂。在石英砂表面预先包裹一层与压裂层温度匹配的树脂,作为尾追支撑剂置于近井段的水力裂缝中。当裂缝闭合且地层温度恢复后,固化树脂包层砂先转化为玻璃球状,然后由软到硬将周围的固化树脂包层砂胶结在一起,在裂缝深部与近井地带形成一道防止支撑剂回流的天然屏障。固化树脂包层砂形成的裂缝导流能力低于石英砂及预固化树脂包层砂。

2. 支撑剂性能要求

一般认为,支撑剂的类型、物理性质(粒度、强度、球度、圆度、密度等)及其在裂缝中的分布(铺砂浓度,即单位裂缝面积上的支撑剂质量)、裂缝的闭合压力是控制裂缝导流能力的主要因素。因此,掌握支撑剂的物理性质及影响裂缝导流能力的诸多因素,有利于合理地选择支撑剂,并对压裂液与支撑剂等压裂材料提出更为确切的要求。

支撑剂应满足下列性能要求:

(1) 强度高。保证在高闭合压力作用下仍能获得最有效的支撑裂缝。支撑剂类型及组成不同,其强度也不同,强度越高,承压能力越好。

(2) 粒径均匀、圆球度好。压裂用支撑剂粒径不是单一的,而是有一定的变化范围,粒径相差越大,裂缝导流能力越低。支撑剂粒径均匀、圆球度好可提高支撑剂的承压能力及渗透性。目前使用的支撑剂颗粒直径通常为 0.45~0.90 mm(即 40/20 目),有时也用少量直径为 0.9~1.25 mm(即 20/16 目)的支撑剂。

(3) 杂质少。避免堵塞支撑裂缝孔隙而降低裂缝导流能力。天然石英砂的杂质主要是碳酸盐岩、长石、铁的氧化物及黏土等矿物质,一般用水洗、酸洗(盐酸、土酸)消除杂质。处理后的石英砂强度和导流能力都会得到提高。

(4) 密度低。体积密度最好小于 2 000 kg/m^3,以利于输送压裂液并有效充填裂缝。

(5) 来源广,价格便宜。

四、压裂与酸化工艺

1. 水力压裂增产工艺

水力压裂是油气井增产、注水井增注的一项重要技术措施,不仅广泛应用于低渗透油气藏,而且在中、高渗透油气藏的增产改造中也取得了很好的效果,其工艺流程如图 7-44 所示。

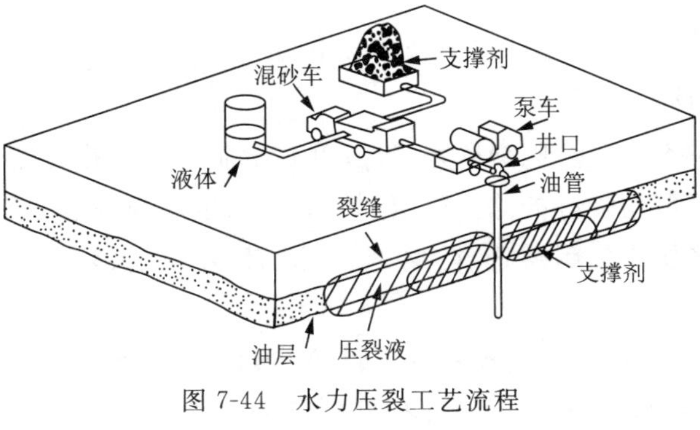

图 7-44 水力压裂工艺流程

1）压裂井层的选择

压裂是依靠在地层中形成高导流能力裂缝而提高渗透储层的渗透率，即解决低渗透储层的产量问题，因此必须综合考虑储层地质特征、岩石力学性质、孔渗饱特性、油层油水接触关系、岩层间界面性质与致密性、井筒技术要求。通过对候选井进行压前评估，分析油气井低产的原因，筛选出适当的压裂层，并确定部分压裂设计参数。

（1）储层物性评估。

① 储层地质特征。储层沉积特征决定了井的泄油面积，从而决定了压裂规模。例如，浅层的多数透镜体含水或包含气水接触面，而盆地深部的砂岩透镜体含气，某些透镜体可能因主要含水而不适合压裂。对于断层发育的区块，必须确定出其断层体系的走向和断层性质，从而估计出水力裂缝的走向。

② 黏土矿物分析。储层中黏土矿物类型、含量与分布方式严重影响了储层的渗透性，且决定了压裂液与地层的配伍性，是选择压裂液体系的主要依据。常用伽马射线测井、自然电位测井等测井方法或扫描电镜实验分析方法对黏土矿物进行测定。

③ 岩石力学性质。岩石力学性质主要包括储层、盖层和底层的弹性模量、泊松比及断裂韧性值，它们对裂缝几何尺寸有很大影响。岩石力学性质参数可通过取芯在实验室测试得到。由于储层岩石的非均质性、地面与储层条件的差异，测试结果与实际情况有一定出入。

④ 岩芯分析。可采用岩芯常规分析或岩芯特殊分析技术，评估油气藏储层基本参数。岩芯特殊分析技术能模拟地层条件，因而分析结果更可靠。

⑤ 试井分析。进一步评价地层，确定储层渗透率、表皮系数、地层压力及其他性质。

（2）压裂井层的选择原则。

任何成功的压裂作业都必须具有两个基本的地质条件，即储量和能量，前者是压裂改造的物质基础，后者是较长增产有效期的保证。压裂井层应具有下列条件：① 储层为低渗透地层。渗透率越低，越要优先压裂，越要加大压裂规模。② 地层系数足够大，一般要求渗透率与厚度的乘积大于 $0.5\times10^{-3}\ \mu m^2\cdot m$。③ 含油饱和度一般应大于35%。④ 孔隙度一般为6%～15%才值得压裂，若储层厚度大，最低孔隙度应为6%。

此外，还应考虑距边水、底水、气顶、断层的距离和遮挡层条件，结合天然裂缝原则、最大水平主应力与油水井不相间原则、井网与最大水平主应力有利原则等考虑压裂工艺，并考虑井筒技术条件。

2）入井材料的确定

（1）优选压裂液体系。

① 筛选基本添加剂（稠化剂、交联剂、破胶剂），配制适合本井的冻胶交联体系。

② 筛选与目的层配伍性好的黏土稳定剂、润湿剂、破乳剂等添加剂系列。

③ 筛选适合现场施工的耐温剂、防腐剂、消泡剂、降阻剂、降滤失剂、助排剂、pH 调节剂、发泡剂和转向剂等。

④ 对选择的压裂液，通过室内模拟井下温度、剪切速率、剪切历程、阶段携砂液浓度来测定其流变性及摩阻系数，并按石油行业标准进行全面评估。

（2）选择支撑剂。

依据目的层闭合压力选择支撑剂类型，并按石油行业标准对其性能进行全面评定，通过选择支撑剂粒径、铺砂浓度和加砂方式来满足闭合压力下的无因次导流能力要求。

3）压裂设计

压裂设计方案是压裂施工的指导性文件，它能根据地层条件和设备能力优选出经济可行的增产方案。压裂设计方案的内容包括：

（1）在给定的储层与井网条件下，根据不同缝长和导流能力预测压后生产动态。

（2）根据储层条件选择压裂液、支撑剂和加砂浓度，并确定合理的用量。

（3）根据井下管柱与井口装置的压力极限选择合理的泵注排量与泵注方式、地面泵压和压裂车数。

（4）确定压裂泵注程序。

（5）进行压裂经济评价，使压裂作业最优化。

4）压裂工艺技术

各地区的油层性质、压力、温度等条件不同，完井方法、技术设备条件也有差异，因此压裂工艺方式也不相同。这里主要介绍几种常见的分层压裂技术。

分层压裂就是多层分压或单独压开预定的层位，多用于射孔完成井。分层压裂由于处理井段小，压裂强度及处理半径相对增大，能够充分发挥各产层的潜力，因而增产效果较好。我国大多数油田为多油层油田，通常需要进行分层压裂。

（1）封隔器分层压裂。封隔器分层压裂是目前国内外广泛采用的一种压裂工艺技术，主要有以下 4 种类型：

① 单封隔器分层压裂，用于对最下面一层进行压裂，适用于各种类型的油层，在深井和大型压裂中应用较多，如图 7-45(a)所示。

② 双封隔器分层压裂，可对射开的油井中的任意一层进行压裂，如图 7-45(b)所示。

③ 桥塞封隔器分层压裂，其分段级数不受限制，适用于多层压裂改造，如图 7-45(c)所示。

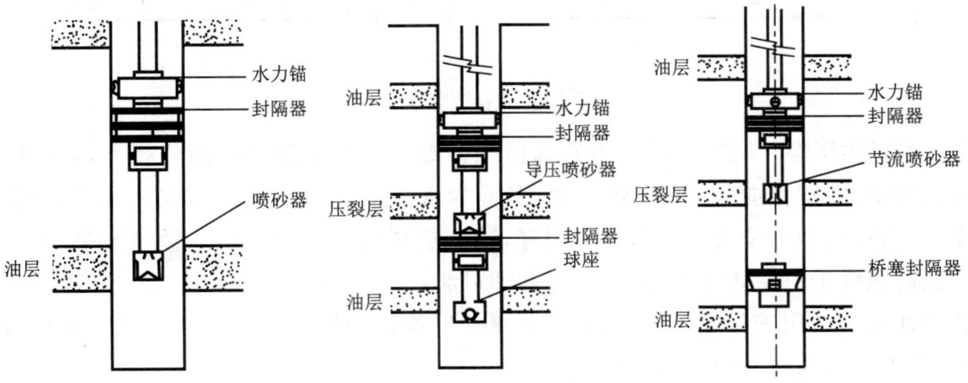

（a）单封隔器分层压裂　（b）双封隔器分层压裂　（c）桥塞封隔器分层压裂

图 7-45　封隔器分层压裂管柱结构示意图

④ 滑套封隔器分层压裂(图 7-46)。利用不压井、不放喷井口装置,将压裂管柱及其配套工具下入井内预定位置。压完第一层(最下面一层)后,通过投球器和井口球阀分别投入不同直径的钢球,逐次将滑套憋到喷砂器内堵死水眼,然后依次进行压裂。当最后一层替挤完成后,立即活动管柱,投入堵塞器,实现不压井、不放喷起出油管。

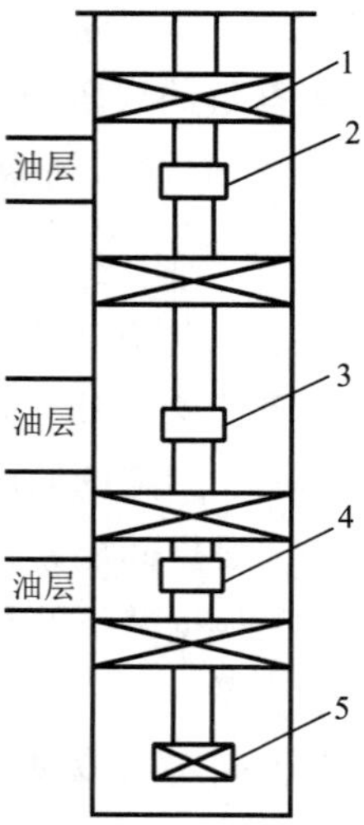

图 7-46 滑套式分层压裂管柱示意图

1—封隔器;2,3,4—滑套喷砂器;5—丝堵

(2) 限流法分层压裂。严格限制炮眼的数量和直径,以尽可能大地注入排量进行施工,利用压裂液流经孔眼时产生的炮眼摩阻,大幅度提高井底压力,进而迫使压裂液分流,使破裂压力接近的地层相继被压开,从而达到一次加砂能够同时处理多个层的目的(图 7-47)。如果地面能够提供足够大的排量,就能一次加砂同时处理所有目的层。

限流法分层压裂适用于纵向及平面上含水分布情况都较复杂,且渗透率比较低的多层薄油层的完井改造。限流法分层压裂的关键在于必须按照压裂要求设计合理的射孔方案,包括射孔孔眼、孔密和孔径,使完井和压裂构成一个统一的整体。

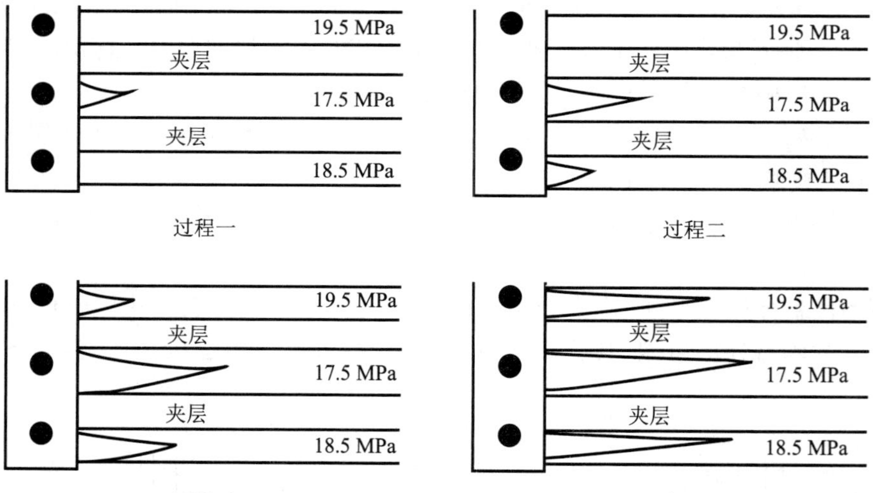

图 7-47 压裂液分流过程

(3) 选择性压裂。利用油层内不同部位或各油层间吸液能力不同的特点,通过投入暂堵剂将渗透率高、吸液能力强、启动压力低的高含水部位、层或人工裂缝暂时封堵,迫使压裂液分流,从而在其他部位或层内压开新裂缝,达到选择性压裂的目的。暂堵剂是油溶性的,在一定温度条件下可变软溶于原油中,开井即可解堵。

选择性压裂适用于常规射孔井,是针对厚油层改造采用的一种压裂工艺。常用暂堵剂有石蜡、高压聚乙烯、松香和重晶石粉。

(4) 投球法多裂缝压裂(图 7-48)。根据被压开油层的吸液启动压力低、吸液量大的特点,压开一个层后,用较低排量向油层替入高强度水溶(或油溶)性转向剂(蜡球、树脂球),封堵已压开层的射孔炮眼,迫使压裂液转向进入其他层,当替入泵压明显升高时,启动其他泵车压裂第二层。整个过程(压裂加砂—封堵—压裂加砂)在一个压裂卡距内完成,通过蜡球封堵射孔炮眼,迫使压裂液转向,压裂加砂改造多层。

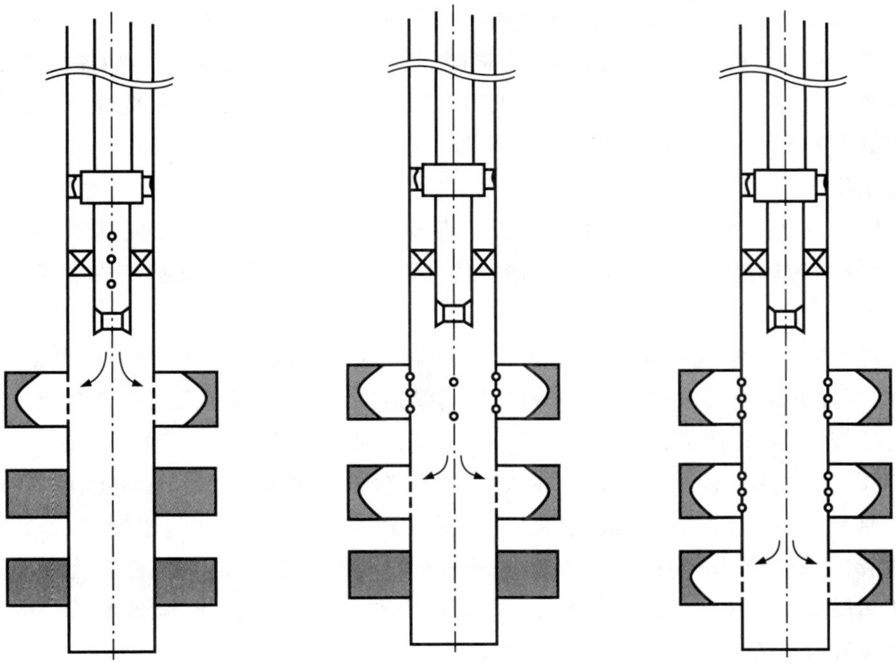

(a) 压第一层　(b) 压第二层　(c) 压第三层

图 7-48　投球法多裂缝压裂工艺示意图

多裂缝压裂工艺的特点是在普通射孔完井中可达到一井压裂多层、一段压裂多缝的目的,常用于常规射孔井以及分层压裂管柱卡不开的多个性质相近的差油层。

2. **酸化工艺**

1) 酸处理井层的选择

酸处理选井选层的工作目标是:① 客观描述储层的油气储集性能;② 客观描述储层的渗滤特征及堵塞特征;③ 推荐可供增产作业改造的油气井和层段。

一般来说,为了能够得到较好的处理效果,在选井选层方面应考虑以下几点:① 储层含油气饱和度高,储层能量较为充足;② 储层受污染的井;③ 邻井高产而本井低产的井应优先选择;④ 优先选择在钻井过程中油气显示好而试油效果差的井层;⑤ 储层应具有一定的渗流能力;⑥ 油、气、水边界清楚;⑦ 固井质量和井况好的井。

在考虑具体井的酸处理方式和酸处理规模时,应对油井的静态资料和动态资料进行综合分析。确定储层物性参数,并根据物性参数及油井的历史情况进行综合分析,准确判断出油井产量下降或低产(水井欠注)的原因以及该井可改造的程度,为酸处理作业提供地质依据。

2) 酸处理方式

根据施工压力和地层破裂压力的关系,酸处理方式可分为常规酸化与酸压两种。常规酸化主要起解除井底附近地层堵塞的作用,所以也称为解堵酸化。解堵酸化就是在新井完成或修井后,通过解除钻井液堵塞,恢复地层的渗透性,使之正常投产的一种酸处理措施。酸压是在高于地层破裂压力下进行的酸化作业。酸压一般应用于碳酸盐岩地层,其关键是提高酸液的有效作用距离和裂缝的导流能力。

3）碳酸盐岩储层酸化工艺技术

碳酸盐岩储层的主要矿物成分是方解石（$CaCO_3$）和白云石[$CaMg(CO_3)_2$]，其中方解石含量高于50%的称为石灰岩，白云石含量高于50%的称为白云岩。碳酸盐岩储层酸处理的目的是解除孔隙、裂缝中的堵塞物质，或扩大沟通储层原有的孔隙和裂缝，提高储层的渗透率。酸处理过程中，主要的工作介质是盐酸，当盐酸进入储层孔隙或裂缝后，将与裂缝壁面发生化学反应。

（1）基质酸化技术。基质酸化的一般是在施工时井底压力低于地层破裂压力的情况下，使酸液较均匀地进入岩石孔隙，利用酸液溶解地层岩石孔隙及裂缝中的堵塞物，扩大油气渗流通道。

（2）酸压技术。常规酸压工艺主要有两种做法：一是仅用酸液以高压、大排量注入地层，尽可能压开并沟通天然裂缝，恢复和提高其渗透性能；二是以不反应的前置液压开地层，然后注入酸液，形成延伸更远的酸蚀裂缝，改善油井的渗透状况，达到增产效果。

① 前置液-酸液交替注入工艺。在碳酸盐岩储层中，酸液滤失是影响酸液有效作用距离的重要原因之一。前置液-酸液交替注入工艺是以高黏液体（如油包水型乳状液、冻胶液）作为前置液，先把地层压开裂缝，然后注入酸液的降滤失方法。该工艺原理为：利用不同流体的黏度和反应特性差异，在交替注入过程中获得非均匀刻蚀裂缝，降低酸液滤失，从而获得较长的酸液有效作用距离和较高的酸蚀裂缝导流能力。

前置液酸压的主要优点：一是高黏液体黏度高，滤失量小，其作为前置液可形成较宽、较长的裂缝，减小裂缝的面容比，降低酸液的反应速度，增大酸的有效作用距离；二是前置液可冷却井筒和地层，减缓酸液对油管的腐蚀；三是前置液与酸液黏度差异较大，黏度很小的酸液不会均匀地把高黏液顶替走，而是在高黏液体中形成指进现象（图7-49），一方面可降低滤失量，另一方面可减缓酸液反应速度。因此，能用较小的酸量造成较长的有效裂缝。

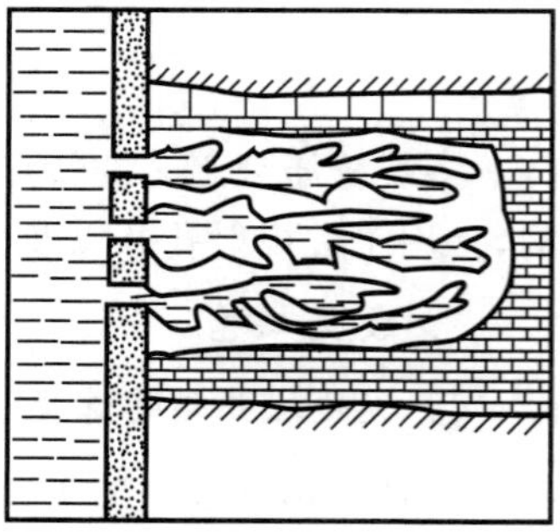
图7-49 酸液指进示意图

② 闭合酸压工艺。这是一种既可以获得较长的酸液穿透距离，又可以得到较大的酸蚀裂缝导流能力的工艺方法。其实质是完成一次成功的酸压作业，降低注入排量，降低井底压力，从而使裂缝闭合，然后在低于地层破裂压力的前提下以尽可能大的排量向地层注完设计酸液，完成顶替工序。

该工艺的优点是在注入后续酸液时，裂缝处于闭合状态，窄的缝宽导致酸液流速增大，从而造成局部高速紊流并激化不均匀刻蚀程度，在施工结束、压力释放后，即使在闭合应力作用下也能保持较为完整的流动沟槽，大大增加了井底附近的裂缝导流能力。

③ 延迟酸压工艺。针对高温（120 ℃以上）深井储层或微裂缝酸化酸岩反应速度极快，很难达到深度酸化的问题，采用延迟酸，令其在地层某一温度下逐渐释放酸液，实现在地层深部产生溶解反应，从而增大酸液有效作用距离，达到深度酸化目的。

4）砂岩储层酸化工艺技术

砂岩储层酸化处理是利用酸液溶解砂粒之间的胶结物和部分砂粒，或孔隙中的泥质堵塞物，或其他酸溶性堵塞物，以恢复、提高井底附近地层的渗透率的酸化工艺技术。砂岩储层中常用的酸化增产技术为酸洗和基质酸化。砂岩储层中的基质酸化可除去井筒附近由钻井、完井、颗粒运移或黏土膨胀造成的表皮伤害，小浓度的土酸可处理井筒附近小范围岩石基质内的伤害物质。

(1) 常规土酸酸化工艺。砂岩储层的土酸酸化处理液一般有 3 种，以先后为序：前置液、土酸、后置液。前置液一般为盐酸，质量分数(后同)为 5%～15%，内加缓蚀剂及其他必要的添加剂。前置液能够将井筒内的水及近井地带的原生水驱替出来，从而减少地层盐水中钾、钠离子与反应生成物氟硅酸盐的接触机会。盐酸也可与方解石(碳酸钙)或其他含钙的地层物质反应。由于减缓或限制了氢氟酸与碳酸钙的反应，前置液能避免浪费较昂贵的氢氟酸，阻止形成氟化钙及从土酸废液中析出沉淀。土酸一般由 3%氢氟酸和 12%盐酸组成。氢氟酸可与黏土、砂、钻井液或水泥滤液反应，从而提高井筒周围的渗透率。土酸中的盐酸并不发生反应，只是将溶液的 pH 维持在低值，以免氢氟酸的反应生成物发生沉淀。后置液的作用是驱替氢氟酸远离井筒地带，防止在近井地带发生一次沉淀。

常规土酸处理工艺投入少，施工简单，但设计时应考虑两个因素：一是作用范围小，只对渗透性比较好的油气井解除堵塞有效；二是土酸具有强腐蚀性，因此无论是对设备还是对人员均具有一定的危险性，应周到、细致地考虑安全和防范措施。

(2) 暂堵酸化工艺。该工艺原理为：在酸液中加入暂堵剂，注酸时暂时堵塞高渗层，酸化低渗层，实现在多层油藏或大厚层油藏中沿纵向的均匀布酸、均匀解堵，从而改善纵向出油剖面或吸水剖面。

暂堵酸化就是利用酸液优先进入阻力最小的高渗层，向酸液中加入适当的暂堵剂，随着注酸过程的进行，高渗层吸酸多，暂堵剂进入量也多，对高渗层的堵塞就较大，从而逐步改变进入各小层的酸量分布，最后达到各层均匀进酸的目的。暂堵酸化可让酸液充分进入渗透率较低或伤害严重的地层，以获得较好的解堵酸化效果。因此，采用暂堵酸化技术达到解堵所需酸量低于非暂堵酸化技术，并且可减轻措施工作强度，是一项较好的砂岩储层解堵酸化技术。暂堵剂是油溶性的，当恢复生产后，暂堵剂滤饼被油流溶解，而进入高渗透水层的暂堵剂起封堵作用。

(3) 氟硼酸酸化工艺技术。氟硼酸(HBF_4)又称黏土酸。砂岩地层氟硼酸处理属于深部酸化工艺，是一种单级化学处理法。

用土酸处理砂岩地层，要增加处理深度就要增大酸量，但由于氢氟酸与地层黏土等胶结物反应快，过量的氢氟酸将破坏地层的骨架结构，使井筒附近岩石强度受到损害，因此土酸酸化不能获得较深的穿透。此外，土酸处理井往往初期增产而后期递减迅速，因此应用受到限制。

用氟硼酸处理砂岩地层可以克服氢氟酸酸化初期增产而后期递减快的普遍性问题。氟硼酸进入地层时能缓慢水解生成氢氟酸，因而在酸耗尽前可深入地层内部较大范围。此外，氟硼酸还可以使任何不溶解的黏土微粒产生化学变化，变化后的微粒在原地胶结，使得处理后流量加大从而引起微粒移动受到限制。室内实验表明：通过不相溶流体的接触，用氟硼酸处理过的黏土敏感性下降，不易膨胀或分散。

5) 酸处理井的排液

酸化施工结束后，停留在地层中的残酸水由于其活性已基本消失，所以不能继续溶蚀岩石，而且随着 pH 的升高，原来不会沉淀的金属离子也相继形成金属氢氧化物沉淀。为了防止生成沉淀而堵塞地层孔隙，影响酸处理效果，一般应缩短反应时间，限定残酸液的浓度在一定值之上并将残酸尽可能快地排出。为此，应在酸化前就应做好排液和投产的准备工作，施工结束后立即进行排液。

残酸到达井底后，如果剩余压力（井底压力）高于井筒液柱压力，则可依靠地层能量进行放喷排液；如果剩余压力低于井筒液柱压力，则要用人工方法将残酸从井筒排至地面。目前常用的人工排液法可分为两大类：一类是降低液柱高度或密度的放喷、抽汲、气举法；另一类是以助喷为主的增注液体二氧化碳或液氮法。

参考文献

[1] 李晓平，张烈辉，刘启国. 试井分析方法[M]. 北京：石油工业出版社，2009.

[2] 《海上采油工程手册》编写组. 海上采油工程手册：下[M]. 北京：石油工业出版社，2001.

[3] 李颖川. 采油工程[M]. 北京：石油工业出版社，2009.

[4] 张琪. 采油工程原理与设计[M]. 东营：石油大学出版社，2003.

[5] 何牛仔. 井下作业工具及管柱的应用发展[M]. 东营：中国石油大学出版社，2010.

[6] 何生厚，张琪. 油气开采工程[M]. 北京：中国石化出版社，2003.

[7] 曲占庆. 采油工程基础知识手册[M]. 北京：石油工业出版社，2002.

[8] 陈涛平，吴晓东. 石油工程概论[M]. 北京：石油工业出版社，2006.

[9] 《采油工艺技术》编委会. 采油工艺技术[M]. 北京：石油工业出版社，2006.

[10] 伊向艺，卢渊. 石油钻采工程[M]. 成都：西南交通大学出版社，2006.

[11] 吐哈油田工程技术研究院. 气举采油工艺技术[M]. 北京：石油工业出版社，2011.

[12] 刘玉章，郑俊德. 采油工程技术进展[M]. 北京：石油工业出版社，2006.

[13] 谢梅波，赵金洲，王永清. 海上油气田开发工程技术和管理[M]. 北京：石油工业出版社，2005.

[14] 张红玲. 海洋油气开采原理与技术[M]. 北京：石油工业出版社，2014.

[15] 肖祖骐. 海上油田油气集输工程[M]. 北京：石油工业出版社，1994.

[16] 谢梅波，赵金洲，王永清. 海上油气田开发工程技术和管理[M]. 北京：石油工业出版社，2005.

[17] 张鸿仁. 油田原油脱水[M]. 北京：石油工业出版社，1990.

[18] 黄俊英. 油气水处理工艺与化学[M]. 东营：石油大学出版社，1993.

[19] 孙珍等. 中国海洋油气产业[M]. 广州：广东经济出版社，2011.

[20] 苏幼明，巩兴广，秦宁，等. 海上油气处理工艺设备除砂系统设计与应用[J]. 中国海上油气，2013，25(5)：86-88.

[21] 李成见. 海上稠油油田含砂原油除砂及含油砂净化工艺探讨[J]. 中国海上油气，2007，19(4)：263-265.

[22] 张永东，张春刚，刘春江，等. 油气处理系统综合技术的应用[J]. 石油工程建设，2005(S1)：53-62.

[23] 张守良，马发明，徐永高，等. 采气工程手册[M]. 北京：石油工业出版社，2016.

[24] 金忠臣，杨川东，张守良，等. 采气工程[M]. 北京：石油工业出版社，2014.

第八章

油气藏提高采收率概述

原油采收率是指采出地下原油占原始储量的百分数，即采出原油量与地下原油原始储量之比。在经济条件允许的前提下，追求更高的原油采收率既是油田开发工作的核心，又是对不可再生资源的保护及合理利用，是实现社会可持续发展的需要。从 20 世纪 50 年代早期开始，人们就已着手进行提高采收率室内研究，包括聚合物驱、表面活性剂驱、碱性水驱、泡沫驱、气体混相驱、CO_2混相与非混相驱、蒸汽吞吐、蒸汽驱、就地燃烧等。按提高采收率的机理来分，共有三大类提高采收率方法，即流度控制类、降低界面张力类和降低原油黏度类；按注入工作剂的种类来分，共有五大类提高采收率方法，即水驱、化学驱、气体混相驱、热力采油和微生物采油。到目前为止，比较成熟的提高采收率方法有蒸汽吞吐、蒸汽驱、聚合物驱、气体混相与非混相驱等。下面介绍几种适用于油田开采的提高采收率方法。

第一节　水　驱

二次采油的主要方法是水驱，它作为一种最早加速采油的方法，在世界范围内被广泛采用。早期的人工注水是先在一口井里注水，随着水侵层带的扩展和增大，邻近各井将被水淹，然后把这些水淹井改为注水井，从而使水侵地区不断扩张，这便是环状注水。之后，发展成在一连串的井中同时注水，形成了线性水驱。向油层中注水，既可补充能量，保持油藏压力，同时水又可作为排驱剂将油向生产井推进，从而提高原油采收率。一般来说，受地层孔隙结构、岩石和流体的物化性质及其界面性质、当前开发技术水平等因素的影响，水驱后尚有 50%以上的原油留在地下，成为残留油。残留油是油藏注水开采之后所剩下的原油的总称，包括残余油和剩余油两部分。残余油是水驱后水波及区内残留于油层孔隙中的原油。剩余油是水驱迁移中水未波及区内剩余的油，它的形成大多是由于注水波及效率低。

一、油藏排驱过程中的力

界面张力和黏滞力决定了孔隙介质中流体的相的圈闭和流动，为了了解水驱油及 EOR (enhanced oil recovery，提高采收率)过程的排驱机理，需要了解多相流中与相的圈闭和流动有关的力，包括界面张力和黏滞力。

1. 毛细管力

1）表面张力和界面张力

油藏中的油和水是非混相流体，它们共存于多孔介质中，与油水相有关的界面张力将影响相的分布、相的饱和度和相的排驱效果。图 8-1 所示为一个自由的液体表面，液体表面分子 B，C 和内部分子 A 所处环境不同。由于内聚力，A 分子在各个方向上受到的吸引力相同，彼此互相抵消，因此所受合力为零；而 B，C 分子处在或靠近液/气表面，内部液体分子对它的吸引力大于外部气体分子对它的吸引力，所受合力不为零，即液体分子之间的内聚力将表面分子引向内部，因此液体表面有自动收缩的趋势，水滴呈圆球状便是这个道理。若要把液体分子从内部移到表面层，以形成新的表面，或者说，要想使液体的表面伸展，就必须抵抗使表面缩小的这个力(表面力)，要对液体分子做一定的功，可见表面上的分子比内部分子具有更高的能量。

表面力即表面抗张力，是指表平面单位长度上的作用力(图 8-2)，可用表面张力 σ 来确定表面力的大小。图 8-2 中，F 是对长度为 L 的液体表面作用的法向力，单位长度上的法向力 F/L 就是表面张力，单位通常用 mN/m 表示。表面张力与产生新的表面所要做的功有关。假定图 8-2 中的力 F 移动了 $\mathrm{d}x$ 距离，产生的新的表面是 $L\mathrm{d}x$，则所做的功可表示为：

$$W = F\mathrm{d}x \tag{8-1}$$

或

$$W = \sigma \mathrm{d}A \tag{8-2}$$

$$\mathrm{d}A = L\mathrm{d}x$$

式中 F——施加于表面的力，mN；

σ——表面张力，mN/m；

$\mathrm{d}A$——新的表面，m^2；

L——表面受力长度，m。

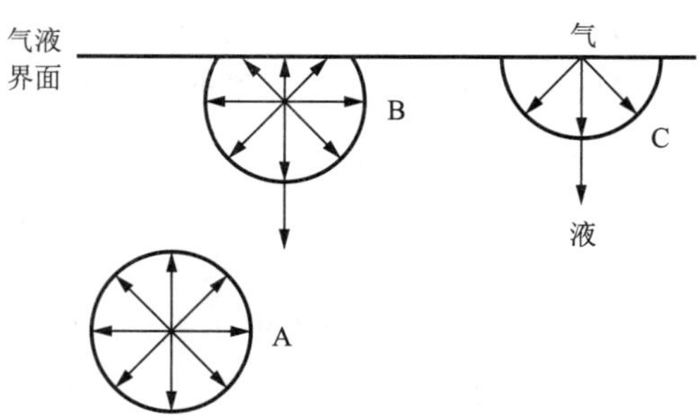

图 8-1 表面分子与内部分子能量不同

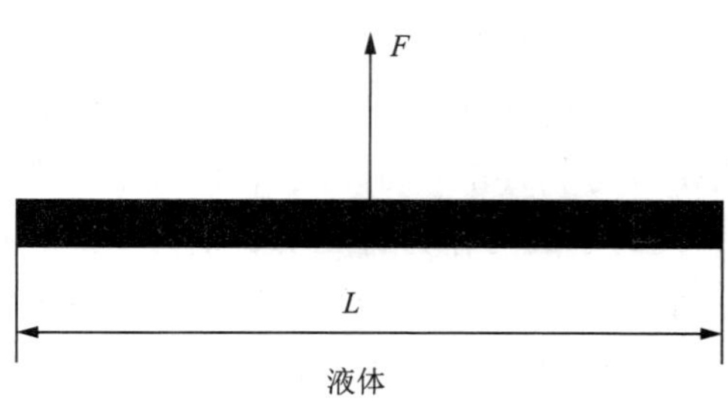

图 8-2 定义表面张力的力和长度

表面张力通常是在液体和其蒸气或液体和空气表面使用；如果是两种液体之间的表面，或是液固之间的表面，则用界面张力来定义。室温下，水与其蒸汽的表面张力大约为 73×10^{-3} N/m；水和纯的碳氢化合物之间的界面张力为 $30\times10^{-3}\sim50\times10^{-3}$ N/m；水与原油这样的烃类混合物之间的界面张力较低，其值与原油组成有关。界面张力和表面张力与温度都有很大关系。

利用毛细管测定某一液体表面张力的方法很简便。如图 8-3 所示，将半径为 r 的毛细管插入一盛水的烧杯中，水在毛细管中将上升到某一高度，并且因为力的差异会产生一弯液

面。静态条件下，表面张力由作用在液柱上的重力所平衡，即

表面张力向上的垂直分力×润湿周长＝作用在液柱上向下的重力

可表示为：

$$\sigma\cos\theta \times 2\pi r = \pi r^2 h(\rho_w - \rho_a) g \qquad (8\text{-}3)$$

式中　r——毛细管半径，m；

h——毛细管中水的上升高度，m；

ρ_w，ρ_a——水和空气的密度，kg/m^3；

g——重力加速度，9.8 m/s^2

θ——水和毛细管之间的接触角，(°)。

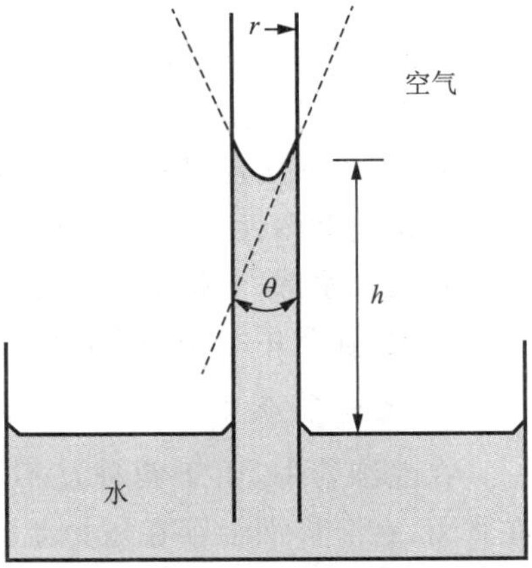

图 8-3　毛细管测表面张力示意图

仔细测定 θ 角(通过液体测接触角)，并给定毛细管半径和液面高度，就可确定界面张力。通常测定接触角是相当困难的，一种简单的技术是使用吊环张力仪测定界面张力。将精心清洗过的铂-铱吊环放置于界面处，将环经过界面向上拉，则其界面面积增大(图 8-4a)，继续向上拉，界面进一步张开，直到破裂(图 8-4b)。整个实验过程中均可测定环上的力，将表面破裂点(环吊出界面时)处的力除以吊环周长就是实验温度下的界面张力值。对于一般的表面张力和界面张力值范围($\sigma > 1.0\times10^{-3}$ N/m)，如水、碳氢化合物、水/碳氢化合物体系及水/碳氢化合物/表面活性剂体系，使用吊环法测界面张力可靠且方便。

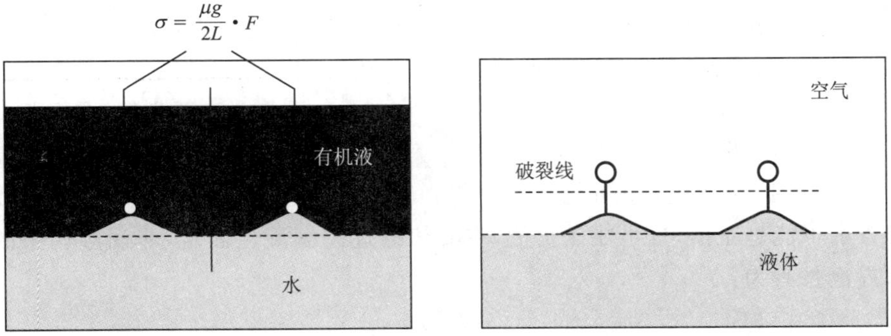

(a) 界面膜的扩张　　(b) 破裂点的条件

图 8-4　吊环张力仪

对于超低界面张力体系，如表面活性剂驱替过程，则需采用悬滴法和旋滴法测定界面张力。

2) *岩石润湿性*

润湿性是指在两种流体同时存在时，某一种流体在固体表面的铺展或黏附的倾向性。当两种非混相流体与固体表面接触时，某一相通常比另一相更强烈地吸附到固体表面上，更强烈的这一相称为润湿相。通过确定界面张力，可以定量地分析岩石的润湿性。图 8-5 表明，油相存在时，加入水滴与均质岩

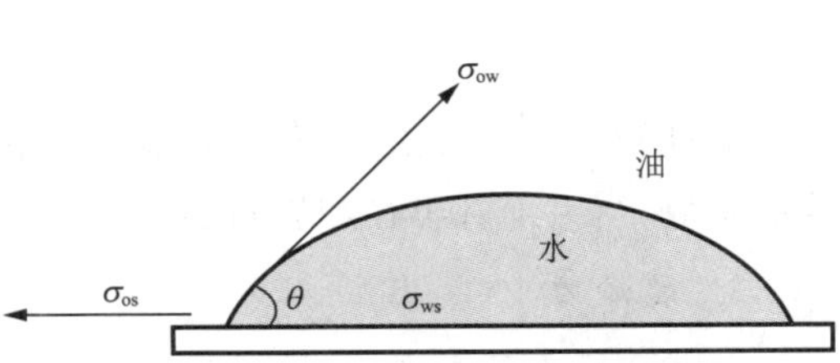

图 8-5　油、水、固界面间的界面张力

石表面接触，水滴在固相上铺展，直到达到力平衡。在油、水、固界面产生的力平衡可通过杨氏润湿方程表示：

$$\sigma_{os} - \sigma_{ws} = \sigma_{ow} \cos\theta \tag{8-4}$$

式中 σ_{os}，σ_{ws}，σ_{ow}——油固、水固和油水之间的界面张力，N/m；

θ——接触角，(°)。

除 σ_{ow} 能够测定以外，目前还没有实验方法可以直接测得 σ_{os} 和 σ_{ws}，因此常采用接触角的大小来确定润湿性。当 $\theta<90°$ 时，固相为水湿；当 $\theta>90°$ 时，固相为油湿；若接触角接近 0°，则固相为强水湿；若接触角接近 180°，则固相为强油湿；若 θ 向 90°靠近，则固相为中间润湿。为了方便，通常用水相测定接触角。

2. **毛细管压力**

在毛细管中，由于两种互不相溶流体中的界面存在张力，在分界面上存在压力差（即毛细管压力），因此两种流体中有一种流体能优先润湿固体表面。毛细管压力可以表现为毛细管中的液体上升或下降。如图 8-6 所示，水上面的液体是油，因为水完全润湿玻璃毛细管，所以表现为毛细管中的水上升。图 8-6 中，p_o 是油水界面上的油相压力，p_w 是界面下的水相压力，产生的力平衡为：

$$p_o = p_a + \rho_o g h_1 \tag{8-5}$$

$$p_w = p_a + \rho_o g(h_1 + h) - \rho_w g h \tag{8-6}$$

式中 p_a——大气压，Pa；

h_1，h——图 8-6 中液体高度，m；

ρ_o，ρ_w——油、水密度，kg/m³。

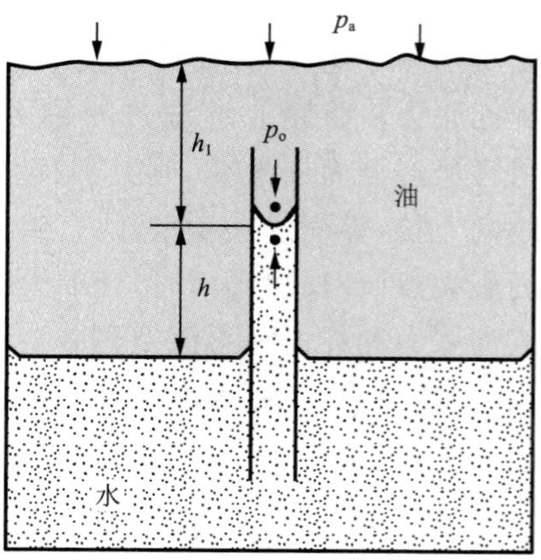

图 8-6 毛细管中界面张力导致的毛细管压力

毛细管力可能是正值，也可能是负值，主要依据优先润湿性而定，非润湿相中的压力较大。油水界面张力为：

$$\sigma_{ow} = \frac{rgh(\rho_w - \rho_o)}{2\cos\theta} \tag{8-7}$$

将毛细管压力 $p_c = gh(\rho_w - \rho_o)$ 代入上式得：

$$\sigma_{ow} = \frac{rp_c}{2\cos\theta} \tag{8-8}$$

或

$$p_c = \frac{2\sigma_{ow}\cos\theta}{r} \tag{8-9}$$

毛细管压力与液液界面张力、流体的润湿性、毛细管半径有关。作为毛细管半径和润湿性的函数，当毛细管半径和岩石表面润湿相的亲和力增大时，毛细管压力 p_c 减小。

3. **黏滞力**

孔隙介质中的黏滞力是指流体流过介质时所出现压降的大小。计算黏滞力的最简单近似方法是：把一束平行毛细管作为多孔介质，以层流的方式通过单根毛细管的压降可由 Poiseuille 定律给出：

$$\Delta p = -\frac{8\mu L\overline{v}}{r^2 g_C} \tag{8-10}$$

式中 Δp——穿过毛细管的压降，MPa；

μ——流体黏度，mPa·s；

L——毛细管长度，cm；

r——毛细管半径，cm；

$\overline{v}$——流体在毛细管中的平均速度，cm/s；

g_C——换算系数。

对于一束尺寸相同的毛细管，其渗透率可由下式给出：

$$K = 12.93 \times 10^7 d^2 \phi \tag{8-11}$$

式中 K——毛细管束的渗透率，μm^2；

d——毛细管直径，cm；

ϕ——毛细管束的有效孔隙度。

孔隙介质中的黏滞力可根据达西定律表示为：

$$\Delta p = -\frac{\overline{v}\mu L\phi}{K} \tag{8-12}$$

式中 Δp——穿过孔隙介质的压降，即黏滞力，MPa；

L——孔隙介质长度，cm；

$\overline{v}$——流体在孔隙介质中的平均速度，cm/s。

二、水驱油机理

油、水是两种不互溶的液体，其界面张力高达 30～50 mN/m。油层中油、水接触处形成一弯液面，存在毛细管力，故水驱油为非混相驱。油层是高度分散体系，界面性质对油水流动有着关键影响，特别是毛细管力对油的滞留和排驱有着不可忽视的作用。油层岩石是由几何形状和大小极不一致的矿物颗粒构成的，它们形成了一个复杂的空间网络，加上矿物颗粒的组成也不完全相同，这些因素都决定了孔隙介质的微观几何结构不同、表面性质不均一。油层性质的非均质性增加了水驱油的复杂性，并直接影响微观水驱油效率 E_D。

1. 驱油效率

提高采收率过程的重点是在微观尺度上处理从岩石孔隙中排驱油的效率。微观水驱油效率 E_D 定义为：从注入水波及的单位孔隙体积中采出的油量（地面储罐条件下）除以注水开始时被水波及的单位体积的原油地质储量（地面储罐条件下）。驱油效率也可表示成饱和度变化：

$$E_D = \frac{\dfrac{\overline{S}_{oi}}{\overline{B}_{oi}} - \dfrac{\overline{S}_o}{\overline{B}_o}}{\dfrac{\overline{S}_{oi}}{\overline{B}_{oi}}} \tag{8-13}$$

式中 $\overline{S}_{oi}$——注水开始（平均压力为 $\overline{p}_i$）时的含油饱和度，小数；

$\overline{S}_o$——注水期间某一特定时刻的平均含油饱和度，小数；

$\overline{B}_{oi}$——在压力 $\overline{p}_i$ 下的原油地层体积系数；

$\overline{B}_o$——注水期间某一特定时刻的原油体积系数。

当被水波及的孔隙体积中含油饱和度降至残余油饱和度 S_{or} 时，有：

$$E_D = 1 - \frac{S_{or}}{S_{oi}} \frac{B_{oi}}{B_o} \tag{8-14}$$

式中 S_{oi}——原始含油饱和度。

当压力 $\overline{p}_i$ 与注水期间某特定时刻原油的地层体积系数（FVF）相等时，式(8-14)代表最大驱油效率。

2. 体积波及效率

体积波及效率（或体积排驱效率）在概念上可定义为面积波及效率和垂向波及效率的乘积。考虑油层由若干层组成，并且具有均一的孔隙度、厚度和烃类饱和度，对于油藏中的某一排驱过程，体积波及效率 E_V 可表示为：

$$E_V = E_A E_I \tag{8-15}$$

式中 E_A——油藏中理想的面积波及效率，为扫过的面积与油藏总面积的比值；

E_I——垂向波及效率。

对于一个实际油藏，孔隙度、厚度以及烃类饱和度具有区域性，E_A 可用井网波及效率 E_p 取代，此时 E_v 可表示为：

$$E_V = E_p E_I \tag{8-16}$$

实质上，E_p 是一个对不同孔隙度、厚度、饱和度修正过的面积波及效率，因此总的原油采收率 E 可表示为：

$$E = E_p E_I E_D \tag{8-17}$$

第二节　化学驱

凡是向注入水中加入化学剂以改变驱替流体性质、驱替流体与原油之间的界面性质，从而有利于原油生产的方法都属于化学驱。化学驱通常包括聚合物驱、表面活性剂驱（胶束/聚合物驱、微乳液驱）、碱水驱和复合化学驱。

一、聚合物驱

聚合物驱实际上是一种把水溶性聚合物加入注入水中以增加水相黏度、改善流度比、稳定驱替前缘的方法，因此又称为稠化水驱。早期曾使用过的聚合物有羧甲基纤维素和羟乙基纤维素等，目前广泛使用的聚合物有人工合成的化学品（如部分水解聚丙烯酰胺）和微生物发酵产品（黄胞胶）。

聚合物驱油技术主要应用于原油黏度不高、温度适中、水平及垂向非均质性极其严重的油藏开发中。宏观上，注入聚合物后能提高水相黏度、降低水相有效渗透率及扩大水相波及体积，从而提高波及系数；微观上，聚合物在一定注入速度下具有黏弹效应，从而提高微观驱油效率。

原油采收率与聚合物浓度有关，在一定浓度范围内，聚合物浓度越高，原油采收率越高。

应使用最优的聚合物量配制成驱替剂，以获得较高的经济效益。

1. **聚合物驱油机理**

聚合物注入油层后将会产生两方面的作用：一是增加水相黏度，二是因聚合物的滞留导致油层渗透率下降。上述两项作用的共同结果导致油层中聚合物驱的流度明显降低。因此，聚合物驱的基本作用机理主要有两方面：一方面是控制水淹层段中的水相流度，改善水油流度比，提高水淹层段的层内波及效率；另一方面是降低高渗透率水淹层段的流体总流度，缩小高、低渗透率层段间水线推进速度差，调整吸水剖面，提高层间波及系数。图 8-7 为聚合物驱示意图。

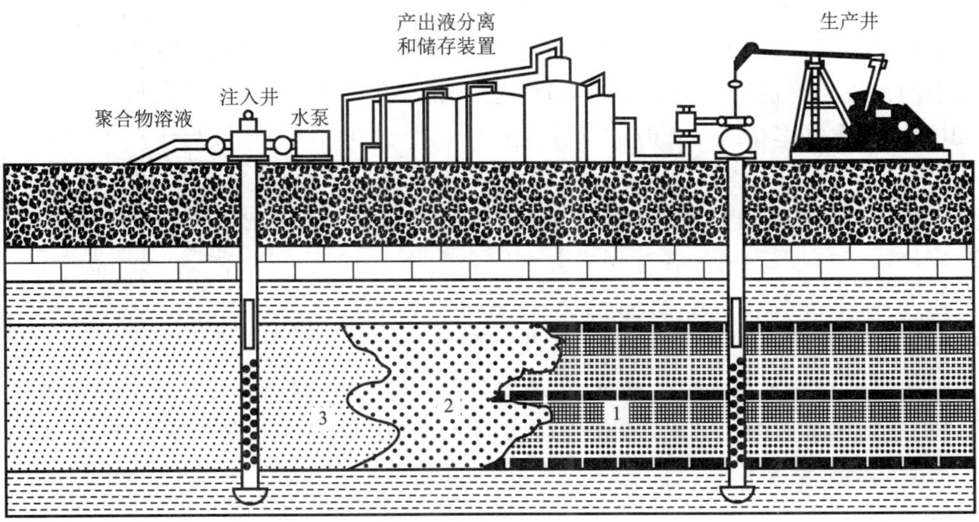

图 8-7 聚合物驱示意图

1—油带；2—聚合物溶液；3—驱替水

1）聚合物的流度控制作用

如前所述，对于均质油层，在通常水驱油条件下，由于注入水的黏度往往低于原油黏度，驱油过程中水油流度比不合理，导致产出液中含水率上升很快。向油层注入聚合物，可大大改善驱油过程中的水油流度比，从而延缓产出液中含水率的上升速度，使实际驱油效率更加接近极限驱油效率，甚至达到极限驱油效率。

聚合物的流度控制作用是聚合物驱油的两大重要作用机理之一。在水驱油条件下，水突破后产出液中油的分流量为：

$$f_o = \frac{\lambda_o}{\lambda_w + \lambda_o} = \frac{K_{ro}/\mu_o}{K_{rw}/\mu_w + K_{ro}/\mu_o} \tag{8-18}$$

式中 f_o——产出液中油的分流量；

λ_o——原油流度，$10^{-3}\ \mu m^2/(mPa \cdot s)$；

λ_w——水流度，$10^{-3}\ \mu m^2/(mPa \cdot s)$；

K_{rw}——水相相对渗透率，$10^{-3}\ \mu m^2$；

K_{ro}——油相相对渗透率，$10^{-3}\ \mu m^2$；

μ_w——水相黏度，mPa·s；

μ_o——油相黏度,mPa·s。

将上式简化得:

$$f_o = \frac{1}{1 + \frac{\mu_o}{\mu_w} \cdot \frac{K_{rw}}{K_{ro}}} \tag{8-19}$$

众所周知,油、水两相的相对渗透率(K_{rw}和K_{ro})是含水饱和度的函数,K_{rw}随含水饱和度的增加而增加,K_{ro}则随含水饱和度的增加而降低。因为在向油层注水的整个过程中,含水饱和度始终是增加的,最终趋向极限值,所以在均质油层注水采油过程中,K_{rw}/K_{ro}随注水时间的延续始终是增大的,最终趋于无限大(因K_{ro}将趋于零)。可见,产出液中的油流分流量始终是减少的,最终趋于零。换言之,产出液中的含水率始终是上升的,最终趋于100%。油水黏度比μ_o/μ_w的大小是控制产出液中含水率上升速度的重要参数。当油水黏度比很大时,产出液中含水率的上升速度快(图8-8),也就是说,在油层中含水饱和度并不很高的情况下,就不得不因产出液中含水率已达到采油经济允许的极限含水率而终止开采,因而实际获得的驱油效率远未达到油层的极限驱油效率。相反,在油水黏度比很小时,产出液中含水率的上升速度将大大减缓,当它达到采油经济允许的极限含水率时,油层中的含水饱和度可能已经很高,因而获得的实际驱油效率较高。

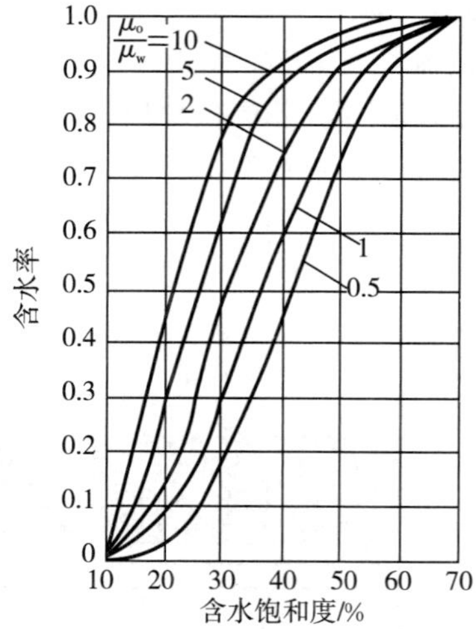

图 8-8 油水黏度比对含水率的影响

2) 聚合物的调剖作用

调整吸水剖面、扩大水淹体积是聚合物驱提高采收率的主要作用机理。在聚合物的调剖作用下,油层注入水的波及体积增大,可在油层未见水层段中采出无水原油。也就是说,油层水淹体积扩大多少,采出油的体积也就增加多少。聚合物的调剖作用只有在油层剖面上处于渗透率非均质状态时才能发生。在通常水驱条件下往往发生注入水沿不同渗透率层段不均匀推进的现象,即高渗透率层段注入水推进快,低渗透率层段注入水推进慢。此外,注入水的黏度往往低于原油黏度,水驱过程中高流度流体取代低流度流体,导致注入水推进不均匀的程度加剧,甚至在很多情况下会出现高渗透率层段已被注入水突破,而低渗透率层段注入水推进距离仍然很小的情况,致使低渗透率层段原油不能得到有效开采。在注入聚合物的情况下,由于注入水的黏度增加,油水黏度比得到改善,不同渗透率层段间水线推进的不均匀程度缩小。因此,向油层中注入高黏度聚合物溶液可以增加高渗透率层段水突破时低渗透率层段的水线推进距离,从而调整吸水剖面(图8-9)。在图8-9中,由于$K_2>K_3>K_1$,水驱时注入水沿K_2层舌进,当注入水从K_2层到达生产井后,K_1和K_3层还留有大量的原油未被波及。当注聚合物后,聚合物段塞首先进入渗透率最高的K_2层,由于黏度增加以及吸附/滞留,导致K_2层中流动阻力增大,迫使后续注入水进入K_1和K_3层,从而启动低渗透率层位,提高垂向波及效率,扩大油层的水淹体积,提高油层的采收率。

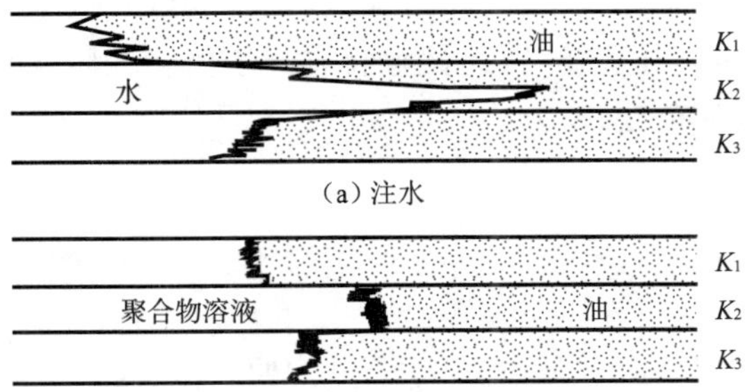

(a) 注水

(b) 注聚合物

图 8-9 渗透率级差对垂向波及系数的影响

$K_2 > K_3 > K_1$

2. 流度控制聚合物

控制流度用的聚合物有两大类：天然聚合物和人工合成聚合物。天然聚合物是从自然界的植物及其种子中通过微生物发酵而得到的，如纤维素、生物聚合物黄胞胶等。人工合成聚合物是用化学原料经工厂生产的，如目前大量使用的聚丙烯酰胺、部分水解聚丙烯酰胺等。在多年的聚合物驱室内研究和现场试验中，使用最为广泛的聚合物是部分水解聚丙烯酰胺和生物聚合物黄胞胶两种。由于生物聚合物黄胞胶的价格比较昂贵，除了在高矿化度和高剪切的油藏中使用外，一般油藏聚合物驱都使用人工合成的部分水解聚丙烯酰胺。

1) 聚丙烯酰胺

聚丙烯酰胺是由丙烯酰胺(单体)引发聚合而成的水溶性链状聚合物，它不溶于汽油、煤油、苯等有机溶剂。由于聚丙烯酰胺在水中不解离，所以其链节在水中不带离子，是一种非离子型聚合物。其结构式为：

$$\left[\mathrm{CH_2-\underset{\displaystyle \underset{\displaystyle CONH_2}{|}}{CH}}\right]_n$$

由于聚丙烯酰胺链节上不带电荷，分子在溶液中易卷曲，所以其增黏能力差。链节中的—$CONH_2$基团具有孤电子对，在地层中其孔隙表面吸附量较大，因此聚丙烯酰胺不是一种很好的流度控制剂。聚丙烯酰胺与碱反应即生成部分水解聚丙烯酰胺：

$$\left[\mathrm{CH_2-\underset{\displaystyle \underset{\displaystyle CONH_2}{|}}{CH}}\right]_n \xrightarrow[\mathrm{OH^-}]{\mathrm{H_2O}} \left[\mathrm{CH_2-\underset{\displaystyle \underset{\displaystyle CONH_2}{|}}{CH}}\right]_x \left[\mathrm{CH_2-\underset{\displaystyle \underset{\displaystyle COO^-}{|}}{CH}}\right]_{n-x}$$

部分水解聚丙烯酰胺在水中发生解离，产生—COO^-离子，使整个分子带负电荷，所以部分水解聚丙烯酰胺为阴离子型聚合物。由于部分水解聚丙烯酰胺分子链上有—COO^-，链节上有静电斥力，在水中分子链较伸展，故其增黏性好。部分水解聚丙烯酰胺在带负电的砂岩表面上的吸附量较少，是目前最适合流度控制的聚合物。

2) 生物聚合物黄胞胶

黄胞胶是由黄单胞菌属野茹菌微生物接种到碳水化合物中，经发酵而生成的生物聚合物，又称黄原胶。黄胞胶的化学结构如图 8-10 所示，其主链为纤维素骨架，支链比聚丙烯酰胺多。黄胞胶每个链节上都有长侧链，由于侧链对分子卷曲有阻碍，所以它的主链呈现较伸展的构象，从而使黄胞胶具有许多特性，如增黏性、抗剪切性和耐盐性。化学结构中掺氧的环形碳键（吡喃糖环）不能充分旋转，因此黄胞胶靠分子内相互阻绊作用在溶液中形成较大的刚性结构，从而增加水的黏度。

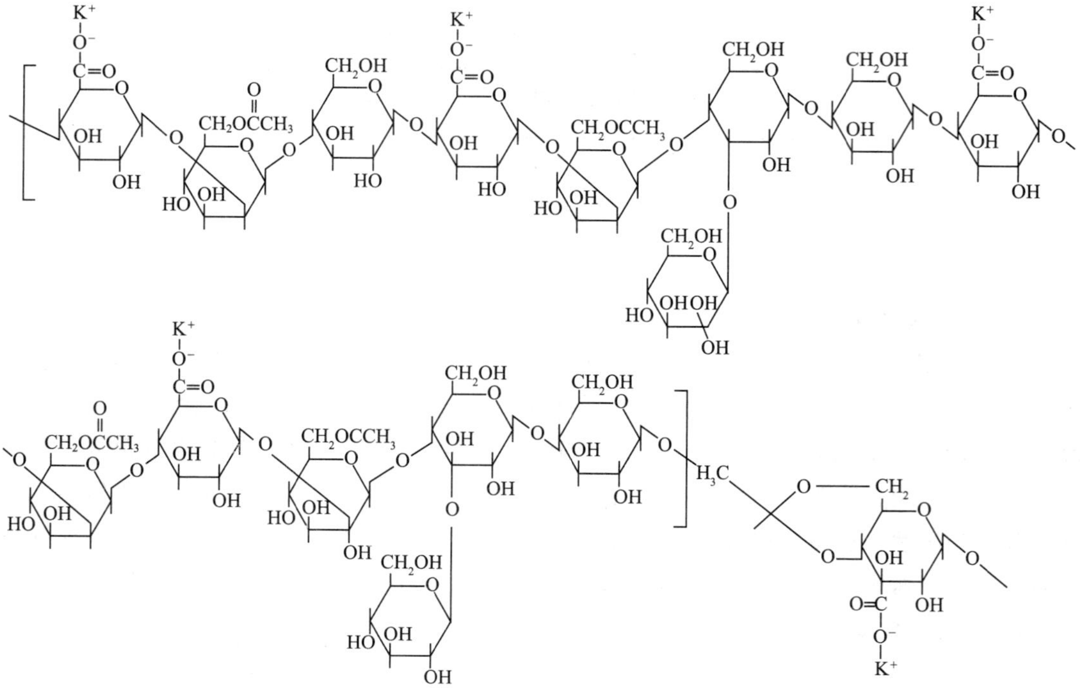

图 8-10 生物聚合物黄胞胶的化学结构

二、表面活性剂驱

表面活性剂是一种加入很少量便能大大降低溶液的表面张力或界面张力，使界面呈活化状态，从而产生润湿、乳化、增溶、发泡、漂洗等作用的物质。表面活性剂驱是应用表面活性剂提高采收率的一种方法。

1. 表面活性剂的结构

表面活性剂由至少两种极性或亲媒性显著不同的官能团构成。分子中有一种对水（溶剂）吸引力弱的基团，称为疏水基团（疏液基团），也可称为亲油基团；另一种是对溶剂吸引力强的基团，称为亲水基团。亲水基团可以是离子，也可以是不电离的基团。因此，表面活性剂分子中既存在亲水基团，又存在亲油基团，是一种两亲分子，这样的分子结构使之一部分溶于水，而另一部分易从水中逃离。图 8-11 所示为石油磺酸盐的两亲结构，这种结构特点使表面活性剂具有以下两种基本性质：

(1) 在溶液与它相接触的界面上，基于官能团的作用而产生选择性定向吸附，使界面的相态或性质发生显著变化。

(2) 虽然具有两亲性质，但其溶解度（特别是以分子状态分散的）较低，在通常使用浓度下大部分表面活性剂溶液会形成胶束。

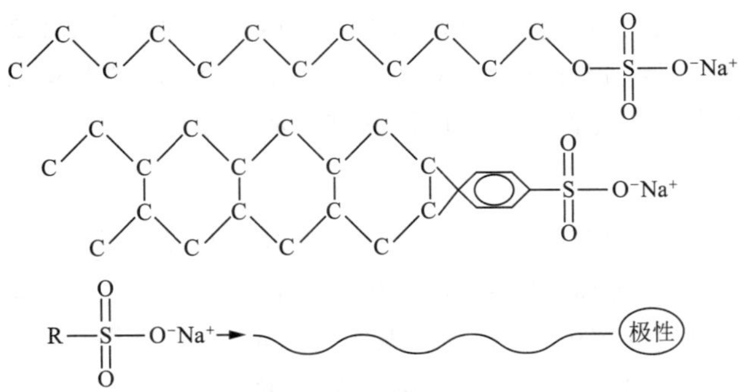

图 8-11 石油磺酸盐两亲结构示意图

2. **表面活性剂的分类**

表面活性剂在化学结构上有两亲性，且亲油基团和亲水基团同出于一个分子之中，但由于亲油基团和亲水基团的结构、种类不同以及连接方式多种多样，表面活性剂的数量有数千种之多。表面活性剂的分类普遍采用 ISO 分类法，这是因为绝大部分表面活性剂是水溶性的，这种分类法可较好地将结构、理化性质和应用反映出来。表面活性剂具体分类见表 8-1。

表 8-1 表面活性剂分类

离子型	阴离子型	$ROSO_3^- Na^+$，$RSO_3^- Na^+$，$RCOO^- Na^+$
	阳离子型	$RN^+(CH_3)_3X^-$
	两性离子型	$RNH_2^+ CH_2COO^-$
非离子型	聚氧乙烯型	$R(OCH_2CH_2)_nH$
	多元醇型	$R(OH)_n$
	聚氧烯烃整体共聚物	$RO(CH_3H_6O)_m(C_2H_4O)_nH$
特殊类型	全氟烷	$CF_3(CF_2)_6COO^- Na^+$，$CF_3(CF_2)_6CF_2SO_3^- Na^+$
	聚硅氧烷	$(CH_3)_3Si(CH_2)_nCOO^- Na^+$

表面活性剂溶于水时，能电离生成离子的称为离子型表面活性剂。离子型表面活性剂按生成的离子性质可分成阴离子型、阳离子型和两性离子型。这种分类方法有许多优点：因为每种离子的表面活性剂各有特点，所以只要弄清楚表面活性剂的离子类型，就能决定其应用范围。例如，已知是阴离子型表面活性剂，便不能与阳离子型物质同时使用，否则就会生成沉淀。

3. **表面活性剂的一般性质**

1) 溶解度

表面活性剂在水中溶解度的变化规律是：在一定温度下，溶解度随亲油（疏水）基碳链的增长而降低。对一定链长的亲油基团而言，不同类型的表面活性剂的溶解性不同。一般来说，离子型表面活性剂的溶解度随温度升高而增大，当温度上升到某一值后，溶解度增加很快。换言之，在较低的温度范围内，溶解度没有大的变化，当温度达到一定值后，溶解度急剧增加，存在一个明显的突破点。该突破点的温度称为克拉夫特点。克拉夫特点是离子型表面活性剂在水中溶解度剧增时的温度，低于该温度时，在溶液中的结晶或凝胶物能与单一离子共存；高于该温度时，已经溶解的表面活性离子形成胶束，出现胶束效应而使溶解度急剧上升；等于该温度时，表面活性剂的溶解度即其临界胶束浓度。

2）化学稳定性

（1）酸碱稳定性。一般阴离子型表面活性剂在强酸中不稳定，在碱液中比较稳定。在强酸作用下，羧酸盐易成为游离羧酸而析出，硫酸酯盐易溶于水，磺酸盐在酸和碱中均比较稳定。在阳离子型表面活性剂中，胺盐类在碱中不稳定，易析出游离胺，但较耐酸；季铵盐类在酸和碱中均比较稳定。两性离子型表面活性剂的稳定性一般容易随 pH 变化而改变，当 pH 达到该两性离子型表面活性剂的等电点时，会形成内盐而析出沉淀，但分子结构中含有季铵基团的则不会生成沉淀。非离子型表面活性剂能稳定存在于酸和碱中。

（2）无机盐稳定性。无机盐比较容易使离子型表面活性剂在溶液中形成内盐而析出沉淀。多价金属离子对阴离子型表面活性剂的影响更大，容易与阴离子基团作用形成不溶或溶解度低的盐，尤其是羧酸类阴离子型表面活性剂，遇 Ca^{2+} 和 Mg^{2+} 等会形成不溶于水的金属皂。无机盐对非离子型及两性离子型表面活性剂的作用很小，不易析出沉淀，甚至某些非离子型和两性离子型表面活性剂可溶于高浓度无机盐中，表现出良好的相溶性。

（3）氧化剂稳定性。一般以离子型表面活性剂中的磺酸盐类和非离子型表面活性剂中的聚氧乙烯醚类最为稳定，因为这些表面活性剂中的 C—S 键和醚键比较稳定。从亲油基链考虑，则以含氟烷的表面活性剂稳定性最高。

3）毒性

表面活性剂的生物活性包括毒性和杀菌力，毒性小的杀菌力弱，毒性大的杀菌力强。阳离子型表面活性剂中的季铵盐是著名的杀菌剂，同时对生物有较大的毒性。非离子型表面活性剂毒性小，有的甚至无毒，其杀菌力相应也弱。阴离子型表面活性剂的毒性和杀菌力介于前两者之间。如果表面活性剂中含有芳香基，则毒性较大。聚氧乙烯醚型非离子型表面活性剂的毒性以链长者为大。非离子型表面活性剂的毒性虽小，但往往会造成水体污染，其在水中的浓度只需达到几毫克每升就能杀死鱼类。

4）生物降解

在自然环境的物质循环体系中，光、热、生物等是相互关联的，其中微生物有重要的作用，生物降解即微生物分解有机碳化物。有机碳化物在微生物的作用下可转化为细胞物质，分解成二氧化碳和水。对阴离子型表面活性剂，在直链烷基苯磺酸钠中，C_6～C_{12} 烷基链的降解速度快，而大于 C_{12} 的直链烷基苯磺酸钠对微生物活性的抑制比较显著。苯基在末端的伯碳烷基苯磺酸钠降解速度快；末端有季碳的烷基苯磺酸钠由于没有发生氧化脱氢的氢原子，故降解缓慢。对于非离子型表面活性剂，亲油基支链比直链降解困难，酚基对降解影响很大，氧乙烯链越长，降解性越差。聚氧丙烯的降解性比聚氧乙烯的差。阳离子型表面活性剂本身具有强杀菌性，总的来说降解性较弱。由于阳离子型表面活性剂的使用量比其他类型的表面活性剂少，因此在污水中与其他表面活性剂混合后并不改变微生物群落。

三、碱水驱

对于原油中含有较多有机酸的油层，可以注入质量分数为 0.05%～4% 的 NaOH 和

Na_2CO_3等碱性水溶液，利用碱性水溶液在油层内和有机酸生成表面活性剂进行驱替的方法称为碱水驱。单纯碱水驱的驱油机理十分复杂，包括降低油水界面张力、产生润湿性反转、乳化、乳化夹带、自发乳化和聚并以及溶解油水刚性膜等。

1. 碱水驱机理

降低界面张力、降低对原油的乳化作用、改变岩石的润湿性是提高采收率的基本途径。每一途径在驱油机理上所起的作用都是由碱与具体油田的地层液体和岩石相互作用的动力学、油田开发条件、产层的特点所决定的。碱水驱的原理是碱与地层中的原油、水以及油层岩石相互作用，改变原油-水-岩石体系的界面性质，改善水驱油条件。原油中的酸性组分与碱反应生成表面活性物质，同时还存在界面上的吸附-解吸作用，以及作用产物向水相和油相的物质传递。

1）降低界面张力

当碱水与原油中的有机酸混合时，会生成表面藿香物质并聚集在油水界面上，降低油水界面张力。图 8-12 表明，在最佳含盐量下，碱溶液与油之间的界面张力可以达到 10^{-2} mN/m 的超低值。

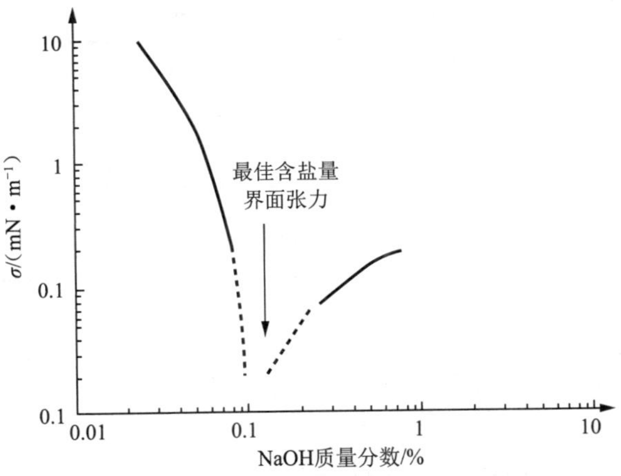

图 8-12　碱质量分数与界面张力的关系

2）引起原油-水-岩石体系润湿性的变化

（1）润湿性由亲油变为亲水。当地层中的含油饱和度比较高，原油作为一相参与流动时，增加岩石的亲水性将有助于降低水相的流动能力，降低残余油饱和度。碱水对石英表面的润湿比普通水的强。同时，当碱质量分数很高且地层水含盐度较低时，所生成的表面活性物质可以使吸附在岩石表面的油剥落下来，一方面可恢复岩石原来的亲水性，降低水相相对渗透率，另一方面可增加原油的流动饱和度，提高油相相对渗透率，使流度比向有利方向变化，从而提高原油采收率。

（2）润湿性由亲水变为亲油。对于残余油饱和度较高而原油不易流动的油层，注入高质量分数的碱液，在含盐度较高的条件下，生成的表面活性剂是油湿性的，吸附到岩石表面可使岩石由亲水变为亲油。这样，油就可以在岩石表面吸附形成连续相，为被捕集的原油提供流动通道。与此同时，在连续的油润湿相中，低界面张力将导致油包水型乳状液形成，而该乳状液会堵塞流通孔道，使注入压力提高。高的注入压力将迫使油沿连续油相通道流动，从而降低残余油饱和度。

3）溶解油水刚性膜

当原油中存在胶质、沥青质时，油水界面上会形成一层刚性膜，刚性膜的存在使油珠流经孔喉时不易变形通过。碱可以增加胶质、沥青质在水中的溶解度，使刚性膜破坏，从而提高残余油的流动能力。

2. 驱油用碱剂及其基本性质

驱油用碱剂包括氢氧化钠、碳酸氢钠、碳酸钠、氢氧化铵、磷酸钠、硅酸钠等。碱水驱时，碱剂在水溶液中的质量分数一般为0.05%～5%，不同碱剂与地层水、注入水、地层岩石及原油反应的物理-化学性质差别较大。

1）氢氧化钠

氢氧化钠是一种强碱，可与原油中的酸性物质发生反应。当溶液中的氢氧化钠质量分数从0.05%增加到5%时，溶液的pH从12增加到13.5。20 ℃时，氢氧化钠溶液的质量浓度、黏度及密度之间的关系见表8-2，氢氧化钠在水中的溶解度见表8-3。

表8-2 20 ℃时NaOH水溶液的质量浓度、黏度及密度

质量浓度/(g·L^{-1})	0.10	0.25	0.50	1	2	4	6
黏度/(mPa·s)	1.020	1.052	1.108	1.234	1.59	2.78	7.04
密度/(g·cm^{-3})	—	—	—	1.009 5	1.020 7	1.042 8	1.085 9

表8-3 不同温度下各种碱在水中的溶解度

温度/℃		0	10	20	30	40	50	60
溶解度/[g·(100 g)$^{-1}$]	NaOH	41.8	—	108.7	118.0	129.0	146.0	—
	Na_2CO_3	5.4	—	17.8	29.0	33.2	32.2	31.7
	NH_4OH	—	66.7	52	39.6	31.1	22.7	—

氢氧化钠落在皮肤上会造成化学烧伤，刺激黏膜，落在眼睛内尤其危险。空气中氢氧化钠气溶胶的最大允许质量浓度为0.5 mg/cm^3。

2）碳酸钠

碳酸钠具有较弱的碱性反应，其在水溶液中的溶解度见表8-3。碳酸钠落在湿皮肤或黏膜上会引起发炎。碳酸钠的最大允许质量浓度为2 mg/cm^3。

3）氢氧化铵

氨的相对分子质量为19.03，是一种具有强烈刺激性气味的无色气体，密度为0.771 g/cm^3，熔点为77.7 ℃，沸点为33.35 ℃。氢氧化铵是氨的水溶液，它在水中部分地解离成离子，使溶液呈碱性。氢氧化铵在水溶液中的溶解度见表8-3。

液态氨和氨水是置于钢瓶和专用铁路罐车中运送的，并在钢制容器中加以储存。氨与空气和氧可形成具有爆炸危险的混合物。

液态氨落在皮肤上能造成严重烧伤，落在眼睛内尤其危险。氨在空气中的含量过高时

会引起窒息，空气中的最大允许质量浓度为 0.02 mg/cm³。

4）磷酸钠

磷酸钠能改善驱替液对岩石的润湿性能，并在产层中形成低溶性的正磷酸钙和镁的悬浮物，从而提高对产层的波及范围。

磷酸钠的相对分子质量为 380.12，为白色鳞片或结晶体，易结块，密度为 1.64 g/cm³，熔点为 73 ℃，溶解度为 30.2%，形成结晶的平衡浓度为 23%（质量分数）。20 ℃时，磷酸钠水溶液的质量分数、黏度及密度的关系见表 8-4。磷酸钠易燃、易爆，会引起眼睛黏膜和上呼吸道发炎，一般用纸或聚乙烯包装出售。

表 8-4 20 ℃时磷酸钠水溶液的质量分数、黏度及密度关系

质量分数/%	5	10	15	20	25	30
黏度/(mPa·s)	1.113	1.230	1.416	1.563	—	—
密度/(g·cm⁻³)	1.028	1.055	1.084	1.096	1.123	1.161

四、复合化学驱

单独采用聚合物、碱或表面活性剂驱，或者仅提高注入水的波及效率，或者仅提高注入水的洗油效率，提高采收率的效果都比较单一，因此提出了复合化学驱的概念。复合化学驱是将两种或更多驱油成分组合起来的驱油方式。下面以碱/表面活性剂/聚合物三元复合驱为例介绍复合化学驱。

1. 碱对聚合物溶液黏度的影响

碱可能以两种方式改变聚合物溶液的黏度。首先，碱向聚合物溶液提供阳离子，这些阳离子通过电荷屏蔽作用降低聚合物溶液的黏度；其次，碱可以水解聚合物链上的酰胺基（水解作用），从而增加聚合物溶液的黏度。显然，碱对聚合物溶液黏度的有效作用取决于这两个因素的相对大小。

测定不同浓度下聚合物溶液的黏度随剪切速率的变化，可以考察碱对聚合物溶液黏度的影响。在不同时间对相同聚合物溶液进行重复测试，可以定性地判断电荷屏蔽作用与水解作用对聚合物溶液黏度的影响程度。图 8-13 是 20 ℃条件下质量浓度为 1 000 mg/L 的聚合物溶液的低剪切相对黏度与氢氧化钠质量分数的关系曲线。在混合约 1 h 之后，低剪切相对黏度随氢氧化钠质量分数的增加而降低，最后达到平衡值。在较高氢氧化钠质量分数下，钠离子质量分数很高，存在的高钠离子质量分数会通过电荷屏蔽抵消水解作用时剪切黏度的影响，因而黏度几乎保持不变。混合 1 h 与混合 336 h（2 周）后测得的低剪切相对黏度比较接近，而混合 672 h（4 周）后，氢氧化钠对低剪切相对黏度的影响比较剧烈。

图 8-14 是碱型对聚合物溶液低剪切牛顿黏度的影响，它对比了氢氧化钠和碳酸钠对浓度为 1 000 mg/L 的聚合物溶液黏度的影响。氢氧化钠的质量分数为 0.5%，溶液的 pH 为 12.75；碳酸钠的质量分数为 1%，溶液的 pH 为 11。初始混合 1 h 后，有碳酸钠的聚合物溶液的黏度低于有氢氧化钠的聚合物溶液的黏度，这是因为 1% 的碳酸钠溶液具有较高的钠离子浓度。

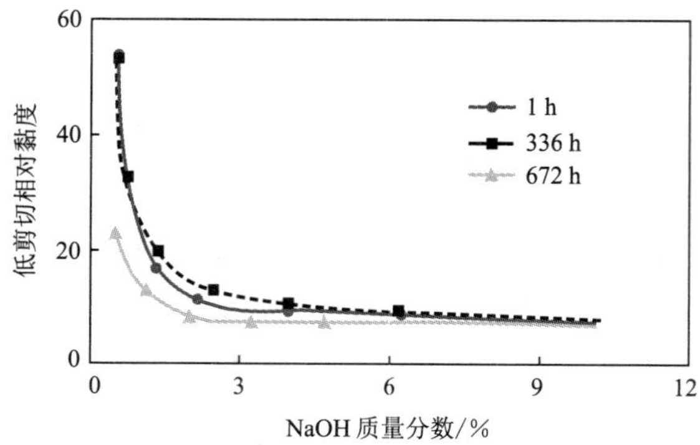

图 8-13 氢氧化钠的质量分数和老化时间对低剪切相对黏度的影响(20 ℃)

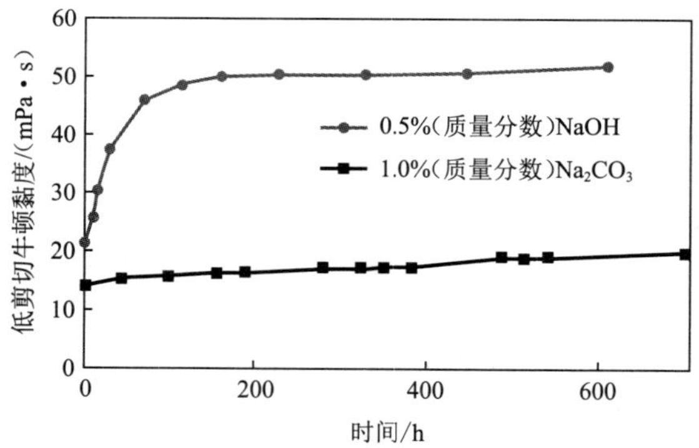

图 8-14 碱型对聚合物溶液低剪切牛顿黏度的影响

存在氢氧化钠和碳酸钠这两种碱的聚合物溶液，其低剪切牛顿黏度都随时间的延长而增加，其中存在氢氧化钠的聚合物溶液黏度增加的初始速率比较高，在混合 200 h 后增加速度趋于平缓，而存在碳酸钠时聚合物溶液黏度增加的速度很慢。存在氢氧化碳或碳酸钠的聚合物溶液，两者黏度变化存在差异的原因是：聚合物水解的初始速度是溶液 pH、原始水解度和温度的函数。含有氢氧化钠的聚合物溶液在开始时水解速度比较快，使得初始混合后聚合物溶液黏度快速升高；随着水解反应的进行，羧酸盐基团数目(即聚合物链上的负电荷)增多，阻碍了氢氧根离子与聚合物的反应，使反应速度降低，因此黏度升高的速度开始下降。

图 8-13 和图 8-14 表明，强碱水解聚丙烯酰胺在较低阳离子浓度下会使聚合物溶液的黏度升高；向聚丙烯酰胺聚合物中加入强碱对溶液黏度是有益的。但在二价离子存在条件下，水解度增加会带来一系列问题。许多资料表明，如果水解度超过 0.35，特别是在较高温度和聚合物浓度下，当存在二价离子时部分水解聚丙烯酰胺会发生沉淀。由于碳酸钠不会使聚合物显著水解，因而它可减小由于二价离子存在而造成的聚合物损失。

2. 表面活性剂对聚合物溶液黏度的影响

表面活性剂与聚合物混合物的黏度效应非常复杂，对于部分水解聚丙烯酰胺，其黏度与表面活性剂的性质有关。这里以 TritonX-100 和 Neodol25-3S 为例说明非离子型表面活性剂和阴离子型表面活性剂对部分水解聚丙烯酰胺溶液黏度的影响。图 8-15 是非离子型表面活性剂 TritonX-100 的质量分数对质量浓度为 1 000 mg/L 的聚合物溶液流变性的影响。

由图可知，TritonX-100 的质量分数从 0 增加至 10%，对聚合物溶液的黏度影响不大。这说明，在聚合物溶液中 TritonX-100 在物理上或化学上都不与聚合物链发生反应。

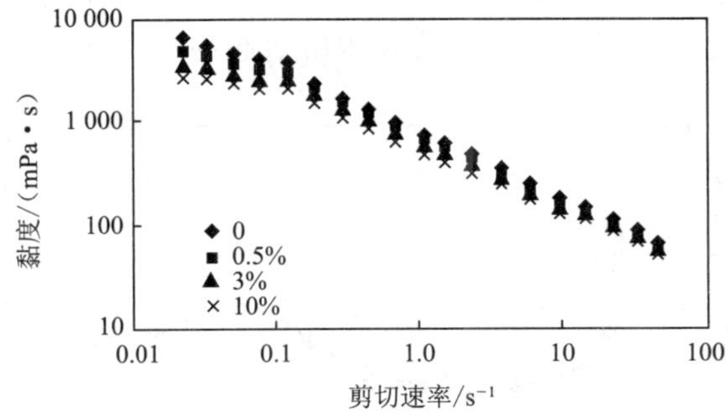

图 8-15　TritonX-100 质量分数对聚合物溶液流变性的影响

Shupe 研究了阴离子型表面活性剂（石油磺酸盐）对部分水解聚丙烯酰胺（HPAM）溶液黏度的影响，研究显示，加入质量分数为 3%的表面活性剂后聚合物溶液黏度降低了 22%。图 8-16 是阴离子型表面活性剂（Neodol25-3S）的质量分数对质量浓度为 100 mg/L 的聚合物溶液流变性的影响，它与非离子型表面活性剂（TritonX-100）的影响不同，而与氯化钠的作用类似，这说明阴离子型表面活性剂通过电荷屏蔽机理影响部分水解聚丙烯酰胺的黏度特性。

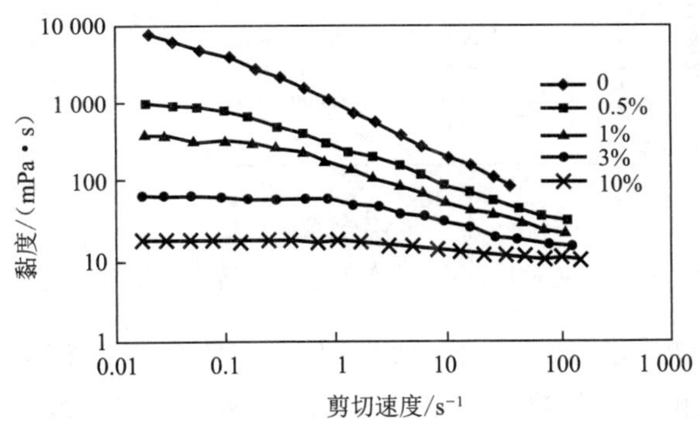

图 8-16　Neodol25-3S 质量分数对聚合物溶液流变性的影响

3. **表面活性剂和碱对聚合物溶液黏度的影响**

与碱段塞类似，聚合物与表面活性剂/碱段塞共同注入可改善段塞的流度，提高原油采收率。强碱（如氢氧化钠）和阴离子型表面活性剂（如 Neodol25-3S）对水解聚丙烯酰胺的动力黏度的影响很大。因此，探讨加入这两种物质对上述聚合物流变性的影响是很有意义的。图 8-17 是含 0.5%的 Neodol25-3S 和 1 000 mg/L 聚合物溶液的低剪切牛顿黏度随氢氧化钠质量分数变化的情况。为避免由于聚合物水解而发生的黏度变化，所有黏度测定都在初始混合 1 h 后进行，低剪切牛顿黏度随氢氧化钠质量分数的增加而降低，随后又缓慢升高，在氢氧化钠质量分数为 10%左右时达到一个高点，之后黏度又随氢氧化钠质量分数的增加而降低。

为了研究在较高氢氧化钠质量分数下出现的黏度升高，图 8-18 给出了 Neodol25-3S 存在与不存在时含有 0.5%和 10%氢氧化钠的 1 000 mg/L 聚合物溶液的流变曲线。加入

0.5%氢氧化钠+0.5%Neodol25-3S可使黏度轻微下降，这是由阴离子型表面活性剂的屏蔽作用所致；加入10%氢氧化钠+0.5%Neodol25-3S可使黏度显著升高，说明在高碱浓度下发生了某种相互作用。由于水解作用只在低碱浓度下明显，并且要在初始混合2～3 d后才显示出来，所以黏度上升不可能是由聚合物水解引起的。

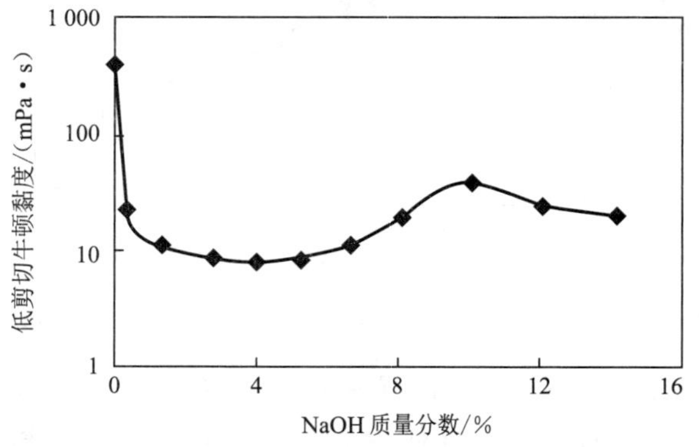

图8-17 氢氧化钠对聚合物/活性剂体系的低剪切牛顿黏度的影响

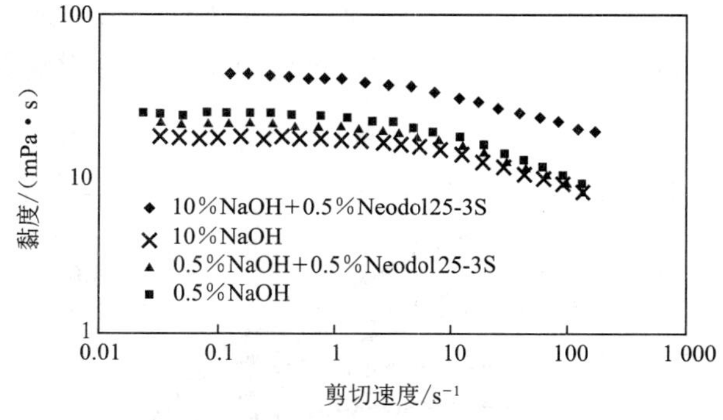

图8-18 氢氧化钠对聚合物/阴离子型表面活性剂体系流变性的影响

图8-19是氢氧化钠质量分数对表面活性剂Neodol25-3S溶液流变性的影响。从图中可以看出，随着氢氧化钠质量分数的增加，0.5%的表面活性剂溶液的低剪切牛顿黏度稍有增大；氢氧化钠质量分数继续增加，溶液黏度急剧增大，在氢氧化钠质量分数为8%时达到黏度最大值53 mPa·s，然后随着氢氧化钠质量分数的进一步增加，溶液黏度逐渐降低。表面活性剂质量分数为1%时有类似趋势，在氢氧化钠质量分数为5%时黏度开始增大，溶液

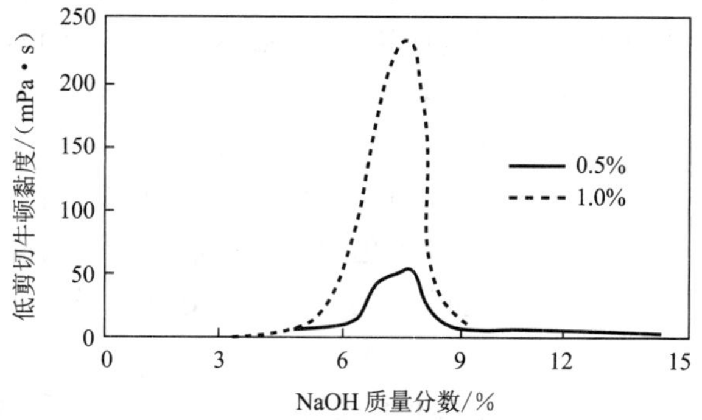

图8-19 氢氧化钠对表面活性剂流变性的影响

最高黏度大约为 210 mPa·s。以上现象说明阴离子型表面活性剂溶液的黏度只在一个较窄的碱质量分数范围内明显增大，其黏度增大的幅度与表面活性剂的质量分数有关。阴离子型表面活性剂溶液黏度增大是由于形成了聚集体（即液晶），使得含高质量分数碱和低质量分数 Neodol25-3S 的聚合物溶液的低剪切牛顿黏度骤然增加。

碱、表面活性剂、聚合物之间的黏度特性还与表面活性剂的类型有关。当加入非离子型表面活性剂（如 TritonX-100）时，ASP（碱/表面活性剂/聚合物）三元复合体系的黏度将有所下降。

第三节　气体混相驱

气驱采油可分为混相驱和非混相驱两种。混相是指当两种或多种流体按任意比例混合时，没有相界面形成，保持单一均质相；若有相界面存在，则认为是非混相的。混相驱提高采收率的机理是驱替介质与地层原油在油藏条件下形成混相，使多孔介质中的毛细管力降至零，从而驱替出因毛细管效应所圈闭的原油。根据混相方式的不同，混相驱可分为一次接触混相和多次接触混相（动态混相）。当某些注入流体与储层流体可以以任意比例直接与储层油混合，且混合物为单相时，属于一次接触混相。在流动过程中，原油和注入流体重复接触形成组分质量转移的混相过程称为多次接触混相或动态混相。在多次接触混相过程中，注入流体与储层流体形成两相，不过在这两相间可进行组分间的质量交换，从而形成过渡带驱动相。过渡带流体组成在储层流体和注入流体的组分范围内变化。多次接触混相又可分为蒸发和凝析方式的动态混相。

一、基本概念

1. 非混相驱

油和水是互不相溶的。如果把油、水倒入一个容器中并放置一段时间，就会形成截然不同的两种液相，并且具有明显的分界面，因此可以说油、水是不混相的。

同样，尽管天然气在原油中具有一定的溶解度，但原油和天然气也是不混相的。天然气的溶解度大小取决于压力，一旦超过某一溶解度极限，就会形成气相和液相，两相之间被一界面隔开。

当两种非混相流体同时在多孔介质中流动（如水驱油）时，在一特定单位体积内的流动动态可以通过岩石的相对渗透率确定。原油的相对渗透率随含油饱和度的降低而降低，但当油相相对渗透率降至零时，原油停止流动，此时原油饱和度不为零，而为某一极限值，这一极限饱和度称为残余油饱和度，或者更精确地说是相对渗透率末端残余油饱和度。同样，水相相对渗透率降至零时所对应的水相饱和度被称为束缚水饱和度。在两个末端饱和度之间，油、水都能流动，而且在这两点之间的相对渗透率曲线形状决定了需要注入多少水才能达到降低被驱替岩石中的含油饱和度的目的。

残余油饱和度和相对渗透率不仅受岩石孔隙结构的影响，而且受岩石润湿性和油水界面张力的影响。在非混相驱时，润湿性是一个很重要的影响因素。在其他参数相同的条件下，与亲水岩石相比，注入水在亲油岩石中会过早突破，而且需要注入更多的水才能使含油饱和度降低到同一值。

2. 混相驱

当两种流体可以以任意比例混合,并且所得混合物均为单相时,就称这两种流体是混相的。汽油和煤油就是两种混相流体。因为混相流体在混合后产生一单相流体,在流体之间不存在界面,所以也就没有界面张力。如果在油和驱替流体之间的界面张力可以完全消除(毛细管数趋于无限大),则残余油饱和度就可以降低到最低值,这就是混相驱的目的。

在一次接触烃类溶剂混相驱中,普遍使用的溶剂是丙烷或液化石油气。由于它们的价格昂贵,因此只能以段塞形式先行注入,然后用天然气驱替。当用于混相驱的注入流体与油藏原油混合形成两相时,它们就不是一次接触混相。这些注入流体与原油之间的组分就地传质将形成一个过渡带,其流体组成介于原油和注入流体之间,其中的所有组分都是接触混相的。在流动过程中,靠注入流体和原油的反复接触引起组分就地传质而达到混相的过程称为多次接触混相或动态混相。

对于一个具体给定的油藏,若使用混相驱,就必须满足以下几个条件:

(1) 有充足的溶剂,且其供应速度和成本使项目具有最大经济效益。

(2) 油藏压力高于溶剂和原油混相压力。

(3) 原油采收率的提高幅度足够高,以便承受项目的高额费用。

采收率的提高幅度在很大程度上取决于油藏性质,必须进行详细的评价以便确定是否存在混相驱的目标油藏。与水驱相比,一个典型的混相驱项目需要进行更详细和综合性的油藏工程研究、成本确定和控制及项目监控,这就需要更多的训练有素的人力资源。

二、烃类气体混相驱

1. 液化石油气驱

液化石油气驱是以液化石油气(LPG,主要成分为乙烷、丙烷、丁烷)为混相剂的混相驱。液化石油气通常靠液化油田原油或气田天然气得到。液化石油气驱属于一次接触混相驱。由于液化石油气与原油之间不存在非混相阶段,因此它们的界面张力为零,具有很高的洗油效率。另外,液化石油气与原油混相后可以明显降低原油黏度和提高原油流度,改善驱油介质和原油的流度比,提高驱替剂的波及系数。

1) LPG 驱混相机理与驱动过程

液化石油气是一种可与地层原油发生一次接触混相的驱替剂,但其连续注入的费用太高,因此一般采用段塞式注入方式,即先注入液化石油气段塞(通常为孔隙体积的 5%),再注入价格低廉且能与液化石油气混相的气体(如干气、氨气、烟道气等)段塞,最后注水排驱。注水的目的是改善流度比。LPG 驱段塞图如图 8-20 所示。

液化石油气注入地层后,前缘与地层原油接触发生混相,后面注入的驱动气体也与液化石油气混相,这样就在地层中形成混相段塞。段塞在随后进入的液体(或气体)的推动下向前移动,将油和可流动的水驱出地层。显然,只要段塞呈液态,它就可以同地层原油保持混相,但是液化石油气与后续气体的混相必须在一定的压力条件下才能实现。不同组成的烃气在不同的温度下与不同的气体保持混相所需的压力是不同的,如图 8-21 所示。

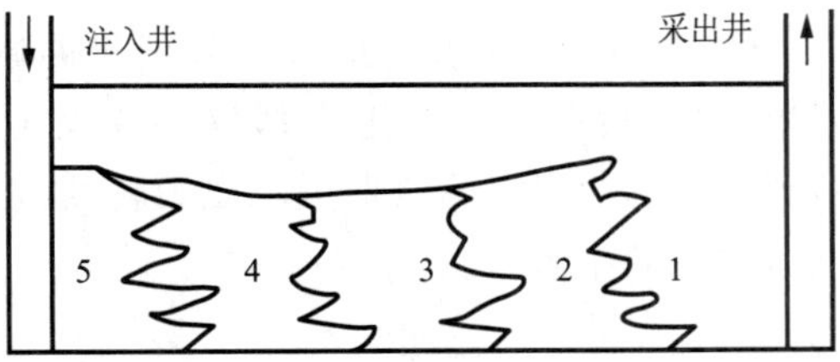

图 8-20　LPG 驱段塞图

1—剩余油；2—油带；3—LPG；4—气体；5—注入水

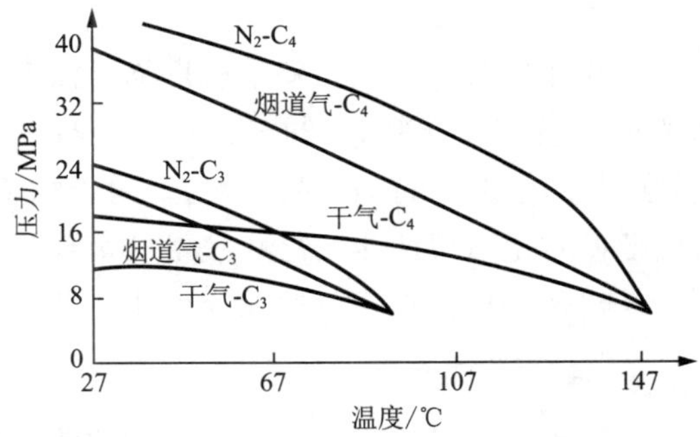

图 8-21　LPG 与驱动气体混相的最低压力

2）LPG 驱的油藏条件

LPG 驱的主要特点是驱油效率高，基本可以排出与之相接触的全部剩余油。LPG 驱混相压力低于其他烃类气体，属于低压混相驱。LPG 驱通常要求油藏深度为 400～800 m，注入压力不大于混相压力，油藏温度不超过 96.79 ℃（丙烷的临界温度），油藏原油黏度范围为 5～10 mPa・s。为了减小重力分异现象的影响，LPG 驱适用于厚度较小和渗透率较低的油藏。LPG 驱的主要缺点是波及效率低、段塞易流失、费用高。

2. **富气驱**

富气驱是以富气为混相注入剂的混相驱。富气通常靠液化石油气富化油田再生气或炼厂的残余气而得到。注入地层的富气通过凝析式混相使地层原油富化，最终实现混相驱，因此富气驱属于凝析式多次接触混相驱。富气驱同样采用段塞式注入，通常先注入 10% 的富气段塞，然后注入价格较低的贫气和水。富气驱的段塞设计与 LPG 驱相同。

1）富气驱混相机理和驱动过程

富气驱适用于 $C_2 \sim C_6$ 烃含量较少的贫气，可用三组分相图（图 8-22）来说明富气凝析式多级接触混相驱机理。若以组分为 G 的富气驱动组分为 O 的贫油，按照连线规则，过程组成的变化在 OG 连线上。设 O 和 G 混合产生组成 1，点 1 落在两相区内，分成气相 1′ 和液相 1″。显然，1″ 的组成比 O 的组成富化。1″ 在驱动中继续与 G 接触，产生组成 2，点 2 仍在两相区内，分成气相 2′ 和液相 2″。显然 2″ 又比 1″ 富化。此后 2″ 再与 G 接触，产生的 3″ 又比 2″ 富化。如此继续进行，直至临界点 K 进入均相区，达到混相。这一过程说明贫油 O 与富气 G 需经过多次接触才能混相。

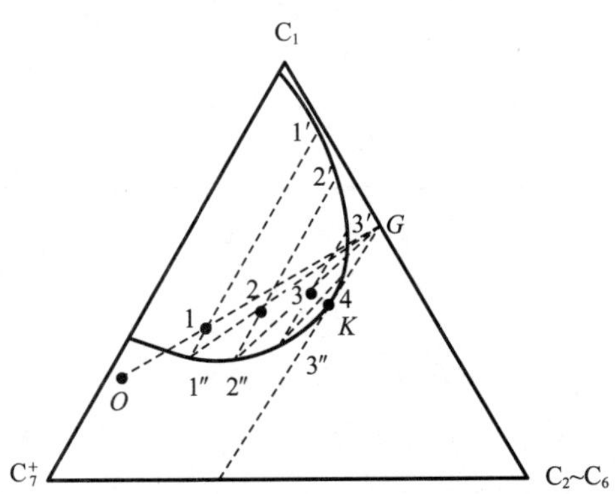

图 8-22　富气驱全过程

在油藏温度一定的情况下，能否实现富气混相驱，不仅取决于注入压力，而且取决于地层油的组成和混相注入剂的富度。在图 8-22 中，如果注入气 G 中的 $C_2 \sim C_6$ 烃含量过低，不足以将贫油 O 富化到均相区，就达不到混相的目的。按照一般规律，富气越富，实现混相所需接触的次数就越少。

2）富气驱的油藏条件

适用于富气驱的油藏原油黏度通常以 5～10 mPa·s 为宜，相对密度在 0.896 2 以上，所要求的混相压力为 10.34～20.68 MPa。和液化石油气一样，为减小重力分异现象的影响，富气驱适用于薄的低渗透油层。对于构造起伏明显的油层，通常在上倾部位注入富气。富气驱基本上可以驱出与之相接触的全部剩余油。和干气驱相比，富气驱混相压力较低，可用于较浅的油层。但富气驱的流度比问题较为突出，波及效率有限。

3. 高压干气驱

高压干气驱是以干气为混相注入剂的混相驱。高压干气主要来自于天然气，它能使原油中的轻质烃组分和中间烃组分汽化，不断改变气相组成，最终与原油实现混相，因此干气驱属于汽化式多次接触混相驱。

1）高压干气驱混相机理和驱动过程

高压干气驱只适用于富含 C_2～C_6烃的原油，驱动过程如图 8-23 所示。在此过程中，干气 G 多次（以点 1，2，3 表示）与富油 O 接触，从富油中取得富化剂富化自己（对比点 G，1′，2′和 K 中 C_4的含量就可以看到），从而使体系组成（点 4）进入均相区而实现混相。若原油 O 没有足够的富度，就不能把注入气 G 加富到临界点 K，也就不能实现多次接触混相。

高压干气可连续向地层注入，也可与水交替注入，其段塞设计如图 8-24 所示。

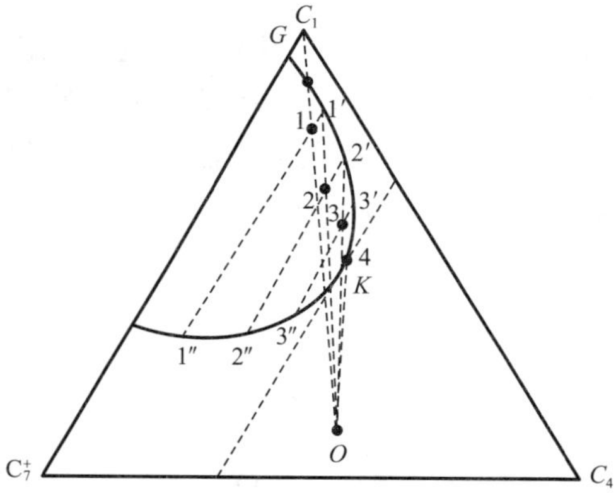

图 8-23 高压干气驱全过程

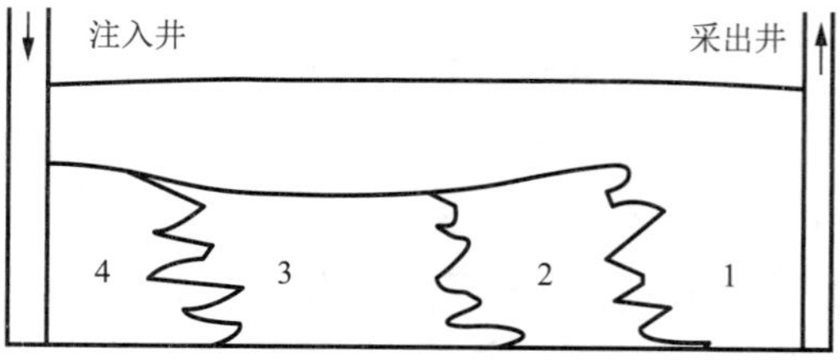

图 8-24 高压干气驱段塞图

1—剩余油；2—油带；3—干气；4—注入水

2）高压干气驱的油藏条件

高压干气驱要求油藏原油必须富含 C_2～C_6组分，这样的原油相对密度一般大于 0.825 1，而且原油必须是不饱和的。高压干气驱的混相压力通常高于 20.68 MPa，因此要求实施高压干气驱的油藏具有一定的深度，以保证注入压力不超过地层破裂压力。

虽然高压干气驱不能驱出所接触的油层内的全部剩余油，但可以将原油的饱和度降低到极低水平，因此高压干气驱仍然具有较高的驱油效率。从成本方面考虑，使用干气比使用液化石油气或富气价格要低，而且产出的干气还可以继续回注。

与液化石油气驱或富气驱相比，高压干气驱的缺点主要是注入压力较高，导致压缩气体费用高。另外，高压干气驱要求油藏原油必须富含轻质或中间烃组分，此条件大大限制了能够应用这一方法的油藏数量。

三、非烃类气体混相驱

目前已进行研究或应用的非烃类气体驱油方法有 CO_2 驱油法和氮气驱油法，其中 CO_2 驱油法是应用较早和技术较为成熟的混相驱油方法。

1. CO_2-原油体系的一般性质

CO_2的物理形态有气、液、固三态，在大气条件下表现为气态。CO_2的临界温度为31.04 ℃，临界压力为73 MPa，这意味着在一般油藏条件下 CO_2均以气态形式存在。

CO_2-原油体系的物理性质极大地影响了 CO_2对地层原油的排驱过程。早期的 CO_2驱是非混相过程，它是依靠 CO_2在原油中的溶解来降低地层原油黏度以及使地层原油体积膨胀等机理实现驱油的，这种方式的驱油效率较低。在高压条件下，不仅 CO_2能溶解于油中，而且烃类分子也可以进入气相，CO_2-原油体系的这一物理性质便是现在普遍采用的 CO_2多次接触混相驱机理的基础。因此，在介绍 CO_2驱油之前，必须重点介绍 CO_2的物理性质。

(1) 压力与原油黏度的关系。图 8-25 所示为溶解了 CO_2的原油黏度和密度与压力的关系。从图中可以看出，随着压力的增大，原油黏度下降，而密度上升。这是因为随着压力的增大，进入烃类的气体量增加，气体分子使烃类分子的内摩擦力减小，原油黏度降低。原油密度随压力的增大而增大。这是由于在高压条件下 CO_2不仅能溶解于原油中，而且原油中的轻烃分子也会进入气相，使得原油密度增大，这也是 CO_2通过多次接触抽提地层原油中的轻烃成分而达到混相的机理。

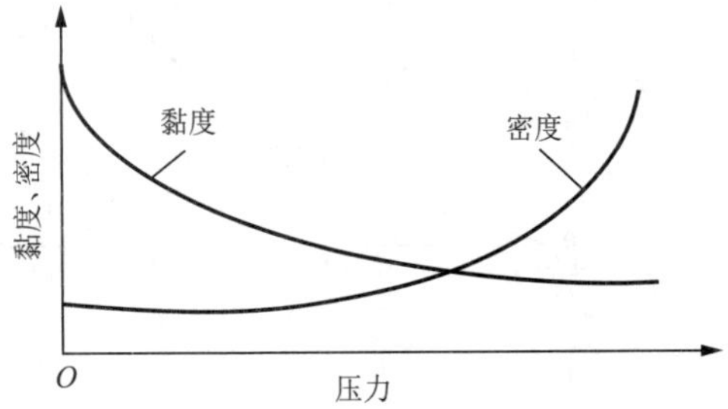

图 8-25 CO_2-原油黏度、密度与压力的关系

(2) CO_2密度与温度和压力的关系。表 8-5 为不同温度和压力下 CO_2的密度。从表中可以看出，CO_2的密度随压力的增大而增大。在相同压力下，CO_2的密度随温度的升高而降低。在水平地层中采用气体驱油时，气体密度越大，越有利于减小重力分异现象造成的影响。

表 8-5 不同温度和压力下 CO_2的密度

压力/MPa	密度/(mg · cm^{-3})		压力/MPa	密度/(mg · cm^{-3})	
	37.0 ℃	71.1 ℃		37.0 ℃	71.1 ℃
7.031	0.200	0.140	17.580	0.825	0.582
10.550	0.688	0.260	26.410	0.885	0.723
14.060	0.788	0.437	35.150	0.941	0.819

2. CO_2混相驱机理

CO_2 混相驱是以 CO_2为混相注入剂的驱油方法。CO_2来源于天然的 CO_2 或工业废气。CO_2 混相驱通过下列机理提高原油采收率。

(1) 低界面张力机理。CO_2驱油过程是 CO_2不断富化的过程，此富化是通过 CO_2对地

层原油中 $C_2 \sim C_6$ 组分的抽提作用实现的。CO_2 对原油的抽提过程也是它与原油之间界面张力不断降低的过程。图 8-26 表明，随着界面张力的降低，相对渗透率发生相应的变化，剩余油饱和度降低，当界面张力达到超低值时，剩余油饱和度降为零。

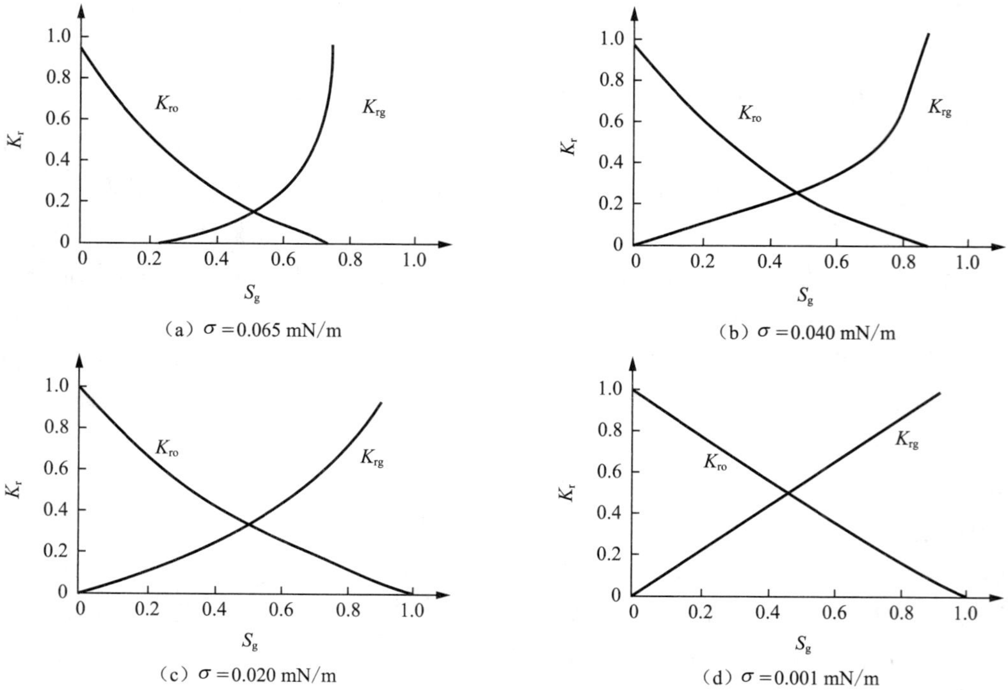

图 8-26　气驱相对渗透率曲线随界面张力的变化曲线

(2) 原油膨胀机理。CO_2 与原油混相可使原油体积膨胀，膨胀后的原油易于被驱出油层。CO_2 使原油膨胀的程度用膨胀系数表示。膨胀系数是指在一定温度和饱和压力条件下，溶解了 CO_2 的原油体积与相同温度和标准压力(0.10 MPa)条件下的原油体积之比。膨胀系数越大，依靠原油体积膨胀机理的驱油效率越高。图 8-27 所示为不同平均相对分子质量原油的膨胀系数与原油中的 CO_2 体积分数之间的关系曲线。从图中可以看出，膨胀系数随原油中的 CO_2 体积分数的增加而增加，随原油平均相对分子质量的增大而减小。这说明在一定的 CO_2 体积分数下，轻质油的膨胀系数大于重质油的膨胀系数。

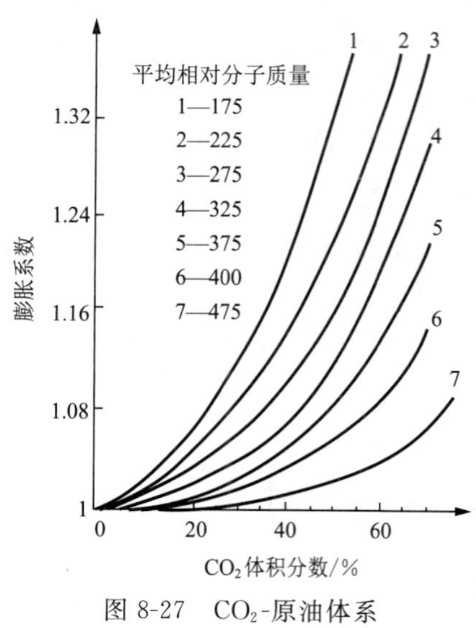

图 8-27　CO_2-原油体系膨胀系数变化曲线

3. ***CO_2 混相驱的油藏条件和实施方法***

研究表明，CO_2 能够提取 $C_5 \sim C_{30}$ 范围内的烃组分，这就意味着 CO_2 能够与几乎不含 $C_2 \sim C_6$ 组分的贫油形成混相，因此 CO_2 混相驱的应用范围十分广泛。CO_2 混相驱通常要求地层原油相对密度在 0.990 4 以上。CO_2 驱混相压力在 10.34 MPa 以上，因此要求实施 CO_2 混相驱的油藏具有一定的深度，以保证注入压力不超过地层破裂压力。

CO_2混相驱适用于水驱效果较差的低渗透油藏、水驱完全枯竭的砂岩油藏以及接近经济开采极限的深层、轻质油藏。CO_2混相驱的驱油效率较高，它甚至可以将地层油饱和度降低至孔隙体积的5%。在有些油藏条件下，CO_2的密度接近于原油和水的密度，这使得CO_2混相驱在重烃组分油藏中的应用具有独特优势。另外，由于CO_2的黏度是甲烷的2～4倍，因此CO_2混相驱可以部分克服烃类混相驱中波及系数偏低的缺点。

CO_2注入方法有两种：一种是注入CO_2段塞后接着注水，另一种是CO_2段塞和水段塞交替注入。在矿场实施中，可首先注入5%孔隙体积的CO_2段塞，然后交替注入水和CO_2段塞，直到CO_2的累积注入量为孔隙体积的10%～20%之后再改换水驱。在此过程中，前缘的CO_2气在地层中推进一段距离后与地层原油形成混相带，混相带被后面的水不断向前推进，从而采出可流动的地层流体。

第四节　热力采油

石油资源存在于天然形成的油藏岩石之中，其开采技术随油藏类型和原油特性的不同而不同。稠油又称重油或高黏度原油，是石油的重要组成部分。由于稠油在油层中的黏度高，流动阻力大，所以用常规技术，如一次采油、二次采油以及化学驱、混相驱等三次采油技术难以经济有效地开采。但稠油的黏滞性对温度非常敏感，因此热力采油成为强化开采稠油的理想方法。热力采油是指利用热能加热油藏，降低原油黏度，改善原油流动性的一种提高采收率方法。

我国陆上稠油油藏多数为中新生代陆相沉积，油层非均质性严重，地层构造的断层多，而且油藏类型多，埋藏深，且深度大于800 m的稠油储量约占已探明储量的80%，其中有一半稠油油藏的埋深在1 300～1 700 m。

目前使用的热采工艺可根据热量产生的地点分为两类：一类是把热载体从地面通过井筒注入油层，如热水驱、蒸汽吞吐、蒸汽驱、蒸汽/泡沫驱等；另一类是在油层内产生热量，如火烧油层法。在过去几十年中，逐步形成了3种商业性热力采油方法，即蒸汽吞吐、蒸汽驱和火烧油层。另外，蒸汽辅助重力泄油(SAGD)技术也是一种有效开发超稠油的热力采油方式。目前蒸汽吞吐已经成为稠油商业性开采的主要方法，蒸汽驱正在被逐步配套完善，火烧油层法也在一些油田应用成功。此外，SAGD技术已在现场试验成功并逐渐应用。

一、蒸汽吞吐

蒸汽吞吐就是将一定量的高温高压饱和蒸汽注入油井(吞)，关井数天(焖)，加热油层及原油，然后开井回采(吐)的循环采油方法。蒸汽吞吐是稠油开采中最常用的方法，也是工业化应用最好的热采方法。蒸汽吞吐又称蒸汽激励或循环注蒸汽。蒸汽吞吐的优点是一次投资少、工艺技术简单、增产快、经济效益好。对于普通稠油及特稠油油藏来说，蒸汽吞吐几乎没有任何技术、经济上的风险，因此这种方法应用十分广泛。对于稠油油藏及特种油油藏，一般都是先进行蒸汽吞吐，再转向蒸汽驱。

蒸汽吞吐的增产效果取决于许多因素，如地质条件(包括油层压力、渗透率、原油黏度及饱和度、油层厚度及有无边底水等)和施工参数(包括注气压力、焖井时间、蒸汽干度、注气速度等),因此要提高蒸汽吞吐效果,就必须针对油藏条件优化设计,科学施工。

1. 蒸汽吞吐机理

原油受热降黏在提高稠油产量中起着非常重要的作用,同时热膨胀的溶解气也可促进地层流体的流动,蒸汽的井筒清洗效应以及回采过程中地层污染的清除亦是影响蒸汽吞吐增产的因素。此外,高温引起的油水相对渗透率和毛细管压力变化,以及岩石润湿性改变都有助于地层原油的流动。

2. 蒸汽吞吐开采过程

蒸汽吞吐开采过程可以分为 3 个阶段,即注气阶段(吞蒸汽)、关井阶段(焖井)和回采阶段(吐蒸汽),如图 8-28 所示。在注蒸汽前,要准备好机械采油设备及采油条件,油井中下入注汽管柱(隔热油管和耐热封隔器)。通常将隔热油管和耐热封隔器下到注汽目的层以上几米处,尽量减短未封隔油井段。待注汽锅炉及水处理设备调试正常后,可以通过注汽管柱向油井注入蒸汽。蒸汽注入参数可根据油藏地质条件及优化设计结果确定。

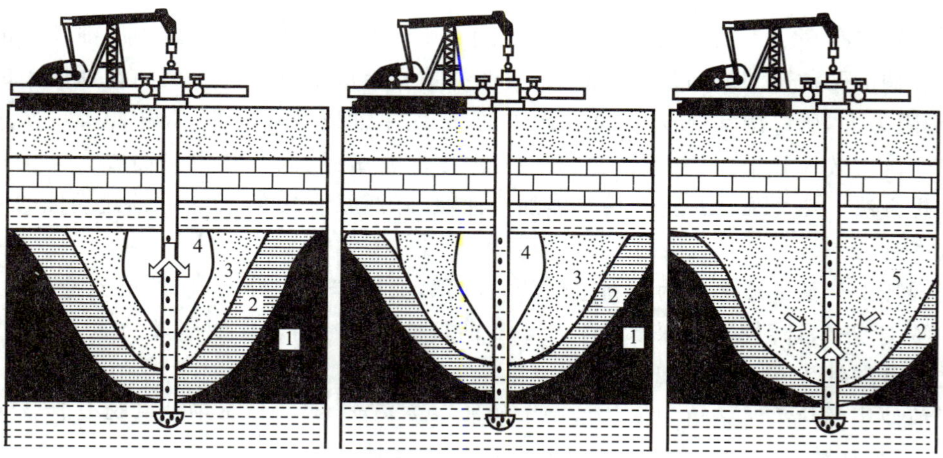

(a) 吞　　(b) 焖　　(c) 吐

图 8-28　蒸汽吞吐过程示意图

1—冷原油;2—加热带;3—蒸汽凝结带;4—蒸汽带;5—流动原油与蒸汽凝结水

1) 注汽阶段

注汽阶段是油层吞入蒸汽的过程,如图 8-28(a)所示。根据设计要求的施工参数(注入压力、注汽速度、蒸汽干度、周期注汽量)将高温高压饱和蒸汽注入油层。注入的蒸汽优先进入高渗透带,而且由于蒸汽与油藏流体存在密度差,所以蒸汽占据油层的上部。油层内的温度分布并不均匀,靠近井眼处的地层及油层的上部温度相对较高,随着注汽过程的进行,被蒸汽加热的区域越来越大。当注入蒸汽量达到设计的周期蒸汽注入量时,油层平均温度达到最高。

2) 关井阶段

注完设计蒸汽量后,停止注汽,关井(也称焖井,时间一般为 2～7 d),如图 8-28(b)所示。焖井的目的在于:① 使注入近井地带的蒸汽尽可能地扩散到油层深部,加热原油;

② 腾出时间准备回采条件，如下泵等。在焖井阶段，由于热损失导致蒸汽扩散区域的蒸汽冷凝，变成蒸汽凝结带，该蒸汽凝结带温度较高(有一定的压力)，仍然可以加热地层和原油。

3) 回采阶段

关井达到设计焖井时间后，开井生产进入回采阶段，如图 8-28(c)所示。在回采阶段，由于油层压力较高，一般油井能够自喷生产(尤其是首轮蒸汽吞吐)，应装上较大的油嘴以防止油层出砂。开井生产的最初几天通常含水率很高，有的甚至全是热水，但很快会出现产油峰值，其产量为常规产量的几十倍。当油井不能自喷时，立即下泵生产。随着回采时间的延长，注入地层的热量不断损失，加上产出液带出大量的热量，被加热的油层逐渐降温，流向井筒的原油的黏度逐渐增加，原油产量逐渐下降。当原油产量降至某一极限值时，结束该周期的生产，进行下一周期的蒸汽吞吐，如此多周期地吞吐作业，最后转入蒸汽驱开采。

在多周期吞吐中，前一周期回采结束时留在油层中的余热将对下一周期的吞吐起着预热作用，有利于下一周期的增产。现场中常出现下一周期的产量峰值较上一周期高的现象。

蒸汽吞吐总的生产规律是原油峰值产量随着吞吐周期的增加而降低，而且在同一生产周期内原油回采产量随回采时间的增加而降低。原因在于：产出的油来自同一加热层，油层产量逐渐下降；再注入相同量的蒸汽，加热带的增加会导致热损失增加。因此，为了增加下一周期的原油产量，需逐次增加周期注汽量，以扩大加热带。同时，需及时将地层中的冷凝水回采，以降低热损失。

二、蒸汽驱

在蒸汽吞吐开采稠油方法中，吞吐只能采出油井井筒附近地层中的原油，而井间仍有大量的稠油未能采出，其采收率仅为 10%～20%。蒸汽吞吐后进行蒸汽驱开采，可以将一部分井间地层中的原油采出地面，从而进一步提高稠油采收率 20%～30%，因此蒸汽驱是接替蒸汽吞吐的一种稠油开采方法。与蒸汽吞吐相比，尽管蒸汽驱可以大幅度提高稠油油藏的采收率，但该方法消耗的热能多、投资大、技术复杂程度高、风险大。因此，目前蒸汽驱的产量要比蒸汽吞吐的产量小。

蒸汽驱的机理比较复杂，但比化学驱(尤其是复合驱)要清晰得多，可以认为原油黏度降低、流度改变，以及原油蒸馏和膨胀、相对渗透率改变，以及溶解气驱和溶剂混相驱等作用都会使原油采收率提高。

在蒸汽驱开采过程中，从注入井注入热蒸汽加热原油并将其驱向生产井，如图 8-29 所示。由注入井到生产井，形成了几个温度不同的区：蒸汽及部分冷凝水带、热水带、热油带和原始油带。

1. 蒸汽及部分冷凝水带

蒸汽注入油藏后在注入井周围形成一个饱和蒸汽带，其温度和蒸汽的温度相同，连续注入的蒸汽使蒸汽带向生产井推进，在蒸汽带前缘有部分冷凝水。

2. 热水带

蒸汽带前面是凝结的热水带，它是加热油层后由因释放热量而温度降低的蒸汽凝结形成的。热水带在推进过程中温度逐渐降低。

3. **热油带**

热水带前面是热油带，热油带向前推进，温度进一步降低，最终与原始油层温度相同。

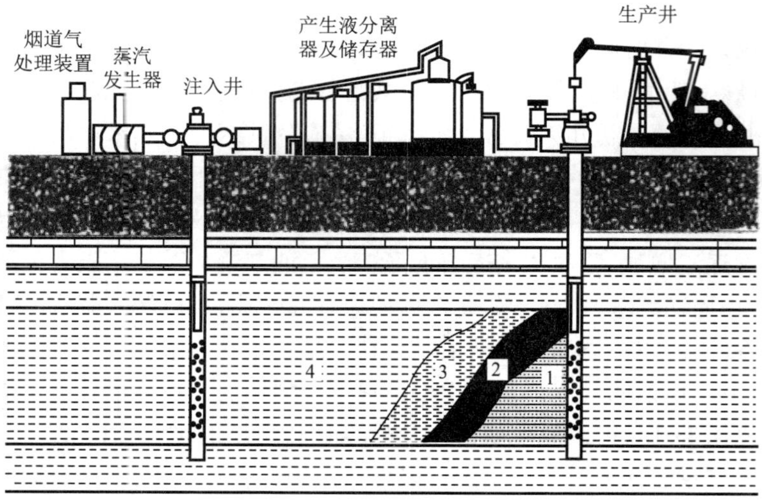

图 8-29 蒸汽驱过程示意图

1—原始油带；2—热油带；3—热水带；4—蒸汽及部分冷凝水带

三、蒸汽辅助重力泄油

随着生产规模的不断扩大，稠油蒸汽吞吐的开发矛盾逐渐暴露出来。为了进一步提高原油采收率，保持油田稳产，转换开采方式迫在眉睫。其中，蒸汽辅助重力泄油(SAGD)技术已经进行了大量的试验研究和矿场应用，并取得较好的效果。

1. **SAGD 增油机理**

蒸汽辅助重力泄油技术是开发稠油的一项前沿技术。对于在地层原始条件下没有流动能力的高黏度原油，要实现注采井之间的热连通，需经历油层预热阶段。SAGD 技术是以蒸汽为热源，将热传导与热对流相结合，依靠稠油及凝析液的重力作用开采原油。SAGD 技术利用采油区底部附近相互平行的两口水平井，在恒定注入压力下，从上方的注汽井注入蒸汽，使其周围的油层被加热，高黏稠油变稀，流动性得到大大改善，继而流入下方的生产井中并被采出，同时在两口水平井间以及附近的油层中形成一个持续增长的蒸汽腔，继续注入的蒸汽在蒸汽腔的周围冷凝，被加热降黏的稠油在重力和毛细管力的作用下泄出。数据显示，使用 SAGD 技术，稠油油藏可以比使用蒸汽吞吐获得更高的最终采收率。图 8-30 为蒸汽辅助重力泄油概念示意图。

2. **SAGD 过程特征**

SAGD 过程有如下特征：

(1) 利用重力作为驱动原油的主要动力，被加热的原油不必驱动而直接流入生产井。SAGD 方法和其他所有的重力驱方法一样，作用区域只处于重力分离的作用下，没有压力驱(如渗流通道、锥进、压裂)引起的不稳定性，因此稳定性很高。

(2) 主要利用蒸汽的汽化潜热加热油藏。蒸汽的热量使原油的黏度降低到 1～10 mPa·s

(取决于温度和初始条件),并产生了一个垂向和横向扩展的蒸汽腔,蒸汽和气体由于密度较低而上升,原油和冷凝水则流到下方的井中被采出。

(3) 利用水平井生产,通过重力作用获得相当高的采油速度。

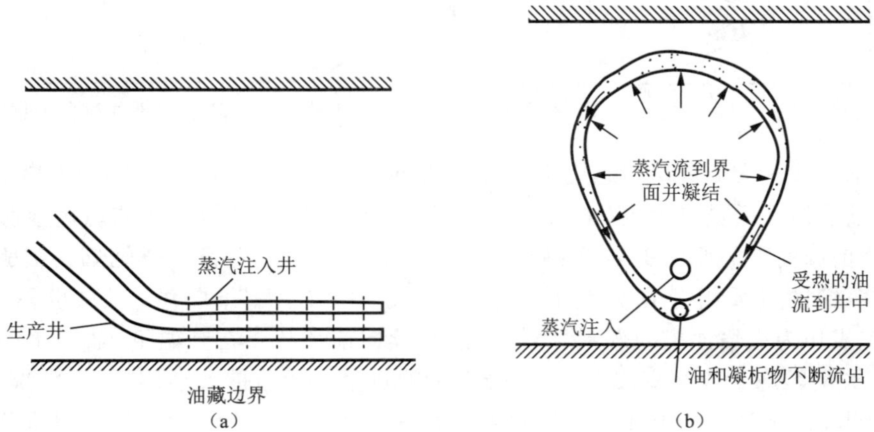

图 8-30 蒸汽辅助重力泄油概念示意图

(4) 采收率高,油汽比高。SAGD 技术的突出优点是油和蒸汽的比率较高以及最终采收率较高(可达 60%~70%),在利用 SAGD 技术开采期间,采出的气体一般是甲烷,混有部分二氧化碳和少量硫化氢。

3. SAGD 技术布井方式

1) 双水平井 SAGD 技术

SAGD 技术包含两口水平井(上方为蒸汽注入井,下方为生产井),两井间隔大致为 5 m,其原理是利用上方注入井注入蒸汽来提高稠油地层的温度,降低稠油黏度,借助持续不断注入的蒸汽形成一个蒸汽腔,稠油沿着蒸汽腔边缘依靠重力流入下方生产井中,如图 8-31 所示。

2) 直井-水平井组合 SAGD 技术

直井-水平井组合 SAGD 技术中,生产井仍为水平井,注汽井则变为其斜上方的注汽直井。直井注入的蒸汽与降黏的稠油逆向流动,蒸汽向上超覆在油藏中形成小蒸汽腔并逐步发育,而降黏的原油和蒸汽冷凝水依靠重力作用向下泄至水平井产出。俯视角度的直井-水平井组合如图 8-32 所示。

四、火烧油层

蒸汽驱采油的热量是经地面注入管线和井管注入地层,地面锅炉产生的蒸汽在经过地面管线及井筒到达地层的过程中,有大量的热量由于传导、对流和辐射作用而损失,致使井底蒸汽干度降低,而火烧油层可以解决这个问题。火烧油层是向油层注入空气(或氧气),通过原油的自燃或人工点火,使地层部分原油就地燃烧,利用燃烧前缘推动原油的热采方法。

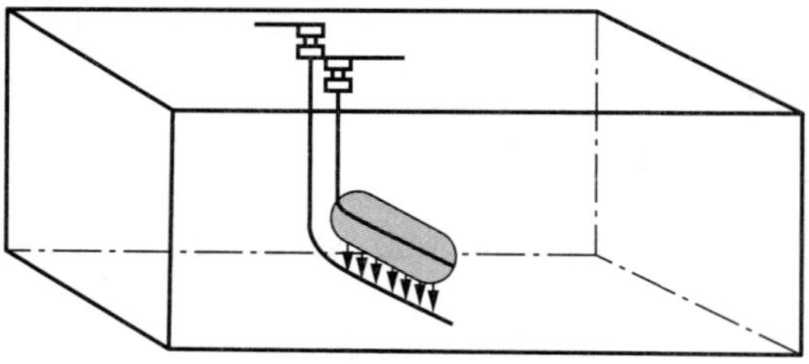

图 8-31 双水平井示意图

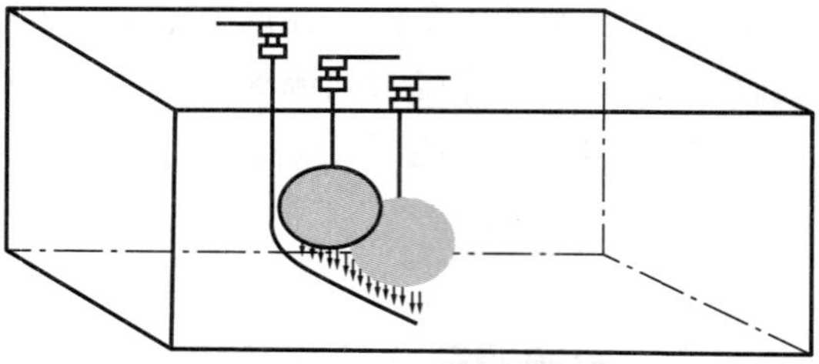

图 8-32 直井-水平井组合示意图

火烧油层又称火驱或层内燃烧法，即在一口或数口注气井（又称火井）中点燃油层后，通过不断向油层注入适量氧化剂（空气或富氧气体）助燃，形成径向移动的燃烧前缘（又称火线）。燃烧前缘前方的原油受热降黏、蒸馏，蒸馏后的轻质油、蒸汽与燃烧烟气被驱向前方，留下未被蒸馏的重质组分在高温下产生裂化、分解，最后剩下裂解产物（也称其为副产物）——焦炭作为火烧油层的燃料，维持油层继续向前燃烧。在高温下，油层水（包括束缚水）、注入水及燃烧生成水变成蒸汽，携带大量的热量传递给前方油层，并再次洗刷油层原油。这样便在地下油层内形成一个多种驱动机制并存的复杂过程，各种机制共同作用，最终把原油驱向生产井。被当作燃料烧掉的裂解副产物占储量的10%～15%。

与其他热采方法（如蒸汽驱）相比，火烧油层最大的区别在于油层就地产生热量，这种方法的优点是能源利用率高、最终采收率高。火烧油层方法可分为干式正向燃烧、反向燃烧和联合热驱。干式正向燃烧是向注入井注入空气或氧气，燃烧前缘沿径向推进生产井，其特点是空气流动方向与燃烧前缘方向一致；而反向燃烧是注入井停注空气后，在生产井点火，其特点是原油流动方向与空气注入方向相反。联合热驱又称湿式燃烧，它是在干式正向燃烧的基础上，采用水、空气交替注入方式进行稠油开采的方法。

根据火烧油层反应温度的不同，火烧油层过程可以分为低温氧化反应过程和高温氧化反应过程。一般情况下，油田在实施火烧油层时必须连续监测分析产出气，以确保火烧油层处于热裂解（高温氧化）燃烧状态。图 8-33 和图 8-34 为火烧油层过程中不同组分物质及温度分布示意图。

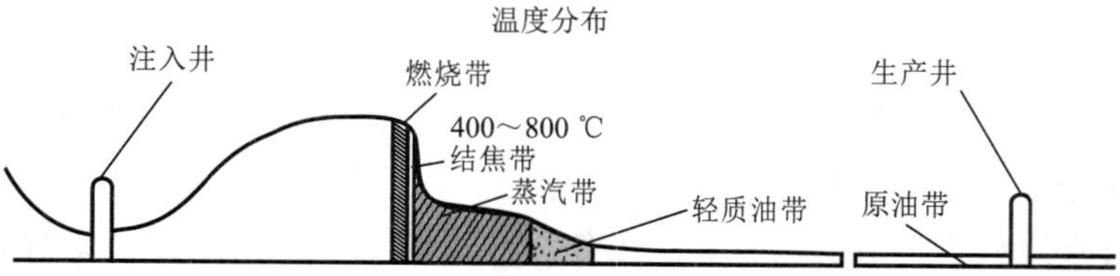

图 8-33 火烧油层地下温度分布示意图

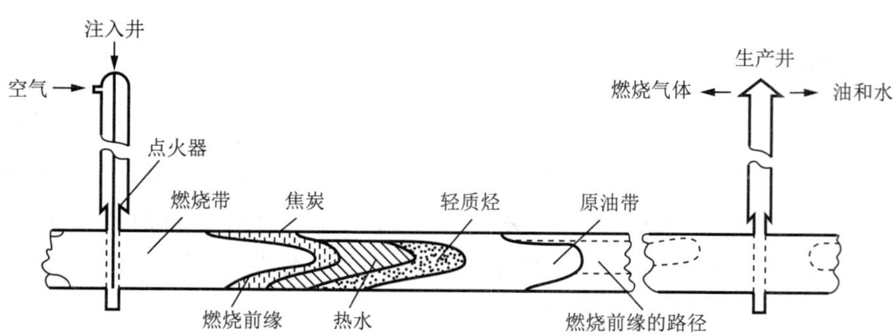

图 8-34 火烧油层地下不同物质区带分布示意图

第五节 微生物采油

微生物驱是指通过向地层中注入室内人工分离培养的微生物或注入油层微生物所需要的营养物质来提高采收率的工艺技术。一方面，微生物利用菌体直接对地层原油产生影响；另一方面，利用微生物在岩石表面的吸附能力改变岩石孔隙表面的润湿性等。同时，有些细菌能将烃类物质作为它的营养成分，通过改变烃类支链或破坏主链的结构而降解原油，使原油黏度和凝固点下降，见表8-6。

表8-6 原油降解微生物的代谢产物及作用机理

产物类型	作　用
气体(CO_2，CH_4，H_2，H_2S)	溶解原油中的一些重组分如胶质等，降低原油黏度，溶解孔隙喉道中的重质组分，增加油相渗透率
有机酸	溶解钙质胶结物，提高岩石渗透率，与孔隙中灰质反应产生CO_2，降低原油黏度
有机溶剂[丙醇、正(异)丁醇、酮类、醛类]	溶解原油中的胶质与蜡质，降低原油黏度，溶解孔隙喉道中的重质组分，增加油相渗透率
生物表面活性剂	降低表面张力，提高驱油效率，分散乳化原油，降低原油黏度，改变岩石润湿性，降低油相稳定性，降低岩石憎水性，去除岩石孔道壁面上的油膜
生物聚合物	提高驱动相黏度，改善流度比，堵塞大孔道，分流，提高原油分流量，分流注入水
生物体(细胞)	改善岩石孔隙的润湿性，降低原油凝固点及黏度，乳化原油，降解原油，黏附烃类

一、油层微生物

本源细菌是指油藏内部存在的细菌。了解本源细菌的分布情况，对设计一个成功的微生物采油工程是非常重要的。如果要在现场工艺条件下刺激本源细菌的生长，就必须鉴定本源细菌的菌株，了解在地层条件下微生物群落对注入营养物的反应。同时，如果要把可能注入的菌株引入油层，那么该菌株必须是占统治地位的菌株，或者能与本源细菌形成共生体系，以获得较好的采油效果。油藏本源细菌的分类见表8-7。

表8-7 油藏本源细菌分类

细菌分类	细菌名称
硫酸盐还原菌	脱硫螺菌
	河口短螺菌
	嗜热菌
	弧　菌
	脱硫弧菌

续表

细菌分类	细菌名称
利用烃细菌	荧光板毛杆菌
	假单孢杆菌
	甲烷氧化菌
甲烷形成菌	马氏产甲烷球菌
	奥氏甲烷杆菌
	芽孢杆菌
	耐盐产气的梭状芽孢杆菌

1. **硫酸盐还原菌**

硫酸盐还原菌是油层中分布最广的菌种，也是人们最早研究和用于微生物提高采收率的菌种。硫酸盐还原菌的主要作用是降低油水界面张力。实验证明，在以糖类或原油等为营养物时，硫酸盐还原菌可降低原油黏度。硫酸盐还原菌可以从含油的地下水中分离出来，包括脱硫螺菌、河口短螺菌、嗜热菌、弧菌、脱硫弧菌等。

单纯用硫酸盐还原菌的不利因素主要有：

(1) 对钢铁有腐蚀作用；

(2) 这些细菌产生的硫化氢在油藏中遇铁反应生成硫化铁的胶状沉淀，会堵塞地层；

(3) 硫酸盐还原菌具有相对缓慢的代谢活性。

2. **利用烃细菌**

利用烃细菌是能够氧化气态和液态烃的细菌，主要指荧光板毛杆菌，另外还有一些是假单孢杆菌菌株。甲烷氧化菌是假单孢杆菌科假单孢杆菌属，广泛散布于土壤、沉积岩层和水环境中，可以作为石油勘探中含油区的鉴别标志。

3. **甲烷形成菌**

甲烷形成菌是一类形态上各式各样的细菌种群，存在于厌氧环境中。在油层和油田水中存在着各类甲烷形成菌，石油伴生气中的甲烷部分便是由甲烷形成菌产生的。甲烷形成菌分置于 3 个目中：

(1) 甲烷杆菌目。甲烷杆菌目包括甲烷杆菌属和重新命名的甲烷短杆菌及甲烷栖热菌属。

(2) 甲烷球菌目。甲烷球菌目由单一的甲烷球菌属所组成。

(3) 甲烷微生物目。甲烷微生物目分为甲烷微生物科、甲烷八叠球菌科和甲烷游动菌科 3 个科。

对微生物来说，油层是一个相当不利的环境。芽孢杆菌的菌株也很容易从油层液体中分离出来，这可能是由于芽孢杆菌能形成芽孢(孢子)，使其进入油层并耐受油层中的不利条件。在厌氧条件下，还可从油田注入水中分离出能产生生物表面活性剂的菌株，其中有苔状芽孢杆菌 JF-2 菌株，JF-2 表面活性剂的性质与芽孢杆菌所产生的表面活性剂的性质非常相似。

梭状芽孢杆菌在微生物采油中发挥着重大作用。这些细菌主要包括丁醇梭状芽孢杆菌、丁酸梭状芽孢杆菌、乙酰梭状芽孢杆菌和多黏梭状芽孢杆菌。这些细菌可用于使糖发酵，产生大量气体和有机酸。许多芽孢杆菌种的菌株具有强大的产气、产酸和产溶剂的能力。试验证实，将能产生大量天然气的梭状芽孢杆菌和厌氧细菌接种（加入糖蜜作为发酵碳源）注入油井，可增加高度枯竭油藏的产量。

二、微生物采油机理

微生物采油是指通过引入或刺激油藏中的微生物来提高原油采收率的一项技术，也称为微生物强化采油。由于微生物采油中涉及微生物生理、生化、物理、化学等诸多过程，因此微生物采油的机理相应变得异常复杂，可从以下 6 个方面理解微生物提高采收率的机理：

（1）微生物本身的尺寸能够封堵大孔道和分流注入水；微生物黏膜能够改善孔道壁面的润湿性；微生物以烃为营养基攻击烃类主链或改变支链的结构，从而降解原油，降低原油黏度及凝固点；微生物可黏附原油和乳化原油。

（2）微生物代谢产物中的气体（CO_2，CH_4，H_2，H_2S 等）能够提高油层压力，增加地层能量；CO_2，CH_4 等气体可以溶于原油，降低原油黏度，改善流度比；气体的膨胀作用可以增加油藏原油体积，提高原油的弹性能量。此外，CO_2 还可以溶解地层中的石灰岩和灰质胶结物，增大岩石的孔隙度和渗透率。

（3）微生物代谢产物中的有机酸（低分子脂肪酸、甲酸、丙酸、异丁酸等）可溶解石灰岩及岩石的灰质胶结物，从而增加岩石的孔隙度和渗透率；有机酸与灰质反应产物（CO_2）可降低原油黏度。但有机酸具有分散黏土矿物，使黏土运移，降低渗透率等缺点。

（4）微生物代谢产物中的溶剂[丙醇、正（异）丁醇、酮类、醛类]能够溶解原油中的蜡及胶质，降低原油黏度，提高原油流动性，还可以溶解孔道中的长链原油，增加油相渗透率。

（5）微生物代谢产物中的生物聚合物（聚多糖）可以堵塞大孔道，迫使注入水分流，提高注入水的波及系数；生物聚合物可以增加水相黏度，改善水驱流度比；生物聚合物的吸附/滞留作用可以降低水相渗透率，提高原油分流量。

（6）微生物代谢产物中的生物表面活性剂可以降低油水界面张力，提高驱油效率，改变岩石润湿性，使岩石更加水湿；可以消除岩石孔壁油膜，提高油相流动能力；可以分散乳化原油，降低原油黏度。

三、微生物采油应用

1. 微生物驱油

微生物驱油的机理包含了微生物采油的所有机理。微生物及其代谢产物在微生物驱中都发挥了作用，但其中微生物本身、代谢产物生物聚合物和生物表面活性剂的作用更为明显。

微生物驱既能改善油藏的波及效率，又能提高驱油效率。微生物在地下的代谢过程中产生的生物聚合物可大大提高驱替相的黏度，降低水驱油流度比。同时，由于生物聚合物的吸附性，微生物驱可降低水相渗透率，降低水相分流量。此外，生物聚合物还可以堵塞高渗透地层，调整油层吸水剖面，提高注入水的波及区域，增加注入水的扫油面积，提高原油采收率。生物聚合物与人工合成的聚丙烯酰胺相比具有抗剪切、抗盐、不易水解降解等特点，因此在高盐油藏提高采收率中具有良好的应用前景。微生物中能产生生物聚合物的细菌见表8-8。

表 8-8 能产生生物聚合物的细菌

微生物	主要代谢产物
甘蓝黑腐病黄单胞菌	杂多糖黄胞胶
假单胞菌	多 糖
棕色固氮菌	藻朊酸
黏质甲基单胞菌	多 糖

微生物注入油层中就地发酵，产生生物表面活性物质，即生物表面活性剂，它能降低油水界面张力和乳化原油，改变油层界面的润湿性，从而改变油水对岩石的相对渗透率；有的表面活性剂还能降低重油的黏度，增加原油的流度，降低剩余油饱和度。当然，微生物在地下发酵过程中产生的有机酸、酮类、醇类等有机溶剂也可降低表面张力，促进原油乳化，促进原油采收率的提高，但不归入生物表面活性剂中。表 8-9 为产生表面活性剂的常用菌种及其产生的生物表面活性剂。

表 8-9 能产生表面活性剂的细菌

微生物	生物表面活性剂
裂烃棒杆菌	槐糖脂
野兔棒杆菌	鼠李糖脂
酵母嗜石油假丝酶母	海藻糖脂
枯草杆菌	脂 肽
铜绿色假单胞菌	脂蛋白
热带假丝酶母	脂肪酸
球拟酶母	磷 脂

与合成表面活性剂相比，生物表面活性剂具有无毒、生产工艺简单、成本低（其成本为合成表面活性剂的 30%）、驱油效率高（比合成表面活性剂的驱油效率高 4～8 倍）等特点。

2. 微生物调剖

微生物调剖是将能够产生生物聚合物的微生物注入地层，使其在高渗透层内大量繁殖，从而达到封堵渗透带、改变注入水流向的提高采收率方法。在注水过程中发现，由于水层中的细菌超标，常常会导致低渗透油藏注水压力上升问题。这是因为注入水中含有霉菌、藻类、铁细菌、黏液菌、硫酸盐还原菌，这些细菌都会引起油藏孔隙的堵塞。微生物堵塞机理即细菌堵塞孔道是通过如下 3 种机制完成的。

1）微生物的微粒堵塞

繁殖的微生物由于微粒效应（即微生物等视为有一定尺寸的微小颗粒），产生吸附滞留，从而使岩石渗透率降低。微生物的微粒堵塞程度取决于岩石孔道大小与细菌细胞或聚集体的大小之比，因此致密油层更易被堵塞。因为在致密油层中，即使是单个细胞也可堵塞孔喉，而在渗透率较大的油层中，只有较大的细胞聚集体才能堵塞孔道。

2）生物膜形成堵塞

微生物的生物膜是微生物黏附在岩石壁面，在岩石孔隙壁面形成的一层膜（其主要成分为胞外多糖剂生物体），它可从注入水中吸收一部分细菌参与堵塞，使堵塞机会增多，从而有效地减小高渗透层孔喉尺寸，降低其渗透率。

3）生物聚合物的作用

微生物在地下通过代谢而产生的生物聚合物具有一定的分子尺寸，它可在孔道壁面上吸附。一方面导致孔隙的截面积更小，阻碍流体流动；另一方面可以降低水相渗透率，阻止水相流动，从而使注入水改变流向，扩大注入水波及面积。

3. 微生物清蜡和降解原油

有些油井结蜡现象非常严重，常常导致抽油杆被卡而停泵。过去常采用热油循环、化学溶剂和分散剂、机械刮蜡片等方法控制结蜡，但有些井清蜡频繁，导致采油成本大幅度上升。微生物清蜡是向油井套管的环形空间注入一定量（注入量由井深和动液面确定）的细菌溶液，然后关井一段时间，使微生物分散和接种到井筒的近井地层，通过微生物降低石蜡和其他重质组分含量的方法。

微生物清蜡和降解原油的机理在于：

(1) 降低重质原油的平均相对分子质量，即细菌能把重油中高相对分子质量的物质如沥青烯、树脂酸等分解成微低相对分子质量的化合物。重油相对分子质量的降低使重油黏度大幅度下降。

(2) 细菌以重油中的烃类或重油中的其他组分为碳源，细菌生长过程中发生生物化学反应，生成生物表面活性剂。将重油乳化，形成水包油或油包水的乳状液，从而降低重油黏度。

因此，用于清蜡和降解原油的细菌必须具备以下两个条件：一是该细菌可以生长在稠油中，并以稠油作为唯一的碳源和能源；二是细菌可以产生生物表面活性剂。用于清蜡和降解原油的微生物种类有：小球菌、无色球菌、假球菌、诺卡氏菌、八达球菌、棒状杆菌、彩色细菌、假丝酵母菌、沙曾氏菌、分枝杆菌、节细菌、短杆菌、假单孢菌、梭状芽孢杆菌、不动细菌、青霉菌、红假单孢菌、脱硫弧菌、黄杆菌、曲霉素。

微生物清蜡是一种可以取代化学清蜡（溶剂和分散剂）、机械清蜡的新型清蜡技术。这项技术具有施工简便、见效期长、成本低、无环境污染等优点。尽管微生物清蜡有许多优点，但由微生物产生的负面效应也不可忽视：一是清蜡细菌会改变原油的性质和品位；二是清蜡细菌会促使硫酸盐还原菌生长，导致严重的腐蚀问题。因此，在实际应用中对产出液要进行严格的监测，定期测量产出液中的细菌个数，分析产出液中的悬浮固体、溶解氧、硫化氢及铁离子等，一旦发现有硫化氢产生，应立即采取措施抑制硫酸盐还原菌的生长，从而降低硫化氢的产出量。

参考文献

[1] Speight G J. 稠油及油砂提高采收率方法[M]. 田冷，顾岱鸿，田树宝，译. 北京：石油

工业出版社,2017.

[2] 叶仲斌. 提高采收率原理[M]. 北京:石油工业出版社,2007.

[3] 李永太. 提高石油采收率原理和方法[M]. 北京:石油工业出版社,2008.

[4] 雷群,王红岩,赵群,等. 国内外非常规油气资源勘探开发现状及建议[J]. 天然气工业,2008,12:7-10,134.

[5] 蒋国盛,王荣璟. 页岩气勘探开发关键技术综述[J]. 探矿工程(岩土钻掘工程),2013(1):3-8.

[6] 贾承造,郑民,张永峰. 中国非常规油气资源与勘探开发前景[J]. 石油勘探与开发,2012(2):129-136.

[7] 杨华,刘新社,杨勇. 鄂尔多斯盆地致密气勘探开发形势与未来发展[J]. 中国工程科学,2012(6):40-48.

[8] 宋岩,张新民,柳少波. 中国煤层气基础研究和勘探开发技术新进展[J]. 天然气工业,2005(1):1-7,204.

[9] 杨进,曹式敬. 深水石油钻井技术现状及发展趋势[J]. 石油钻采工艺,2008(2):10-13.

[10] 王振铎,翁定为. 海上油田水力压裂技术研究与应用[C]//雷群,胥云. 2008 年低渗透油气藏压裂酸化技术新进展. 北京:石油工业出版社,2008.

[11] 郭秋麟,周长迁,陈宁生,等. 非常规油气资源评价方法研究[J]. 岩性油气藏,2011,23(4):12-19.

[12] 国土资源部油气资源战略研究中心. 全国石油天然气资源评价[M]. 北京:中国大地出版社,2010.

[13] 黄昌武. 中国首个页岩气合作开发项目开钻[J]. 石油勘探与开发,2011,38(1):96.

[14] 周宇峰. 浅谈我国的稠油热采技术[J]. 中国化工贸易,2013(4):21-21.

[15] 娄凤芹. 稠油油田开发中热采水平井光纤栏检测技术[J]. 科技视界,2013(32):334-334.

[16] 徐克明,刘永建,刘其成. 火烧油层采油技术基础及应用[M]. 北京:石油工业出版社,2015.

第九章

油气集输工程概述

油气集输是继油藏勘探、采油工程之后的一个很重要的阶段。把分散的油井所生产的原油、伴生天然气和其他产品集中起来，经过必要的处理、初加工，合格的油和天然气分别外输到炼油厂和天然气用户的工艺全过程称为油气集输。油气集输主要包括油气分离、油气计量、原油脱水、天然气净化、原油稳定、轻烃回收等工艺，是地面工程的“龙头”、地面工艺技术的“核心”，在油田生产中起着主导作用。

第一节　油气集输概述

一、油气集输工程的地位、任务和工作内容

1. 油气集输工程在油田建设中的地位

油田的工业开采价值被确定后，在油田地面上需要建设各种生产设备、辅助生产设备和附属设备，以满足油气开采和储运的要求。

油气集输系统是油田建设中的主要生产设备，用以使油田平稳生产，保持原油和天然气开采及销售之间的平衡，并保证原油、天然气、液化石油气和天然汽油等产品的质量合格。

合理的油气集输工艺流程、确定的工程建设规模及总体布局将对油田的可靠生产、建设水平、生产效益起关键性的作用。

2. 油气集输系统的任务

为了满足油气开采和储运的要求，油气集输系统要在分别测得各单井的原油、天然气和采出水产量值的基础上，将分散的油井产物汇集、处理成出矿原油、天然气、液化石油气及天然汽油，经储存、计量后输送给用户。油气集输系统的工作流程如图 9-1 所示。

3. 油气集输系统的工作内容

1）分井计量

分井计量是指在集油站（采油站）经计量分离器分离后，采用气体流量计计量采气量，液体流量计计量采液量，并根据原油含水率计算出采油量。分井计量的结果可作为监测油藏开发动态的依据之一。

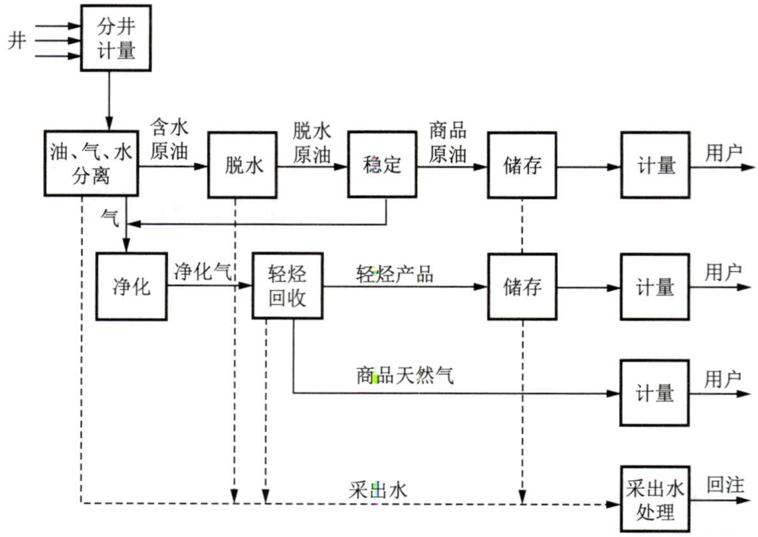

图 9-1 油气集输系统工作流程示意图

2）集油、集气

采出液分井计量后汇集输送到油、气、水分离站场(集中处理站或联合站)。每个集油站一般汇集大约 10 口井的采出液。当油井出口温度较低时，在汇集输送前还需对混合液进行加热。常规的加热方法有水换热和电加热等。

3）油、气、水分离

油、气、水混合物输送到联合站后，在一定压力和温度条件下，经几次分离得到一定量液体和不同压力等级、不同组分的天然气，之后液体被分离成含水原油及游离水，必要时分离出固体杂质，以便进一步处理。分离出的天然气经处理后作为燃料外输，分离出的含水原油进一步进行原油脱水等处理，分离出的水送到污水处理系统。

4）原油脱水净化

含水原油加破乳剂并加热后输送到原油破乳脱水系统，经破乳、沉降、分离后，使原油含水率符合出矿原油标准。对于含盐量超标的原油，还需进行脱盐处理。

5）原油稳定

对于挥发性较强的脱水原油，需经过原油稳定系统处理，脱出原油中的易挥发组分，降低原油饱和蒸气压，使其达到出矿原油标准。

6）原油储存

将合格原油储存在常压油罐中，保持原油生产与销售的平衡。

7）天然气脱水

脱除天然气中的饱和水，使其在管线输送或冷却处理时不生成水合物；对于含 CO_2 及 H_2S 的天然气，脱水可减缓其对管线及容器的腐蚀。

8）天然气轻烃回收

脱除天然气中的烃液，使其在管线输送时不被析出；或专门回收天然气中的烃液后再进一步分离成单一或混合组分，作为产品。

9）烃液储存

将合格的液化石油气、天然气分别盛装在压力油罐中，保持烃液生产与销售的平衡。

10）污水处理

污水处理系统包括含油污水处理系统和注水处理系统。常规的含油污水处理流程为：从分离器和电脱水器分离出来的含油污水首先进入沉降罐沉降，再经隔油器进行油、水分离，若有必要，再进入气浮选器系统进行分离。如果污水经气浮选系统处理后仍达不到规定指标，可增设过滤器进行处理，待处理合格后排放或回注地层。

11）输油、输气

出矿原油、天然气、液化石油气、天然汽油经计量后，用管线配送给用户或用油罐车运送给用户。

二、油气集输系统基本工艺流程

油气集输流程是油气在油田内部流向的总说明，即从油井井口起到外输、外运的矿场站库，油井产品经过若干个工艺环节，最后成为合格油、气产品全过程的总说明。油气集输流程通常由油气收集、加工处理、输送和储存等环节组成。

从油井到集中处理站的流程称为油气收集流程，在集中处理站内的流程称为油气处理流程，从集中处理站到矿场油库的流程称为油气输送流程。集中处理站是将各井所产原油进行脱水、稳定等，并生产出商品原油的场地。

对应油气集输的每项工作内容，形成了油气集输单元工艺流程内容，但并不是每套油气集输系统工艺流程都必须包含所有的油气集输单元工艺流程内容，而是根据各油田的特点，将油气集输各单元工艺流程合理组合成油气集输系统工艺流程。

1. 油气集输系统工艺流程的组合原则

（1）油气密闭输送、处理，各接点处的压力、温度、流量应一致。

（2）油井产物自然流入油气集输系统，流量、压力、温度会出现瞬间变化，所以流程中必须设有缓冲、调控设施，以保证操作平稳、产品质量稳定。

（3）油气集输单项工程所用化学助剂要相互配伍，也要与水处理过程中所用的杀菌、缓蚀等药剂配伍。

（4）自然能量与外加能量的利用要平衡。

2. 油气集输系统工艺流程的分类

1）单井进站、集中计量、油气分输工艺流程

（1）油气分输工艺流程。

井产物经出油管线到分井计量站，经气、液分离后，分别测出单井油、气、水的产量值，经过油、气、水分离器之后，油、气被分别输送到原油处理厂和天然气处理厂。在原油处理厂，对含水原油进行原油脱水净化和稳定等，处理合格的原油经过计量进入油罐储存或外输；在天然气处理厂，对天然气进行脱水处理和烃液回收，处理后的干天然气外输，液化石油气和天然汽油分别储存或外输。分离出的采出水集中处理。油气分输工艺流程框图如图 9-2 所示。

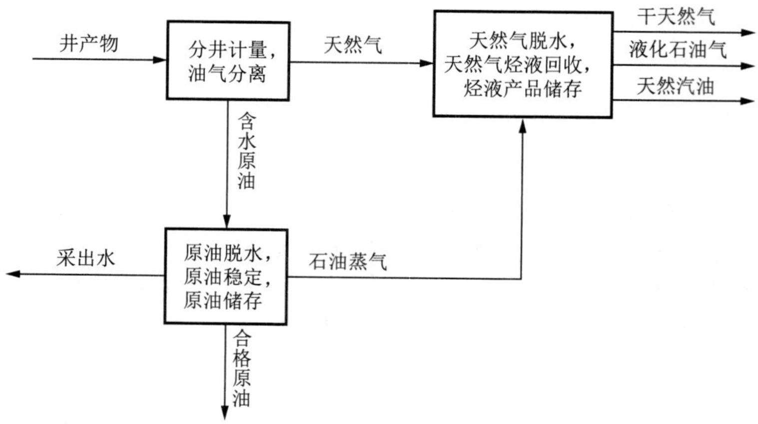

图 9-2 油气分输工艺流程框图

(2) 油气分输工艺流程的特点。

优点：简化了井场设备，采用分井集中周期性计量，油、气、水分别处理；出油、集油和集气管线分别采用不同的输送工艺，能适应不同压力、不同产量的油井，使油田中后期井网调整更加灵活，操作方便可靠，且易于集中控制管理。

缺点：采用油气分输需要两套管路系统，集气系统比较复杂，需要多处分散进行露点处理，工程量大，设备、钢材消耗量和投资均较大。

2) 单井进站、集中计量、油气混输工艺流程。

(1) 油气混输工艺流程。

油井产物在分井计量站分别计量油、气、水的产量值后，气、液再度混合经集油管线进入集中处理站进行油、气、水分离，原油脱水，原油稳定，天然气脱水以及天然气烃液回收等工艺过程。产品经储存、计量后，原油、天然气、液化石油气和天然汽油分别配送给用户，采出水集中处理。油气混输工艺流程框图如图 9-3 所示。

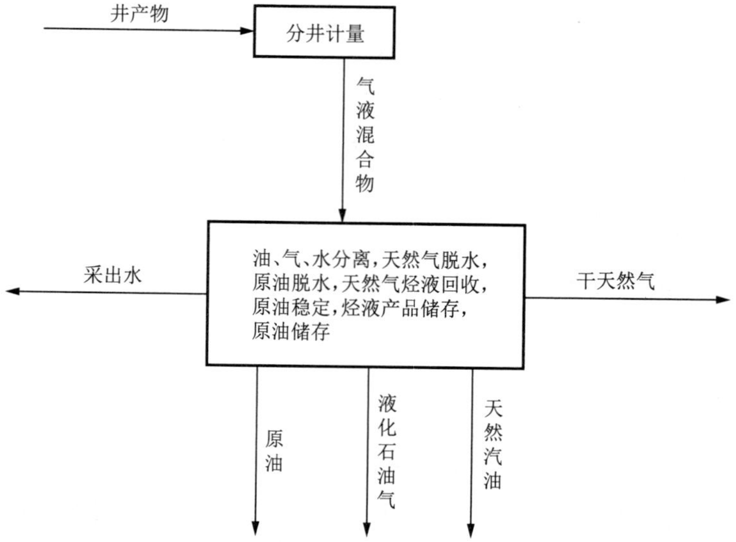

图 9-3 油气混输工艺流程框图

(2) 油气混输工艺流程的特点。

优点:除了具有油气分输工艺流程的优点外,还简化了集气系统。

缺点:原油稳定及回收天然气烃液在处理量变化幅度大时操作不适应,经济效益差;采出水集中处理后需要有处理合格采出水的管网,用于将其配给注水站。

3) 三级布站、油气混输工艺流程

(1) 三级布站、油气混输工艺流程。

此工艺流程是在油气混输工艺流程的基础上,将油、气、水分离,原油脱水净化,采出水处理以及注水等集中建站,处理后的采出水就地利用,脱水净化后的原油及天然气输送到设有原油稳定、天然气脱水、天然气烃液回收和产品储存等设施的站场,计量后配送给用户。三级布站、油气混输工艺流程框图如图 9-4 所示。

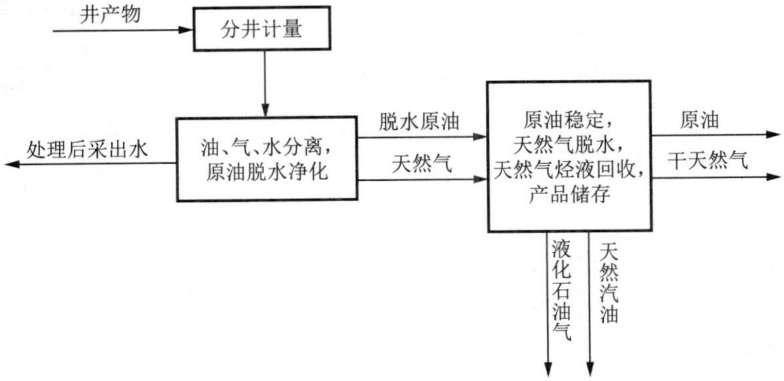

图 9-4 三级布站、油气混输工艺流程框图

(2) 三级布站、油气混输工艺流程的特点。

三级布站、油气混输工艺流程除了具有油气混输工艺流程的优点外,减少了建设处理合格采出水的管网的工程,可建设规模较大的原油稳定和天然气液烃回收装置。

第二节 油气分离

地层中的原油到达井口并继续沿出油管、集油管流动时,根据其组成、压力和温度条件,形成了油气共存混合物。为了满足油井产品计量、矿场加工、储存和长距离输送的需要,必须将它们按液体和气体分开,成为通常所说的原油和天然气,这就是油气分离。

一、油气分离机理

根据油气分离机理的不同,目前常用的分离方法有重力分离、碰撞分离和离心分离等。

1. **重力分离**

重力分离是利用原油与天然气的密度差异，在相同条件下所受地球引力不同的原理进行分离的。这是目前所用的最基本的油气分离方法。实现重力分离的基本途径是使油、气混合物所处的空间增大，压力降低，溶于原油中的天然气在重力差的作用下分离出来，其原理如图9-5所示。

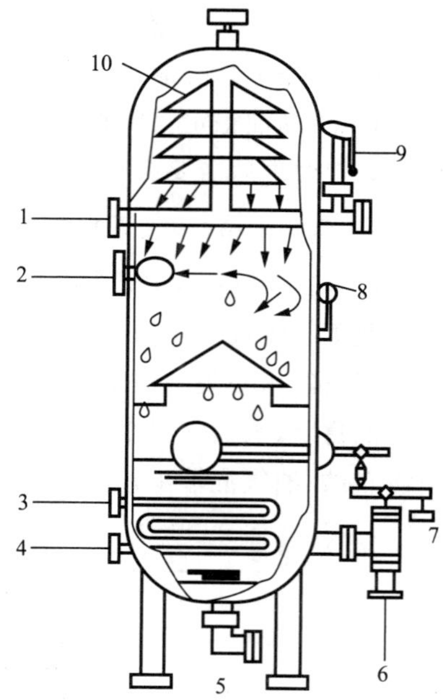

图 9-5 油气重力分离原理

1—天然气出口；2—油气混合物入口；3—加热器热源入口；4—加热器热源出口；5—排污口；6—原油出口；7—液面控制器；8—压力表；9—安全阀；10—除雾器

2. **碰撞分离**

碰撞分离是根据分子运动的机理，在油、气分子运动的碰撞接触过程中进行的。这种分离方法主要用于从天然气中除油，是一种辅助油、气分离的方法。常用的有各种分离器中的除雾器、过滤式油气分离器(图9-6)等。当含微液量的天然气通过分离器的滤管时，发生碰撞作用，使呈雾状分散于气体中的原油聚结成较大的油滴并从气体中分离出来。

3. **离心分离**

离心分离是利用油气混合物做回转运动时产生的离心力进行油气分离的，其原理如图9-7所示。这种分离方式常作为辅助手段，用在重力式分离器的入口分流器。

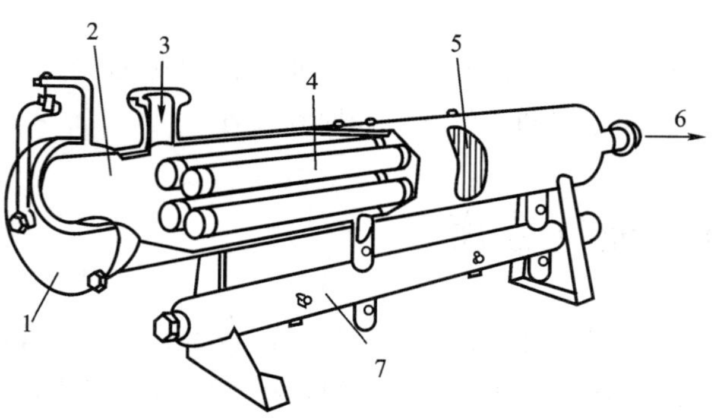

图 9-6 过滤式油气分离器

1—封头；2—入口分离器；3—气体入口；4—滤管；5—除雾器；6—气体出口；7—液体出口

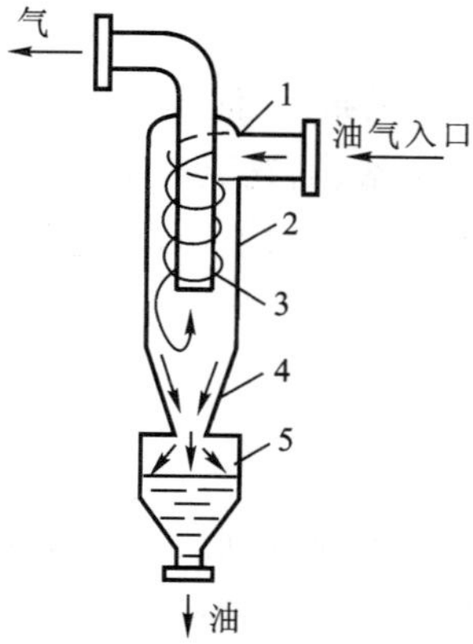

图 9-7 离心式油气分离原理

1—油气入口短管；2—圆筒部分；3—气体出口管；4—锥筒部分；5—集液部分

二、油气分离方式和操作条件的选择

从油气井采出的油气混合物总具有一定压力和不同于地表的温度，在沿集输管网流动过程中，随压力降低，溶解在液相中的气体不断析出。对油田来说，需要选择合理的油气分离方式来优化分离效果。分离设备要具有良好的分离效果，即希望由分离器分离出来的气体中尽量少带液滴，脱气后的原油中尽量少带气泡。

1. 分离方式

1）平衡分离

平衡分离的依据是相平衡原理。对于组成一定的油气混合物，在某一压力和温度条件下，当其处于平衡状态时，就会形成一定比例和组成的液相和气相，这种现象称为平衡分离。平衡分离是一个自发过程，也是决定油气最终收率和质量的关键过程。

根据控制压力和操作过程的不同，平衡分离可分为一次分离、连续分离和多级分离。

(1) 一次分离。一次分离是指在油气混合物的气液两相一直保持接触的条件下，逐渐降低压力，无论压力变化快慢，两相总保持平衡，蒸汽逐渐从液体中逸出，最后将剩下的液相注入常压油罐。由于这种分离方式会有大量轻质汽油组分损失而使油品贬值，同时油、气进入油罐时冲击力很大，因此实际生产中一般不采用。

(2) 连续分离。连续分离是指管道中的气液混合物在压力降低的过程中，在不扰动液体的条件下，逸出的天然气不断排出系统，直到压力降为常压，剩下的液相进入油罐。连续分离也称微分分离，其在实际生产的设备工艺上很难实现，因此实际生产中无法采用。

(3) 多级分离。油气两相在保持接触的条件下，当压力降到某一数值时，停止降压，把将降压过程中析出的气体排出，脱气原油继续沿管线流动，待降压到另一较低压力时再次停止降压，将该降压过程中从原油析出的气体排出，如此反复，直到系统的压力降为常压，产品进入油罐为止。多级分离过程中每排一次气即作为一级分离，排几次气，就称为几级分离。

在实际生产中，油气分离既不是一次分离，也不是连续分离，而是多级分离。由于油罐的压力总是低于其进油管线的压力，在油罐中总有天然气析出，因而通常把油罐作为多级分离的最后一级，而其他各级则通过油气分离器进行。一个油气分离器和一个油罐组成二级分离，两个油气分离器和一个油罐组成三级分离，依此类推。图 9-8 是典型的三级油气分离流程示意图。

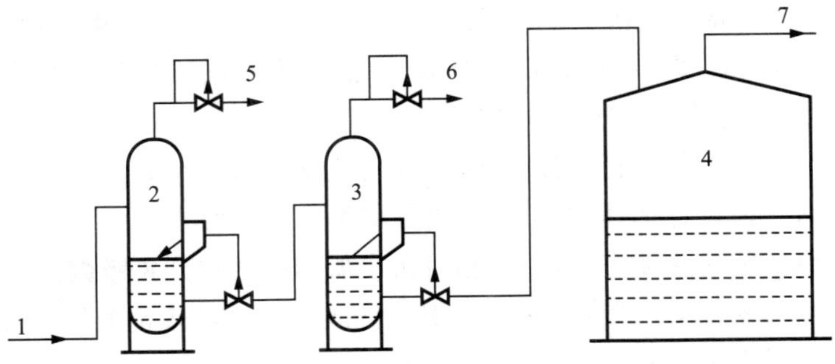

图 9-8 典型三级油气分离流程

1—油气混合物入口；2—一级分离器(高压)；3—二级分离器(低压)；4—储罐；5，6—平衡气；7—残余挥发气体

多级分离的优点：① 所得到的原油收率高、密度小；② 所得到的天然气量少，重组分在气体中所占比例小，而采用一次分离时，大量的轻质汽油组分被白白烧掉，使原油产品贬值；③ 能充分利用地层能量，减少输送成本。

2）机械分离

把油气混合物系统中形成的液相和气相用机械方法分开，称为机械分离。机械分离是把平衡分离的两相分成独立的系统并用不同的管线分别输送。机械分离是对平衡分离的两相进行再加工的过程，即便是在理想情况下，也只能使平衡条件下的两相彻底分开，并不会改善平衡分离所决定的收率和油气质量。

2. **分离效果的影响因素**

判别油气分离效果的好坏是一项复杂的工作。过去，许多油田所产的伴生天然气大多作为矿区自用燃料，多余部分被放空烧掉，不对外销售，因而希望在矿场油库的储罐中得到尽可能多的销售原油，并据此衡量分离效果。近 20 多年来，人们愈来愈重视天然气的综合利用，并从天然气中生产出了贵重的化工原料和受欢迎的民用燃料，因而在衡量分离效果时，应针对石油组成和油田具体情况综合考虑下列因素以获得最佳经济效益。

（1）所产原油的数量和价值。

（2）所产天然气及其他产品的数量和价值。

（3）分离级数、分离压力、分离温度对分离设备数量、质量和能耗的影响。

（4）使天然气、液化石油气、轻质油达到国家规定的质量要求（如露点、组成、蒸气压等）所需设备（压缩机、制冷设备、净化设备等）的费用和能耗。

密度是衡量原油质量优劣的一个重要指标。高质量的原油密度小，含轻组分多，炼制时汽油收率高。原油中 C_1～C_4 等挥发性很强的组分，特别是 C_1，虽然能使原油密度减小，但同时会使原油蒸气压升高，在长距离输送和常压储存时会产生较多的蒸发损耗，因而在分离作业中通常把 C_1～C_4 纳入气相，而把 C_5 和重于 C_5 的组分纳入液相原油，这样既能保证销售原油的质量和汽油收率，又不会由于原油蒸气压过高而造成大量蒸发损耗。气相产品可加工成乙烯原料、液化气及气体燃料等。

3. **分离压力和分离级数的选择**

从理论上分析，分离级数越多，原油收率越高，但过多地增加分离级数会造成投资和操作费用大幅度上升，而且超过三级或四级分离，原油收率的增加幅度会越来越小，因此需要合理选择分离级数。选择分离级数的主要原则是：

（1）根据气油比的高低进行选择，气油比高的应增加分离级数。

（2）根据井口压力进行选择，井口压力高的应增加分离级数。

（3）根据原油的相对密度进行选择，相对密度低的应增加分离级数。

国内外长期实践证明，一般油田采用三级或四级分离经济效益最好，气油比低的低压油田采用二级分离经济效益最好。

选择分离压力时，要考虑原油组成和油井井口压力。各油田的井口压力和原油组成差异很大，无法提出适合具体情况的各级最优压力的计算公式，通常拟定多种分离方案，根据相平衡计算结果选取最佳方案。

一般来说，采用三级分离时，一级分离压力控制在 0.7～3.5 MPa 范围内，二级分离压力控制在 0.07～0.55 MPa 范围内。若井口压力高于 3.5 MPa，应考虑采用四级分离。

三、油气分离器

油气分离器是油气田用得最多、最重要的设备之一。

1. 油气分离器的功能

油气分离可能在流体流经生产层进入井眼的过程中就已开始，并在流经油管、出油管线和处理准备过程中逐渐得到加强。在一定条件下，流体在到达油气分离器之前就可能完全分离为液体和气体。在这种情况下，分离器仅起扩大作用，使气体上升至一个出口，液体下降至另一个出口。正常情况下油气分离器的主要功能包括以下几个方面：

(1) 从气中除油。液态烃和气态烃的密度差异使其在油气分离器中能完成令人满意的分离。但在某些情况下，还需要应用油雾提取器在气体排出分离器之前从其中除去油雾。同样，在气体排出分离器之前，也需要利用某种方法从油中除去非溶解气。

(2) 从油中除气。原油的物理和化学性质及其压力和温度条件决定了原油溶解的气量，气体从一定量原油中释放出的速度是压力和温度的函数。油气分离器从原油中分离出的气体体积取决于原油的物理和化学性质、操作压力、操作温度、过流量、分离器大小及结构和其他因素。

(3) 从油中分离水。在某些情况下，最好在油井流体流经压降段(如由油嘴或阀口引起的压降段)之前将水从其中分离并除掉。这样可防止水在下游引发各种问题，如造成腐蚀、形成水合物、形成难以分离油和水的顽固乳化液等。

(4) 保持分离器最佳压力。为使油气分离器完成主要功能，在分离器中必须保持一定的压力，使液体和气体分别排入各自的处理或收集系统。在每台分离器上用一个气体回压阀保持分离器压力，或用一个总回压阀控制两台或多台分离器组的压力。

(5) 保持分离器中的液封。为了保持分离器压力，在容器较低位置必须有一个有效的液封，以防止气随油跑掉。

2. 对油气分离器的要求

(1) 有足够的液体体积容量，能处理油井井口和(或)出油管的不稳定液流(段塞流)。

(2) 有足够大的容器直径和高度或长度，能将大部分液体从气中分离出来，以免湿气抽提器沸腾。

(3) 分离器油面高度配有控制装置，包括一个液位控制器和油出口处的隔膜马达开关。如为三相分离器，还必须有油水界面控制器和泄水控制阀。

(4) 气出口处安装回压阀，用以保持容器中的压力稳定。

(5) 具有减压装置。在绝大多数油气地面生产设备系统中，设在油井出口中的油气分离器是流体离开油井后流过的第一道容器。但其他设备如加热器和水分离器等也可能装在油气分离器的上游。

3. 油气分离器的类型

(1) 按外形划分。

① 卧式分离器。卧式分离器的优点为：分离器中气体流动的方向与液滴沉降的方向互相垂直，液滴易从气流中分离出来；气液界面面积较大，原油中所含气泡易上升至气相空间，

有利于处理起泡的原油；相同直径时，卧式分离器比立式分离器的允许气流速度大，适用于处理气油比较大的流体；易于接管、撬装、搬运和维修；甲板载荷较低。其缺点为：占地面积较大，在处理含固体杂质较多的原油时，沿长度方向需要设多个排放口。

② 立式分离器。立式分离器适用于处理含固体杂质较多的油气混合物，可在底部设置排污口，便于清除固体杂质，较容易控制液面，占地面积小。但是它的气液界面面积小，集液部分的原油中所含的气泡不易析出，特别是在气油比高时；同时，它具有较重的甲板载荷，撬装较困难。

③ 球形分离器。球形分离器的特点是承压能力较好，但是防止液体水击现象的能力较差，在制造上有困难，油田上很少使用。

(2) 按功能划分。按功能可分为两相分离器和三相分离器。3 种外形的分离器都可实现两相分离和三相分离。在两相分离装置中，气体从油井液体中分离出来，气体和液体分别排出。在三相分离中，油井液体分离成气、油、水并分别排出。

(3) 按实现分离利用的能量划分。按实验分离利用的能量划分为重力式、离心式和混合式等。

(4) 按工作压力划分。按工作压力可分为真空分离器(<0.1 MPa)、低压分离器(<1.5 MPa)、中压分离器(1.5～6.0 MPa)、高压分离器(>6.0 MPa)。绝大多数油气分离器在 0.140 6～13.79 MPa 压力范围内工作。

4. 分离器的投产

分离器属压力容器，在投产前要进行认真检查，并进行试压。首先，检查各个部分安装是否正确，分离器筒体及各附件是否完好，各固定部位是否紧固，内部各结构是否正常，检查后将内部清扫干净。然后，封闭人孔、排污孔，调好压力调节装置与调压阀、安全阀，进行试压。试压通常分强度试压和严密性试压两个阶段，其中，强度试压的压力通常为设计工作压力的 1.5 倍，待达到试压压力后，稳压 1 h，压降不超过 0.1 MPa 为合格；严密性试压的压力通常为设计工作压力，待达到试压压力后，稳压 24 h，压降不超过 0.1 MPa 为合格。试压介质一般采用清水。试压过程中，要注意观察罐体及各部件情况，特别是法兰、阀门、仪表等连接处，若发现异常，应立即停止试压，处理后再进行试压。试压合格后，打开分离器采暖盘管的进出口阀门，待采暖管线送热正常后，先打开天然气出口阀门，再打开分离器出油阀门，检查出油阀门是否灵活好用。待一切都正常后，缓慢打开进油阀门向分离器内进油。在分离器的整个投产过程中，要认真观察分离器进油、出油、出气等各种情况，发现问题及时处理。

5. 分离器的正常运行

分离器运行的情况不仅直接影响油气分离的效果，而且影响原油和天然气的质量以及集输过程的经济效益。在分离器的运行管理过程中，应注意以下几个问题：

(1) 经常检查分离器的液位控制与调节机构，确保其灵敏可靠，以保证分离器的液面平稳、适当。分离器的液面高度一般控制在液面计的 1/3～2/3 位置，太高了容易造成天然气管线跑油，堵塞管线；太低了容易使原油中带气，影响输油泵的正常工作。

(2) 注意分离器的来油温度，特别是在冬季，应防止温度过低，造成管线凝油。一般情况下，分离器的来油温度要比原油的凝固点高 5 ℃左右，冬季还要更高一些。

(3) 控制适当的分离压力，既不能太高，也不能太低，因为太高不但影响来油管线的回压，而且会使分离后的原油带气，而太低容易使天然气管线进油，分离器液面过高。

(4) 冬季生产过程中要注意分离器的采暖、保温等情况，特别是对安全阀、压力表、液位计及管线细、流动性差、容易冻结的部位，更要加强其保温防冻。

第三节 原油脱水与原油稳定

原油中含水、盐、泥砂等杂质，天然气中含有 CO_2，H_2S 等杂质气体，这些杂质会给原油的集输、处理和炼制带来很多问题。其中，原油中的水会增大油井采出液的体积流量，降低设备和管道的有效利用率，增大管道输送中的动力和热力消耗，引起金属管道和设备的结垢与腐蚀，对炼油加工过程产生影响。因此，含水量是出矿原油的重要技术指标。经过气液分离得到的油水混合物，在进行下一级处理和外输之前必须进行脱水、脱盐、脱机械杂质的净化处理。由于原油中所含的盐类和机械杂质大部分溶解或悬浮于水中，所以原油的脱水过程实际上也是脱盐、脱机械杂质的过程。

原油中含有 $C_1 \sim C_4$ 等挥发性很强的轻组分，它们在常温常压下是气体，从原油中挥发时会带走大量的戊烷、己烷等组分，造成原油损失。在油气集输过程中，为了满足各种工艺要求，需要加热、降压、存放，这就为原油中轻烃的挥发提供了良好的条件。对于未做到密闭的集输流程来说，原油在敞口油罐中的蒸发损耗很大。为了降低油气集输过程中的原油蒸发损耗，将原油中挥发性强的轻组分比较完全地脱出，降低原油在常温常压下的蒸气压，这一工艺过程称为原油稳定。

一、原油乳状液

原油中所含的水分，有的在常温下用简单的沉降法短时间内就能从油中分离出来，这类水称为游离水；有的则很难用沉降法从油中分离出来，这类水称为乳化水，它与原油的混合物称为油水乳状液或原油乳状液。乳化水需采取专门的措施才能脱除。

1. 乳状液的类型

两种或两种以上不互溶或微量互溶的液体，其中一种以极小的液滴分散于另一种液体中，这种分散物称为乳状液。乳状液具有一定的稳定性，即它的存在状态不会在瞬间自发破坏(分离成层)。

原油和水构成的乳状液主要有两种类型：一种是水以极微小的颗粒分散于原油中，称为油包水型乳状液，用符号 W/O 表示，此时水是内相(分散相)，油是外相(连续相)；另一种是油以极微小的颗粒分散于水中，称为水包油型乳状液，用符号 O/W 表示，此时油是内相，水是外相。此外，还有多重乳状液，即油包水包油型(O/W/O)乳状液和水包油包水型(W/O/W)乳状液。

原油和水所形成的乳状液多属于油包水型乳状液，因此通常所说的原油乳状液一般是指油包水型乳状液。内相水滴的直径大小不等，一般为 0.1 μm 至毫米数量级，但多数在 3 μm 以下，在普通显微镜下可观察到内相液滴的存在。

2. 原油乳状液的形成

原油的乳化剂对形成稳定的乳状液有十分重要的作用。通常所说的原油天然乳化剂包括分散在油相中的固相物、胶质、沥青质，溶解在原油中的物质，以及溶解在水中的物质。油、气、水三相混合物由井底沿井筒油管举升到井口，经过油嘴的节流以及集油管线、阀件、离心式油泵等的强烈搅拌，使水滴充分破碎成极小的颗粒，并为原油中存在的环烷酸、胶质、沥青质、石蜡、黏土和砂粒等油包水型乳化剂所稳定，均匀地分散在原油中，从而形成稳定的油包水型乳状液。乳化剂聚结在内相颗粒表面，形成了比较牢靠的界面保护膜，也称乳化膜。稳定的原油乳状液中大多数的水滴直径小于 50 μm。

形成稳定的乳状液必须具备以下 3 个条件：

(1) 系统中存在两种以上互不相溶(或微量相溶)的液体。

(2) 要有强烈的搅拌，使一种液体破碎成微小的液滴并分散于另一种液体中。

(3) 要有乳化剂存在，使微小液滴能稳定地存在于另一种液体中。

3. 原油乳状液的性质

原油乳状液的主要物理化学性质包括分散度、黏度、密度、电学性质和稳定性等。

1) 分散度

分散相在连续相中的分散程度称为分散度。分散度多用内相颗粒平均直径的倒数表示，此外，也可用内相颗粒平均直径或内相颗粒总表面积与总体积的比值(即比表面积)表示。按分散度的大小不仅可区别乳状液、胶体溶液和真溶液，而且乳状液分散度的大小还直接影响到它的其他性质。因此，分散度是乳状液的重要性质之一。

2) 黏度

原油乳状液黏度是乳状液的重要性质之一。影响乳状液黏度的因素有很多，主要有外相黏度、内相的体积浓度与温度、乳状液的分散度、乳化剂及界面膜的性质、内相颗粒表面带电强弱等。

3) 密度

原油含水、含盐后，其密度显著增大。若已知原油乳状液体积含水率为 ϕ，原油和含盐水的密度分别为 ρ_o 和 ρ_w，则原油乳状液的密度 ρ 可按下式确定：

$$\rho = \frac{V_o \rho_o + V_w \rho_w}{V_o + V_w} = \rho_o (1 - \phi) + \rho_w \phi \tag{9-1}$$

式中 V_o，V_w——油和水的体积，m^3。

4) 电学性质

电导率用以表征原油乳状液的导电性能。以水为外相的乳状液的电导率较高，以油为外相的乳状液则是电的不良导体。原油的电导率为$(1\sim2)\times10^{-4}$ S/m。含水率越高，乳状液的电导率就越大，当含水率在 50%以上时，乳状液的电导率比原油的电导率高 2～3 倍。另外，乳状液的电导率还随温度的升高而增大，当温度从 25 ℃升高到 90 ℃时，乳状液的电导率可增加 10～20 倍。

介电系数是原油乳状液的另一个重要性质，其影响因素较多，可在应用中实测确定。

5）稳定性

原油乳状液的稳定性是指乳状液不被破坏、抗油水分层的能力，它是原油乳状液重要的性质之一。影响乳状液稳定性的主要因素有乳状液的分散度和原油黏度、乳化剂的类型和保护膜的性质、内相颗粒表面带电强弱、乳状液温度和水的 pH 等。

二、原油脱水

1. 原油脱水的基本方法

1）化学破乳剂脱水

由于原油中的水在很多情况下是以乳化状态存在的，并且乳状液具有一定的稳定性，靠一般的沉降方法难以脱除，因此，破乳往往是脱除乳化水的前提。化学破乳脱水是在乳状液中加入少量表面活性物质，破坏乳状液的稳定性，使乳状液破乳，进而使乳化水从乳状液中分离出来，变为游离水，再通过重力沉降将其脱除。

好的化学破乳剂应具有以下特点：

(1) 较强的表面活性。化学破乳剂的表面活性应比原油中天然乳化剂的表面活性大得多，使化学破乳剂能迅速占据油水界面，降低乳化水滴的界面张力和界面膜的强度。

(2) 良好的润湿能力。化学破乳剂对原油中的固体乳化剂应有较好的润湿能力，以便吸附在固体粉末上，使砂、黏土等粉尘进入水相，使石蜡晶粒进入油相，破坏固体粉末界面膜的作用，从而实现破乳的目的。

(3) 很高的絮凝和聚结能力。吸附在水滴界面上的破乳剂应对邻近水滴具有较大的吸引力，使水滴聚集，这一过程称为絮凝。絮凝能力强，就能增加水滴碰撞和聚结的概率，提高破乳效果。

(4) 破乳温度低、成本低、用量少，对金属管路和设备腐蚀性弱、结垢性差，对人体无毒、无害，不易燃、不易爆，通用性强。

一种破乳剂往往难以同时具备以上特点，为取长补短，可将两种或两种以上的破乳剂按一定的比例混合使用，使其脱水效果高于任何一种破乳剂单独使用时的效果，这种现象称为破乳剂的协同效应或复配效应。

2）重力沉降脱水

原油重力沉降脱水适于处理松散的不稳定乳状液，是最古老、最简单而又应用最广的一种方法，利用油与水的密度差使水从油中沉降分离出来。由于水滴比它所置换体积的油重，因此它受到一个作用于它的向下的合力（重力与浮力之差），与之相抗衡的是水滴向下运动穿过油时产生的阻力，当这两个力相等时，就会达到恒定的下沉速度。

水滴在原油中的下沉速度很慢，通常处于层流流态，常以斯托克斯公式表示其在原油中的匀速沉降速度：

$$w_w = \frac{d_w^2 g(\rho_w - \rho_o)}{18\mu_o} \tag{9-2}$$

式中　w_w——水滴匀速沉降速度，m/s；

d_w——水滴直径，m；

μ_o——原油黏度，Pa·s；

g——重力加速度，m/s^2；

ρ_o，ρ_w——油、水密度，kg/m^3。

从式(9-2)中可以看出，原油黏度和油水密度差对沉降有很大影响。原油黏度越高、油水密度差越小，水滴在原油中的沉降速度就越慢。当脱水器的容积和处理量一定时，使重质高黏原油达到沉降条件的水滴直径就要增大，而较小直径的水滴就难以沉降下来，脱水效果就会变差。沉降脱水的主要设备是沉降罐，如图 9-9 所示。

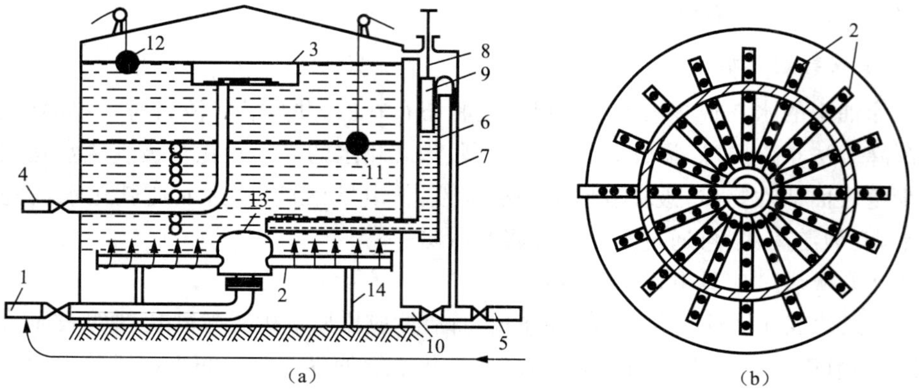

图 9-9 沉降罐结构示意图

1—油水混合物入口管；2—辐射状配液管；3—中心集液槽；4—原油排出管；
5—排水管；6—虹吸上行管；7—虹吸下行管；8—液力阀杆；9—液力阀柱塞；
10—排空管；11，12—油水界面和油面浮子；13—配液管中心汇管；14—配液管支架

3）利用离心力脱水

利用重力沉降脱水时，含水原油在沉降罐内的停留时间较长。为了提高油水分离速度和分离效果，以离心力代替重力脱水，实践证明是很有效的。

离心力脱水设备为离心脱水机。我国仅用离心法来测定原油含水率，国外还将离心脱水机用于原油脱水或污水除油。

4）利用亲水固体表面使乳化水粗粒化脱水

粗粒化脱水法是利用油、水对固体物质润湿性不同的特点来进行原油乳状液粗粒化脱水，常用亲水憎油的固体物质制成各种脱水装置。用于油水分离的固体物质应满足下列基本要求：

（1）良好的润湿性。由于这种润湿性，油水混合物流经固体表面时，水滴附在固体表面上，在流体的剪切作用下，水滴界面膜破裂，水滴聚结。

（2）固体物质能长期使用，与油、水不发生化学反应，对油、水性质无有害影响。

（3）固体物质货源充足，价格低廉。

5）电脱水

对于许多原油，特别是重质高黏原油，使用上述脱水方法不能达到商品原油含水率的要求，因此常使用电脱水法。电脱水常作为原油乳状液脱水工艺的最后环节。原油电脱水器也是油田常用的设备之一。

脱水器内部空间大致分为上、下两部分，上部为悬挂电极空间，下部为沉降水分离空间。

含水原油由含水原油进口进入脱水器内油水界面以下的多孔配液管，并自下而上沿水平截面均匀地通过电场空间。电场对水滴的作用削弱了水滴界面膜的强度，促进了水滴的碰撞，使水滴聚结成粒径较大的水滴并从原油中沉降分离出来，沉降到脱水器底部，经放水口排出。

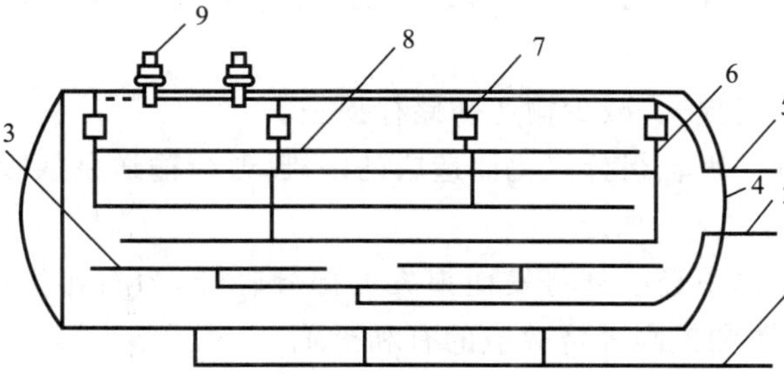

图 9-10　卧式电脱水器结构示意图

1—放水口；2—进油管线；3—进油分配管；4—脱水器壳体；
5—出油管线；6—电极吊杆；7—悬垂挂板；8—电极；9—引线绝缘棒

电脱水法只适用于处理低含水率油包水型乳状液。

2. **其他脱水方法**

1）电磁法脱水

电磁法脱水是先使原油乳状液通过带电原件，使水滴带电，再使乳状液通过与其流向垂直的单向磁场，在磁场线的作用下，水滴运动方向将发生偏移，偏移的带电水滴与电性不同的带电体接触而中和，使水滴聚合在易被水润湿而不易被油润湿的聚合床上，从而达到油水分离的目的。

2）超声波脱水

超声波具有破坏原油乳状液稳定的作用，用于脱水的超声波频率为 15～17 kHz、强度为 0.1～0.2 W/cm^2。该方法与化学法和机械法联合使用，可获得很好的脱水效果。

3）陶粒法脱水

当固体与液体接触时，固体表层分子能吸引液体分子，使固相界面能最低，这种现象称为润湿。液相对固相润湿的程度和亲和状况可用接触角 θ 表示，$\theta<90$ ℃为能润湿或亲和良好，$\theta>90$ ℃为不润湿或亲和状况不好。陶粒法脱水就是利用陶粒的亲水性使油水混合物中的水滴聚结、分离的方法，如图 9-11 所示。

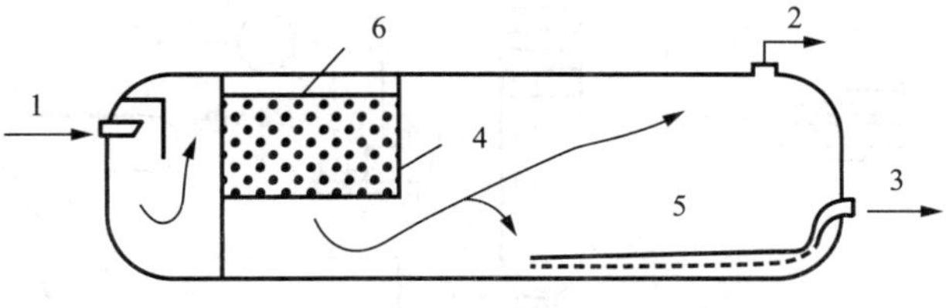

图 9-11　陶粒脱水器结构示意图

1—高含水原油入口；2—低含水原油出口；3—脱出水出口；
4—陶粒聚结床；5—油水沉降分离室；6—高含水原油配液管

三、原油稳定

1. 原油稳定的意义

原油稳定是指从原油中脱除挥发性轻组分的过程。降低蒸气压是原油稳定的关键。原油稳定的意义在于：

(1) 降低原油的蒸发损耗，减少输送和储存损失。

(2) 减少输送过程中因轻组分汽化而造成的困难，改善输送泵的吸入条件，降低管线流动阻力，节约加热能量。

(3) 回收可能因原油中轻组分蒸发而损失的部分轻烃，为石化生产和民用提供清洁原料，是合理利用油气资源和提高经济效益的有利措施。

2. 原油稳定的方法

根据蒸馏原理，原油稳定的基本方法可以分为通过降低压力实现的闪蒸稳定法和通过提高温度实现的分馏稳定法两大类。

1) 闪蒸稳定法

液体混合物在加热、蒸发过程中所形成的蒸汽始终与液体保持接触，直到达到某一温度，之后随着气液混合系统压力的降低，气相与液相最终分离开来，这种气液分离方式称为闪蒸。按照闪蒸分离稳定的操作压力，可分为负压闪蒸和正压闪蒸两类。

(1) 负压闪蒸。

负压闪蒸稳定就是使原油的蒸发过程在一定的真空度下进行。当原油中轻组分 C_1～C_4的含量在 2%以下，原油脱水或外输温度能满足负压闪蒸需要时，宜采用负压闪蒸。它的优点是无须热源。为了获得较好的经济效益，常用负压闪蒸处理溶解气量少、所需汽化率小的重质原油，以降低压缩机功耗。

由图 9-12 可见，来自电脱水器的原油从原油稳定塔的上部进入，在塔内负压条件下闪蒸，易挥发组分从塔顶被抽进真空压缩机，经真空压缩机加压后进入冷凝器并降温至 40 ℃以下；之后进入三相分离器，分离出的不凝气经计量后并入集气管网，分离出的轻油用泵打进油罐，含油污水去往污水处理系统；从稳定塔底出来的稳定原油可直接用泵外输或进原油罐。

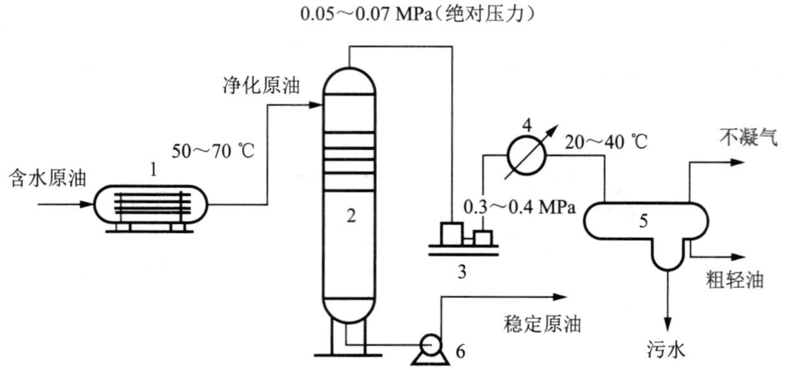

图 9-12 负压闪蒸稳定流程示意图

1—电脱水器；2—稳定塔；3—真空压缩机；4—冷凝器；5—三相分离器；6—泵

(2) 正压闪蒸。

当原油中轻组分 $C_1 \sim C_4$ 的含量在 2% 以上时，通常采用加热并适当提高闪蒸压力的方法，这种方法称为正压闪蒸稳定法。根据操作压力的不同，正压闪蒸又细分为正压和微正压两种情况。操作压力大于 0.1 MPa 的称为正压闪蒸稳定，操作压力在 0～200 Pa 之间的称为微正压闪蒸稳定。正压闪蒸稳定方法的主要优点是在流程中取消了压缩机，因而操作简单，施工周期短；其缺点是能耗较高，分离效果差。

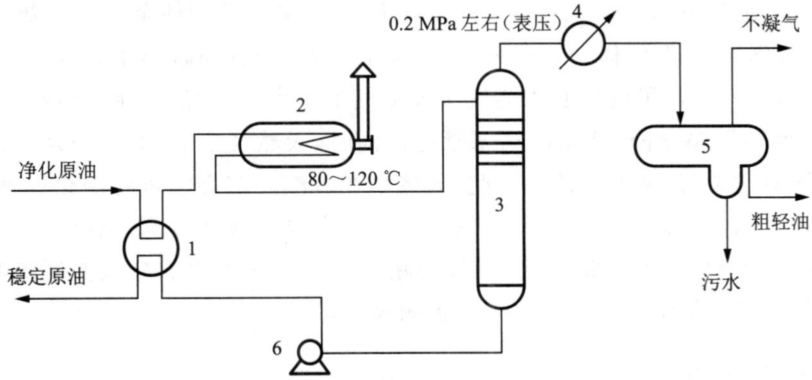

图 9-13　正压闪蒸稳定流程示意图

1—进料换热器；2—加热炉；3—稳定塔；4—水冷器；5—三相分离器；6—泵

微正压闪蒸稳定的操作压力较低，闪蒸温度在 60～90 ℃之间就可达到原油稳定的要求，比较适用于一般原油的稳定处理。微正压闪蒸稳定的工艺流程、设备等与负压闪蒸稳定类似，只是操作压力控制在微正压状态，避免了负压下的一些缺点，使得运行更可靠、更经济。

2) 分馏稳定法

原油中轻组分蒸气压高、沸点低、易汽化，重组分的蒸气压低、沸点高、不易汽化。按照轻、重组分挥发度不同的特点，利用精馏原理将原油中的 $C_1 \sim C_4$ 除去，达到原油稳定的方法称为分馏稳定法。分馏稳定法的典型流程如图 9-14 所示。脱水后的原油一般需进换热器

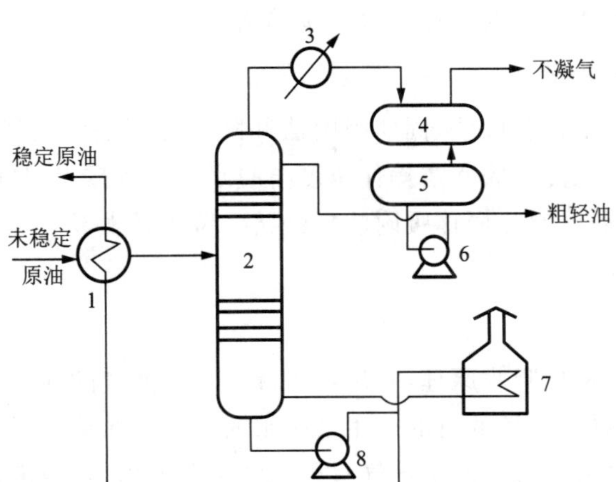

图 9-14　原油分馏稳定法流程示意图

1—进料换热器；2—稳定塔；3—水冷器；4—分离器；5—回流罐；

6—回流泵；7—再沸炉；8—塔底泵

进一步升温，然后进入稳定塔。原油在稳定塔内部分汽化，汽化部分在塔上部进行精馏。塔顶气体中 C_5 以上的组分经水冷后从气体中冷凝分离出来，一部分作为塔顶回流又送回塔内；$C_1 \sim C_4$ 的组分以气态输出。塔底的稳定原油可直接外输或进油罐。

第四节　天然气净化与轻烃回收

油田伴生气或气井采出的天然气一般都含有砂粒、岩屑等固体杂质，水、凝析油等液体，以及水蒸气、H_2S、CO_2 等气体。这些杂质、气体的存在，一方面减小了管线的输送能力，降低了天然气热值；一方面可能引起水蒸气从天然气中析出，形成液态水、冰或天然气的固体水合物，从而增加管路压降，严重时堵塞管道。同时，天然气中的 H_2S，CO_2 等酸性气体溶于水后会加剧对管道、设备的腐蚀。因此，天然气在外输之前必须进行净化处理，达到管输标准后才能进入输气干线。一般的天然气处理工作主要包含相分离、甜化处理（脱硫、脱二氧化碳）、水露点控制（脱水）、烃露点控制（去除天然气中的重质成分）、温度控制（冷却、加热）、压力控制（减压、压缩升压）、天然气的传输和计量等。

一、天然气脱水

天然气脱水就是脱除天然气中的水分，降低水露点的工艺。水露点是指水开始从天然气中冷凝出来的温度。将天然气脱水直至水露点在所要求露点以下，就可以避免水合物的形成及冷凝水的酸腐蚀。从油气分离器中分离出来的天然气处于含水汽的饱和状态。

1. 含水量的确定

天然气中的含水量与天然气的温度、压力、组分及酸性气体（H_2S 和 CO_2）含量等因素有关。天然气中的饱和水含量随温度的升高而增加，随压力的增加而减小，酸性气体及重质烃类含量的增加也会导致含水量增加，而一定量的氮气则会使含水量降低。

测定天然气中含水量的方法有质量法、露点法、图算法等，前两种在生产现场较常用，而图算法主要用于设计脱水系统时天然气含水量的估算。

2. 天然气脱水的方法

天然气脱水方法有液体吸收法、固体吸附法和降温冷凝法。天然气的脱水深度一般用露点降表示。露点降是天然气脱水塔操作温度与脱水后干气露点温度之差。如果脱水要求的露点相同，则液体吸收法要比固体吸附法更经济。降温冷凝法一般用于对高温高压天然气中的水分进行粗分离。

1）液体吸收法

液体吸收法脱水是根据吸收原理，利用亲水液体与天然气的逆流接触，吸收脱除气体中的水蒸气，从而达到干燥天然气的目的。用来脱水的亲水液体称为脱水吸收剂，又称液体干燥剂。脱水吸收剂应对天然气中的水蒸气有很强的亲和能力，热稳定性好，脱水时不发生化学反应，容易再生，蒸气压低，黏度小，对天然气和液烃的溶解度低，起泡和乳化倾向小，对设备无腐蚀性，价格低，来源广。目前，常用的脱水吸收剂是甘醇类化合物和氯化钙水溶液（表9-1）。其中，甘醇类化合物应用得更广泛。甘醇脱水装置流程如图 9-15 所示。

表 9-1　常用脱水吸收剂特性

吸收剂种类	优　点	缺　点	适用范围
$CaCl_2$水溶液	① 投资与操作费用低，不燃烧； ② 在更换新鲜 $CaCl_2$前无人值守	① 吸水量小，且不能重复适用； ② 露点降较小，且不稳定； ③ 更换 $CaCl_2$时劳动强度大，且需要处理废 $CaCl_2$水溶液	边远地区小流量、露点降要求较小的天然气脱水
二甘醇(DEG)水溶液	① 浓溶液不会“凝固”； ② 天然气中含有 H_2S，CO_2，O_2时，在一般温度下是稳定的； ③ 吸水量大	① 蒸气压较 TEG 高，蒸发损失大； ② 理论热分解温度较 TEG 低，再生后的 DEG 水溶液浓度较小； ③ 获得的露点降较 TEG 水溶液小； ④ 投资及操作费用较 TEG 高	集中处理站内大流量、露点降要求较大的天然气脱水
三甘醇(TEG)水溶液	① 具有 DEG 的优点； ② 理论热分解温度较 DEG 高； ③ 获得的露点降较大； ④ 蒸气压较 DEG 低，蒸气损失小； ⑤ 投资及操作费用较 DEG 低	① 投资及操作费用较 $CaCl_2$水溶液高； ② 当有液烃存在时，再生过程易起泡，有时需要加入消泡剂	集中处理站内大流量、露点降要求较大的天然气脱水

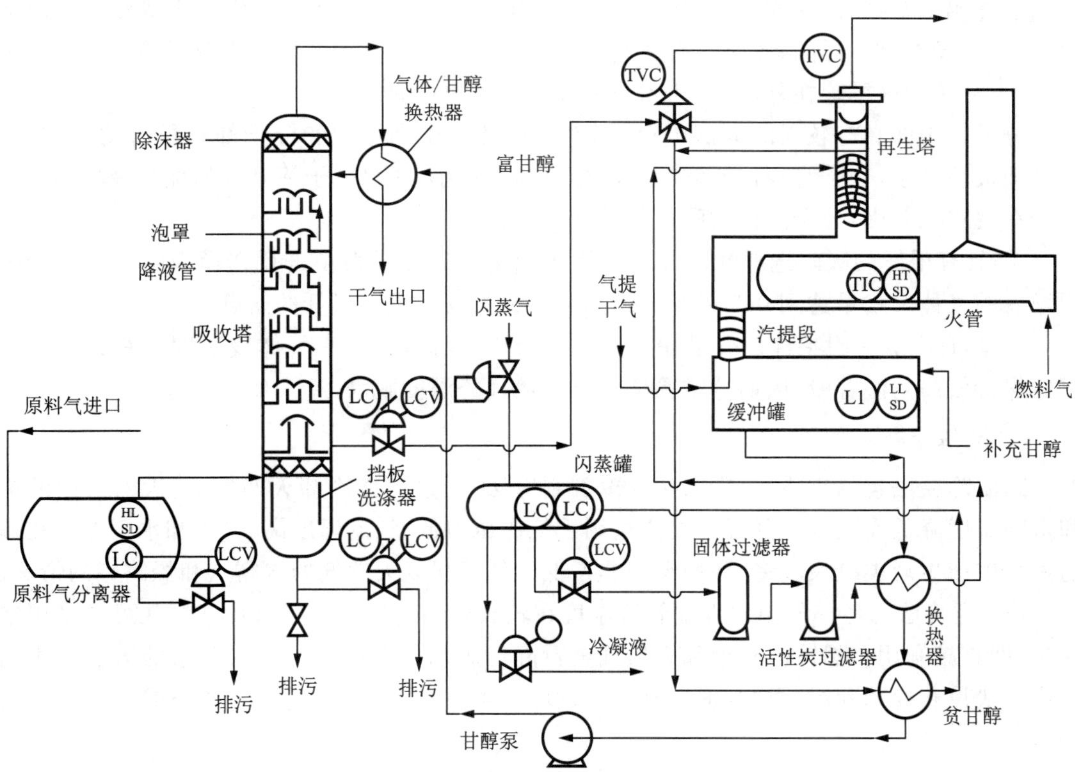

图 9-15　甘醇脱水装置流程示意图

2）固体吸附法

（1）物理吸附。物理吸附是利用流体中吸附质分子与固体吸附剂表面之间的范德华力实现的，吸附过程类似于气体凝结的物理过程。这类吸附的特征是吸附与吸附剂之间不发生化学反应，吸附速度很快，瞬间即可达到相平衡。物理吸附放出的热量较少，通常与气体凝聚热相当。物理吸附可以是单分子层吸附，也可以是多分子层吸附，当体系压力降低或温度升高时，被吸附的气体可以很容易地从固体表面脱附，而不改变气体原来的性质，故吸附与脱附是可逆过程。工业上利用这种可逆性，通过改变操作条件使吸附质脱附，达到使吸附剂再生、回收或分离吸附质的目的。

(2) 化学吸附。化学吸附是利用吸附质与固体吸附剂表面的未饱和化学键(或电价键)力实现的。这类吸附所需的活化能大，所以吸附热也大，与化学反应热有同样的数量级。化学吸附具有选择性，而且吸附速度较慢，需要较长时间才能达到平衡。

天然气净化过程常用的吸附剂主要有活性氧化铝、硅胶、分子筛等。

(1) 活性氧化铝。主要组分是部分水化的、多孔和无定型的氧化铝，并含有其他金属化合物。

(2) 硅胶。工业上使用的硅胶多为颗粒状，分子式为 $SiO_2 \cdot nH_2O$，残余水量约为 6%，在一般再生温度下不能脱除，需灼烧至 954 ℃才能除去。工业硅胶具有较大的孔隙率，按孔隙大小可分成细孔硅胶和粗孔硅胶两种。硅胶吸附水蒸气的性能好，具有较高的化学稳定性和热稳定性，但硅胶与液态水接触时容易炸裂。

(3) 分子筛。分子筛是一种人工合成的无机吸附剂，是具有骨架结构的碱金属或碱土金属的硅铝酸盐晶体，其分子式为 $M_{2/n}O \cdot Al_2O_3 \cdot xSiO_2 \cdot yH_2O$。分子筛型号一定的情况下，其孔径都是一样的，此时只有那些比分子筛孔径小的分子才能进入分子筛的空腔而被吸附，大分子则被排除在外，从而达到分离大小分子的目的。

分子筛表面具有较强的局部电荷，因而对极性分子和不饱和分子都有很高的亲和力。水是强极性分子，分子直径比通常使用的分子筛孔径小，所以分子筛是水的优良吸附剂。

在脱水工艺中，分子筛作为吸附剂的优点有：

① 具有很好的吸附选择性。分子筛能按照物质的分子大小进行选择吸附。经分子筛干燥后的气体含水量达到 0.1～10 mg/L，可将天然气干燥至很低的露点。

② 具有高效吸附特性。分子筛在低水汽分压、较高温度、高气体线速度等苛刻条件下仍然保持较高的湿容量，因而分子筛适用于天然气的深度脱水。

3) 降温冷凝法

降温冷凝法包括空冷法、膨胀法和冷剂制冷法，通过直接冷却天然气，使天然气中的饱和水随温度降低而减少。降温冷凝法适用于气源压力低、气流温度高、含饱和水天然气在输送过程中产生烃类凝液较多、环境温度非常低且低于起点天然气的水露点和烃露点的情况。

(1) 空冷法。冬季气温比埋地管线温度在较长时间内低于 10 ℃以上时，就可以采用空冷法，即直接利用自然冷源对饱和天然气进行降温脱水。对使用空冷法脱水的天然气集输管线一般设有通球和添加抑制剂(如甲醇)设施。可见，空冷法只适用于冬季或温度很高的天然气。

(2) 膨胀法，即节流法脱水，只限于气源有富余压力可利用、膨胀后无须再增压的场合。膨胀法脱水装置一般包括进气分离器、换热器、节流阀、低温分离器以及防止水合物生成的注抑制剂的油罐和注入泵。若采用甘醇作抑制剂，则还需要甘醇再生装置。

(3) 冷剂制冷法，即利用冷剂(氨、丙烷及混合冷剂)制冷原理使天然气降温脱水，主要用于无压差可利用的场合。冷剂制冷装置包括进气分离器、贫富气换热器、蒸发器、低温分离器及制冷、凝液稳定设备等。

二、天然气脱硫

天然气中经常含有一定数量的 H_2S 和 CO_2 等酸性组分，遇水后呈酸性，因此人们称其为酸性气体。天然气中酸性气体的存在会增加对管道和设备的腐蚀，从而影响其使用寿命。此外，在天然气低温分离过程中，CO_2 有可能形成干冰而堵塞管道和设备；含 H_2S 较多的天然气燃烧时会产生异味，生成的 SO_2 等化合物会污染环境；在催化加工过程中，含硫的烃类化合物会使催化剂中毒。因此，酸性气体的脱除是天然气处理的主要任务之一。

脱酸性气体的常用处理方法有化学吸收法、物理吸收法、直接氧化法和干式床层法四大类。

1. 化学吸收法

化学吸收法是利用一种化学溶剂与酸性气体发生反应，生成富含酸气的化合物，从而脱除天然气中酸性气体的方法。这类方法一般不受酸性组分分压的影响，其中一乙醇胺法是应用较广泛的方法，后来逐渐发展出改良二乙醇胺法和二甘醇胺法等。醇胺法净化天然气装置如图 9-16 所示。

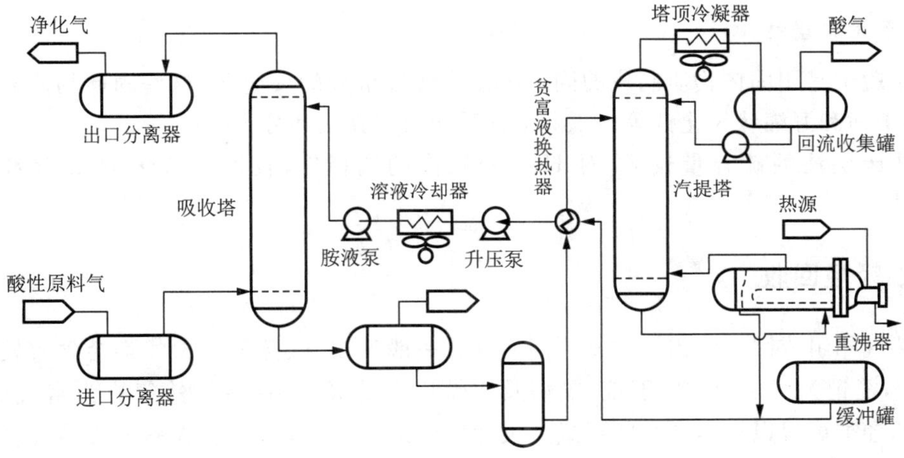

图 9-16 醇胺法净化天然气装置示意图

2. 物理吸收法

物理吸收法全部采用有机复合物作吸收剂，依靠物理吸收除去天然气中的酸性组分。酸性组分的分压越高，越易被溶液吸收。该方法不仅能脱除 H_2S 和 CO_2，还能同时脱除硫醇、二硫化碳等有机硫化物。但该方法的溶剂价格较高，一般比一乙醇胺贵 10 倍以上，并且溶剂对重烃有较强的吸收作用，从而影响净化气的热值。物理吸收法的工艺流程如图 9-17 所示。

3. 直接氧化法

直接氧化法是指在溶液中氧载体的催化作用下，将被碱性溶液吸收的 H_2S 氧化为硫黄，

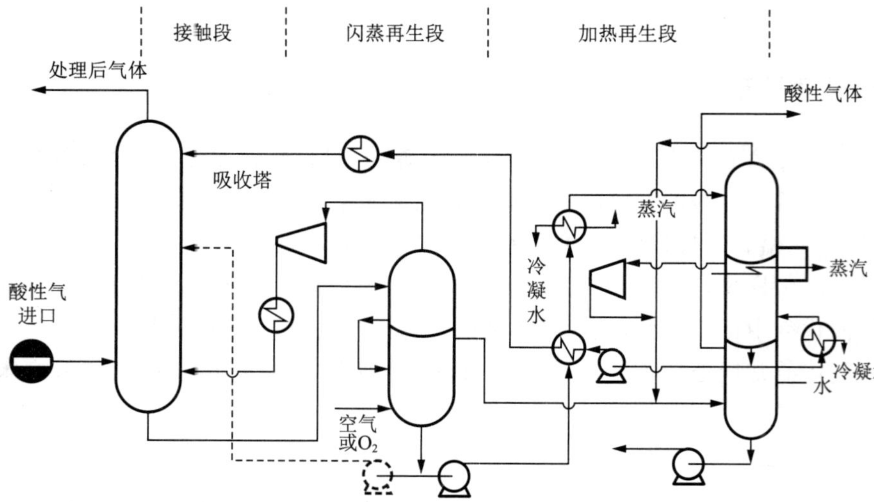

图 9-17 物理吸收法流程示意图

然后鼓入空气，使吸收液再生。该方法的优点是可将 H_2S 直接转化为单质硫，且溶液不与原料气中的 CO_2 反应，脱硫过程中对大气几乎无污染；其缺点是溶液酸气负荷低，动力消耗大。

4. **干式床层法**

干法脱硫是用固体物质制成的固定床作为酸气组分的反应区，这些固体物质有天然泡沸石、石子筛和海绵状氧化铁等。工业上常采用海绵铁法和分子筛法。

干式床层法的硫容量较低，对 H_2S 有较高的选择性，较适于净化 H_2S 含量低的天然气。

三、轻烃回收

天然气的组成因油气田或层系不同而异。一般油田气、部分气田气都会含有较多的乙烷（C_2H_6，简记为 C_2）、丙烷、丁烷、戊烷及戊烷以上的烃类，这些天然气称为富气或湿气。富气中的烃类可以以液体产品的形式从天然气中加以回收，这一过程称为天然气凝液的回收，常称为轻烃回收。轻烃回收不但可回收很有价值的轻烃，而且可控制管输天然气的烃露点，防止液态烃在输气管线中凝析出来，影响正常输气。

轻烃回收的主要方法有吸附法、油吸收法和冷冻分离法。吸附法是利用固体吸附剂（如活性氧化铝或活性炭）对各种烃类的吸附量不同而使天然气中的各组分得以分离。这种方法所用装置比较简单，不需要特殊材料和设备，投资费用较少，但由于它的产品局限性大，加之再生耗能大，因而其应用不广泛。

油吸收法是利用天然气中各组分在吸收油中溶解度的不同而使不同烃类得以分离的方法。油吸收法可分为常温油吸收法和低温油吸收法（图 9-18），其中常温油吸法由于收率低、消耗指标高，已不再使用。

在冷冻分离法中，可使用的制冷方法有节流膨胀制冷、热分离机制冷、透平膨胀机制冷、外加冷源制冷等。冷冻分离法的典型工艺流程有 3 种，即膨胀机制冷（或称为直接膨胀制冷）、外加冷源制冷（图 9-19）和混合制冷。

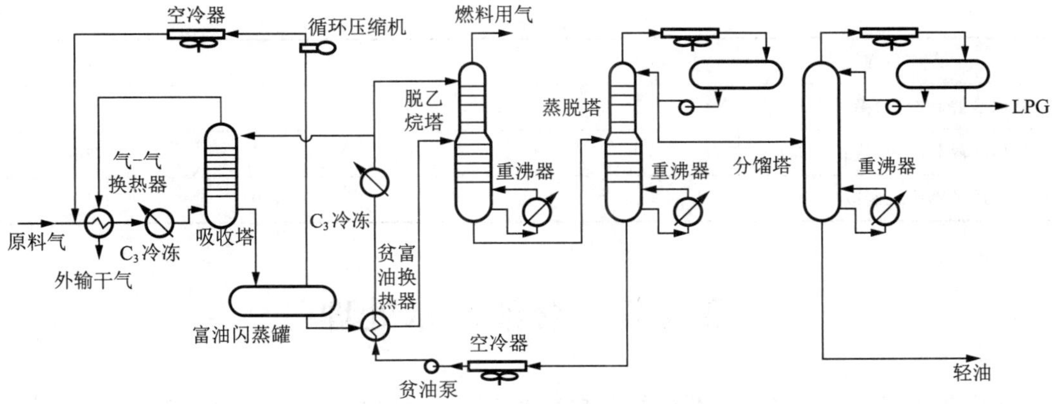

图 9-18 低温油吸收法流程示意图

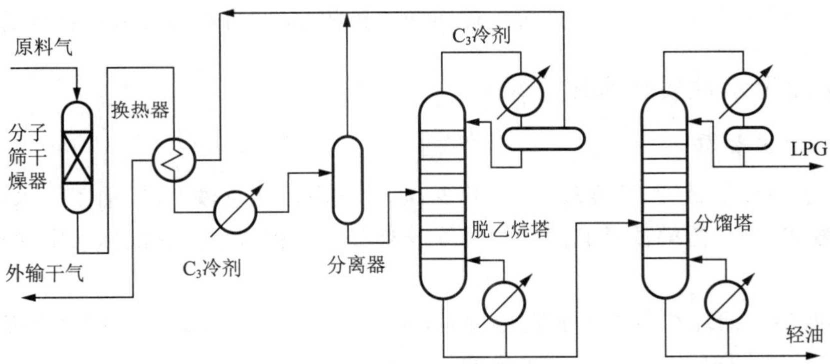

图 9-19 外加冷源制冷法流程示意图

混合制冷是膨胀机制冷和外加冷源制冷的综合，即外加一部分冷量来弥补膨胀制冷量的不足，如图 9-20 所示。

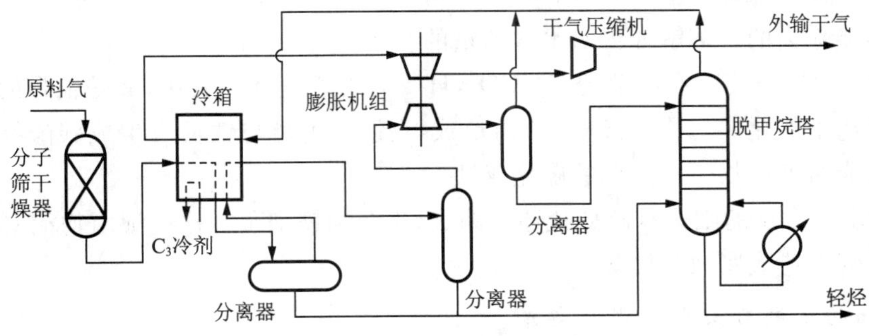

图 9-20 混合制冷法流程示意图

表 9-2 为几种轻烃回收方法的典型收率表。

表 9-2 几种轻烃回收方法的典型收率表 单位：%

方法名称	C_2	C_3	C_4	C_5^+
常温油吸收法	5	40	75	87
低温油吸收法	15	73	90	95

续表

方法名称	C_2	C_3	C_4	C_5^+
外加冷源制冷法(简单冷冻)	25	55	93	97
外加冷源制冷法(阶式冷冻)	70	85	95	100
透平膨胀机制冷法	85	97	100	100

第五节　含油污水处理

油田污水来源于在油气生产过程中所产出的地层伴生水。为获得合格的油、气产品,需将伴生水与油气进行分离,分离后的伴生水中含有一定量的原油及其他杂质,这种伴生水称为含油污水。如果不对含油污水进行处理而任意排放,将给自然界带来一系列的问题。

一、含油污水性质和水质要求

1. 含油污水性质

含油污水一般偏碱性,硬度较低,含铁少,矿化度高。从总体上讲,油田污水是一种含有固体物质、液体杂质、溶解盐类和溶解气体等较复杂的多相体系。含油污水中含有以下有害物质:

(1) 分散油。油珠在污水中的直径较大,为 10～100 μm,易于从污水中分离出来,浮于水面而被除去。这种状态的油占污水含油量的 60%～80%。

(2) 乳化油。油珠在污水中的直径很小,为 0.1～10 μm,与水形成乳状液,属于水包油(O/W)型乳状液。这部分油不易除去,必须反相破乳之后才能将其除去,其含量占污水含油量的 10%～15%。

(3) 溶解油。油珠直径小于 0.1 μm。由于油在水中的溶解度很小,为 5～15 mg/L,这部分油是不能除去的。溶解油占污水含油量的 0.2%～0.5%。

(4) 污水中还可能含有溶解的 O_2,CO_2,H_2S 等有害气体。其中,氧是很强的氧化剂,它易使二价铁离子氧化成三价铁离子,从而形成沉淀;CO_2 能与铁反应生成碳酸铁沉淀;H_2S 与铁反应生成腐蚀产物——黑色的硫化亚铁。

(5) 污水中常见的细菌有硫酸盐还原菌、腐生菌和铁细菌。这些细菌均能对污水处理、回注设备及管汇造成腐蚀和堵塞。

2. 含油污水处理目的和水质要求

含油污水经过处理后可进行排放或者作为油田回注水、人工举升井动力液等。处理含油污水的目的是要求排放水或回注水达到相应的排放或回注标准,同时应充分考虑防止系统内腐蚀。

排放的污水水质要求为:陆上油田排放污水含油量执行三级标准,含油量一级标准要求不超过 100 mg/L,二级标准要求不超过 150 mg/L,三级标准要求不超过 500 mg/L;渤海海域排放污水含油量要求小于 30 mg/L,南海海域要求小于 50 mg/L。

二、油田常规污水处理方法

含油污水处理方法有物理方法和化学方法，但在生产实践过程中两种方法往往结合起来使用。目前油田含油污水处理的主要方法见表9-3。

表9-3　目前油田含油污水处理的主要方法

处理方法	特　点
沉降法	靠原油颗粒和悬浮杂质与污水的密度差实现油水渣的自然分离，主要用于除去浮油、部分颗粒直径较大的分散油及杂质
混凝法	在污水中加入混凝剂，把小油粒聚结成大油粒，加快油水分离速度，可除去颗粒较小的部分散油
气浮法	向污水中加入气体，使污水中的乳化油或细小的固体颗粒附着在气泡上并随气泡上浮到水面，从而实现油水分离
过滤法	用石英砂、无烟煤、滤芯或其他滤料过滤污水，除去污水中的小颗粒油粒及悬浮物
生物处理法	靠微生物来氧化分解有机物，达到降解有机物及油类的目的
旋流器法	高速旋转重力离心分离，脱出水中的油和其他杂质

1. 沉降法

沉降法主要用于除去浮油、部分颗粒直径较大的分散油及杂质。由于水中油珠的相对密度小而上浮，水下沉，经过一段时间后油与水就分离开来。油珠上浮速度可用下面的公式来计算：

$$w_o = \frac{\beta d_o^2 g(\rho_w - \rho_o)}{18\mu_o \varphi} \tag{9-3}$$

式中　w_o——油滴上升速度，m/s；

d_o——油滴直径，m；

μ_o——原油黏度，Pa·s；

g——重力加速度，m/s^2；

ρ_o，ρ_w——油、水的密度，kg/m^3；

β——污水中油珠上浮速度降低系数；

φ——考虑水流不均匀、紊流等因素的修正系数。

根据该速度就能大致确定污水沉降罐中液面的下降速度，并保证该下降速度小于油珠上浮速度，否则油滴无法顺利上浮至液面，而是随污水经排水管排出或使油滴悬浮于污水中。沉降法能除去直径较大的油珠，一般在沉降罐、沉降舱等中使用。

2. 混凝法

所谓混凝法，就是向污水中加入化学絮凝剂（反向破乳剂）使乳化液破乳，使油粒发生凝聚，油珠变大，上浮速度加快。絮凝剂的作用是使污水中的胶体颗粒产生聚沉作用和敏化作用，聚沉作用可使胶体颗粒聚集、聚并和沉降，敏化作用可使胶体颗粒被聚合物桥接附着，形成絮体，聚沉作用和敏化作用又称为混凝作用。

电泳实验证明，污水中的油珠带负电荷，因此只要加入水解后带正电的胶体物质，使其和油珠所带的负电荷中和，就能达到凝聚作用。

3. 气浮法

气浮法就是向污水中通入或在污水中产生微细气泡，使污水中的乳化油或细小的固体颗粒附着在气泡上，随气泡一起上浮到水面，然后采用机械方法撇除，从而达到油水分离的目的。气浮法按供气方式不同又可分为3种方法(表9-4)。

表9-4 气浮法分类表

气浮法	溶气气浮法	加压溶气气浮法
		真空气浮法
	电解凝聚气浮法	电解气浮法
		电絮凝气浮法
	诱导气浮法	叶轮式气浮法
		喷嘴式气浮法

1）溶气气浮法

溶气气浮法是使气体在一定压力下溶于含油污水中并达到饱和状态，然后突然减压，使溶于水中的气体以微小气泡的形式从水中逸出，微小气泡逸出的同时吸附水中的油滴和胶体颗粒等杂质并带至水面。

2）电解凝聚气浮法

电解凝聚气浮法是把含有电解质的污水作为被电解的介质，在污水中通入电流，利用通电过程的氧化、还原反应使其被电解成微小气泡，进而利用气泡上浮作用完成气浮分离。这种方法不仅能使污水中的微小固体颗粒和乳化油得到净化，而且对水中的一些金属离子和有机物也有净化作用。

3）诱导气浮法

诱导气浮法是一种快速、高效的处理含油废水的方法。它是利用吸气装置运行时所造成的真空负压状态将空气吸入，形成的微细气泡扩散于水中，黏附在水中的乳化油滴、悬浮物上，携带着一同上浮到水面，达到固－液分离的目的。

4. 过滤法

过滤法是利用滤料床的物理和化学作用除去污水中的微小悬浮物和油珠及被杀菌剂杀死的细菌和藻类等。过滤法是一种用于含油污水深度处理的方法。污水经过自然沉降除油、气浮分离、混凝沉降后，再经过滤进一步处理，就可达到污水排放或回注油层的标准。过滤一方面通过滤料的机械筛滤作用，把悬浮固体、油珠、细菌及藻类等截留在滤料表面，或转到先前被截留在滤料内的絮凝体表面；另一方面利用滤料的电化学特性把悬浮固体颗粒、油珠、细菌及藻类等吸附在滤料的表面。

5. 生物处理法

利用微生物氧化分解有机物来处理污水的方法称为生物处理法。目前生物处理法主要用以处理污水溶解的有机污染物和胶体的有机污染物。在处理含油污水时，如果要求的排放标准很高，则可用生物处理法进行深度处理。与化学法相比，生物处理法具有经济、高效等优点。生物处理法有好气生物处理法和厌气生物处理法两种。

6. **旋流器法**

利用水力旋流器进行含油污水处理在我国油田上得到了成功应用。旋流器法是使含油污水在一个圆锥筒内高速旋转，由于油、水密度不同，密度大的水受离心力的作用甩向圆锥筒筒壁，而密度稍小的油滴则被挤向筒的中心，因此油和水可以从不同的出口分别流出，从而达到使含油污水脱油的目的。根据含油污水的液-液水力旋流器的运动方式不同，可分为静态水力旋流器和动态水力旋流器。

三、油田污水处理流程

目前常见的含油污水处理流程有重力式污水处理流程、压力式污水处理流程、浮选式污水处理流程和生化式污水处理流程等。

1. **重力式污水处理流程**

重力式污水处理流程如图 9-21 所示。

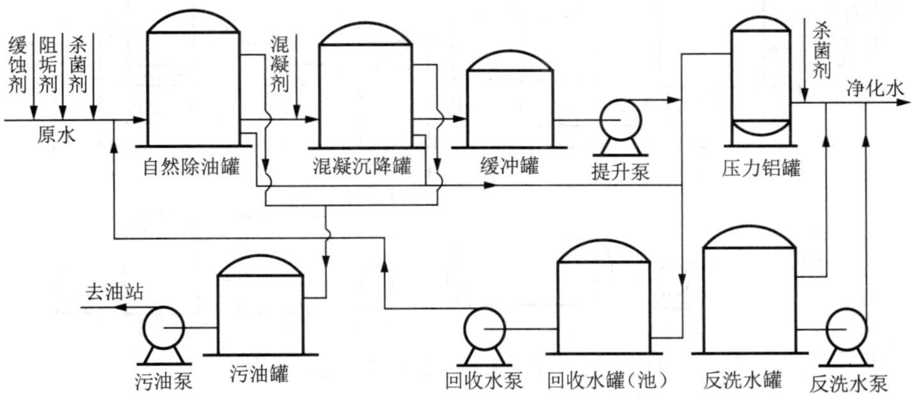

图 9-21 重力式污水处理流程示意图

该流程对含油污水的处理过程是：自然沉降→混凝沉降→压力过滤→杀菌处理→合格污水外输。

该流程对污水的含油量、流量等变化的适应性强、处理效果好，但需要的设备，特别是压力滤罐的数量较多，操作量大，自动化程度较低。

2. **压力式污水处理流程**

压力式污水处理流程如图 9-22 所示。

该流程对含油污水的处理过程是：旋流(或立式)除油→聚结除油→压力沉降除油→压力过滤→杀菌处理→合格污水外输

在该流程中，若来水压力较高，可用旋流器除油；若来水压力较低，可通过立式除油器除油：这样可使系统的压能得到充分利用。同时，在压力沉降除油之前增加了粗粒化聚结除油，使油珠粒径变大，提高沉降分离除油的效果。

该流程处理效率高、效果好，污水在系统内的停留时间短，自动化程度高，但对污水的含油量、流量等变化的适应性较差。

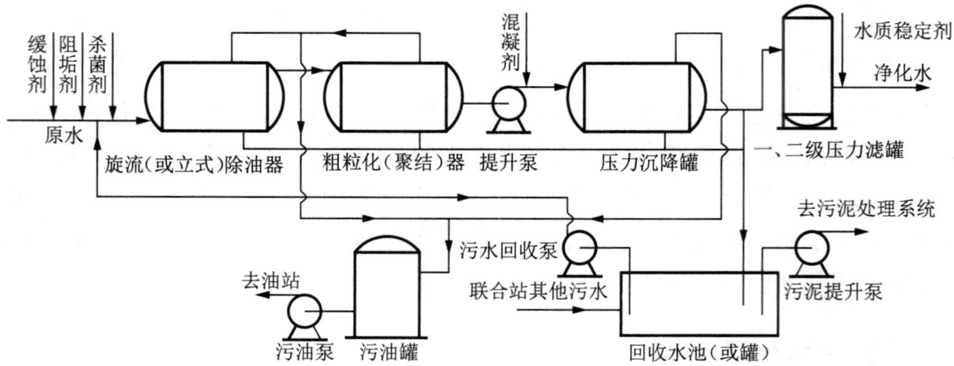

图 9-22　压力式污水处理流程示意图

3. 浮选式污水处理流程

浮选式污水处理流程如图 9-23 所示。

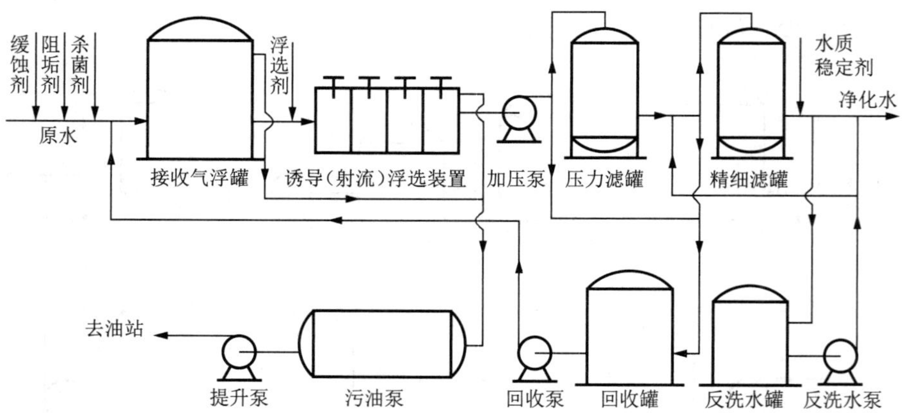

图 9-23　浮选式污水处理流程示意图

该流程采用气浮除油方式取代沉降、混凝等除油方式，具有处理效率高、自动化程度高、现场施工工作量小等特点，被广泛应用于海上采油平台和陆上稠油污水处理系统，但其缺点是运行的动力消耗和维护工作量较大。

4. 生化式污水处理流程

生化式污水处理流程(又称开式生化污水处理流程)如图 9-24 所示。

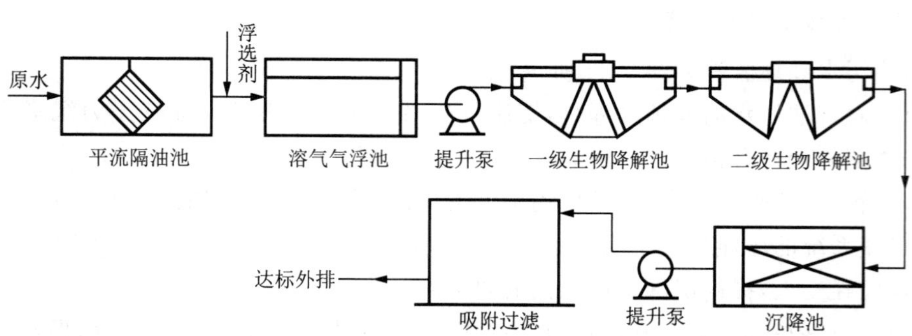

图 9-24　生化式污水处理流程示意图

开式生化污水处理流程是针对部分油田污水采出量大、不能完全回注、需要部分污水处理至达标而设计的。含油污水经过平流隔油池除油沉降，再经过溶气气浮池净化，然后进入曝气池、一级和二级生物降解池、沉降池，最后经提升泵提升至滤池进行砂滤或吸附过滤，达标外排。一般情况下，通过上述开式生化污水处理流程净化后，排放水质可以达到污水排放标准要求。

上述几种流程是目前油田污水处理的常用流程。实际流程的选用要根据不同油田污水的具体情况而确定。另外，对于水温较高的油田污水，若直接外排，不但会造成能量的损失，还会引起环境的破坏，此时通常采用污水余热回收利用的综合处理流程；对于矿化度较高的油田污水，则需采用除盐软化的处理流程。

第六节 油气输送

原油和成品油的运输方式主要是管道输送，其次为水运、公路运输和铁路运输，它们各有各的特点及适用范围。

一、输油管道

管道输送具有独特的优点：① 运输量大；② 运费低、能耗少；③ 输油管道埋在地下，受气候影响小且安全可靠；④ 原油的损耗率低，对环境污染小；⑤ 建设投资少，占地面积小。管道输送适用于大量、单向、定点运输，但不如车、船输送灵活。

输油管道是油品收发、输转的主要设备。油田内部连接油井与计量站、联合站的集输管道以及炼油厂和油库的管道属于企业内部输油管道。这些管道一般较短，不形成独立的经营系统。将油田合格原油送至炼油厂、码头或铁路转运站的管道属于长距离输油管道，也称干线输油管道。这些管道管径较大，有各种辅助配套设备，是独立的经营系统，长度可达数千千米。按输送的介质，管道可分为原油管道、天然气管道和成品油管道。

1. 长距离输油管道

长距离输油管道由输油站、线路以及辅助配套设施等部分组成，如图 9-25 所示。输油站的主要功能是给油品加压、加热，按所处位置的不同，可分为首站、中间站和末站。管道起点的输油站称为首站，其任务是接收油田集输联合站、炼油厂生产车间或港口油轮等的来油，经计量、加压、加热(对于加热输送管道)后输入下一站。首站一般具有较多的储油设备和加压、加热设备以及完善的计量设备。

油品在沿管道的输送过程中，其压力和温度都会不断下降。为了使油品继续向前输送，就必须设置中间站，给油品增压、升温。单独增压的中间站称为中间泵站，单独升温的中间站称为中间加热站。泵站与加热站设在一起的称为热泵站。末站是设在管道终点的输油站，其作用是接收管道来油，向油品用户转运。末站一般设有较多的储油设备、较准确的计量系统以及一定的输油设备。

长距离输油管道的线路部分包括管道本身、沿线阀室以及通过河流、山谷等障碍物的穿(跨)越建筑物等，辅助设施包括通信设备、监控设备、阴极保护设备、清管器收发设备及沿线工作人员生活设施等。

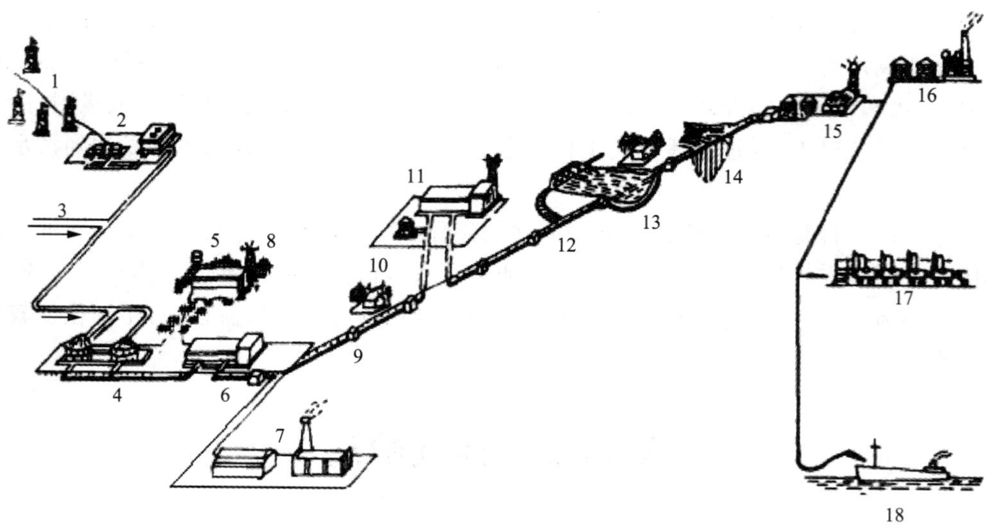

图 9-25 长距离输油管道构成

1—井场;2—转油站;3—来自井场的输油管;4—首站主要设施;5—调度中心;6—清管器发放区;7—首站加热设施;8—微波通信塔;9—线路阀室;10—巡线工住所;11—中间站;12,13,14—穿越铁路、河流工程;15—末站;16—炼厂;17—装卸栈桥;18—装卸港口

2. **长距离输气管道**

长距离输气管道的构成与长距离输油管道类似,也包括首站、中间站、末站、干线管道以及辅助设施等部分,如图 9-26 所示。

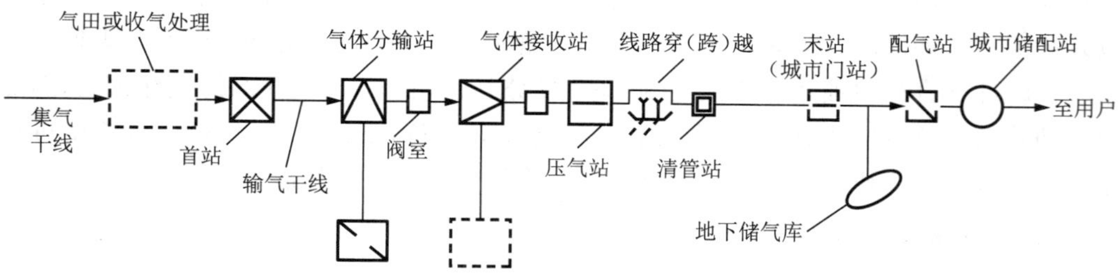

图 9-26 长距离输气管道的构成

输气管道首站的主要功能是对进入管线的天然气进行分离、调压和计量。与输油管道不同的是,输气管道的首站可能不需要增压(可依靠气井压力输至下一站)。根据功能的不同,输气管道的中间站可分为接收站、分输站和压气站等。接收站的功能是接收沿线支线或气源的来气,分输站的功能是向沿线支线或用户供气,压气站的功能是给气体增压。

输气管道末站的功能是接收管道来气、分离、调压、计量并向用户转输。若末站直接向城市输配气管网供气,则可称为城市门站。在有条件的地区,末站应建设地下储气库,以调节供气的不平衡。

二、油品输送

油品输送除管道输送外,还有水运、铁路运输、公路运输几种形式。大宗原油主要靠管道和水运输送。目前我国成品油输送中,铁路运输约占 50%,水运约占 20%,公路运输约占

23%，管道直输约占7%。

铁路运输主要依靠铁路运输车。铁路运输车是散装油品铁路运输的专用车辆，分轻质油罐车和黏油罐车两类。铁路运输建设投资大、建设周期长、占用土地多；在地面运行，容易受到各种干扰和破坏；成品油属于易燃易爆物品，铁路运输操作环节较多，容易受操作条件和外界环境的影响，运输过程中需要采取更多的安全防范措施。目前我国大部分铁路的利用率都已经达到或接近饱和。

水运主要采用油船进行运输。油船分为油轮和油驳。油轮有自航能力，并以自带动力进行装卸油作业，其结构如图9-27所示。油驳无自航能力，依靠拖轮航行，只能用油库的油泵进行装卸。水运的显著优点是大运量时运费低，而且运费随运距的变化不大。但受到地理条件的限制，发油、收油点要有具足够装卸能力的港口。难以控制的外界因素对水运影响较大，如气候、风浪、季节等。

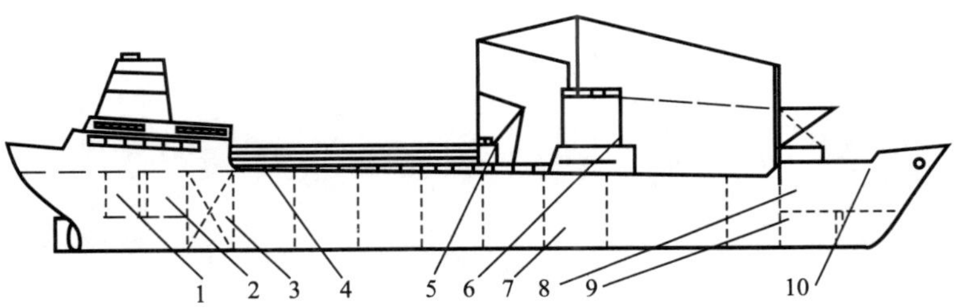

图9-27 油轮结构示意图

1—锅炉舱；2—引擎；3—燃油舱；4—栈桥；5—泵房；6—驾驶台；7—油舱；8—干货舱；9—压载舱；10—水泵房

成品油公路运输主要适用于短途运输和用其他运输方式难以实现的地区的成品油运输，运输成本比其他运输方式都高，事故率高，运输本身耗能也高，安全性相对较差，不宜作为干线运输。其中，公路发油工艺包括自流发油工艺和泵送发油工艺。自流发油工艺是指将油罐设于一定高度位置，利用位能实现自流作业的工艺；泵送发油工艺是指发油泵直接从储油罐向外发油的工艺。

参考文献

[1] 冯叔初，郭揆常，王学敏．油气集输[M]．东营：石油大学出版社，1988.
[2] 蔡春知．油气集输[M]．北京：石油工业出版社，1990.
[3] 王光然．油气集输[M]．北京：中国石油工业出版社，2006.
[4] 蒋洪，刘武．原油集输工程[M]．东营：中国石油大学出版社，2006.
[5] 冯叔初，郭揆常，等．油气集输与矿场加工[M]．东营：中国石油大学出版社，2006.
[6] 孙艾茵，刘蜀知，刘绘新．石油工程概论[M]．北京：石油工业出版社，2008.
[7] 戴静君，董正远，田野．油气集输[M]．北京：石油工业出版社，2012.
[8] 王光然．油气管道输送[M]．北京：石油工业出版社，2012.
[9] 刘杨．油气集输[M]．北京：石油工业出版社，2015.
[10] 王朋岩，杨勉，刘晓冬，等．石油工业概论[M]．北京：石油工业出版社，2016.